高等学校“十三五”规划教材·电子信息类专业教材

雷达电子对抗

张永顺　童宁宁　龙戈农　郭艺夺　编著

西北工业大学出版社

西　安

【内容简介】 雷达电子对抗(亦称雷达电子战)作为指挥控制战和信息战的关键要素和手段,在现代信息化战争中具有重要的作用和地位。随着电子技术的发展,雷达电子对抗的内容和作战方式发生了重大的变化,出现了隐身技术、反辐射导弹、低空突防等新的技术和新的作战方式。本书从攻防对抗的角度介绍雷达相关的电子对抗技术和战术,主要包括电子战基本概念、雷达侦察与反侦察、雷达干扰与抗干扰、雷达隐身与反隐身、对雷达的硬杀伤攻击与防护以及对雷达的低空突防与反突防等。

本书涉及雷达电子对抗的多个方面,内容较全面,既有经典的基本理论和技术,又有最新发展的雷达电子对抗领域的先进技术,可供高等学校雷达、电子对抗工程等任职教育及专科相关专业作为教材使用,也可供雷达电子对抗领域的科技人员参考使用。

图书在版编目(CIP)数据

雷达电子对抗/张永顺等编著.—西安:西北工业大学出版社,2019.4(2023.1重印)

ISBN 978-7-5612-6471-3

Ⅰ.①雷… Ⅱ.①张… Ⅲ.①雷达电子对抗 Ⅳ.①TN974

中国版本图书馆CIP数据核字(2019)第061767号

LEIDA DIANZI DUIKANG

雷 达 电 子 对 抗

责任编辑: 何格夫　　**策划编辑:** 杨　军
责任校对: 孙　倩　　**装帧设计:** 李　飞
出版发行: 西北工业大学出版社
通信地址: 西安市友谊西路127号　　邮编:710072
电　　话: (029)88491757,88493844
网　　址: www.nwpup.com
印 刷 者: 西安永固印务有限责任公司
开　　本: 787 mm×1 092 mm　　1/16
印　　张: 15.875
字　　数: 417千字
版　　次: 2019年4月第1版　　2023年1月第2次印刷
定　　价: 58.00元

如有印装问题请与出版社联系调换

前　言

在现代高技术战争中，雷达已成为必不可少的军事装备，是远程预警、制导武器的核心，针对雷达展开的电子战已成为现代信息化战争的重要内容。电子战作为指挥控制战和信息战的关键要素和手段，已渗透到信息作战的各个方面，成为掌握信息控制权、赢得战场主动权和获取战争制胜权的关键，已经成为继陆、海、空、天战之后的第五维战场。自从第二次世界大战以来，围绕雷达、通信系统展开的电子战成为了现代战争的序幕与先导，并贯穿于战争的全过程，能够决定战争的进程和结局。

随着军事电子技术的发展，新技术和新装备不断涌现，性能水平不断提高，促使电子战的作战领域和作战方式发生了重大的变化。电子战已经从防御性、掩护性的行动发展为既有防御又有进攻的电子作战行动，从只有软杀伤手段发展到既有软杀伤手段又有硬杀伤手段，从单个系统的对抗发展到系统对抗和体系对抗，电子战已成为决定战争胜负的重要因素。从发展角度来看，世界各国对电子战更新换代十分重视，F－117 隐身飞机退役后，F－22 和 F－35 闪亮登场；EA－6B 电子战飞机逐步退役的同时，EA－18G 电子战飞机成为新的威胁；AGM－88 哈姆反辐射导弹成为主力后，又发展了新型 AGM－88E 反辐射导弹；等等。近期美国在军事转型中提出了网络中心电子战和联合电子战，作为一种信息化武器，电子战成为作战武器组合中密不可分的一部分。

电子战是指使用电磁能或定向能控制电磁频谱或攻击敌军的任何行动。从技术上来看，电子战可以分为三个主要组成部分：电子攻击(EA)、电子防护(EP)和电子战支援(ES)。从敌我对抗双方来看，虽然都有电子战的三个部分，但处于相互对抗的两个方面，当敌方对我方实施电子攻击如电子干扰时，我方就要实施电子防护即电子反干扰；当我方对敌方实施电子攻击如电子干扰时，敌方就要实施电子防护即电子反干扰；当敌方对我方实施电子支援如电子侦察时，我方就要实施电子防护即电子反侦察；当我方对敌方实施电子支援如电子侦察时，敌方就要实施电子防护即电子反侦察；等等。对抗是军事科学的一种形式，其目的是阻遏敌军实际或预期的电磁频谱优势，同时确保己方无阻碍地获取信息环境的电磁频谱资源。从雷达攻防对抗主要矛盾的角度来看，雷达电子战是由敌我双方矛盾对立面组成的，主要包括雷达侦察与反侦察的对抗、雷达干扰与反干扰的对抗、雷达隐身与反隐身的对抗、反辐射导弹攻击与抗反辐射导弹的对抗、雷达低空突防与反低空突防的对抗等等。

本书从雷达电子战的主要矛盾展开讨论，主要包括 7 章内容。第 1 章绪论，主要介绍电子战的基本概念、电子战作战模式新发展、雷达对抗中的主要矛盾、电子对抗实例；第 2 章雷达侦察与反侦察，主要介绍侦察的基本内容与特点、侦察作用距离、对雷达信号频率的侦察基本技术、对雷达方向侦察的测量技术、对雷达定位的基本方法、雷达侦察信号处理基本过程、雷达低截获概念、雷达反侦察技术和战术等；第 3 章雷达干扰，主要介绍雷达干扰分类、干扰方程、有效干扰空间、对雷达有源干扰和无源干扰主要技术；第 4 章雷达抗干扰，主要介绍天线域抗干扰技术、能量域抗干扰技术、频率域抗干扰技术、速度域抗干扰技术、时间域抗干扰技术和战术抗干扰措施等；第 5 章对雷达的隐身与反隐身，主要介绍雷达隐身技术、隐身技术实例和雷达反隐身的主要途径与技术；第 6 章对雷达的硬杀伤攻击与防护，主要介绍反辐射导弹的技术与发展、雷达对抗反辐射导弹的技术和原理、定向能武器、对定向能武器的防护等；第 7 章对雷达的低空突防与反突防，主要介绍低空突防的概念和技术、低空突防对雷达系统的影响、雷达反低空突防的技术和战术等。

本书主要是为高等学校雷达、电子对抗工程等相关专业的任职教育或专科教育而编写的，基本涵盖了雷达电子对抗的主要领域，内容较全面，突出了对抗性和实用性。本书由冯存前教授审阅，在此表示衷心的感谢；同时，对本书所参考资料的作者表示衷心的感谢！

由于雷达电子战涉及多个学科领域，其技术发展日新月异，许多新理论、新技术正在研究和发展之中，且公开资料有限，因此，本书可能存在一些不足之处，敬请专家和读者批评指正。

编著者

2018 年 9 月

目　　录

第 1 章　绪论 …… 1

1.1　电子战定义与分类 …… 1
1.2　信息战、指挥控制战与电子战关系 …… 4
1.3　电子战作战模式新发展 …… 7
1.4　雷达对抗中的主要矛盾 …… 11
1.5　电子对抗实例简介 …… 13

第 2 章　雷达侦察与反侦察 …… 18

2.1　概述 …… 18
2.2　侦察作用距离 …… 24
2.3　雷达信号频率的测量 …… 32
2.4　雷达方向的测量技术 …… 45
2.5　雷达定位方法和原理 …… 57
2.6　雷达侦察中的信号处理 …… 61
2.7　雷达反侦察 …… 66

第 3 章　雷达干扰 …… 70

3.1　概述 …… 70
3.2　干扰方程及有效干扰空间 …… 72
3.3　有源干扰 …… 80
3.4　无源干扰 …… 115

第 4 章　雷达抗干扰 …… 128

4.1　概述 …… 128
4.2　天线域抗干扰技术 …… 129
4.3　能量域抗干扰技术 …… 137
4.4　频率域抗干扰技术 …… 152
4.5　速度域抗干扰技术 …… 161
4.6　时间域抗干扰技术 …… 174
4.7　战术抗干扰措施 …… 179

第 5 章　对雷达的隐身与反隐身 …… 181

5.1　概述 …… 181
5.2　雷达隐身原理 …… 184
5.3　雷达反隐身技术 …… 193

第 6 章　对雷达的硬杀伤攻击与防护 …… 202

6.1　概述 …… 202
6.2　反辐射导弹 …… 202
6.3　雷达对抗反辐射导弹技术 …… 211
6.4　定向能武器 …… 221
6.5　雷达对定向能武器的防护技术 …… 226

第 7 章　对雷达的低空突防与反突防 …… 230

7.1　概述 …… 230
7.2　低空/超低空突防技术原理 …… 235
7.3　雷达反低空突防探测技术 …… 237
7.4　雷达反低空突防战术 …… 243

参考文献 …… 246

第1章 绪 论

雷达是发射无线电波、利用目标对电波的反射特性、接收回波信号并进行信号处理来发现目标并测定目标距离、角度、速度等信息的电子装备。由于雷达具有探测距离远、测定目标坐标速度快、定位精度高、不受天气影响等特点，在军事上具有非常重要的应用价值，被广泛用于侦察、警戒、引导、武器控制、航行保障、气象观测和敌我识别等方面。不论是在今天的陆战、空战、海战还是在未来的太空战争中，雷达都是不可缺少的信息化兵器。如何观察战场、如何传递信息、如何利用精制导武器打击目标将成为信息化战争的重点。

战略和战术武器普遍应用无线电探测、控制、通信等电子技术，必然推动电子战技术的迅猛发展。未来战争是信息主导的现代化战争，电磁环境变得越来越复杂，夺取电磁频谱的控制权与使用权变得越来越重要。迄今，电子战已经成为现代战争必不可少的重要组成部分，成为夺取“制信息权”的关键。从本质上看，电子战是敌对双方在电磁频谱领域中广泛进行的一种对抗性军事行动。现代战争中，电磁频谱的应用深入到整个战争的各个领域，频谱从声波开始一直延伸到无线电波、红外、可见光波，直到紫外和更短波长的全部频域；作战范围从海、陆、空直到太空的广大空域，应用于军兵种武器的各种作战平台。

雷达对抗是发展最早、技术更新最快、对抗频段分布最宽、综合技术发展最受重视的一个电子战专业领域，对整个作战胜负具有重要的影响。历次局部战争表明，在电磁频谱的对抗中，敌对双方综合电子对抗实力特别是雷达电子战的实力已成为影响战争全局的关键因素之一。在现代高科技战争中，处于电子战弱势的一方，将失去制电磁谱权，失去制电磁谱权即意味着失去整个战争的指挥权，丧失制空权和制海权。在这种情况下，性能再先进的兵器也难以发挥作用，难以在整体上组织起有效的军事行动，将处于被动挨打的地位。因此，深入研究雷达电子对抗理论，掌握电子对抗知识，正确运用电子对抗技术和战术，对于取得未来战场上的胜利具有重要的意义。

本章主要介绍电子战的一些基本概念、信息战及指挥控制战与电子战关系、电子战作战模式新发展、雷达对抗中的主要矛盾、电子对抗实例等。

1.1 电子战定义与分类

1.1.1 电子战定义

由于电子战技术不断地发展，电子战概念有一个不断演变和发展的过程。

1. 美军的定义

1969年美军政策备忘录中对电子战是这样定义的：使用电磁能量去测定、利用、削弱或阻止敌方使用电磁频谱，并保护己方使用电磁频谱，包括电子对抗措施（ECM）、反电子对抗措施（ECCM）和电子支援措施（ESM）。

1990 年美军政策备忘录中对电子战是这样定义的：使用电磁能量去测定、利用、削弱或以破坏、摧毁、扰乱手段阻止敌方运用电磁频谱，同时保证己方运用电磁频谱的军事行动，也包括电子对抗措施、反电子对抗措施和电子支援措施。上述两种传统电子战定义在实践中都有一定的局限性。1993 年美军总参谋部修订了政策备忘录中传统的电子战定义。

新定义的电子战（Electronic Warfare，EW）是指任何包括使用电磁能和定向能武器来控制电磁频谱或攻击敌方的军事行动，它包括三个方面：电子攻击（Electronic Attack，EA）、电子防护（Electronic Protection，EP）和电子支援（Electronic warfare Support，ES，即电子战支援），如图 1.1.1 所示。

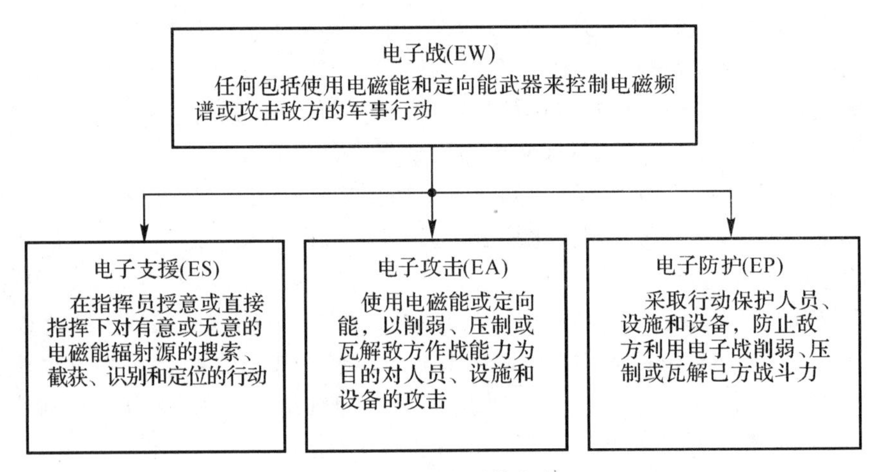

图 1.1.1　电子战定义

美军电子战的新定义是在原来的电子战定义的基础上发展而来的。显然，该定义增强了电子攻击能力，即使用激光、微波辐射、粒子束等定向能武器、反辐射导弹和电磁脉冲来摧毁敌方的电子设备。此外，扩大了电子防护的使用范围，电子防护不仅包括保护单个电子设备（ECCM），而且还包含采用如电磁控制、电磁加固、电子战频谱管理和通信保密等措施。因此，所有使用电磁波的设备（如雷达、通信、C^3I 系统、导航、敌我识别、精确制导、无线电引信、计算机和光电武器等）都是电子战的作战对象。

电子战的一般组成如图 1.1.2 所示。

（1）电子攻击是使用电磁能或定向能，以削弱、压制或瓦解敌方作战能力为目的对人员、设施和设备的攻击，主要包括电子干扰、反辐射攻击、定向能攻击、电子欺骗和隐身等。电子攻击是电子战的一个组成部分，因而被认为是一种新的“火力形式”。

（2）电子防护是保护人员、设施和设备，防止敌方利用电子战削弱、压制或瓦解己方战斗力的任何行动，主要包括电子抗干扰、电磁加固、频率协调、信号保密、反隐身及其他电子防护技术和方法等。

（3）电子支援是在指挥员授意或直接指挥下，对有意或无意的电磁能辐射源的搜索、截获、识别和定位的行动，主要包括信号情报、战斗告警和战斗测向等。

2. 俄罗斯的定义

俄罗斯将电子战称作“无线电电子战斗”，定义为用于探测、侦察和随后进行的无线电压制、摧毁敌人的指挥控制系统和武器系统的一类综合方法，以及对己方部队无线电电子资源及系统的保护。俄罗斯电子战的内涵主要是干扰破坏敌电子设备之间的无线电通信、反干扰以及对干扰和反干扰行动的保障(主要指建立必要的兵力和兵器、阵地区域电子设备和电子战的信息保障以及隐蔽己方电子设备的重点信息等内容),其本质就是瘫痪敌指挥、控制和通信系统。

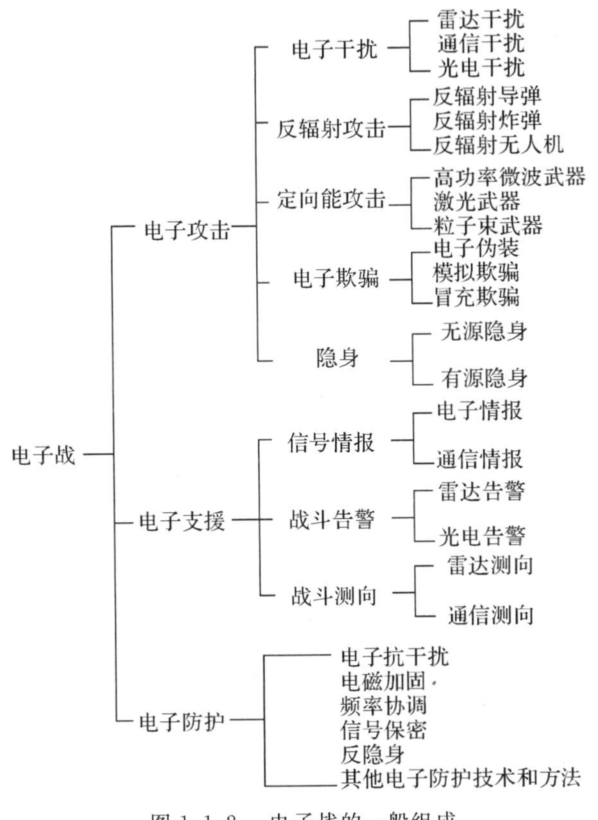

图 1.1.2　电子战的一般组成

3.我国的定义

电子对抗亦称电子战,指使用电磁能、定向能和声能等技术手段控制电磁频谱,削弱、破坏敌方电子信息设备、系统、网络及相关武器系统或人员的作战效能,同时保护己方电子信息设备、系统、网络及相关武器系统或人员作战效能正常发挥的作战行动(包括电子对抗侦察、电子进攻和电子防御)。电子战分为雷达对抗、通信对抗、光电对抗、无线电导航对抗、水声对抗以及反辐射攻击等,是信息作战的主要形式。

1.1.2　电子战的分类

电子战包含了使用电磁频谱进行对抗的各个领域,内容十分丰富,有多种分类方法。按照具体的无线电电子设备或器材来分,电子战可分为雷达电子战、通信电子战、光电电子战、引信电子战、敌我识别系统电子战、C^3I(通信、指挥、控制和情报)系统电子战、声呐电子战等。按照空间来分,电子战可分为空中电子战、太空电子战、陆地电子战、海上电子战、水下电子战等。

从频域上可以将电子战划分为三大类:射频电子战、光电电子战和声学电子战。图 1.1.3 给出了频段的划分图。

1. 射频电子战

射频电子战包括雷达、通信、导航、敌我识别、无线电引信和制导等领域的电子战，其设备工作频率范围为 3 MHz～300 GHz。

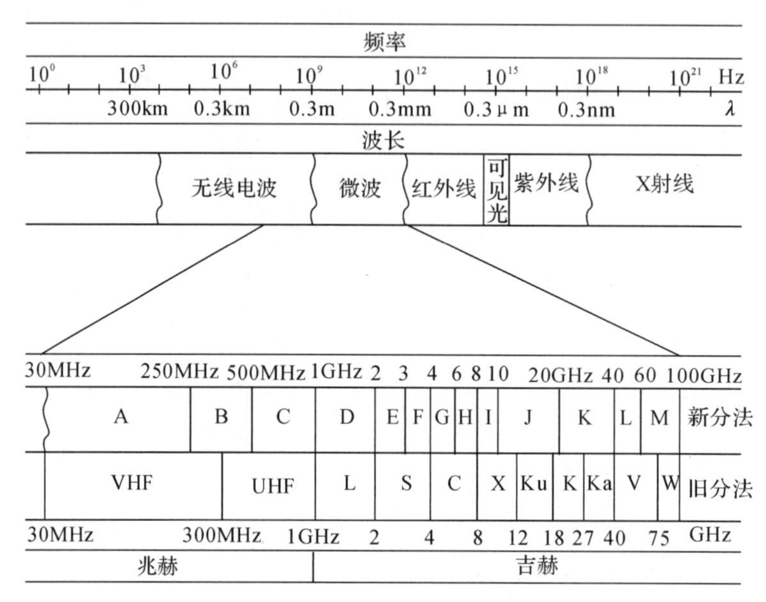

图 1.1.3　电磁频谱的划分

2. 光电电子战

光学波段可分为红外线、可见光和紫外线等子频段，是近距离精确制导武器和定向能武器工作的主要频段。

光电电子战是指作战双方在光学波段(频率范围在 300 GHz 以上)运用光学设备、器材和其他设施所进行的电磁斗争。其最显著的特点是，所使用的光电设备和光电武器的精度高、分辨力好且抗电磁干扰的能力强。

光电电子战可分为光电侦察和反侦察、光电干扰和反干扰、光电制导和反制导、光电摧毁和反摧毁等。

3. 声学电子战

声学电子战主要用于水下信息的对抗。其频段从次声波至超声波，是声呐、水下导航定位设备工作的主要频段。

1.2　信息战、指挥控制战与电子战关系

1.2.1　信息战与指挥控制战的关系

信息战亦称信息作战，是指综合运用电子战、网络战、心理战等形式打击或抗击敌方的行动。目的是在网络电磁空间干扰、破坏敌方的信息和信息系统，影响、削弱敌方信息获取、传输、处理、利用和决策能力，保证己方信息系统稳定运行、信息安全和正确决策。信息战主要包括信息作战侦察、信息进攻和信息防御。信息战按其性质可分为广义信息战和狭义信息战。

(1)广义信息战是指敌对双方在政治、经济、科技和军事等各个领域,运用信息技术手段,为争夺信息优势而进行的对抗。内容包括:为了维护国家的安全利益,对于信息技术及其产品和系统所进行的研究、生产、装备、使用活动,以及对于敌对国家上述活动所进行的侦察、干扰、破坏等行动。它是在平时、危机时期或战时打击对方的社会、经济、政治、工业或军事电子信息系统所采取的秘密或公开的、有控制性、破坏性或毁灭性的行动。其目的是通过取得信息优势来影响对方行为,阻止或避免冲突的发生,或以最小的财力、物力和人员伤亡的代价,迅速彻底地赢得战争。

(2)狭义信息战特指战场信息战,即军事领域的信息战,它主要发生在指挥控制、情报和信息系统等部分,是为获取军事行动范围内的信息优势而进行的斗争。内容包括:使用信息技术手段进行的探测、侦察、引导、指挥、控制、通信、信息处理、伪装欺骗和打击等作战行动,以及针对敌方上述活动所进行的侦察、干扰、破坏和反利用等作战行动。

反映在作战空间上,信息战是在陆、海、空、天、信息多维空间进行的作战行动,既是一种相对独立的作战形式,又渗透到多种作战形式之中;反映在行动性质上,它是以电子战、网络战为主的争夺制信息权的作战行动,既受联合战役的支配和约束,又对联合战役的胜败产生重大影响。

信息战的作战对象可概括为信息、信息系统、以信息为基础的处理过程、以计算机为基础的网络和决策人员等。信息战要达到的首要目标是压制、削弱、破坏和摧毁敌方的指挥、控制、通信、计算机与情报系统。

信息战作为一种崭新的战争形态,使得现代作战手段进一步增多,使作战速度更快。其主要特点:持久性——信息战贯穿于战争的全过程(包括战前和战后);多维性——不仅在同一时空坐标内与陆战、空战、海战相互渗透、融合,而且能综合运用政治、经济、技术和军事信息在五维战场进行特殊战争;透明性——各参战部队对战况都了如指掌,从散兵到最高指挥部,所有用户都可以通过无缝隙、多媒体通信联络和网络共享信息;一体性——各军兵种、各类作战系统、作战职能系统、武器平台和各作战单元连成一个有机的整体,信息的收集、管理、传递和拒绝也由信息系统连在一起;实时性——各级之间接近实时地分发情报信息,作战进程与决策时间几乎同步;精确性——目标发现就意味着打击,打击目标就意味着摧毁。

因此,在信息时代进行信息作战,首先要对敌方各级部队的决策机构进行信息攻击,通过切断或破坏敌人所有的信息媒介,使敌方指挥机关与部队脱节,从而使敌方部队失去活动方向和活动能力。同时,确保己方进行不间断的、严密的和多频谱的监视与侦察,完整地接收己方部队从远距离发来的传感数据,使信息的准确性与武器的精度相适应,并快速、全面、准确地进行战斗评估。其次,确保己方决策周期比敌人的更短、运行更快,信息提供者应保持高度的战备状态,确保能随时提供所需信息。

从目前的发展情况来看,信息战的作战样式主要分为指挥控制战(C^2W)、民间事务战、公共事务战和网络空间战等,其核心是指挥控制战,而指挥控制战的重要内容之一是电子战。

1.2.2　电子战与指挥控制战的关系

指挥控制战(C^2W)的定义为通过情报的相互支持与综合运用作战保密、军事欺骗、心理战、电子战和实体摧毁等手段,达到影响、削弱或破坏敌军的指挥控制能力,同时保护友军的指挥控制系统免受敌方此类攻击的行动。C^2W 适用于任何作战行动及所有不同级别的军事冲突。

C^2W 适用于作战的各个阶段，不仅在敌对状态期间可以运用，而且在敌对状态之前和敌对状态之后都可以运用。即使在一般性作战行动而非战争的情况下，C^2W 也可以为军事指挥官提供致命性和非致命性杀伤手段，以完成上级部门交给的作战任务，达到遏制战争促进和平的目的。C^2W 可延缓敌军的作战速度，扰乱其作战计划的制定，削弱其战斗力集中的能力，影响其对作战局势的估计。此外，C^2W 能够将友军指挥控制系统的易毁性及各部队之间互相制约、相互牵制的程度降到最低。

指挥控制战的基础设施是完善的指挥、控制、通信和计算机(C^4)信息系统，并与各级作战相关信息和情报支持系统结合在一起。指挥控制战的基本组成部分是作战保密、军事欺骗、心理作战、电子战和实体摧毁。电子战和实体摧毁是指挥控制战的关键和核心。

1. 作战保密

作战保密(OPSEC)定义为通过控制和保护与军事作战计划和军事行动有关的信息而使敌方无法获得己方能力和意图的过程。OPSEC 并非一个独立的过程，必须同精心制定的欺骗计划相结合。一个好的 OPSEC C^2 攻击计划将使敌方的情报系统收集不到情报，降低敌方指挥官有效控制部队的能力。OPSEC C^2 防卫的目的是用欺骗的手段将假信息反馈给敌方，而将己方的指挥和控制信息隐藏起来。

目前，作战保密计划和措施的制定，受到新兴的全球商业部门的严峻挑战。其中，诸如摄像、定位和网络系统等新技术和手段，可以使敌方对友军信息情报的获取达到新的水平。而且，在作战行动期间，不可避免出现的媒体新闻使得作战保密问题更趋复杂化。新闻媒体向全球听众传播实时信息的能力，可以成为敌军十分有利的信息来源。随着军队数字化程度的飞速发展和广泛应用，信息安全的重要性也日益增长。

2. 军事欺骗

军事欺骗是指对己方作战能力、作战意图及作战活动等方面的信息进行误导和示假，从而有意误导敌方军事决策人员做出错误判断，最终引起敌军采取有利于己方完成任务的错误军事行动。军事欺骗是影响敌军指挥官决策的基本手段，其一般方法是对己方的作战意图、位置、部署、作战能力、活动过程和作战力量进行误导、隐蔽和伪装等，使敌方做出与真实情况相反的判断。欺骗的目的是引诱敌指挥官按着有利于己方军事行动的方案行动，也就是人们常说的"牵着敌人的鼻子走"。

3. 心理作战

心理作战是一种将信息和指令传递给敌方的政府、组织及个人，以影响其情绪、意志、动机和客观的推理，直至最终影响其行为的作战形式。心理作战是以具体、事实和可信的信息为基础的。

美军的心理作战能够将分散的信息扩散到敌方的 C^4I 收集系统之中，显示其强大的联合作战力量和先进的技术优势，从心理上给敌方以巨大的震撼，从精神、情感、意志上征服敌方。心理作战因素必须与其他指挥控制战要素、公共事务战略紧密结合、密切协同，以最大限度地发挥信息战争的优势。

心理作战在指挥控制防御战中的主要目的是将敌方在对抗己方力量方面的宣传和假情报的影响降到最小。

4. 电子战

在指挥控制战的框架之内，电子攻击主要支持 C^2W 攻击，电子防护主要支持 C^2W 防护，而电子支援既向情报系统提供信息又支持电子攻击和电子防护。为支持电子攻击、电子防护、规避、目标瞄准和其他战术部署有关的快速决策,用电子支援来搜索、截获和定位电磁辐射源,以便准实时地识别威胁。电子支援数据还用来生成信号情报,经处理后,成为情报数据库的一部分。这些更新的情报可用于规划 C^2 系统攻击行动和提供战场损伤评估,并反馈整个 C^2W 计划的效能。

无论是干扰、电磁欺骗还是采用定向能武器或反辐射导弹摧毁 C^2 系统的节点,电子攻击在作战环境中对几乎所有的 C^2 系统攻击行动都具有重要作用。它还可用于保护己方 C^2 系统免受敌方的攻击。电子防护在 C^2 系统防卫中用来保护己方部队的信息安全,不被敌方电子支援行动所利用,是保障在 C^2 系统攻击行动中己方部队顺利、不间断地应用电磁频谱的最好手段。

5. 实体摧毁

在 C^2W 中,一项重要策略就是中断敌方 C^2 系统的关键节点。摧毁只是能完成这一使命的一种方法。而且,摧毁行动仅仅在特定的时间范围内起作用,所以实施时间很重要。通常,只要有足够的时间和备份资源,敌方就可以从摧毁状态恢复过来。从军事观点来看,若要使敌方 C^2 系统功能瘫痪,非常有必要采用实体摧毁。

针对 C^2W 的指挥功能,摧毁的目标是指挥中心。针对 C^2W 的控制功能,攻击的重点则是 C^2 系统的通信、计算机或传感器网的关键节点。对辐射信号目标进行攻击时,常采用的方法是监视攻击前后信号的辐射情况。如果一个节点在被攻击前有辐射信号而在被攻击后即停止了辐射,那么可以假设摧毁行动至少取得了暂时的成功。摧毁过程得益于精确制导武器的发展,它可对敌方 C^2 系统的各个部分进行外科手术式的打击。

反辐射导弹是摧毁性电子攻击的一种手段。反辐射导弹通过跟随关键传感器或通信链的辐射信号而被制导到辐射源上。这使得在可能遭受反辐射导弹攻击时,传感器或通信链只能停止工作。

定向能武器(DEW)是另一种摧毁性电子攻击手段。定向能武器采用激光、带电粒子或微波/射频波束,其吸引人之处是它们以光速进行攻击。目前,因功率受限,定向能武器在战术使用上还只能对电子设备进行破坏或烧毁。

1.3 电子战作战模式新发展

能够战胜未来任何潜在对手的军事能力基础就是在信息控制方面保持绝对优势。电子战能够直接用于压制敌方的军事信息系统和信息化武器系统,从整体上瓦解敌人的战斗力,进而决定战争的进程与结局。进入新世纪后,电子战在现代军事行动中的作用更加突出,近年来,电子战领域出现了一些新的概念和作战模式,主要有网络中心电子战、联合电子战、电磁频谱管控、电磁战斗管理等等。与电磁频谱管控相比,电磁战斗管理指向更具体,操作性更强,与电子战及整个作战行动结合更密切。

1.3.1 网络中心电子战

1. 含义

21 世纪初美军把网络中心战概念应用于电子战作战,发展和形成了网络中心电子战。网络中心电子战是电子战作战模式的创新与发展,它提供了一种协同、综合、多平台、以网络为中心的电子战能力，实现了基于效果的作战目的，用以提高各种电子战资源的利用率，增大承担各种作战任务的灵活性，提高电子战资源的指挥控制能力，以便增强其对遂行各种作战任务的能力，从而控制电磁频谱，以夺取战斗空间的信息优势。

2.特征

网络中心电子战系统具有精确电子战态势感知、目标截获和电子攻击能力。这种能力是并行的，集成了陆、海、空、天多平台的协同电子战能力。

网络中心电子战利用强大的计算机信息网络和电子战数据链，把各种电子战装备组成一个互相连接的自适应系统网络。即把具有不同频谱特性、不同功能、分散于不同位置的各种电子战装备作为一类特定权限的终端或节点接入电子信息网络。网络中的电子战装备承担履行的任务，接受网络管理、享受网络资源和服务，通过网络使各种电子战侦察系统、指挥控制中心、干扰系统、火力系统连接成整体进行作战，实现整个战场范围内的信息共享和资源优化，能有效控制和使用整个电磁频谱，达到不同平台上的设备如同在一个平台上的效果。该网络能够动态地适应不断变化的环境，进而提高各个系统的威胁响应能力和态势感知能力。

3.网络中心电子战系统体系结构

网络中心电子战系统体系结构根据遂行任务的不同，可由网络中心电子战系统体系结构总框架派生出不同的系统体系结构。无论何种电子战装备都可作为一类特定权限的终端或节点，通过有线或无线通信方式(例如武器数据链)，在理论上均可以构成服务于特定或整个战场需求的网络。当功能和规模扩大时，可与整个作战系统中所有与信息有关的装备相连，包括信息系统、指挥控制系统、武器系统，承担各种作战任务、接受网络管理、享受网络资源和服务，从而提高作战的整体效能。

网络中心电子战并不是以网络中心计算和通信为重点的，而是以信息流动、作战空间实体的本质和特征以及它们相互作用的方式为重点，其实质是作战。网络中心电子战反映并综合了在信息时代获得成功所必需具有的特征属性，即先于敌人了解战场空间，从而获得战场作战的灵活性和主动性，以便实施最优的电子战作战行动并对付突然出现的威胁。

1.3.2 联合电子战

在现代军事斗争中，电子战是一种十分复杂的作战行动，为了充分发挥其潜在能力，对达成作战目标作出贡献，电子战必须与其他作战行动完全综合为一体。联合电子战的发展，使电子战产生了新的作战特征，即可有效地支援多种形式的军事斗争。进行联合作战时，作为一种火力武器，电子战成为武器组合中密不可分的一部分。在对敌实施强大的电子攻击、迷惑或欺骗对手、在敌人发现之前进行突袭和穿越、自卫干扰、防区外干扰、防区内干扰和随队干扰等诸多方面，电子战可利用在陆、海、空、天领域的人工或者自动化系统，在联合作战中有效支持包括侦察、阻止、欺骗、破坏、削弱、防护和摧毁在内的多种形式的作战行动。因此，联合电子战是联合作战概念指导下电子战作战能力的有效集成，可产生最佳的作战效果。

为了满足联合作战的需要，电子战任务必须具有可融合性、可协调性、可重编程等新特性。

1.融合性

在阿富汗和伊拉克的多国部队作战行动中，电子战率先成为联合作战的组成部分。美军指挥员将美国与联军和盟军的电子战能力纳入整体电子战作战方案，进而对联军和盟军提供电子支援，即进行识别威胁、威胁视避、指示目标和目标寻的等战术行动。像军事行动的其他方面一样，联合作战中的电子战行动也是统一计划并分散实施的。因此，电子战行动经常融于各种作战行动之中，成为联合作战的重要组成部分。

2. 协调性

电子战作战协调是联合作战协调的重要组成部分，其协调的整体性强、协同层次高、协调专业性强。协调性主要包括以下几个方面：

(1)电子战与情报的协调。

电子战与情报部门间的协调主要是确保电子攻击行动所需情报，确保电子攻击行动效果；电子战与情报部门要保持密切的协调，不断消除相互之间在干扰需求与情报需求上的冲突。

(2)电子战与电磁频谱管理的协调。

电子战作战部门与频谱管理部门的协调，是要根据敌我双方电磁频谱使用情况，修改联合保护频率表，以便对禁止干扰频率、保护频率、干扰频率、监视频率进行联合监管，综合利用和控制电磁频谱，消除电磁频谱冲突。

(3)电子战与作战保密的协调。

电子战、网络战、情报和频谱管理部门通过监视敌我双方频谱使用情况来监视作战保密效果，如隐蔽频率是否暴露、网上是否泄露重要信息。电子战与作战保密部门要及时评估己方电磁辐射控制效果，提出改进保密手段及方式的建议。

(4)电子战与军事欺骗的协调。

电子干扰部队有选择地干扰、扰乱敌方传感器，伪装部队模拟不同目标。由这些电子欺骗行动产生的“电特征”，与其他军事欺骗活动综合，欺骗敌方传感器，造成不同部队规模及行动的假象，并在较长时间内维持其可信度，以使敌方做出错误判断。

(5)电子战与心理战的协调。

电子战采取电子攻击行动，对敌方广播、通信和网络进行压制时也要与心理战密切协同，消除两者在频率和网络资源使用上的冲突。利用电子战手段向敌方发送有关信息，产生心理战效果，同时，作战中将电子战收集到的敌方信息，应及时地通报心理战部队，使其掌握心理战的效果。

(6)电子战与实体摧毁的协调。

电子战要及时与实体摧毁行动进行协调，以使电子战计划更全面。电子战情报部门绘制的电磁态势图，可以为其他武器攻击行动提供航路和规避参考。电子干扰和定向能武器攻击行动，与己方引信、遥控、遥测、制导活动有关，因此也应与实体摧毁行动密切协调，杜绝冲突。

3. 可重编程

随着战场环境的变化，电子战常需要重新规划与编制作战程序。包括改变自卫系统、进攻性武器系统和情报收集系统的程序，以保持和增强电子战和目标探测设备的作战效能。重编程主要用于威胁变化、任务修改和地理修改等特定情况。威胁变化，包括敌方威胁系统在作战时电磁信号特征的任何改变；任务修改，可提高系统对严重威胁做出反应的能力；地理修改，可对某个特定地区和区域实施作战。特别在联合作战期间，在敌情迅速变化的情况下，重编程工作的迅速判定和执行，可能成为生死攸关的问题。

1.3.3　电磁频谱管控

电磁环境对电子战作战效能发挥具有非常重要的作用，而频谱管理和控制是使电子战装备有效使用的前提和保证。电磁频谱是重要的作战域，电子战是电磁频谱作战域的主要行动样式，电子攻击(EA)是频谱攻击部分，电子防护(EP)是频谱的防护部分，电子支援(ES)是频谱利用部分。电磁频谱控制采取的主要举措有：

1. 制定管理规则

为了维护电磁频谱的安全，应建立一整套完整的联合战役频谱管理体系，形成相应管理机制，同时要制定一系列管理条例、操作规程和技术标准，为全面管理电磁频谱提供统一的依据。

2. 制定电子战作战频谱管理计划

电子战电磁频谱管理计划包括：确定作战方案与需要保护的关键目标；进行情报评估；明确受保护的节点与网络并区分优先级；拟制、分发联合限制性频率表；拟制频谱使用计划。

3. 确定作战方案与需要保护的关键目标

各个作战阶段的作战方案由作战部门确定。对于每一阶段，作战部门根据联合部队作战方案明确被保护的不能被干扰压制和电子欺骗的己方重要目标，并在联合部队作战计划中就电子干扰优先于情报搜集或情报搜集优先于电子干扰的情况提出指导性建议。

4. 进行情报评估

根据作战部门的作战方案，情报部门确定情报支援需求，明确每一个作战阶段中需重点进行情报搜集的敌方电子系统目标和需要受频率限制的相关电子系统节点。

5. 明确受保护的节点与网络区分优先级

应明确区分对敌我双方作战有重大影响的特定节点和设备。为便于在实施电子攻击时对这些节点和网络进行保护，应将其提交给联合部队指挥部门。

6. 拟制、分发联合限制性频率表

根据性质的不同，将限制性频率分为监视性频率、保护频率和禁用频率，以此拟制、分发联合限制性频率表，供作战单位使用。

7. 拟制频谱使用计划

联合频率管理办公室根据部队部署情况、用频装备的数据，利用联合作战计划与实施系统中的数据，对联合部队进行用频需求分析，拟制频谱使用计划，进行频率分配，提出频率使用建议。频谱使用计划是联合部队作战计划的一部分。

8. 电子战频谱管理的实施

电子战电磁频谱管理实施的主要内容包括实时评估频谱管理计划、动态调整部队用频、及时查处用频冲突。

(1)实时评估频谱管理计划。随着作战过程中部队的重新部署和指挥与控制、监测、武器系统和其他用频设备的重新配置，这一电磁环境将会不断变化。因此，联合频率管理部门要对作战区域电磁环境进行不间断的评估，判断频谱管理计划的有效性，提出联合用频冲突解决方案，对可能出现的频谱管理问题提出建议。

(2)动态调整部队用频。按照联合限制频率表和辐射控制计划进行电磁环境监测；根据出现的频率冲突的要求，提出调整电磁频谱行动的建议；提出电子攻击运用的指导性意见和附加的交战规则建议，确保电子攻击计划与标准的交战规则相一致；制定确保通信网在有意干扰或无意干扰入侵时能有效工作的应急措施；指定干扰控制负责人，协调和解决电子攻击行动与其他电磁频谱应用之间的冲突。

(3)及时查处用频冲突。电子战计划人员检查电子攻击任务是否与联合限制性频率表有冲突或联合限制性频率表的变化是否会影响拟定的电子攻击行动。当出现用频冲突时，考虑频率、位置和时间三要素，对冲突情况进行分析，及时提出解决建议。

1.4　雷达对抗中的主要矛盾

雷达电子战又称雷达电子对抗，本书简称雷达对抗，是通过采用专门的电子设备和器材对敌方雷达进行侦察、干扰、摧毁以及防御敌对我雷达进行侦察、干扰和摧毁的电子对抗技术。根据矛盾的对立统一观点，为了突出对抗性，本书以雷达对抗中的主要矛盾为主线进行描述，即雷达侦察与反侦察、雷达干扰与反干扰、雷达隐身与反隐身、雷达摧毁与反摧毁、雷达低空突防与反突防。

1.4.1　雷达侦察与反侦察对抗

雷达侦察与反侦察是雷达对抗中的一对矛盾。无论平时和战时，雷达侦察与反侦察都在进行，对作战过程和行动有重要的支持作用。

雷达侦察是电子支援的重要内容，主要行动包括对敌方雷达辐射源的截获、识别、分析和定位。对雷达辐射的截获通常由覆盖重要威胁频段的高灵敏度接收机(即雷达侦察接收机)完成，该接收机要能覆盖整个敌威胁频段。识别就是将截获的数据同威胁库中存储的特征数据进行比较，从而进一步判断、确定雷达辐射源信号。定位就是通过把得到的雷达辐射源空间上的各种分散数据进行综合分析和计算，从而确定雷达辐射源的准确位置。

作战双方尽可能对敌方的雷达进行侦察，主要目的是对即将到来的威胁发出警报，为己方实施有效的对抗措施提供必要的信息支援；同时尽可能防止己方雷达设备被敌方侦察，采取各种战术技术措施进行反侦察。

雷达反侦察是雷达保证自身正常工作的重要条件之一，在不影响完成己方雷达系统所承担任务的前提下，应严格控制辐射源的电磁辐射，尽量减少开机的数量、次数和时间，必要时实施无线电静默；设置隐蔽频率，控制辐射方向，使电子设备在低功率状态下工作；采用低截获概率的电子设备；采用信号保密措施；进行辐射欺骗，无规律地改变呼号，适时转移电子设备的阵地；及时掌握敌方电子侦察活动的情况，并采取相应的反侦察措施等。

1.4.2　雷达干扰与反干扰对抗

雷达干扰与反干扰是雷达对抗中最常见、历史最悠久的一对矛盾，自从雷达诞生这对矛盾就出现了，而且这对矛盾随着时间的推移不断变化、不断发展。

雷达干扰是通过发射电子干扰信号降低或削弱敌雷达的作战效能的一种非摧毁性电子攻击行动，从干扰样式上可以分为压制(性)干扰、欺骗(性)干扰和复合干扰。压制干扰是电子进攻的主要手段，通过使用电磁干扰设备或器材发射强烈的干扰信号，达到扰乱或破坏对方电子设备正常工作的目的，从而削弱和降低其作战效能。欺骗干扰就是改变、吸收、抑制、反射敌电磁信号，传递错误信息使敌方所依赖的武器得不到正确有效的信息。欺骗干扰的特点是使敌接收设备因收到虚假信号而真伪难辨，同时，大量的虚假信号还增大了接收设备的信息量从而影响信号处理的速度甚至使信号处理系统饱和。复合干扰包括压制干扰和欺骗干扰相结合的各种干扰。无论是采用压制干扰、欺骗干扰或复合干扰，雷达干扰在整个战斗中都起着最为关键的作用。

作为矛盾的另一方,雷达抗干扰是保持己方战斗力的重要方面。雷达反干扰可分为技术反干扰和战术反干扰两类基本方法。技术反干扰有多种方法,可以分为天线域抗干扰技术、能量域抗干扰技术、频率域抗干扰技术、速度域抗干扰技术、时间域抗干扰技术和其他抗干扰技术等。战术抗干扰的方法通常有:将不同频段、类型的电子设备配置成网,以发挥网络整体抗干扰能力;综合应用多种手段和多种技术体制的雷达;设置隐蔽台站(网)和备用设备,并适时启用等。

1.4.3 雷达隐身与反隐身对抗

雷达隐身与雷达反隐身是雷达对抗中一对突出的矛盾,是世界各国重点发展的高技术领域。

飞行器对雷达的隐身技术,减弱了目标自身的反射和辐射特征信号,使其难以被探测发现。通常采用合理设计结构与外形、选用隐身材料、表面涂层等措施,以减少武器装备的电磁辐射特征信号,提高生存和突防能力。目前雷达隐身技术已经成为雷达的重大现实威胁之一。

反隐身技术是雷达面临的一个新课题,目标反隐身措施的采用将降低隐身技术的有效性,提高或恢复雷达对飞行器的探测和跟踪能力。目前雷达反隐身技术主要从空域、频域和功率域等方面展开研究,已经取得了一些进展。

1.4.4 雷达摧毁与反摧毁对抗

雷达摧毁与反摧毁是雷达电子对抗中的一对严峻的矛盾。雷达电子战的新概念之一是采用硬杀伤手段对雷达实施摧毁性行动。摧毁性行动就是使用反辐射摧毁武器和定向能武器直接攻击对方雷达设备,对其造成永久性毁伤,因此对防御方构成了严重威胁。防御方必须采取有效措施,防止反辐射导弹和定向能武器对己方雷达装备的破坏。

反辐射摧毁武器主要有反辐射导弹、炸弹和反辐射攻击型无人机等。反辐射导弹能够利用敌方辐射源辐射的电磁信号进行引导或利用主动导引头探测敌雷达设备,并适时用带有高性能弹药的战斗部来摧毁敌方雷达系统,对雷达生存构成了重大的威胁。反辐射攻击型无人机是一种自主式空地反辐射武器,它具有发射后巡航时间长的重要特点,在战场上具有一定的威慑力。

定向能武器(DEW)是摧毁性电子攻击的另一种形成,它包括高能激光(HEL)、带电粒子束(CPB)、中子粒束(NPB)和高能微波(HPB)。这些武器能以光速进行攻击,在军事界倍受重视,正投入大量经费进行研制和试验。

随着反辐射摧毁武器和其他常规火力摧毁武器的威力越来越强、应用越来越广,雷达防护的难度也越来越大,雷达反摧毁技术和装备的发展引起了世界各国的重视。目前主要的防反辐射武器摧毁手段有:早期告警、发射诱饵信号进行欺骗;远置发射天线,将雷达设备与天线异地配置;控制电磁波的辐射;多站交替工作或采用双(多)基地技术;采用光电探测和跟踪技术;快速转移雷达设备的阵地;对地面雷达设备进行伪装等;另外,也可以采用高能武器、激光武器和粒子束武器等拦截反辐射武器。

对于高能激光武器防护可以采用基于线性光学原理的防护技术、基于非线性光学原理的防护技术和基于相变原理的防护技术等;对于高能微波武器防护可以采用微波固态加固和电磁自适应防护等技术。

1.4.5　雷达低空突防与反低空突防对抗

低空突防与反低空突防是现代空防作战中的一对矛盾。低空/超低空突防是航空兵作战的基本模式，也是一种行之有效、常用常新的战术手段，而反低空突防是整个防空体系面临并需要解决的一个重要问题。

低空/超低空突防是为了躲避对方雷达和地面防空系统的探测，利用地球曲率和地形起伏造成的遮挡、雷达探测系统的盲区以及对方防空武器系统需要调度时间等有利条件，使航空兵器快速隐蔽地深入敌区进行突然打击，并在对方防空武器系统做出反应之前迅速撤离敌区，在降低己方被对方探测和击落概率的同时，隐蔽有效地执行作战任务。雷达低空突防可以认为是一种消极干扰，因为它利用了电磁波传播过程中的地(海)杂波和地球曲率对电磁波的遮挡。

雷达反低空突防需要根据低空突防的机理，通过技术手段消除影响低空探测的因素，提高雷达在低空探测时的探测距离和探测精度。雷达反低空突防的主要措施包括将雷达平台架高、将雷达置于高山头上、利用空基雷达或天基雷达、采用动目标处理等技术。

1.5　电子对抗实例简介

战争使人们对电子对抗重要性的认识越来越深刻，电子战已经成为继陆、海、空、天战之后的第五维战场。在近年来的局部战争中，电子战双方经过多次较量积累了宝贵的经验，本节通过实战战例对电子战历史进行简要的回顾。

电子战的起源可追朔到1904年4月14日的日俄战争，俄国岸基无线电台用火花发射机对用无线电报告射击校准信号的日本船只进行干扰，这是第一次使用无线电通信干扰的战争。随着无线电通信技术的发展和广泛应用，通信干扰、侦听与反侦听(密码、欺骗、通信)相继在战争中出现，并迅速发展。

1934—1935年雷达研制成功。在第二次世界大战中，虽然雷达品种不多，而且工作频率在30～500 MHz范围，但在对抗雷达的斗争中，电子战开始取得成效。当时已有针对性地研制干扰机，电子侦察、箔条干扰也已陆续在战场上使用并取得明显战果。

第二次世界大战以后，防空导弹武器系统的出现，加快了电子战的发展。20世纪50年代，苏联SAM防空导弹研制成功，促使美国于1958年前后在一些战术飞机上加挂电子干扰吊舱。

美国U-2飞机担负着拍照和收集电子战数据的任务。1960年前后，U-2飞机入侵中国、苏联和古巴上空被击落多架，防空导弹武器在当时激烈的冷战中立下了战功。1960年以后，不断发生的局部战争显示了防空导弹武器系统在防空中的重要地位，同时也表明它已面临日益严重的电磁威胁。

1. 中国地空导弹部队的电子对抗

我军地空导弹部队自1958年组建以来，在17次国土防空作战中，9次取得了胜利，击落了U-2高空侦察机5架、RB-57D高空侦察机1架、无人驾驶侦察机3架。其中有4次击落U-2飞机是由于及时采取了反干扰措施，而8次失利大多是由于反侦察、反干扰措施不利造成的。

1962 年 9 月,美蒋 U－2 飞机侵犯我国领空,没有对地空导弹实施干扰,我地空导弹正常工作,一举击落了敌机。

1963 年初,敌方在 U－2 飞机上加装了电子对抗设备(告警系统),发现制导雷达信号后,能测出方位并发出预警信号,以逃避导弹的攻击。针对敌机在制导雷达开机后就逃避的情况,我方从战术上采取了反侦察措施,于 1963 年 11 月再次击落敌 U－2 飞机 1 架。根据缴获的敌告警设备的特点,经过分析研究,改变了制导雷达天线的工作体制,同时完善了战术措施,形成了自己的“近快战法”,于 1964 年 7 月击落了第 3 架 U－2 飞机。

敌方很快又在 U－2 飞机上加装了回答式干扰机,但由于我方制导雷达上增加了新的工作体制,使敌告警系统未能正常发挥作用,在飞行员还在犹豫是否打开干扰机的时候,我方使用“近快战法”,于 1965 年 1 月又一次成功地击落了第 4 架 U－2 飞机,并缴获了敌机的回答式干扰机。根据回答式干扰机的弱点,及时加装了相应的反干扰电路,增强了反干扰能力,于 1967 年 9 月又成功地击落了第 5 架 U－2 飞机。

2. 越南战争

1965 年 7 月 24 日,入侵北越的美国一架 F－4 鬼怪式飞机被苏制 SAM－2 导弹击落。不到半年时间,美国在越南约损失 160 架飞机,大部分是被 SAM－2 导弹击落的,这说明 SAM 导弹对美空军已构成严重的威胁。

美国制定了“压制方案”,即所谓“快速反应行动(QRC)”方案,按此方案几乎每架飞机上都装上电子干扰吊船,并提出“设法脱身”的概念。生产了能侦收 SAM－2 雷达发射脉冲并及时报警的机载电子对抗设备。这种设备采用“晶体视频”信号检测技术,由计算机把侦听到的雷达信号参量与事先贮存在计算机内的 SAM－2 雷达信号参数对比后,发出一种叫“SAM 歌”的报警信号。还用 2～4 架 F－105 或 F－4 飞机发射 AGM－4 百舌鸟反辐射导弹,组成“野鼬鼠(Wild Weasel)行动”。1966 年 10 月 F－105 开始采用干扰吊舱编队,显著减小了作战损失率。使用干扰吊舱编队之前的 6 个月,F－105D 在越南北方执行一般攻击任务时被高射炮和地空导弹击落 72 架(每月平均 12 架);使用干扰吊舱编队新战术之后的 6 个月,损失飞机 23 架(平均每月只有不到 4 架)。据统计,1965 年,每发射 10 枚地空导弹可击落一架美国飞机,1966 年底,每发射 70 枚导弹才能击落一架飞机。这一统计结果表明,越南战场上,地对空导弹的杀伤概率从 10％下降到约 1.5％。

为对付美国的雷达电子战战术和技术,越方改变了 SAM 制导雷达的频率,采用“隐蔽扫描”技术,还采用雷达瞬时关机或天线转向、光学辅助跟踪和假目标欺骗等战术,用以对抗反辐射导弹。美国则着手生产新一代电子战设备,包括大功率机载干扰机,投放新式的箔条和反辐射导弹。从 1970 年直到战争结束,美国不断改进机载电子对抗设备,研制了采用数字化技术、混合微带电路和专用宽带微波元器件的先进雷达告警接收机,还研制出第一代由计算机控制的瞬时测频告警接收机。1971 年,远距离干扰支援飞机 EA－6“徘徊者”服役,它除载有侦察告警设备外还带有大功率干扰机和新一代欺骗式干扰机,使得美军战机的损失率大大降低。

越南战场上防空导弹干扰与抗干扰的战斗,为研究电子对抗提供了许多极其宝贵的经验。

3. 埃以战争

1967 年 6 月 5 日凌晨,埃及大部分远程雷达遭受以色列的干扰和攻击无法工作。与此同时,以色列摧毁了埃及 320 架飞机中的 300 架,且大部分是在地面摧毁的。原因之一就是以色列在战争中综合运用电子对抗手段:实施电磁干扰、投放箔条以及发射“百舌鸟”反辐射导弹,致使埃及雷达致盲、无线电通信中断、指挥失灵，处于瘫痪、被动挨打的地位。

1970年6月，在埃及地空导弹武器和以色列飞机的较量中，由于以色列掌握了对付SAM-2导弹和57 mm炮瞄雷达的干扰措施，埃及的SAM-2导弹武器几乎都被摧毁。

1973年10月6日，埃及向以色列发动猛烈进攻。经过两三天的战斗，以色列损失飞机约110架。原来，埃及除装备有SAM-2和SAM-3外，还新装备了SAM-6防空导弹系统、23 mm四管高炮以及SAM-7肩射式红外制导导弹，这些新型武器使以色列措手不及。埃方炮瞄雷达的工作频率为15.56 GHz，而以色列机载侦察机ALR-45只能侦察在2～14.52 GHz的信号，无法侦收到此种炮瞄雷达的信号，致使以色列指挥部门做出空军不对埃及实施空中攻击的决定。

4. 以叙战争——贝卡谷地战斗

1982年，以色列和叙利亚在贝卡谷地进行战斗。以色列通过E-2C“鹰眼”预警飞机监视叙利亚从机场起飞的飞机，引导以机进行拦截，并用A-4飞机做近距空中支援，用波音707飞机改装的远距支援侦察干扰飞机进行电子干扰，共出动了F-15、F-16、F-4等飞机约90架，几乎摧毁了叙方所有的导弹营(19个)。以方在这次战争中取得胜利的原因有：在埃以战争期间，以色列缴获了埃及的SAM-6、SAM-7及四管高炮等完整的武器系统，在飞机上装了可以侦收上述武器辐射信号的新型雷达告警接收机；战前进行了攻击SAM-6导弹营的战术训练；战时再采用遥控飞行器和新的电子干扰战术。因此，以方在电子战方面占了明显的优势。这次战斗证明了使用电子控制的武器与电子对抗支援措施相结合的有效性。

在这以后，苏联向叙利亚提供大量的新型导弹武器系统SAM-8和SAM-9，叙方于7月25日成功地击落一架F-4飞机。在以色列设法缴获SAM-8和SAM-9导弹武器系统后，9月份又在黎巴嫩摧毁了5个或6个这样的导弹营。

贝卡谷地的战果显示出在精确电子战行动支援下，进行“实时”攻击的新概念，显示出一种新的战争模式。

以色列飞机装备了先进的全自动化、计算机化的欺骗干扰机，能使先进的导弹偏离轨道。机载雷达告警接收机能发现SAM导弹系统的制导雷达已跟踪上飞机，能分析与识别各种威胁，确定威胁的优先级，及时采取最有效的措施去对抗各种威胁，引起人们的注目。

5. 英阿战争

1982年英阿战争中，阿根廷损失了1/3～1/2的飞机，这些飞机大部分缺少电子干扰设备，这无疑是造成重大损失的原因之一。而英方则常常能避开阿根廷的“罗兰特”地对空导弹，仅损失一架“鹞”式飞机，这是因为英方飞机有电子干扰设备(如AN/ALQ-101干扰吊舱)。然而，英国“谢菲尔德号”驱逐舰却被阿的“飞鱼”导弹击中，据分析原因之一是英舰雷达的低空探测能力差。

6. 美机轰炸利比亚

1986年，美空军袭击利比亚时共出动飞机24架，其中有4架EF-111A电子干扰飞机。在这次袭击中，美军共发射30多枚“百舌鸟”和30多枚“哈姆”(HARM)反辐射导弹。整个战斗仅18 min，击毁利比亚飞机14架，破坏军用机场和营房各2处、雷达5部，使利方防空导弹无法实施攻击。

7. 海湾战争

1991年1月17日海湾战争爆发，历时42天的战争中，多国部队出动约11万架次飞机轰炸伊拉克军事要地，最后经过四天的地面战斗而结束战争。美国在战前5～6个月就开始进行电子情报侦察，探测伊方弱点，研究伊方雷达防御能力。战争开始，空袭前5 h全面干扰了伊通信和雷达系统，彻底瓦解了伊方“一体化”防空系统，以致伊无法掌握制空权。在整个战争中，多国部队每天平均出动2 600多架次飞机（最多达4 600多架次）肆意狂轰滥炸。除携带电子干扰设备的战斗机、战斗轰炸机、轰炸机、攻击机与军事飞机外，还动用专用电子战飞机100多架。伊拉克拥有600多架作战飞机，其中40多架被击毁于空中，60多架被毁于地面，有近140架飞机逃往伊朗。战争中，多国部队损失飞机45架，损失率仅为0.041%。伊拉克有300多个战略目标被摧毁，损失坦克3 700多辆，大炮2 600多门，装甲车近2 400辆。值得一提的是F-117A隐身飞机，在空袭中承担了攻击巴格达及31%的战略目标等重要任务。实践证明，隐身飞机在电子干扰支援掩护情况下，可达到最佳的生存效果。F-117A执行危险任务1 000余次，无一架损失，摧毁了巴格达大约95%的重点设防目标。开战第一周，美国还发射了230枚“战斧”巡航导弹，攻击成功率达到95%。由于作战双方电子战能力相差极为悬殊，相互对抗性差，故呈“一面倒”的局面，无论隐身飞机还是“爱国者”导弹都没有经受严峻的电子战考验。有人认为，这场战争成为了美国电子战武器装备的试验靶场，为近年西方研制的新武器装备和军事技术提供了试验机会。

8.科索沃战争

对南斯拉夫联邦共和国实施的“盟军”空中作战行动于1999年3月24日夜间开始，最先实施的进攻是从美国战舰和英国海军潜艇上同时发射的“战斧”对地攻击导弹，目标是南斯拉夫联邦共和国的部分防空系统，随后是从13个北约国家起飞的飞机实施的一系列后续攻击。

为了使北约的飞机在极具威胁的红外制导武器射程以外，攻击行动主要在15 000英尺①以上的高度实施，而在这个高度，雷达制导导弹对这些飞机仍然具有很大威胁。为了遏制危险，空袭飞机需要防空压制飞机编队的支援，进入敌占区域的每一支攻击部队都有专门指派给自己的掩护编队实施支援。掩护编队通常由4架空中优势战斗机（F-14、F-15、F-16、F/A-18或幻影-2000），2架EA-6B干扰支援飞机，以及至少2架F-16CJ或携带“哈姆”导弹的德国空军“旋风”战斗机和1架EC-130H“罗盘呼叫”通信干扰飞机组成。

在盟军的第一次夜间作战行动中，美国有两种重要的武器系统首次投入战斗。第一种是诺斯罗普公司生产的B-2“幽灵”战略轰炸机，第二种是2 000磅②的联合定向攻击炸弹（EJDAM）。每架B-2携带16枚这种自由降落的炸弹。它们采用GPS制导，是一种准精密联合定向攻击炸弹，无论什么气象条件都能命中目标。

但在第二阶段实施后，防御方击落一架了F-117A隐身飞机。这架F-117A是在完成攻击任务离开目标时，可能受到了3枚或4枚SA-3“小羚羊”防空导弹的攻击。飞机被击落有多种可能原因：飞行路线类似于前四个夜间使用的排成一行的航线；EA-6B干扰飞机的盘旋位置距F-117A太远而不能实施有效的掩护；米波目标指示雷达为SA-3制导雷达提供了F-117A信息；SA-3导弹连操作人员的巧妙操作。可以确信，防御方的导弹操作人员受过最好的训练且具有丰富的实际经验。在从正下方观察时，F-117A的下面是扁平的，这是隐身飞机最易被看见的部分。如果雷达操作员知道隐身飞机接近其顶空的时间，并在飞机通过

① 1英尺=0.304 8 m。

② 1磅=0.453 6 kg。

时进行探测，就会给 SA－3 导弹系统创造最佳交战条件。

F－117A 损失以后，美军采取了相应的补救措施。F－117A 的作战行动采取了更为多变的航线，并得到 EA－6B 更为有效的掩护。这些措施看来是成功的，在以后的战斗中，隐身战斗机再没有受到损失。

据报道，在科索沃进行的主要作战中，南斯拉夫联邦共和国部队共发射 266 枚 SA－6、174 枚 SA－3 雷达制导导弹和 106 枚肩射式红外制导导弹，此外还有 126 枚不明型号的导弹。

在作战中盟军损失 2 架美国飞机，1 架 F－16 和 1 架 F－117A，这是在敌方地域上空执行近 14 000 次攻击和防空压制任务中损失的数量。除此之外，在作战行动中还因事故或技术故障损失了几架无人侦察机。

第2章　雷达侦察与反侦察

对雷达进行电子侦察(简称雷达侦察)是雷达电子战中电子支援的重要内容，其目的是搜索、截获、识别雷达辐射信号并确定雷达的位置和参数，为实施对雷达的电子攻击或摧毁提供技术支持，同时为己方的指挥机关和作战部队提供情报信息。本章主要介绍雷达侦察与反侦察领域的一些基本概念、基本技术和战术措施。雷达侦察主要介绍侦察作用距离、对雷达频率侦察、对雷达方向的侦察、对雷达位置的定位和侦察中的信号处理等内容；雷达反侦察主要介绍技术反侦察措施和战术反侦察措施。

2.1　概　　述

2.1.1　雷达侦察的基本内容

雷达侦察的目的就是从敌方雷达发射的信号中检测有用的信息，并与其他手段获取的信息进行综合，为我方指挥机关提供及时、准确、有效的情报和战场信息。

雷达侦察是雷达电子战的一个重要组成部分，也是雷达电子战的基础。其主要作用是情报侦察、获取数据和实时截获敌雷达信号，分析识别对我方造成威胁的雷达类型、数量、威胁性质和威胁等级等有关情报，为作战指挥和实施雷达告警、战术机动、引导干扰机、引导杀伤武器对敌雷达进行打击等战术行动提供依据。具体地说，雷达侦察的基本内容有以下三点。

1. 截获雷达信号

截获雷达信号是侦察的首要任务，雷达信号包括目标搜索雷达、跟踪照射雷达以及弹上制导设备和无线电引信等辐射的信号。

传统侦察设备要能截获到雷达信号，一般需要同时满足三个条件：方向对准、频率对准和灵敏度足够高。

由于雷达辐射电磁波是有方向的、断续的，所以只有当侦察天线指向雷达，同时雷达天线也指向侦察接收机方向时(旁瓣侦察除外)，也就是在两个波束相遇的情况下，才有可能截获到雷达信号。侦察天线与雷达天线互相对准的同时，频率上还必须对准。雷达的频率是未知的，分布在30 MHz～140 GHz极其广阔的范围。可以设想在方向上对准的瞬间(数毫秒至数千毫秒)，侦察接收机的频率要在宽达数万兆赫的频段里瞄准雷达频率是很不容易的。除方向、频率对准之外，还要求侦察设备有足够高的灵敏度，这样才能保证侦察接收机正常工作。

2. 确定雷达参数

对截获的信号进行分选、测量，确定信号的载波频率(RF)、到达角(AOA)、到达时间(TOA)、脉冲宽度(PW)、脉冲重复频率(PRF)和信号幅度(PA)等。

3. 进行威胁判断

根据截获的信号参数和方向数据，进行威胁判断，确定威胁性质，形成各种信号环境文件，存储在数据库和记录设备中，或直接传送到上级指挥机关。

2.1.2　雷达侦察的分类

根据雷达侦察的具体任务，雷达侦察可分为以下五种类型。

1. 电子情报侦察(ELINT)

“知己知彼，百战不殆”，这是适用于古今中外的普遍真理。电子情报侦察属于战略情报侦察，要求能获得广泛、全面、准确的技术和军事情报，为高级决策指挥机关和中心数据库提供各种翔实的数据。雷达情报侦察是信息的重要来源，在平时和战时都要进行，主要由侦察卫星、侦察飞机、侦察舰船和地面侦察站等来完成。为了减轻侦察平台的有效载荷，许多ELINT设备的信号截获、记录与信号处理是在异地进行的，通过数据通信链联系在一起。为了保证情报的可靠性和准确性，电子情报侦察允许有比较长的信号处理时间。

2. 电子支援侦察(ESM)

电子支援侦察属于战术情报侦察，其任务是为战术指挥员和有关作战系统提供当前战场上敌方电子装备的准确位置、工作参数及其转移变化等，以便指战员和有关作战系统采取及时、有效的战斗措施。电子支援侦察一般由作战飞机、舰船和地面机动侦察站担任，对它的特殊要求是快速、及时对威胁程度高的特定雷达信号优先进行处理。

3. 雷达寻的和告警(RHAW)

雷达寻的和告警用于作战平台(如飞机、舰艇和地面机动部队等)的自身防护。雷达寻的和告警的主要作战对象是对本平台有一定威胁程度的敌方雷达和来袭导弹。RHAW能连续、实时、可靠地检测出它们的存在、所在方向和威胁程度，并且通过声音或显示等手段向作战人员告警。

4. 引导干扰

所有雷达干扰设备都需要由侦察设备提供威胁雷达的方向、频率、威胁程度等有关参数，以便根据所辖干扰资源的配置和能力，选择合理的干扰对象、最有效的干扰样式和干扰时机。在干扰实施的过程中，也需要由侦察设备不断地监视威胁雷达环境和信号参数的变化，动态地调控干扰样式和干扰参数以及分配和管理干扰资源。

5. 引导杀伤武器

通过对威胁雷达信号环境的侦察和识别，引导反辐射导弹跟踪某一选定的威胁雷达，直接进行攻击。

2.1.3　电子侦察的特点

1. 作用距离远、预警时间长

雷达接收的信号是目标对照射信号的二次散射波，其能量反比于距离的四次方。雷达侦察接收的信号是雷达的直接照射波，其能量反比于距离的二次方。因此，侦察设备的作用距离远大于雷达的作用距离(一般在1.5倍以上)，从而使侦察设备可以提供比雷达更长的预警时间。

2. 隐蔽性好

雷达侦察是靠被动接收外界的辐射信号工作的，因此具有良好的隐蔽性和安全性。

3. 获取的信息多而准

雷达侦察所获取的信息直接来源于雷达的发射信号，受其他环节的“污染”少，信噪比高，因此信息的准确性较高。雷达信号细微特征分析技术，能够分析同型号不同雷达信号特征的微小差异，建立雷达“指纹”库。雷达侦察本身的宽频带、大视场等特点又广开了信息来源，使雷达侦察获得的信息非常丰富。

雷达侦察也有一定的局限性，如情报获取依赖于雷达的发射，单侦察站一般不能准确测距等。因此，完整的情报保障系统需要有源、无源多种技术手段相互配合，取长补短，才能更有效地发挥作用。

2.1.4 雷达侦察设备的基本组成

典型雷达电子支援(侦察)设备的基本组成如图 2.1.1 所示。

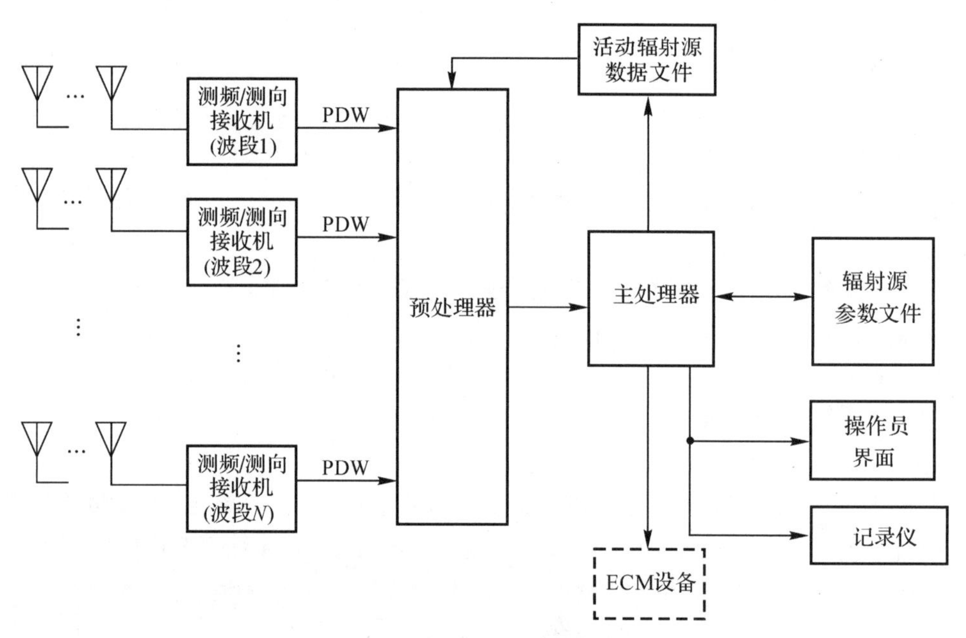

图 2.1.1 雷达侦察设备的基本组成

天线阵覆盖雷达侦察设备的测角范围(Ω_{AOA})，并与测向接收机组成对雷达信号脉冲到达角(θ_{AOA})的检测和测量系统，实时输出检测范围内每个脉冲的到达角(θ_{AOA})数据。同时，天线阵还与测频接收机组成对其他脉冲参数的检测和测量系统，实时输出检测范围内每个脉冲的载频(f_{RF})、到达时间(t_{TOA})、脉冲宽度(τ_{PW})、脉冲功率或幅度(A_P)数据。有些雷达侦察设备还可以实时检测脉内调制，输出脉内调制数据(F)。这些参数组合在一起构成脉冲描述字(PDW)，实时交付信号预处理器。

由于天线用来接收雷达信号并测定雷达的方向，故对天线的主要要求是具有宽频带性能，保证所需要的测向精度，能接收多种极化的电波，天线旁瓣尽可能小。因为采用一个天线全部满足这些要求是比较困难的，所以一般都用几个甚至几十个宽频带天线组成天线阵。常采用的宽频带天线有喇叭天线、各式螺旋天线、宽波段振子以及带反射面(如抛物面)的天线等。对测向设备的主要要求是测向迅速，并具有一定的测向精度和分辨力。

测频接收机用来放大所接收的雷达信号并测定雷达的工作频率。对测频接收机主要要求是：覆盖尽可能宽的频率范围；具有快速截获信号的能力；有足够的灵敏度和动态范围；有一定的测频精度等。为了能覆盖全波段，往往采用多部接收机组成一个接收系统。由于对接收机的灵敏度要求不高，可采用直接检波式接收机。但为了增大侦察距离、提高测量参数的精度、进行旁瓣侦察，目前常使用灵敏度较高的超外差式接收机。

信号预处理是将实时输入的脉冲参数与各种已知雷达的先验参数和先验知识进行快速匹配比较，按匹配比较的结果分门别类地装入各缓存器，将认定为无用信号的立即剔除。预处理所用到的各种已知雷达的先验参数和先验知识可以预先装载，也可以在信号处理的过程中补充修改。

信号主处理是用来选取预处理分类缓存器中的数据，按照已知的先验参数和知识，进一步剔除与雷达特性不匹配的数据，然后对满足要求的数据进行雷达辐射源检测、参数估计、状态识别和威胁判别等，并将结果提交显示、记录、干扰控制设备及其他设备。

操作员界面主要指显示器，用来指示雷达的频率、方位和信号参数。显示器的形式有音响显示、灯光显示、指针显示、示波管显示和数字显示等。指示灯和扬声器一般用来报警和粗略指示雷达的频率和方位，示波管和数字显示可以精确地显示出雷达的频率、方位和其他参数。

记录器用来存储和记录接收到的信号的参数，供以后分析使用。

存储与记录的方法包括磁带记录、拍摄记录、数字式打印记录、数字存储等。

在侦察卫星、无人驾驶飞机或投掷式自动侦察站等无人管理的侦察设备中，通常还需要有数据传输设备，以便将侦察到的数据传送出去。

2.1.5　雷达侦察的信号环境

电子战的信号环境与雷达信号环境不同。雷达信号环境指目标及其周围环境形成的回波信号以及各种人为的有源或无源干扰信号。电子战信号环境是指由各种电子设备辐射的射频信号之和。电子战信号环境可用下式表示：

$$S(t)=\sum_{i=1}^{N}S_i(t_{\mathrm{TOA}i},f_{\mathrm{RF}i},\theta_{\mathrm{AOA}i},\cdots,A_{\mathrm{P}i})+J(t) \tag{2.1.1}$$

式中，$t_{\mathrm{TOA}i},f_{\mathrm{RF}i},\theta_{\mathrm{AOA}i},\cdots,A_{\mathrm{P}i}$ 分别表示第 i 个脉冲信号的到达时间、射频频率、到达方向、……、脉冲幅度等特征参数；$J(t)$ 表示干扰信号。

通常，将式(2.1.1) 表示的脉冲信号之和称为脉冲信号流，它描述了电子战信号环境的特点。信号环境是雷达电子战系统设计的基础，雷达侦察系统的性能必须要与信号环境相适应。

1. 信号流密度

电子战信号环境包括雷达信号、制导信号、通信信号、引信信号、敌我识别信号、导航信号以及干扰信号等。辐射信号的设备配置在海上、陆地和空中的各种平台上（如汽车、坦克、舰艇、飞机、导弹等），产生这些信号的无线电电子设备统称为辐射源。随着无线电电子设备在军事装备中广泛应用，辐射源的数量日益增加，信号流的密度越来越高。一般情况下，信号流密度定义为每秒辐射的脉冲数。但对宽开式（包括频域、时域和空域）电子侦察系统来说，信号流密度在很大程度上由作战场合、平台高度和系统灵敏度所决定。目前，中等信号流密度为(10 ～ 20) 万个脉冲 /s，高信号流密度可达(100 ～ 200) 万个脉冲 /s。

根据定义，信号流密度可按下式计算：

$$\rho = N\overline{F_R} \tag{2.1.2}$$

式中，ρ 为平均信号流密度；N 为辐射源数目；$\overline{F_R}$ 为脉冲信号流的平均重复频率。

脉冲信号流的平均重复频率$\overline{F_R}$ 可用下式表示：

$$\overline{F_R} = \frac{1}{N}\sum_{i=1}^{N} F_{Ri} \tag{2.1.3}$$

式中，F_{Ri} 为第 i 个辐射源信号的脉冲重复频率。

将式(2.1.3) 代入式(2.1.2) 可以求得

$$\rho = \sum_{i=1}^{N} F_{Ri} \tag{2.1.4}$$

例如，当 $N=100$ 个，$\overline{F_R}=1.75$ kHz 时，利用式(2.1.2) 求得 $\rho=17.5$ 万个脉冲 /s。

2. 脉冲信号流的统计特性

由于辐射源的开机时间、工作辐射源的数量、工作时间的长短以及辐射信号到达侦察系统的时间等无法预知而且是随机的，因此脉冲信号流是一个随机过程。在工程上，可以将这种信号流看作一个具有普遍性和平稳性且无后效性的最简单的流，即泊松(Poisson)流。

普遍性指在$(t, t+\Delta t)$ 内到达一个以上辐射源信号的概率等于零；平稳性是对任意给定时间 $t(t \geqslant 0)$，在$(t, t+\Delta t)$ 内到达一个辐射源信号的概率与 t 无关；无后效性指在不相交的时间间隔内，到达的辐射源信号数是相互独立的，与该时间间隔之前所有的时间内有无信号到达无关。

对于最简单信号流来说，在时间 τ 内到达 k 个辐射源信号的概率 $P_k(\tau)$ 为

$$P_k(\tau) = \frac{(\lambda\tau)^k}{k!}e^{-\lambda\tau} \tag{2.1.5}$$

式中，λ 为辐射源信号的到达率。

根据定义，在时间 τ 内到达辐射源信号的平均数$\overline{N(t)}$ 为

$$\overline{N(t)} = \sum_{k=1}^{\infty} kP_k(\tau) = \sum_{k=1}^{\infty} k\frac{(\lambda\tau)^k}{k!}e^{-\lambda\tau} = \lambda\tau\sum_{k=1}^{\infty}\frac{(\lambda\tau)^{k-1}}{(k-1)!}e^{-\lambda\tau} = \lambda\tau$$

所以

$$\lambda = \frac{\overline{N(t)}}{\tau} \tag{2.1.6}$$

由式(2.1.6) 可见，参数 λ 的物理意义为单位时间到达的辐射源信号的平均数。

2.1.6 对现代雷达侦察系统的要求

对雷达侦察系统的要求是由它的用途决定的。随着电子技术的发展以及电子战信号环境的不断恶化，对雷达侦察系统的要求越来越高。对现代雷达侦察系统的要求是对信号环境的适应能力很强，特别是具有对各种新体制雷达信号的适应能力。具体地说，现代雷达侦察系统应满足以下要求。

1. 截获概率高

截获概率是指雷达侦察系统在空域、频域和时域截获辐射源辐射信号的概率。截获概率与检测概率不同，检测概率主要由侦察系统的门限电平所决定。雷达侦察系统要正常工作，必

须同时满足截获概率和检测概率的要求。

2. 频率覆盖范围宽

频率覆盖范围(侦察频段)是指雷达侦察系统能够侦收各种辐射源辐射信号的射频频率范围。不同的雷达侦察系统的频率覆盖范围不同。目前,现代高性能雷达侦察系统的频率覆盖范围可达 0.5～40 GHz 甚至更高。

3. 分析带宽

分析带宽通常是指接收机检波前的瞬时带宽,但对于不同类型的接收机,分析带宽有不同的含义。例如:搜索式超外差接收机的分析带宽指的是中频带宽;信道化接收机的分析带宽指的是每个信道的带宽;宽开式晶体视频接收机的分析带宽则是指视频带宽。在雷达侦察系统中,分析带宽与辐射源信号的带宽往往不“匹配”,通常大于信号的带宽。这是因为雷达侦察系统必须要对不同脉宽的信号进行分析(大多数信号脉宽在 0.1～100 μs 之间),为防止所接收的信号产生严重失真,在选择分析带宽时,必须保证分析带宽大于等于最窄脉冲信号所对应的信号带宽。

4. 动态范围

动态范围是衡量系统处理同时到达的弱信号和强信号能力的一个指标。对弱信号的处理能力主要受接收机内部噪声电平的限制,而对强信号的处理能力主要受接收机饱和电平的限制,如果信号太强由于接收机非线性的作用,则会产生寄生输出或对弱信号产生抑制作用。因此,雷达侦察系统的动态范围必须与输入信号幅度的变化范围相吻合。通常,由于各种辐射源辐射功率的不同、天线增益的变化以及辐射源与侦察系统之间的距离变化等原因引起的输入信号变化范围达 110～120 dB,因此现代雷达侦察系统对动态范围的要求很高,通常要求现代雷达侦察接收机动态范围大于 70 dB。

5. 灵敏度

雷达侦察系统灵敏度指保证侦察系统终端设备正常工作时,需要侦察接收机输入端提供的最小信号功率。现代雷达侦察系统的灵敏度数值通常小于－70 dBm[①]。

6. 频率分辨率

频率分辨率是衡量雷达侦察系统频率选择性的一个技术指标,是指雷达侦察接收机能将频率上相互靠近的两个信号区分开的最小频率间隔。现代雷达侦察系统对频率分辨率的要求是小于 2 MHz。

7. 处理同时到达信号的能力

随着电子对抗信号环境中辐射源数目的增加以及高重复频率脉冲多普勒雷达的出现,脉冲重合的概率大大增加,对现代电子对抗系统提出了处理同时到达信号的要求。如前所述,随着信号流密度的增加(即辐射源数目和平均脉冲重复频率的增加),处理同时到达信号的能力将越来越重要。

8. 信号参数的检测、分选和识别能力

雷达侦察接收机输出的信号一般是交叠在一起的随机脉冲信号流。要从这种复杂的信号流中获取有关辐射源的参数,首先就要去交错,然后再进行参数测量、识别和分类。因此,信号的检测、分选和识别能力是现代电子侦察系统的一个关键技术指标。

---

① dBm 指分贝毫瓦,1 mW 换算成分贝为 0 dBm,1 W 换算成分贝为 30 dBm。

9. 对辐射源天线特性的分析能力

天线特性包括天线的极化形式、波束宽度和形状以及扫描特性等。进行波束扫描特性分析的基础是信号幅度的测量。

10. 其他

其他诸如体积、质量、性能价格比及使用维修方便等方面的指标。

2.1.7 雷达反侦察的基本途径

随着现代高技术战争的飞速发展，雷达在战争中的地位越来越重要，敌我双方都试图通过侦察得到对方雷达的性能参数和部署情况，并通过干扰和摧毁，降低对方雷达系统的作战效能。由于可靠、有效的雷达侦察是实施有效干扰和摧毁的前提，增强雷达的反侦察能力对于提高雷达系统在复杂环境中的作战效能具有极其重要的作用。

所谓雷达反侦察，就是为防止敌方截获和利用己方雷达信号而采取的战术技术措施及其行动。

雷达反侦察的基本途径有以下两个方面：

(1)采取技术措施，使雷达具有低截获概率特性，降低敌方侦察的有效性。

(2)从作战使用上采取相应措施，防止敌方对我方雷达及其参数进行侦察。比如：实施电磁发射控制，对己方各种电磁辐射源的发射进行监测、掌握、限制，目的是防止敌方通过对己方电磁发射信号的截获和分析获取有价值的情报；为隐蔽己方作战企图和参数，在规定的时间和地区内禁止雷达在某些频率或所有频率上发射电磁信号等等。

2.2 侦察作用距离

在现代战争中，谁能先发现对方，谁就掌握了战场的主动权。侦察作用距离是指侦察接收机能侦收到雷达辐射源辐射信号的最远距离，是衡量雷达侦察设备重要的技术指标。雷达侦察接收机的作用距离用侦察方程来估算。侦察作用距离主要与侦察接收机的灵敏度、被侦察雷达的参数以及电波在传播过程中的多种因素有关。侦察作用距离是衡量雷达侦察系统侦测雷达信号能力的一个综合性指标。

2.2.1 雷达侦察方程

学会运用雷达侦察方程对于估算侦察接收机战场侦察能力、评估电子战侦察效果具有重要的意义。

1. 雷达侦察基本方程

所谓基本侦察方程是指不考虑传输损耗、大气衰减以及地面或海面反射等实际因素影响时的侦察作用距离方程。

假设侦察接收机和雷达的空间位置如图 2.2.1 所示，雷达发射功率为 P_t，天线增益为 G_t，雷达与侦察接收机之间的距离为 R。当雷达与侦察天线都以最大增益方向互指时，侦察接收天线收到的雷达信号功率为

$$P_r = \frac{P_t G_t A_r}{4\pi R^2} \tag{2.2.1}$$

式中，侦察天线有效面积 A_r 与天线增益 G_r、波长 λ 满足

$$A_r = \frac{G_r \lambda^2}{4\pi} \tag{2.2.2}$$

将其代入式(2.2.1)得

$$P_r = \frac{P_t G_t G_r \lambda^2}{(4\pi R)^2} \tag{2.2.3}$$

若侦察接收机的灵敏度为 P_{rmin}，则可求得侦察作用距离 R_{max} 为

$$R_{max} = \left[\frac{P_t G_t G_r \lambda^2}{(4\pi)^2 P_{rmin}} \right]^{\frac{1}{2}} \tag{2.2.4}$$

式中，P_t，P_{rmin} 单位相同(一般为 W)；R_{max}，λ 单位相同(一般为 m)；G_t，G_r 为比值数。

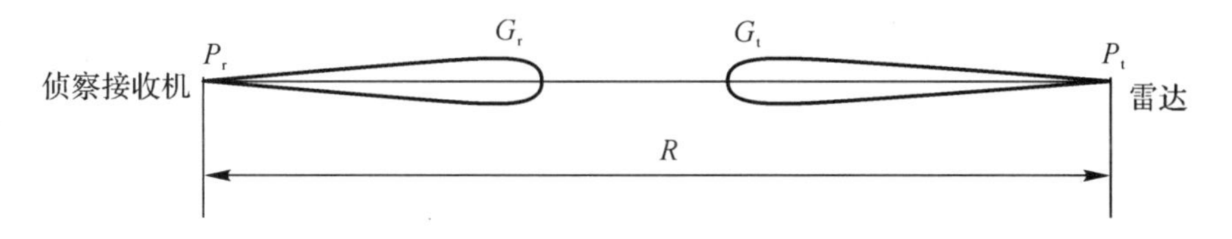

图 2.2.1　侦察接收机与雷达的空间位置

一般情况下，雷达侦察接收机天线的增益除了要满足侦察方程外，还要满足测向精度、截获概率、截获信号时间等要求，因此往往要根据战术任务要求确定侦察天线的波束宽度。天线的增益与波束宽度之间有如下的经验公式：

$$G_r = \frac{q}{\theta_E \theta_H} = \frac{25\,000 \sim 40\,000}{\theta_E \theta_H} \tag{2.2.5}$$

式中，θ_E 和 θ_H 分别为天线的垂直和水平半功率波束宽度。而 q 值的选取则与天线增益有关：对于高增益天线(如雷达天线)，q 取小值(25 000 ～ 30 000)；而对于低增益天线(如侦察接收机天线和干扰机天线)，q 取大值(35 000 ～ 40 000)。

雷达侦察系统的灵敏度 P_{rmin} 是满足对所接收的雷达信号正常检测条件下雷达侦察接收机输入端的最小输入信号功率。由于被侦收的雷达信号大多是脉冲信号，因此在雷达侦察系统中灵敏度主要用切线信号灵敏度 P_{TSS} 和工作灵敏度 P_{OPS} 来表示。

在某一输入脉冲功率电平的作用下，若接收机输出端脉冲与噪声叠加后信号的底部与基线噪声(纯接收机内部噪声)的顶部在一条直线上(相切)，则称此输入脉冲信号功率为切线信号灵敏度 P_{TSS}，如图 2.2.2 所示。可以证明：当输入信号处于切线电平时，接收机输出端视频信号与噪声的功率比值约为 8 dB。

雷达侦察接收机的工作灵敏度 P_{OPS} 是这样定义的：接收机输入端在脉冲信号作用下，其视频输出端信号与噪声的功率比为 14 dB 时，输入脉冲信号功率即为接收机的工作灵敏度 P_{OPS}。

由于切线信号灵敏度的输出信噪比近似为 8 dB，工作灵敏度 P_{OPS} 时的输出信噪比为 14 dB，所以 P_{OPS} 可以由 P_{TSS} 直接换算得到：

$$P_{OPS} = \begin{cases} P_{TSS} + 3\ \text{dB} & \text{平方律检波} \\ P_{TSS} + 6\ \text{dB} & \text{线性检波} \end{cases} \tag{2.2.6}$$

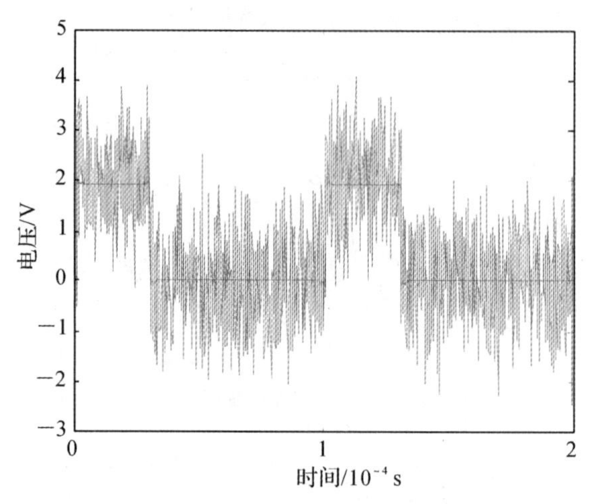

图 2.2.2　切线信号灵敏度示意图

2. 修正侦察方程

修正侦察方程是指考虑到雷达发出的电磁波经有关馈线和装置时产生损耗的侦察方程。电磁波的主要损耗包括：

(1) 从雷达发射机到雷达发射天线之间的馈线损耗 $L_1 \approx 3.5$ dB；

(2) 雷达发射天线波束非矩形引起的损失 $L_2 \approx 1.6 \sim 2$ dB；

(3) 侦察天线波束非矩形引起的损失 $L_3 \approx 1.6 \sim 2$ dB；

(4) 侦察天线增益在宽频带内变化所引起的损失 $L_4 \approx 2 \sim 3$ dB；

(5) 侦察天线与雷达信号极化失配的损耗 $L_5 \approx 3$ dB；

(6) 从侦察天线到侦察接收机输入端的馈线损耗 $L_6 \approx 3$ dB。

总损耗或总损失为

$$L = \sum_{i=1}^{6} L_i \approx 14.7 \sim 16.5 \text{ dB}$$

于是，考虑到馈线和实际装置对电磁波的损耗影响时的修正侦察方程为

$$R_{\max} = \left[\frac{P_t G_t G_r \lambda^2}{10^{0.1L} (4\pi)^2 P_{\text{rmin}}}\right]^{\frac{1}{2}} \tag{2.2.7}$$

3. 侦察直视距离

由于地球表面弯曲对电磁波的传播有遮挡作用，故侦察接收机与雷达之间的侦察距离还受直视距离的限制，如图 2.2.3 所示。假设雷达天线和侦察天线的高度分别用 H_a 和 H_r 表示，地球半径用 R 表示，则侦察天线到雷达天线之间的距离为

$$D = \overline{AB} + \overline{BC} \approx \sqrt{2R}\left(\sqrt{H_a} + \sqrt{H_r}\right) \tag{2.2.8}$$

由于大气层引起电波折射，所以侦察直视距离得到了延伸。通常，将大气折射对直视距离的影响折算成等效地球半径，则等效地球半径为 8 490 km，代入式(2.2.8)可得

$$D \approx 4.1\left(\sqrt{H_a} + \sqrt{H_r}\right) \tag{2.2.9}$$

式中，D 的单位为 km；H_a 和 H_r 的单位为 m。

因为对雷达信号的侦察必须同时满足能量和直视的要求，所以实际的侦察作用距离 R'_r 为

二者对应距离的最小值：

$$R'_{\mathrm{r}}=\min\{R_{\mathrm{r}},D\} \tag{2.2.10}$$

因为受到直视距离的限制，即使雷达侦察接收机的作用距离比直视距离大得多，侦察接收机的实际侦察距离也不能超过直视距离。如果将侦察设备配置在几千米的高山上，侦察设备对地面雷达的侦察距离也不会超过 200～300 km。为了实现超远程或超视距的侦察，目前较为常用的做法是利用卫星进行侦察以及利用电磁波的折射、散射进行侦察。

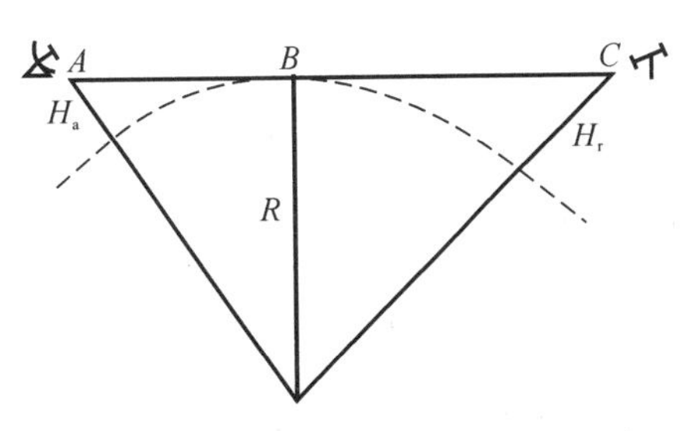

图 2.2.3　地球曲率对直视距离影响

4. 地面反射对侦察方程的影响

当雷达或侦察设备附近有反射面（地面或水面）且雷达波束能投射到反射面上时，侦察接收机接收到的信号将是雷达辐射的直射波与反射波的合成。由于信号极化方式和反射点反射系数的不同使得反射波相位在 0°～180°范围变化，反射波幅度在零到直射波幅度之间变化，因此接收合成信号场强的最小值为零，最大值为不考虑反射（自由空间）时信号场强的 2 倍。

当雷达为水平极化时，若地面反射为镜面反射（见图 2.2.4），则侦察天线接收到的合成雷达信号的功率密度为

$$S'\approx 4\sin^2\left(2\pi\frac{h_1h_2}{\lambda R}\right)S \tag{2.2.11}$$

式中，S 为只考虑直射波时侦察天线处信号的功率密度；h_1，h_2 分别为雷达天线和侦察天线的高度；R 为雷达与侦察设备之间的距离。

显然，侦察接收机输入端的信号功率为

$$P'_{\mathrm{r}}=4\sin^2\left(2\pi\frac{h_1h_2}{\lambda R}\right)P_{\mathrm{r}}=4\sin^2\left(2\pi\frac{h_1h_2}{\lambda R}\right)\frac{P_{\mathrm{t}}G_{\mathrm{t}}G_{\mathrm{r}}\lambda^2}{10^{0.1L}(4\pi R)^2} \tag{2.2.12}$$

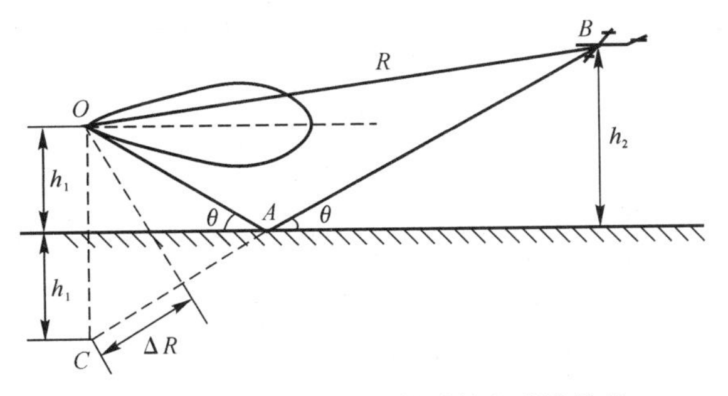

图 2.2.4　地面镜面反射时的电磁波传输

侦察作用距离为

$$R_{\max}=\sqrt{4\sin^2\left(2\pi\frac{h_1h_2}{\lambda R_{\max}}\right)\frac{P_{\mathrm{t}}G_{\mathrm{t}}G_{\mathrm{r}}\lambda^2}{10^{0.1L}(4\pi)^2P_{\mathrm{rmin}}}}=2\sin\left(2\pi\frac{h_1h_2}{\lambda R_{\max}}\right)\sqrt{\frac{P_{\mathrm{t}}G_{\mathrm{t}}G_{\mathrm{r}}\lambda^2}{10^{0.1L}(4\pi)^2P_{\mathrm{rmin}}}} \tag{2.2.13}$$

比较式(2.2.13)与式(2.2.7)可以看出，考虑地面反射时，侦察方程乘了一个修正因子项 $2\sin\left(2\pi\frac{h_1h_2}{\lambda R}\right)$，所以侦察作用距离 $R_{\max}$ 除了与雷达和侦察接收机参数有关外，还与 h_1，h_2

有关。

当 $2\pi\dfrac{h_1h_2}{\lambda R}=n\pi(n=0,1,2,3,\cdots)$ 时，$\sin\left(2\pi\dfrac{h_1h_2}{\lambda R}\right)=0,R_{\max}=0$。

当 $2\pi\dfrac{h_1h_2}{\lambda R}=n\pi+\dfrac{\pi}{2}$ 时，$\sin\left(2\pi\dfrac{h_1h_2}{\lambda R}\right)=1$，代入式(2.2.13)可以看出，此时侦察作用距离比不考虑地面反射时的侦察作用距离增大了1倍。

当 h_1,h_2 较小时，$2\pi\dfrac{h_1h_2}{\lambda R}\ll 1$，$\sin\left(2\pi\dfrac{h_1h_2}{\lambda R}\right)\approx 2\pi\dfrac{h_1h_2}{\lambda R}$，代入式(2.2.13)可得此时的侦察方程为

$$R_{\max}=\sqrt[4]{h_1^2h_2^2\frac{P_tG_tG_r}{10^{0.1L}P_{r\min}}} \tag{2.2.14}$$

由方程可以看出，当 h_1,h_2 较小时，侦察作用距离将迅速减小。

综上所述，地面反射将引起侦察作用距离变化。由于地面反射系数与地形、频率、入射角和电磁波的极化形式等参数有关，所以同样的地面对于不同类型雷达的影响不相同。米波、分米波雷达，由于工作频率低且天线波束较宽，故受地面反射影响较大；而厘米波及其更短波长的雷达，由于工作频率高且天线波束较窄，故受地面镜面反射影响较小，一般可以不予考虑。

5. 大气衰减对侦察作用距离的影响

造成电磁波衰减的主要原因是大气中存在着氧气和水蒸气，使得一部分照射这些气体微粒的电磁波能量被吸收变成热能消耗掉。一般来说，如果电磁波波长超过30 cm，电磁波在大气传播中的能量损耗很小，在计算时可以忽略不计。而电磁波波长较短，特别是在10 cm以下时，大气对电磁波就会有明显的衰减现象，而且波长越短，大气衰减就越严重。大气衰减可以用衰减因子 δ(dB/km)表示。考虑大气衰减时侦察接收机输入端的信号功率与自由空间接收机的信号功率之间满足

$$10\lg P_r-10\lg P'_r=\delta R \tag{2.2.15}$$

式中，R 表示雷达与侦察设备之间的距离。由此可得

$$P'_r=10^{-0.1\delta R}P_r=e^{-0.23\delta R}P_r=\frac{P_tG_tG_r\lambda^2}{10^{0.1L}\ (4\pi R)^2}e^{-0.23\delta R} \tag{2.2.16}$$

因此侦察作用距离为

$$R_{\max}=\sqrt{\frac{P_tG_tG_r\lambda^2}{10^{0.1L}\ (4\pi)^2P_{r\min}}e^{-0.23\delta R_{\max}}}=\sqrt{\frac{P_tG_tG_r\lambda^2}{10^{0.1L}\ (4\pi)^2P_{r\min}}}e^{-0.115\delta R_{\max}} \tag{2.2.17}$$

将式(2.2.17)与式(2.2.7)进行比较可以看出，考虑大气衰减时的侦察作用距离为自由空间侦察作用距离乘以一个修正因子 $e^{-0.115\delta R_{\max}}$。当 δR 很大时，大气衰减会使侦察作用距离显著减小。

此外，各种气象条件(如云、雨、雾等)也会对电磁波产生衰减，其衰减因子可以从有关手册中查到，计算时可将复杂气象条件下的衰减因子与通常情况下的大气衰减因子一同考虑。

2.2.2 旁瓣侦察作用距离

以上讨论的侦察方程是针对雷达天线主瓣的，而雷达天线的主瓣一般比较窄，并且雷达波束往往还进行扫描，这就使侦察设备发现雷达信号很困难。为了提高侦察设备发现雷达信号的概率、增加接收信号的时间、提高发现目标的速度，可以对雷达波束的旁瓣进行侦察。

雷达天线的旁瓣电平一般比主瓣的峰值低 20 ～ 50 dB，所以对旁瓣进行侦察时要求侦察设备有足够高的灵敏度。利用旁瓣侦察时，侦察方程中雷达天线主瓣增益 G_r 应用旁瓣增益 G'_r 代替，旁瓣增益可以用近似公式计算。

对于多数雷达天线（如抛物面、喇叭、阵列等），当天线口径尺寸 d 比工作波长大许多倍时，即当 $\frac{d}{\lambda} > 4$ 时，天线方向图可近似地表示为

$$F(\theta)=\frac{\sin\left(\frac{\pi d}{\lambda}\theta\right)}{\frac{\pi d}{\lambda}\theta} \tag{2.2.18}$$

式中，θ 表示偏离天线主瓣最大值的角度。则一个平面内天线增益函数可以表示为

$$G(\theta)=G(0)F^2(\theta)=G(0)\left[\frac{\sin\left(\frac{\pi d}{\lambda}\theta\right)}{\frac{\pi d}{\lambda}\theta}\right]^2 \tag{2.2.19}$$

对应于不同角度 θ 的相对增益系数为

$$\frac{G(\theta)}{G(0)}=\left[\frac{\sin\left(\frac{\pi d}{\lambda}\theta\right)}{\frac{\pi d}{\lambda}\theta}\right]^2 \tag{2.2.20}$$

式中，$G(0)$ 表示 $\theta=0$ 时的增益，即主瓣增益的最大值，对于发射天线 $G_t=G(0)$。由式(2.2.20) 可以看出，当 $\theta=0$ 时，$\frac{G(\theta)}{G(0)}=1$；当 $\frac{\pi d}{\lambda}\theta=n\pi(n=0,1,2,3,\cdots)$ 时，$\sin\left(\frac{\pi d}{\lambda}\theta\right)=0$，使得 $\frac{G(\theta)}{G(0)}=0$，方向图出现了许多零点，也就形成了许多旁瓣，旁瓣的最大值出现在 $\sin\left(\frac{\pi d}{\lambda}\theta\right)=1$ 处。因此，对应旁瓣最大值时的相对增益系数为

$$\frac{G'(\theta)}{G(0)}=\frac{1}{\left(\frac{\pi d}{\lambda}\theta\right)^2} \tag{2.2.21}$$

对于大多数雷达，其半功率波束宽度与天线口径尺寸及波长满足

$$\theta_{0.5}=K\frac{\lambda}{d} \tag{2.2.22}$$

式中，$\theta_{0.5}$ 为天线半功率宽度；K 为常数，其数值与天线口面场的分布情况有关。口面场分布均匀时 K 值较小，口面场分布不均匀时 K 值较大，一般 K 值在 0.88 ～ 1.4 范围内。将式(2.2.22) 代入式(2.2.21) 可得

$$\frac{G'(\theta)}{G(0)}=\frac{1}{\left(\frac{\pi K}{\theta_{0.5}}\theta\right)^2}=k'\left(\frac{\theta_{0.5}}{\theta}\right)^2 \tag{2.2.23}$$

式中，$k'=\frac{1}{(\pi K)^2}=0.052\sim0.13$。在实际使用中，为了保证侦察设备接收的信号基本连续，应取比旁瓣峰值电平低的增益来进行计算，通常取 $k=(0.7\sim0.8)k'\approx0.04\sim0.10$。旁瓣增益峰值电平的变化规律如图 2.2.5 所示。

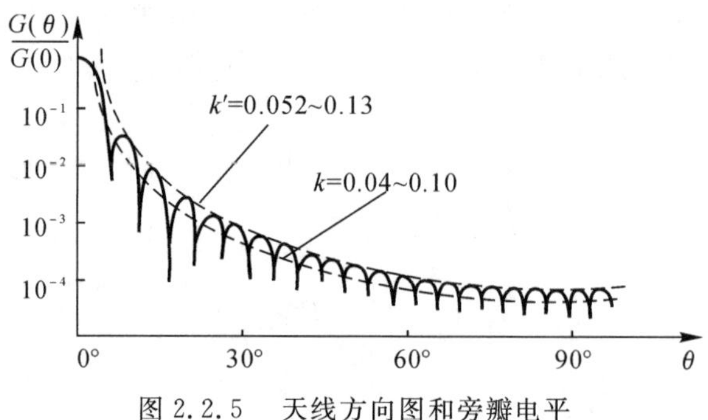

图 2.2.5　天线方向图和旁瓣电平

通过以上分析得到旁瓣侦察时雷达天线增益系数的计算公式为

$$\frac{G'(\theta)}{G(0)}=k\left(\frac{\theta_{0.5}}{\theta}\right)^{2} \tag{2.2.24}$$

显然，天线旁瓣增益 $G'(\theta)$ 与偏离天线主瓣最大值角度的平方 θ^2 成反比。需要说明的是，式(2.2.24)只适用于 $\theta \leqslant (60^\circ \sim 90^\circ)$ 的范围。当 $\theta > (60^\circ \sim 90^\circ)$ 时，旁瓣电平不再与 θ^2 成反比，甚至还有所增高。由于方向图是近似得来的，所以式(2.2.24)不适用于主瓣的计算。

一般厘米波雷达天线旁瓣电平比主瓣电平低 20～50 dB，即 $\frac{G'(\theta)}{G(0)} \approx 10^{-2} \sim 10^{-5}$，而米波雷达天线旁瓣电平则比主瓣电平低 10～20 dB，即 $\frac{G'(\theta)}{G(0)} \approx 10^{-1} \sim 10^{-2}$。由此可见，对米波雷达进行旁瓣侦察要比对厘米波雷达容易实现。

计算旁瓣侦察作用距离时，应将侦察方程中的雷达天线主瓣增益 G_t 用旁瓣增益 $G'(\theta)$ 来代替，此时的旁瓣侦察方程为

$$R_{\max}=\sqrt{\frac{P_t G_t G_r \lambda^2}{10^{0.1L}\ (4\pi)^2 P_{\mathrm{rmin}}}\frac{G'(\theta)}{G(0)}}=\sqrt{\frac{P_t G_t G_r \lambda^2}{10^{0.1L}\ (4\pi)^2 P_{\mathrm{rmin}}}k\left(\frac{\theta_{0.5}}{\theta}\right)^{2}} \tag{2.2.25}$$

【举例】 某雷达参数如下：$P_t=100$ kW，$G_t=2\ 000$，$\lambda=3$ cm，$\theta_{0.5}=1.5^\circ$，侦察作用距离 $R_{\max}=300$ km，侦察接收机天线增益为 $G_r=700$。如果要求该侦察接收机的侦察范围为 60°(即能对雷达在 $\theta=30^\circ$ 处实施旁瓣侦察)，试求侦察接收机的灵敏度。

【解】 由式(2.2.24)可计算出偏离天线主瓣最大值角度为 30° 时的天线增益系数为

$$\frac{G'(\theta)}{G(0)}=k\left(\frac{\theta_{0.5}}{\theta}\right)^{2}=0.08\times\left(\frac{1.5}{30}\right)^{2}=2\times10^{-4}$$

将上述计算结果代入式(2.2.25)并取 $L=15$ dB，可得

$$P_{\mathrm{rmin}}=\frac{P_t G_t G_r \lambda^2}{10^{0.1L}\ (4\pi)^2 R_{\max}^2}\times\frac{G'(\theta)}{G(0)}=2.8\times10^{-7}\times2\times10^{-4}\ \mathrm{W}=5.6\times10^{-11}\ \mathrm{W}$$

由计算结果可以看出，雷达旁瓣侦察时接收机灵敏度比对主瓣侦察时要高得多，所以一般需要采用超外差式接收机。

2.2.3　散射侦察

雷达以强功率向空间发射电磁波，遇到目标或不均匀媒质就会产生散射。雷达利用目标散射形成的回波来发现并测定目标的坐标。进行雷达侦察时，侦察接收机除了能依靠接收对方雷达天线主瓣及旁瓣辐射的直射波来发现雷达信号外，还可以利用目标及不均匀媒质的前

向或侧向散射波来发现雷达，实现对雷达的侦察和监视。散射侦察就是通过接收大气对流层、电离层、流星余迹等散射的雷达电磁波实现对雷达的侦察，如图 2.2.6 所示。利用散射侦察可以实现超视距侦察。

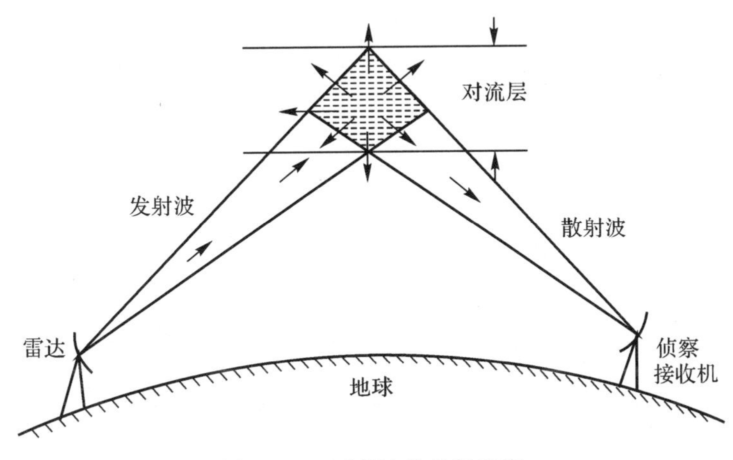

图 2.2.6　对雷达的散射侦察

可以利用的散射波有对流层、电离层、流星余迹形成的散射波以及由雷达跟踪的导弹、卫星等目标形成的散射波。对流层散射和电离层散射是经常存在并且有季节性的，而流星余迹及导弹、卫星等形成的散射则是偶然存在的。利用散射侦察可以实现对某些雷达(例如对洲际导弹发射场的雷达)进行超远距离、长时间的侦察和监视，以获取重要的战略和战术情报，具有重要意义。

通常，对流层散射发生在距地面高度 5～10 km 的大气层，利用对流层散射进行侦察的工作频率为 100～10 000 MHz(波长 3 m～3 cm)，侦察距离可达 500～600 km。电离层散射发生高度距地面 60～2 000 km，工作频率为 25～60 MHz。

由于散射侦察接收的是雷达散射波，所以信号很微弱。通常将散射波比雷达直射信号减弱的程度用散射衰减系数 $L(R)$(dB)来表征，$L(R)$的定义为

$$L(R)=10\lg\frac{P_{\mathrm{r}}}{P'_{\mathrm{r}}} \tag{2.2.26}$$

式中，P_{r} 表示电磁波在自由空间传播时能直接接收到的信号功率；P'_{r}表示电磁波按散射方式传播时能接收到的信号功率，因此散射侦察时的侦察方程为

$$P_{\mathrm{r}}=\frac{P_{\mathrm{t}}G_{\mathrm{t}}G_{\mathrm{r}}\lambda^2}{(4\pi)^2R^2\ 10^{0.1L}}\times 10^{-0.1L(R)}=\frac{P_{\mathrm{t}}G_{\mathrm{t}}G_{\mathrm{r}}\lambda^2}{10^{0.1L}\ (4\pi R)^2}\mathrm{e}^{-0.23L(R)} \tag{2.2.27}$$

$$R_{\max}=\sqrt{\frac{P_{\mathrm{t}}G_{\mathrm{t}}G_{\mathrm{r}}\lambda^2}{10^{0.1L}\ (4\pi)^2P_{\mathrm{rmin}}}\mathrm{e}^{-0.23L(R)}} \tag{2.2.28}$$

如果同时还考虑电磁波在传播中的大气衰减，那么侦察方程为

$$R_{\max}=\sqrt{\frac{P_{\mathrm{t}}G_{\mathrm{t}}G_{\mathrm{r}}\lambda^2}{10^{0.1L}\ (4\pi)^2P_{\mathrm{rmin}}}\mathrm{e}^{-0.23[L(R)+\delta R_{\max}]}} \tag{2.2.29}$$

对流层散射使信号的衰减比自由空间大 50 ～ 100 dB，且随着距离的增加而增加，对流层散射对信号的衰减曲线如图 2.2.7 所示。该曲线是实验数据综合的结果，对于不同的情况可能有 ±5 dB 的误差，但用于估算侦察作用距离很方便。

电离层散射的衰减系数受频率影响较大，频率越高，衰减越大，而距离对衰减量的影响较小，由实验得到的衰减曲线如图 2.2.8 所示。由于电离层散射受频率的限制，只能工作在 25 ～ 60 MHz 范围，而雷达很少工作在这个频率范围内，所以不如对流层散射的实际意义大。

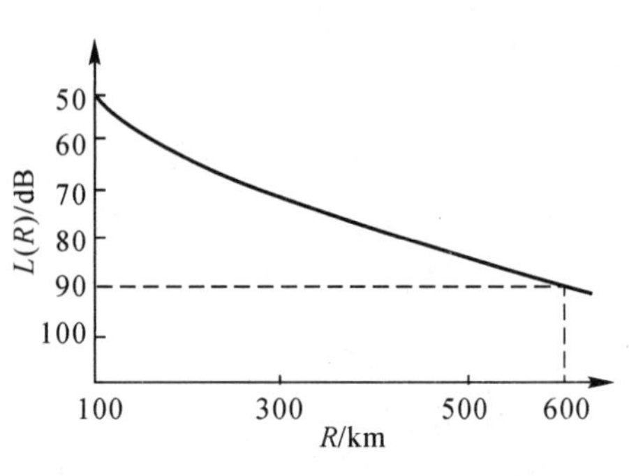

图 2.2.7　对流层散射衰减系数曲线

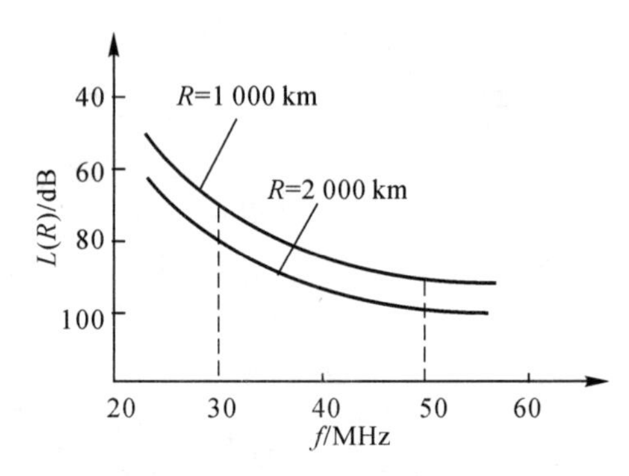

图 2.2.8　电离层散射衰减系数曲线

【举例】　已知某地面雷达的参数如下：$P_t=1\ 000$ kW，$G_t=3\ 000$，$\lambda=10$ cm，侦察接收机天线增益为 $G_r=2\ 000$，如果要求侦察设备利用对流层进行侦察，侦察作用距离 $R_{max}=600$ km。试求侦察接收机的灵敏度。

【解】　利用图 2.2.7 可以查出当 $R=600$ km 时，对流层的衰减系数 $L(R)\approx 90$ dB，将其代入式(2.2.16) 可得

$$P_{rmin}=\frac{P_tG_tG_r\lambda^2}{10^{0.1L}\ (4\pi)^2R_{max}^2}e^{-0.23L(R)}=$$

$$\frac{10^6\times 3\times 10^3\times 2\times 10^3\times 10^{-2}}{10^{1.5}\times(4\pi\times 600\times 10^3)^2}\times e^{-0.23\times 90}\ \text{W}\approx 3.3\times 10^{-14}\ \text{W}$$

可见，要满足散射侦察的要求，必须要用高灵敏度的超外差式接收机，同时还需采用专门的技术措施以保证对微弱信号的接收。

2.3　雷达信号频率的测量

雷达侦察系统的使命在于确定敌方雷达存在与否，并测定其各种特征参数。在雷达的各种特征参数中，频域参数是最重要的参数之一，它能反映雷达的功能和用途。频率捷变雷达的捷变频范围和频谱宽度等是重要指标。在现代复杂的电磁环境下，为了实施有效的干扰，必须首先对信号进行分选和威胁识别，雷达频率信息是进行信号分选和威胁识别的重要依据。雷达信号的频域参数包括信号的载波频率、频谱参数等。本节主要介绍对雷达信号载波频率的测量技术。

2.3.1　测频系统的主要技术指标

1. 测频时间

测频时间是雷达侦察接收机从截获信号到输出测频结果所用的时间。通常，要求侦察接收机具有瞬时测频(IFM) 功能。如果截获的信号是普通脉冲雷达信号，侦察接收机应能在脉

冲持续时间内完成测频任务，输出频率测量值 f_{RF}。为了实现瞬时测频，首先要求侦察接收机的瞬时频带必须很宽，能够覆盖一个甚至几个倍频程；其次要求侦察接收机对信号的处理速度很高，应采用快速信号处理。

测频时间直接影响侦察系统对信号的截获概率和截获时间。截获概率是指在给定的时间内侦察接收机能够正确发现和识别给定信号的概率。截获概率既与辐射源特性有关，也与电子侦察系统的性能有关。如果在每一时刻接收空间都与信号空间完全匹配，并能实时处理所接收的信号，就能实现全概率截获（即截获概率为 1），这种接收机是理想电子侦察接收机，而实际侦察接收机的截获概率均小于 1。

频域的截获概率即为通常所说的频率搜索概率。对于脉冲雷达信号，根据给定的搜索时间不同，频率搜索概率可分为单个脉冲搜索概率、脉冲群搜索概率以及在某一给定的搜索时间内的搜索概率。单个脉冲的频率搜索概率为

$$P_{IF1} = \frac{\Delta f_r}{f_2 - f_1} \tag{2.3.1}$$

式中，Δf_r 为测频接收机的瞬时带宽；$f_2 - f_1$ 为测频范围，即侦察频段。譬如 $\Delta f_r = 5$ MHz，$f_2 - f_1 = 1$ GHz，则 $P_{IF1} = 5 \times 10^{-3}$，可见频率搜索概率很低。若能在测频范围内实现瞬时测频，即 $\Delta f_r = f_2 - f_1$，则 $P_{IF1} = 1$，即实现了全概率截获。

截获时间是指侦察接收机达到给定截获概率所需的时间。与截获概率类似，截获时间也与辐射源特性及侦察系统的性能有关。对于脉冲雷达信号，在满足侦察基本条件的情况下，若采用非搜索法瞬时测频技术，单个脉冲的截获时间为

$$t_{IF1} \leqslant T_r + t_{th} \tag{2.3.2}$$

式中，T_r 为脉冲重复周期；t_{th} 为电子侦察系统的通过时间，即信号从进入接收天线到由终端设备输出所需要的时间。若采用搜索法测频，单个脉冲的截获时间应按几何概率进行分析。

2. 测频范围、瞬时带宽、频率分辨力和测频精度

测频范围是指测频系统最大可测雷达信号的频率范围，瞬时带宽是指测频系统在任一瞬间可以测量的雷达信号频率范围，频率分辨力是指测频系统能将两个同时到达信号区分开的最小频率差。宽开式晶体视频接收机的瞬时带宽与测频范围相等，因此对单个脉冲的频率截获概率为 1，但其频率分辨力却很低。窄带扫频超外差式接收机的瞬时带宽很窄，所以对单个脉冲的截获概率很低，但由于频率分辨力等于瞬时带宽，故其频率分辨力很高。显然，传统测频接收机的频率截获概率与频率分辨力之间存在着矛盾。目前，随着空间电磁信号的日益密集以及频率跳变的速度与范围越来越大，迫切需要研制新型测频接收机，使之既能在频域上获得高截获概率，又能保持较高的分辨力。

测频误差是指测量得到的信号频率值与信号频率真值之差，常用均值和方差来表示测频误差的大小。测频误差根据其产生的原因可分为两类：系统误差和随机误差。系统误差由测频系统元器件的局限性等因素引起，通常用测频误差的均值表示，可以通过系统校正减小系统误差；随机误差由噪声等随机因素引起，通常用测频误差的方差表示，可以通过将多次测量值进行统计平均等方法减小随机误差。一般把测频误差的均方根称为测频精度，测频误差越小，测频精度越高。

对于传统的测频接收机，最大测频误差 δf_{max} 主要由瞬时带宽 Δf_r 决定。

$$\delta f_{max} = \pm \frac{1}{2} \Delta f_r \tag{2.3.3}$$

可见,瞬时带宽越宽,测频精度越低。对于超外差接收机,其测频误差还与本振频率的稳定度、调谐特性的线性度以及调谐频率的滞后量等因素有关。

3.测频的信号形式

雷达信号可以分为两大类,即脉冲信号和连续波信号。脉冲信号包括:常规低工作比的脉冲信号、高工作比的脉冲多普勒信号、重频抖动信号、各种编码信号以及各种扩谱信号。强信号频谱的旁瓣对弱信号的遮盖将引起频率测量模糊,降低了侦察接收机的频率分辨力。对于扩谱信号(特别是宽脉冲线性调频信号)的频率测量和频谱分析,不仅传统的测频接收机无能为力,而且某些新型测频接收机也有困难,这有待于新型数字化接收机来解决。

允许的最小脉冲宽度 $\tau_{\min}$ 要尽量窄。被测信号脉冲宽度的上限通常对测频性能影响不大,而脉冲宽度的下限往往限制了测频性能。被测信号脉冲宽度越窄,频谱就越宽,频率模糊问题就越严重,频率截获概率和输出信噪比就越小。

4.对同时到达信号的分离能力

由于两个以上脉冲信号的前沿严格对准的概率很小,因而理想的同时到达信号是没有实际意义的。这里所说的同时到达信号是指两个脉冲前沿的时差 $\Delta t < 10$ ns 或 10 ns $< \Delta t <$ 120 ns,称前者为第一类同时到达信号,后者为第二类同时到达信号。由于信号日益密集,两个以上信号在时域上重叠概率日益增大,这就要求测频接收机能对同时到达的信号频率分别进行精确的测量,而且不得将其中的弱信号丢失。

5.灵敏度和动态范围

灵敏度是指测频接收机检测弱信号的能力。正确发现信号是测量信号频率的前提,要精确地测频(特别是数字式精确测频),被测信号必须比较干净,即要有足够高的信噪比。如果接收机检波前的增益足够高,则灵敏度由接收机前端器件的噪声电平所决定。如果检波器前的增益不够高,则检波器和视放的噪声对接收机输出端信噪比的影响较大,这时接收机的灵敏度通常较低。

测频接收机的动态范围是指在保证精确测频条件下输入信号功率的变化范围。在测频接收机中,被测信号的功率变化将影响测频的精度。信号过强会使测频精度下降,信号过弱则被测信号的信噪比低,也会使测频精度降低。我们把这种强信号输入功率与弱信号输入功率之比称为噪声限制动态范围。通常,在强信号的作用下,测频接收机内部产生的寄生信号将遮盖同时到达的弱信号,妨碍对弱信号频率的测量。我们将强信号输出功率与寄生信号输出功率之比称为瞬时动态范围。瞬时动态范围数值的大小,也是表征测频接收机处理同时到达信号能力的一项指标。

除上述主要指标外,还应考虑侦察接收机的可靠性、设备量以及成本等指标。在实际应用中,上述各项指标可能彼此矛盾,必须根据战术要求统筹解决。在 ESM 系统中,着重强调的是测频的实时性以及频率截获概率和频率分辨力,而在 ELINT 系统中则着重强调测频精度、测频范围和对多种信号的处理能力。

2.3.2 现代测频技术分类

由于信号频率测量是在侦察接收机前端进行的,被测信号与各种干扰混叠在一起,故测频是对信号进行的一种预处理。在雷达系统中,雷达接收机通常采用匹配滤波器对回波信号进行预处理,把有用信号从干扰中取出。而在电子对抗系统中,侦察接收机接收的各种信号彼此差别很大,而对它们的先验知识往往很少,难以实现类似雷达中的匹配滤波。尽管如此,侦察接收机为了在频域中把各种信号从干扰中分离出来,还必须采用匹配滤波。虽然测频接收机千差万别,但归根结底都是宽频域的滤波器。如果能把各种模拟、数字信号处理技术与传统的侦察接收机融为一体,就能研制出各种新型测频接收机。现代测频技术分类如图 2.3.1 所示。

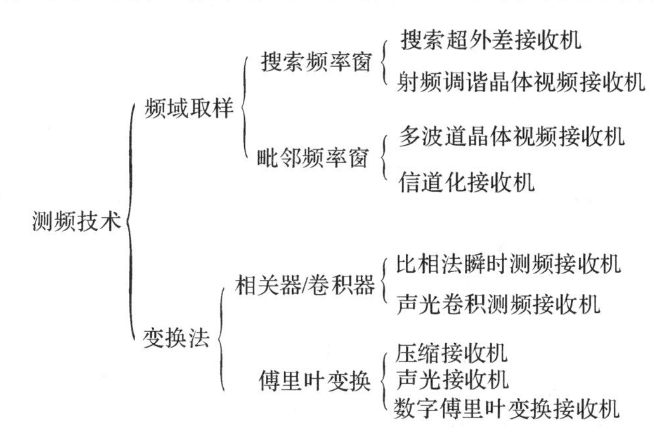

图 2.3.1　现代测频技术分类

从图 2.3.1 可以看出,一类测频技术是直接在频域进行的,称为频域取样法,包括搜索频率窗法和毗邻频率窗法。搜索频率窗法为搜索法测频,属于顺序测频。搜索频率窗法通过接收机频带的扫描,连续对频域进行取样。其主要优点是原理简单,技术成熟,设备紧凑。存在的严重缺点是频率截获概率与频率分辨力的矛盾难以解决。毗邻频率窗法为非搜索法测频,属于瞬时测频。毗邻频率窗法同时采用多个频率彼此衔接的频率窗口(多个信道)覆盖侦察接收机的频率范围,当信号落入其中一个窗口时,利用该窗口的频率值表示被测信号的频率。毗邻频率窗法较好地解决了频率截获概率与频率分辨力的矛盾,但为了获得足够高的频率分辨力,必须增加信道的路数。现代集成技术的发展已使信道化接收机得到了迅速推广并具有较好的前景。

第二类测频技术不是直接在频域进行的,而是采用了相关/卷积和傅里叶变换等信号处理手段。这些方法的共同特点是:既能获得宽瞬时带宽,实现高截获概率,又能获得高频率分辨力,较好地解决了截获概率与频率分辨力之间的矛盾。由于对信号载波频率的测量是在包络检波器之前进行的,这就对器件的工作频率和运算速度提出了苛刻的要求。这类接收机主要包括用 Chirp 变换处理机构成的压缩接收机以及用声光互作用原理和空间傅里叶变换处理机构成的声光接收机,它们不仅解决了截获概率和频率分辨力之间的矛盾,而且对同时到达信号的分离能力很强。在时域利用相关器或卷积器也可以构成测频接收机,其中利用微波相关器构成的瞬时测频接收机,成功地解决了瞬时测频范围和测频精度之间的矛盾,由于能够利用单个脉冲测频,故称为瞬时测频接收机。

随着超高速大规模集成电路的发展,数字式接收机已经成为可能。它通过对射频信号的直接或间接采样,将模拟信号转变成数字信号,实现了信号的存储和再现,能够充分利用数字信号处理的优点,尽可能多地提取信号的信息。比如,采用数字式快速傅里叶变换处理机构成的高性能测频接收机,不仅能解决截获概率和频率分辨力之间的矛盾,而且对同时到达信号的滤波性能也很强,测频精度很高,使用灵活方便。

2.3.3 信道化接收机

信道化接收机是一种具有截获概率大、测频精度高、动态范围大、灵敏度高等优点的侦察接收机，在复杂、密集的辐射源信号环境中，具有极好地处理多个同时到达信号的能力，所以在现代电子支援侦察系统中得到了广泛应用。

2.3.3.1 基本工作原理

晶体视频接收机具有技术简单、工作可靠等优点，但灵敏度、测频精度和频率分辨力都不高。将多路晶体视频接收机并行运用，构成多波道接收机，则可以解决上述问题。多波道接收机原理框图如图 2.3.2 所示。这种接收机最显著的特点是：各路通带彼此交叠，覆盖测频范围。

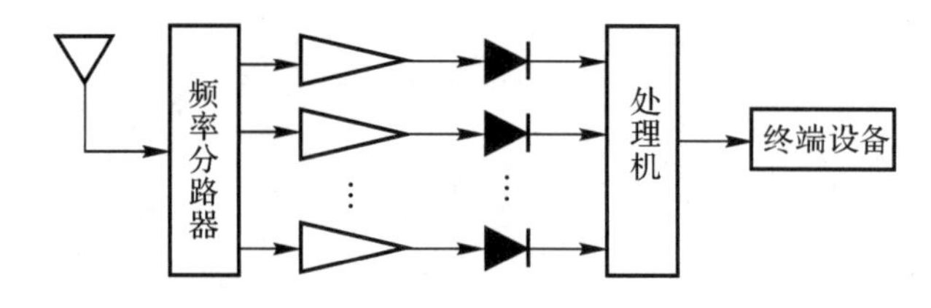

图 2.3.2 多波道接收机原理图

频率分路器的路数越多则分频段就越窄，频率分辨力和测频精度就越高。但在实际工作中，由于频率分路器的路数不能任意增多，且在微波领域无法获得频带极窄的信道，多波道接收机难以满足测频的要求。如果将多波道接收机与超外差接收机结合起来（构成信道化接收机），就可以解决这个问题。

目前，实际使用的信道化接收机有三种常用的形式：纯信道化接收机、频带折叠信道化接收机和时分制信道化接收机。现将其工作原理分述如下。

1. 纯信道化接收机

纯信道化接收机先利用波段分路器或带通滤波器组把总侦察频段分为 m_1 个分波段，再利用 m_1 个第一变频器将各个波段分路器的输出信号变成 m_1 路中频频率和频带均完全相同的信号，经中放输出两路信号。一路经过检波和视放，送到门限检测器进行门限判别，再由逻辑判决电路确定出信号的频谱质心（即中心频率），最后由编码器编出信号频率的波段码字；与此同时，另一路信号送往各自的分波段分路器，再分成 m_2 等分，每个分波段的信号再经过第二变频器和第二中放分两路输出，一路经过检波和视放，送往门限检测器、逻辑判决电路和编码器，编出信号频率的分波段码字，另一路继续重复以上过程，直到频率分辨率满足要求为止。纯信道化接收机的简化方框图如图 2.3.3 所示。

显然，如果进行了 n 次分路，每次分频路数为 m_i，则经过 n 次分路以后，接收机的频率分辨力为

$$\Delta f=\frac{f_2-f_1}{\prod_{i=1}^{n} m_i} \tag{2.3.4}$$

式中，f_1 和 f_2 分别为侦察接收机测量频率的最小值和最大值。

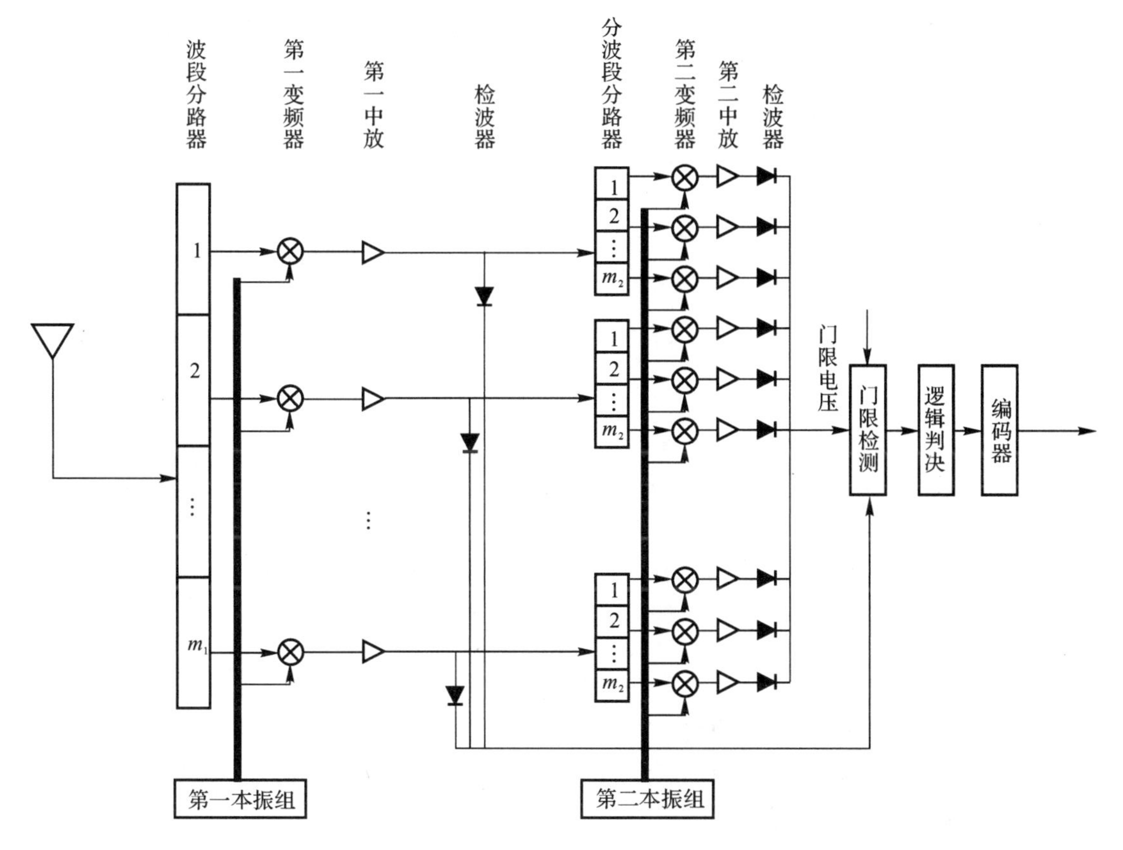

图 2.3.3　纯信道化接收机简化方框图

由纯信道化接收机原理框图可以看出，这种接收机具有宽开式晶体视频接收机和超外差接收机的优点，频率截获概率为 100% 且灵敏度高。纯信道化接收机的缺点主要是结构复杂，功耗、体积和重量大，造价高。

2. 频带折叠信道化接收机

频带折叠信道化接收机的工作原理与纯信道化接收机相似，如图 2.3.4 所示。输入信号经过分路、变频放大后一分为二，其中一路与纯信道化接收机一样，经过检波送到门限检测器用来识别信号所在的波段，另一路则送入求和电路将各路中频信号相加变为一路信号，再送到下一级分路器继续处理。与纯信道化接收机相比，它在每一级增加了一个求和电路，却为下一级节省了多个分波段分路器支路(只保留一个支路)，从而大大减少了设备量。划分波段的级数和分频的路数越多，设备量减少得就越多。但是采用求和电路减少接收机分频路数的同时，各信号频段的噪声也进行了叠加，因此降低了接收机的灵敏度(如果有 m_i 路进行求和，将使信噪比降低 $10\lg m_i$ dB)。另外，当有同时到达信号存在时，不同频率的信号在同一级分路器的几路中都有输出，求和电路会将这些信号叠加到下一级的同一个分波段分路器进行分路，容易引起测频模糊。

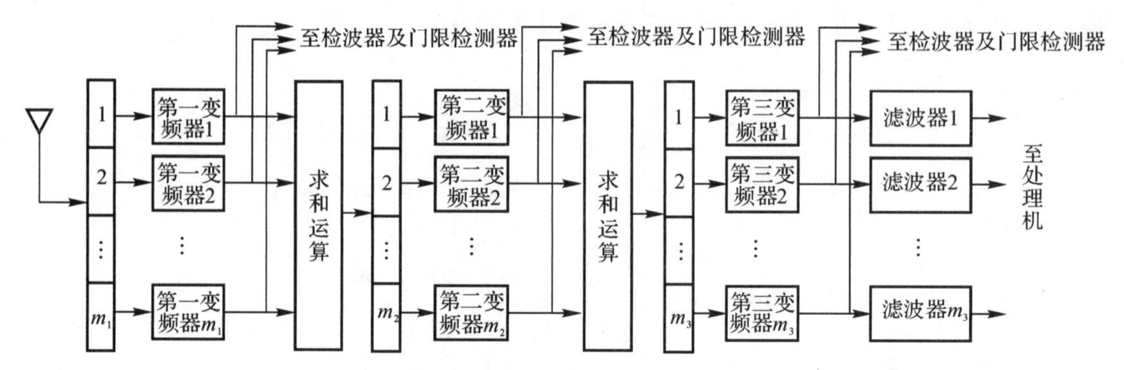

图 2.3.4　频率折叠式信道化接收机

3.时分制信道化接收机

时分制信道化接收机的结构与频带折叠信道化接收机基本相同，只是用快速“访问开关”取代了“求和运算”，并且在一个时刻，访问开关只能与其中的一个波段接通，将该波段接收的信号送入分波段分路器，而与其他的波段均断开，如图 2.3.5 所示。时分制信道化接收能够消除频带折叠对接收机灵敏度及处理同时到达信号能力的影响。但是，由于时分制信道化接收机在频率上不是宽开的，从而使得频率截获概率下降，截获时间延长。

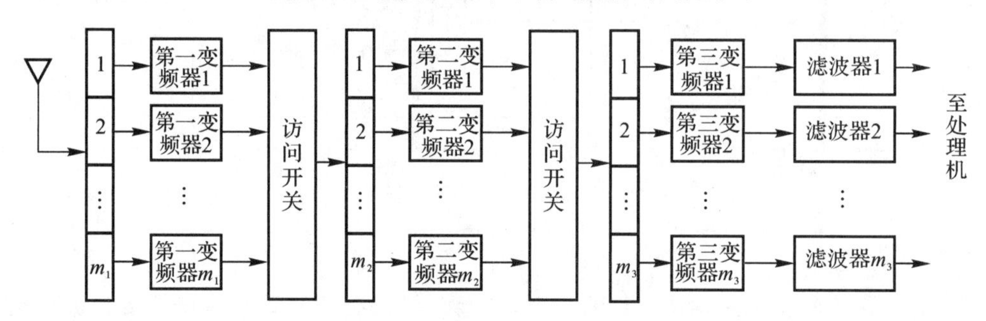

图 2.3.5　时分制信道化接收机

访问开关的控制方式有三种：内部信号控制、外部指令控制以及内外部控制相结合的综合控制方式。

(1)内部信号控制。这种控制方式的“访问开关”是由各个分波段接收到信号的前沿控制的，哪个分波段信号先来就将哪个分波段接通。这种控制方式不够灵活，不能确保威胁等级高的信号所处的分波段优先接通。

(2)外部指令控制。这种控制方式“访问开关”的控制信号来自主处理机。控制指令由预置的程序或通过人机对话决定。这种控制方式比较灵活，威胁等级高的信号具有优先权。按照一定程序接通“访问开关”时，每个分波段单个脉冲的频率截获概率 P_{f1} 为

$$P_{f1}=\frac{T_{ci}}{\sum_{i=1}^{N}T_{ci}} \tag{2.3.5}$$

式中，T_{ci} 为第 i 个分波段“访问开关”接通的时间；$\sum_{i=1}^{N}T_{ci}$ 为所有分波段“访问开关”接通的时间之和。

(3)综合控制。这种控制方式“访问开关”由内部信号或外部程序控制,通常由内部信号控制。如果预先知道或侦察过程中掌握了辐射源的情况,那么可以采用外部程序控制,优先接通威胁等级最高信号所处的分波段。

4. 信道化接收机存在的问题

众所周知,矩形脉冲的频谱为辛克函数,既有主瓣也有旁瓣。由于信道化接收机的灵敏度高,动态范围大(典型值为 55～60 dB),于是一个强信号可能同时在几个信道中超过检测门限。这种频谱扩展现象,不仅会引起频率模糊,造成处理机数据过载,而且还会出现强信号的旁瓣遮盖弱信号频谱主瓣的现象。解决的方法主要是采用将相邻通道信号的幅度进行比较的办法。如果相邻通道信号的幅度相差比较大,则认为幅度大的一路有信号;如果幅度相当,则取这两路的频率平均值作为信号频率。这种方法还能使分辨力提高 1 倍。

信道化接收机存在的另一个问题就是“兔耳”效应,即当信道宽度比较窄且载频偏离滤波器中心频率较远时,由于滤波器的暂态响应,在脉冲前后沿处将出现尖峰现象,因其形状像兔耳朵,故称为“兔耳”效应。这种现象能使差分放大器、检测电路的触发出现紊乱。这一现象可以通过正确地设计通带形状、边缘响应和后续数字处理来解决。

2.3.3.2　信道化接收机的特点和应用

信道化接收机是一种高截获概率的测频接收机。它能够直接从频域选择信号,从而避免了时域重叠信号的干扰,故其抗干扰能力强。信道化接收机的测频精度和频率分辨力不受外来信号干扰的影响,只取决于信道频率分路器的单元宽度(本振采用高稳定度频率合成器,可以忽略它对测频精度的影响),故可以做得很高。由于它是在超外差接收机基础上建立起来的,故灵敏度高、动态范围大。

信道化接收机对高密度信号环境具有卓越的分离能力,解决了比相法瞬时测频接收机难以解决的对同时到达信号的处理问题,使得它适用于各种电子侦察系统。随着声表面波器件、微波集成电路和大规模集成电路的迅速发展,信道化接收机体积大、功耗高和成本昂贵等缺点将被逐步克服。

2.3.4　比相法瞬时测频接收机

瞬时测频接收机(IFM)是利用延迟线或其他技术手段,将频率信息转变为相位信息,通过鉴相器实现对信号频率瞬时测量的侦察接收设备。

IFM 接收机具有宽的瞬时带宽、高的截获概率、高的测频精度和窄脉冲能力,且体积小、重量轻、成本低。IFM 接收机是一类成熟的电子战接收机,已在电子战系统中得到广泛应用。

1. 微波鉴相器

最简单的微波鉴相器的基本结构包括功率分配器、延迟线、相加合成器以及平方律检波器,如图 2.3.6 所示。微波鉴相器的主要作用是实现信号的自相关运算,得到信号的自相关函数。

假设输入信号为复信号 u_i:

$$u_i=\sqrt{2}\,\widetilde{A}=\sqrt{2}\,A\mathrm{e}^{\mathrm{j}\omega t} \tag{2.3.6}$$

功率分配器将输入信号功率等量分配,在“2”点和“3”点的电压均为

$$u_2=u_3=\widetilde{A}=A\mathrm{e}^{\mathrm{j}\omega t} \tag{2.3.7}$$

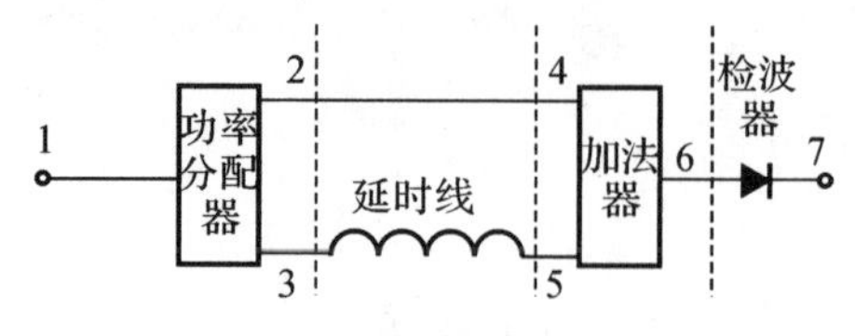

图 2.3.6　简单微波鉴相器

而“4”点相对于“2”点的相移为零，于是 $u_4=u_2$，“5”点相对于“3”点电压有一个时间延迟，即

$$u_5=u_3\mathrm{e}^{-\mathrm{j}\phi}=A\mathrm{e}^{\mathrm{j}(\omega t-\phi)} \tag{2.3.8}$$

式中，$\phi=\omega T=\dfrac{\omega\Delta L}{C_g}$，$\Delta L$ 为延迟线长度，C_g 为延迟线中电磁波的传播速度。经过相加器，“6”点电压为

$$u_6=u_4+u_5=A\mathrm{e}^{\mathrm{j}\omega t}(1+\mathrm{e}^{-\mathrm{j}\phi}) \tag{2.3.9}$$

$$|u_6|=\sqrt{2}A\sqrt{1+\cos\phi} \tag{2.3.10}$$

经过平方律检波器，输出的视频电压为

$$u_7=2KA^2(1+\cos\omega T) \tag{2.3.11}$$

式中，K 为检波效率，即开路灵敏度，在平方律区域内是一个常数。

综上所述得到以下结论：

(1) 要实现自相关运算，必须满足 $T<\tau_{\min}$（$\tau_{\min}$ 为测量脉冲的最小宽度），否则不能实现相干。这一条件限制了延迟时间的上限。

(2) 由于信号的相关函数为周期性函数，因此，只有在 $0\leqslant\phi<2\pi$ 区间才可以单值测量信号的频率。

由于相移量与频率之间为线性关系，即 $\phi=2\pi fT$，那么在接收机的瞬时频带 $f_1\sim f_2$ 范围内，最大相位差为 $\Delta\phi=\phi_2-\phi_1=2\pi(f_2-f_1)T=2\pi$，因此对于给定延迟时间 T 的相关器，最大单值测频范围为

$$f_2-f_1=\frac{1}{T} \tag{2.3.12}$$

这就说明延迟线的长度决定了单值测频范围，要扩大测频范围只有采用短延迟线。

(3) 信号自相关函数输出与信号的输入功率成正比。这样，输入信号过强会影响后续量化器的正常工作，增大测频误差。因此，在鉴相器之前必须对信号限幅，保持输入信号幅度在允许的范围内变化。

(4) 检波器的输出信号中，除了有与信号频率有关的分量外，还有与信号频率无关的分量，应尽量消除其影响。

从上述分析可以看出，这种简单的鉴相器虽然能够将信号的频率信息变为相位信息，完成鉴相任务，但性能不完善，必须改进。经过改进的实用微波鉴相器由功率分配器、延迟线、90°电桥、平方律检波器和差分放大器等五部分组成，如图 2.3.7 所示。

这种实用微波鉴相器输出一对正交量：

$$\left.\begin{aligned}U_I&=KA^2\cos\phi\\U_Q&=KA^2\sin\phi\end{aligned}\right\} \tag{2.3.13}$$

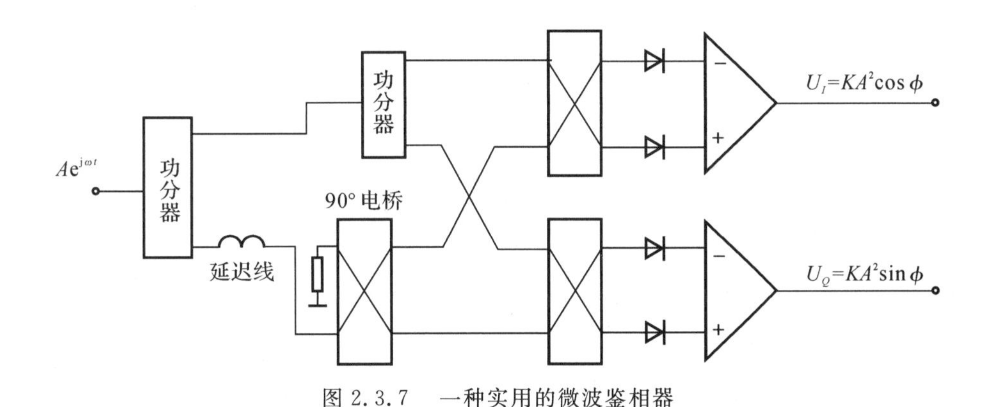

图 2.3.7　一种实用的微波鉴相器

U_I 与 U_Q 的合成矢量为极坐标表示的旋转矢量，其模为

$$|U_\Sigma| = |U_I + jU_Q| = KA^2 \tag{2.3.14}$$

相角为

$$\phi = 2\pi\frac{\Delta L}{\lambda_g} = 2\pi\frac{C_g}{\lambda_g}\frac{\Delta L}{C_g} = 2\pi fT \tag{2.3.15}$$

式中，λ_g 为延迟线中的信号波长；C_g 为延迟线中电磁波的速度；ΔL 为延迟线长度；T 为延迟线的延时；f 为输入信号的载波频率。

可见，合成矢量的相位与载波频率成正比，实现了频 / 相变换，但必须对电角度加以限制，使 $\Delta\phi_{max} = 2\pi$，这样侦察接收机的不模糊测频范围为 $\Delta F = \frac{1}{T}$。

若将 U_I 与 U_Q 分别加到静电示波器的水平偏转板上，则光点相对 x 轴的夹角 ϕ 能单值地表示被测信号的载波频率，实现测频，如图 2.3.8 所示。

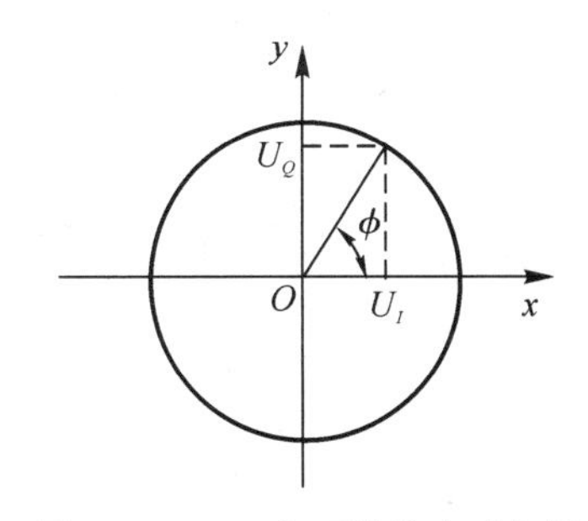

图 2.3.8　正交函数的合成矢量

这种模拟式比相法瞬时测频接收机的主要优点是：电路简单，体积小，重量轻，运算速度快，能实时地显示被测信号频率。但它也有严重的缺点：测频范围小，测频精度低，且二者之间的矛盾难以统一；灵活性差，无法与计算机连用。

在比相法瞬时测频接收机中，可以对输出的 I、Q 信号进行幅度采样，利用三角关系计算出相位的大小。由于不同信号幅度的变化，给计算带来一定的困难，影响计算时间，不能满足 IFM 技术对时间的严格要求，故现代接收机多采用极性量化方法。我们称这种测频接收机为数字输出的 IFM 接收机，习惯上称为数字式瞬时测频接收机。

2. 极性量化器的基本工作原理

如果将两路正交正弦电压分别加到两个电压比较器上，输出正极性时为逻辑“1”，输出负极性时为逻辑“0”，这样就把 360° 范围分成了四个区域，从而构成 2 比特量化器，如图 2.3.9 所示。

如果将这两路信号再经过适当变换，使每个信号产生一个相位滞后 α，就可以得到更小的量化相位。其方法如下：

对两路正交信号 $\sin\phi$ 和 $\cos\phi$ 进行加权处理变成相位滞后为 α 的两路正交信号，即

$$\left.\begin{aligned}\tan\alpha\sin\phi+\cos\phi&=\frac{\sin\alpha\sin\phi+\cos\alpha\cos\phi}{\cos\alpha}=\frac{\cos(\phi-\alpha)}{\cos\alpha}\\\sin\phi-\tan\alpha\cos\phi&=\frac{\sin\phi\cos\alpha-\cos\phi\sin\alpha}{\cos\alpha}=\frac{\sin(\phi-\alpha)}{\cos\alpha}\end{aligned}\right\}\tag{2.3.16}$$

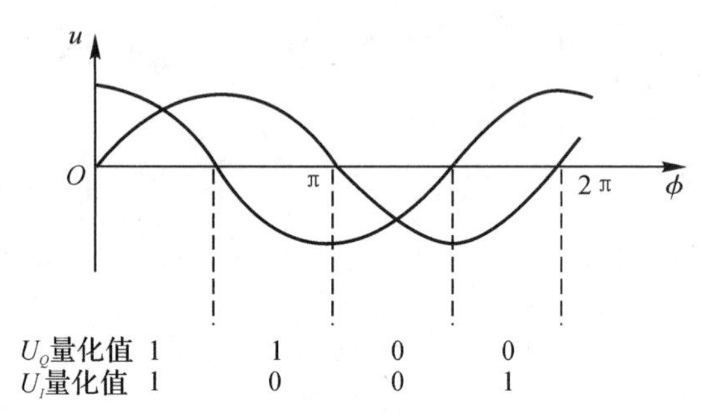

图 2.3.9　2 比特极性量化

在原来一对正交信号的基础上增加相移为 $\alpha=45°$ 的一对正交信号，就可以将 360° 范围分成 8 等份，从而构成 3 比特量化器；在此基础上，再增加 $\alpha=22.5°$ 和 $\alpha=67.5°$ 的两对正交信号，就可以构成 4 比特量化器。依此类推，可以构成 5 比特、6 比特量化器等。图 2.3.10 所示是 4 比特量化器的波形图及其编码。

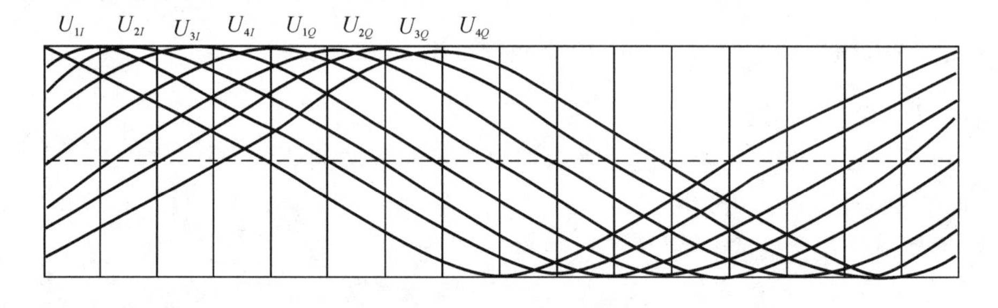

U_{1I}	1	1	1	1	0	0	0	0	0	0	0	0	1	1	1	1
U_{1Q}	1	1	1	1	1	1	1	1	0	0	0	0	0	0	0	0
U_{2I}	1	1	1	1	1	1	0	0	0	0	0	0	0	0	1	1
U_{2Q}	0	0	1	1	1	1	1	1	1	1	0	0	0	0	0	0
U_{3I}	1	1	1	1	1	0	0	0	0	0	0	0	0	1	1	1
U_{3Q}	0	1	1	1	1	1	1	1	1	0	0	0	0	0	0	0
U_{4I}	1	1	1	1	1	1	1	0	0	0	0	0	0	0	0	1
U_{4Q}	0	0	0	1	1	1	1	1	1	1	1	0	0	0	0	0

图 2.3.10　4 比特极性量化器波形和编码

多比特极性量化器输出编码的值与雷达信号的频率相对应，由于 $f=\dfrac{\phi}{2\pi T}$，则频率测量误差与相位和延时线的测量误差有关。如果不考虑延时线的测量误差，则频率的分辨力与相位

分辨力之间有下列关系：

$$\Delta f=\frac{\Delta\phi}{2\pi T}=\frac{\Delta\phi}{2\pi}\Delta F \tag{2.3.17}$$

若 $\Delta F=2$ GHz，$\Delta\phi=22.5°$（即 4 比特量化），则 $\Delta f=125$ MHz。如果 $\Delta F=2$ GHz，$\Delta\phi=11.25°$（即 5 比特量化），则 $\Delta f=62.5$ MHz。可见，单路鉴相器不能同时满足测频范围和测频误差的要求。因此，必须采用多路鉴相器并行运用，由短延时线鉴相器提高测频范围，由长延时线鉴相器提高测频精度。

3. 多路鉴相器的并行运用

在实际工作中，数字式瞬时测频接收机既有测频范围 ΔF 的要求，又有频率分辨力 Δf 的要求，于是量化单元数为

$$N=\frac{\Delta F}{\Delta f} \tag{2.3.18}$$

首先讨论两路鉴相器并行运用的情况，如图 2.3.11 所示。两路量化器分别为 2 比特和 3 比特，第二路延时线为第一路的 4 倍（即 $T_1=T$，$T_2=4T$）。

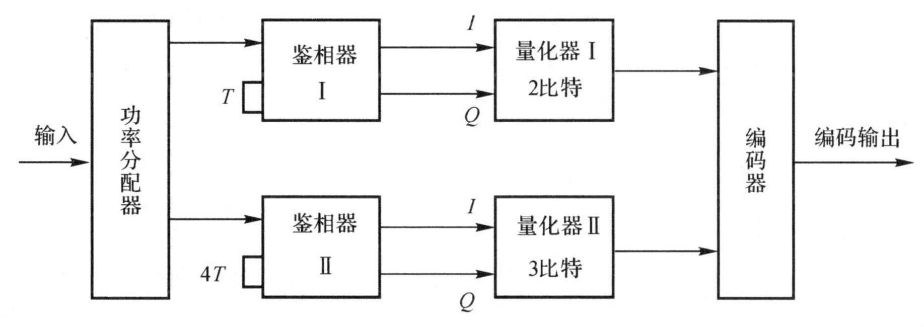

图 2.3.11　两路鉴相器的并行运用

短延时线支路单值测量，其输出码为频率的高位码，不模糊带宽 $\Delta F=1/T$。长延时线支路为低位码。在短延时线上 ΔF 有 4 个区间（2 比特），对应短延时线支路的每个区间长延时线支路又可量化为 8 个小区间（3 比特），如图 2.3.12 所示，两支路将 ΔF 共量化成 32 个单元，每个单元宽度决定测频分辨力，即

$$\Delta f=\frac{\Delta F}{2^3\times 4} \tag{2.3.19}$$

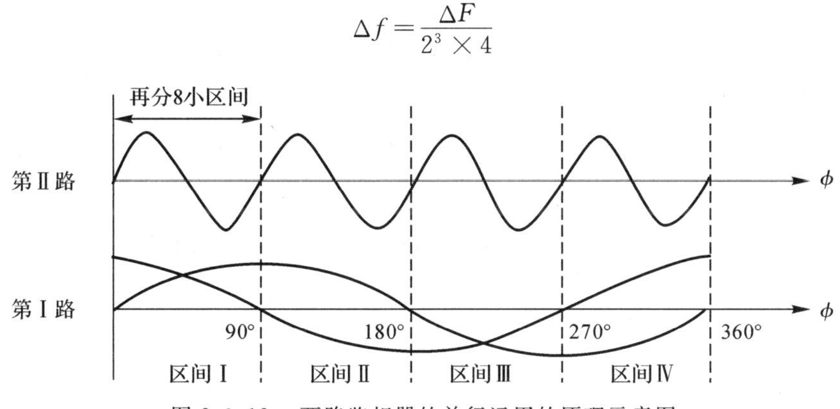

图 2.3.12　两路鉴相器的并行运用的原理示意图

如果采用多路鉴相器并行运用，频率分辨力的一般表达式为

$$\Delta f=\frac{\Delta F}{2^{m}\times n^{k-1}}=\frac{1}{2^{m}\times n^{k-1}\times T} \tag{2.3.20}$$

式中，m 为低位鉴相器支路的量化比特数；n 为相邻支路鉴相器的延迟时间比；k 为并行运用支路数。

在实际工作中，并行运用支路数不宜太多，否则体积过大，通常 $k=3$ 或 4。最低位鉴相器支路量化比特数 m 不宜过大，否则鉴相器难以制作，通常 $m=4\sim6$。相邻支路的延迟时间比也不宜过大，否则校码难以进行，通常取 $n=4$ 或 8。

在数字式瞬时测频接收机中，各路量化器输出的是几组不相制约的频率代码。由于鉴相器中各个具体电路特性与理想特性的偏离、输入信号幅度起伏以及接收机内部噪声等影响，使得信号过零点时刻超前或滞后理想情况，从而引起极性量化的错位，尤其是正弦电压和余弦电压过零点时不陡直更加剧了这种效应。为了将这些分散的频率代码变为二进制频率码，并且量化单元宽度由最长延迟时间支路确定，在编码的过程中必须用低位校正高位。对于极性量化器来说，由于高位正余弦信号过零点的斜率小、灵敏度低，而低位正余弦信号过零点的斜率大、灵敏度高，因此用低位校正高位能够保证测频精度的要求。具体做法是，同时使用正余弦两路信号进行编码，这样对于一定比特率的量化器来说必然有一些码是多余的，可以用这些多余的码来校正其他的码。

2.3.5 数字测频接收机

数字测频接收机是未来发展方向之一，它主要是将信号数字化以便计算机进行处理。由于软件可以模拟任何类型的滤波器或解调器(包括在硬件中难以实现的那些类型)的功能，数字测频接收机能够进行最佳滤波、解调和检波后处理等复杂信号处理。数字测频接收机既可以进行实时信号处理，也可以将信号存储起来事后分析。数字测频接收机的基本组成如图2.3.13所示。

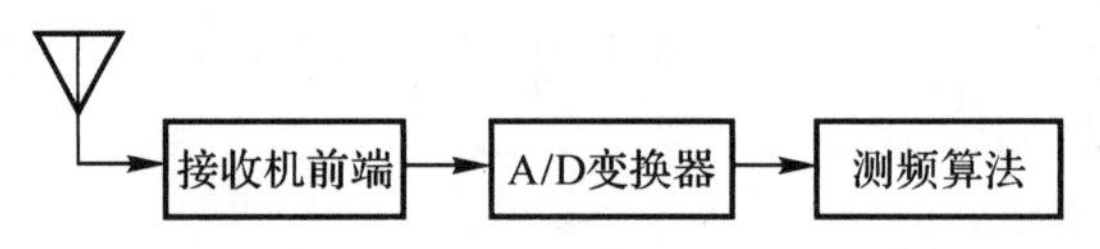

图 2.3.13 数字测频接收机的基本组成

数字测频接收机的核心在于算法，灵活多样、精度高是数字测频算法的特点。采用什么算法要根据实际信号环境以及所要达到的精度来确定。

1. 时域算法

时域算法主要有相位法、数据拟合法、过零检测法等。时域算法原理简单直观，运算量小，对样本数要求不高，速度快，适于实时处理场合，在高信噪比情况下精度高。但大多数时域算法对信噪比要求高，在有同时到达信号或频率分集信号时会有较大测频误差，测量时应尽量使用非微弱区信号样本。在单载频情况下，若信号脉内无调制，可以通过求多点平均来减小测频误差，脉内有频率调制时，求多点频率值则可反映出调制的信息。

2. 频域算法

频域算法主要包括 DFT、FFT、频率居中法等，频域算法对多信号分离能力强，对信噪比

要求低,适合高密度信号环境及雷达脉内有频率调制的情况。

3. 时频分析方法

时频分析方法主要有 STFT、小波分析等,时频算法可提取脉内细微特征参数进行调制识别。相比时域算法,时频域算法运算量较大,处理的时间要长一些。

2.4　雷达方向的测量技术

2.4.1　测向概述

2.4.1.1　测向的目的

对雷达方向的测量也就是要测量雷达辐射电磁波的同相位波前。雷达侦察系统对雷达辐射源进行方向测量的主要目的如下。

1. 进行信号分选和识别

由于雷达侦察系统面临的信号环境中可能存在着大量的辐射源,而各辐射源的所在方向是将它们彼此区分开的重要参数之一,而且该参数受环境的影响较小,具有相对的稳定性。因此,辐射源的所在方向是雷达侦察系统可用于进行信号分选和识别的重要参数。

2. 引导干扰方向

当需要实施引导式干扰时,可根据雷达侦察系统测得的威胁雷达所在方向,对干扰机进行方向引导,使干扰发射机的能量集中在威胁雷达所在方向,干扰更加有效。

3. 引导武器系统辅助攻击

当武器系统需要对威胁雷达实施“硬杀伤”时,根据雷达侦察系统测得的威胁雷达所在方向,引导反辐射导弹、红外、激光和电视制导等武器对威胁雷达实施攻击。

4. 为作战人员提供威胁告警

当雷达侦察系统检测到有威胁辐射源的信号时,可为作战人员提供威胁告警并指明威胁所处方向,以便及时采取适当的战术机动措施。

5. 辅助实现对辐射源定位

利用空间多部雷达侦察接收机所测得的威胁雷达的方向或时差等参数,可以进一步确定威胁雷达在空间中的位置。

2.4.1.2　测向系统的主要技术指标

测向系统是雷达侦察接收机的重要组成部分,其技术指标应满足雷达侦察接收机的整体战技指标要求,并随雷达侦察接收机的用途、性能的不同而有所差异。下面给出一般雷达侦察接收机测向系统的主要技术指标。

1. 测角精度 δA 和角度分辨力 ΔA

测角精度 δA 一般用测角误差的均值和方差来度量,包括系统误差和随机误差。系统误差由系统失调而引起,在给定工作频率、信号功率和环境温度等条件下,是一个固定偏差(均值不为零)。随机误差主要是由系统内、外噪声引起的。角度分辨力 ΔA 是指能够被区分开的两个辐射源间的最小角度差。

2. 测角范围 Ω_{AOA}、瞬时视野 Ω_{IAOA}、角度搜索概率 $P_A(T)$ 和搜索时间 T

测角范围 Ω_{AOA} 是指测向系统能够检测辐射源的最大角度范围,瞬时视野 Ω_{IAOA} 是指在给定时刻测向系统能够测量的角度范围。角度搜索概率 $P_A(T)$ 是指测向系统在给定的搜索时间 T 内，可测量出给定辐射源角度信息的概率。搜索时间 T 则是指对于给定辐射源，达到给定角度搜索概率 $P_A(T)$ 所需要的时间。对于搜索法测向，Ω_{IAOA} 对应于波束宽度，Ω_{AOA} 则为波束的扫描范围，角度搜索概率 $P_A(T)$ 和搜索时间 T 取决于双方天线的扫描方式和扫描参数；对于非搜索法测向，瞬时视野 Ω_{IAOA} 等于测角范围 Ω_{AOA}，只要侦收的雷达信号功率高于雷达侦察接收机的灵敏度，测向系统就能测定出辐射源的角度。

3. 测向系统灵敏度

测向系统灵敏度是指测向系统天线口面能够正常测向时的最小输入信号功率密度 $D(\mathrm{dBm/m^2})$，或者指在给定测向系统天线增益 G_R 或有效接收面积 $A_R(\mathrm{m^2})$ 条件下测向接收机的灵敏度 $P_{Rmin}(\mathrm{dBm})$。二者的换算关系为

$$\left.\begin{aligned} P_{Rmin} &= D + 10\lg A_R = D + 10\lg(G_R\lambda^2/4\pi) \\ A_R &= G_R\lambda^2/4\pi \end{aligned}\right\} \tag{2.4.1}$$

2.4.2 测向的方法

2.4.2.1 按测向原理分类

雷达侦察系统对雷达辐射源测向的基本原理是利用侦察测向天线系统的方向性，也就是利用测向天线系统对不同方向到达的电磁波所具有的不同振幅或相位响应特性，并据此分为振幅法测向和相位法测向两种类型。

1. 振幅法测向

振幅法测向就是根据测向天线系统侦收信号的相对幅度大小来确定信号的到达角。主要的测向方法有最大信号法、等信号法和比较信号法等。最大信号法通常采用波束扫描体制或多波束体制，以所侦收到信号最强的方向作为雷达所在方向。其优点是信噪比较高，故侦察距离较远，缺点是测向精度较低。比较信号法通常采用多个不同波束指向的天线覆盖一定的空间，根据各天线侦收同一信号的相对幅度大小来确定雷达的所在方向。其优点是测向精度较高，缺点是系统较复杂。等信号法主要用于对辐射源的跟踪，其测向精度高但测向范围较小，典型应用于反辐射导弹等。

2. 相位法测向

相位法测向就是根据测向天线系统侦收到同一信号的相对相位差来确定雷达信号的到达角，也可以通过这一相位差解调出角度误差信号，驱动天线对辐射源实施被动跟踪。由于相对相位差来源于相对波程差与波长的比值，而雷达信号的波长较短，故波程差引起的相位变化很灵敏，使得相位法测向的无模糊测角范围较小，天线系统较集中(基线较短)。

2.4.2.2 按波束扫描方法分类

波束一般是指天线的振幅响应，其中振幅响应最强的方向称为波束指向。波束扫描是指其波束指向随时间而改变。雷达侦察天线的波束扫描方法主要有顺序波束法和同时波束法。

1. 顺序波束法

顺序波束法测向通过窄波束天线在一定的测角范围内连续扫描来测量雷达所在方向，也称为搜索法测向。同时波束法测向的优点是设备简单、体积小、重量轻，缺点是瞬时视野小、截获概率低、截获时间长。

2. 同时波束法

同时波束法测向采用多个彼此相互独立的波束同时覆盖需要侦察的空域(无需进行波束扫描),也称为非搜索法测向。同时波束法测向的瞬时视野宽、截获概率高、截获时间短,但设备比较复杂。

2.4.3　振幅法测向

振幅法测向是根据测向天线对不同到达方向电磁波的振幅响应来测量辐射源方向的。常用的振幅法测向技术有波束搜索法测向、全向振幅单脉冲测向和空间多波束测向等。

2.4.3.1　波束搜索法测向技术

波束搜索法测向原理如图 2.4.1 所示。侦察测向天线以波束宽度 θ_r、扫描速度 v_r 在测角范围 Ω_{AOA} 内进行连续搜索。当接收到的雷达辐射信号分别高于、低于测向接收机检测门限 P_T 时,记下波束的指向 θ_1、θ_2,并将其平均值作为角度的一次估值 $\hat{\theta}$:

$$\hat{\theta}=\frac{1}{2}(\theta_1+\theta_2) \tag{2.4.2}$$

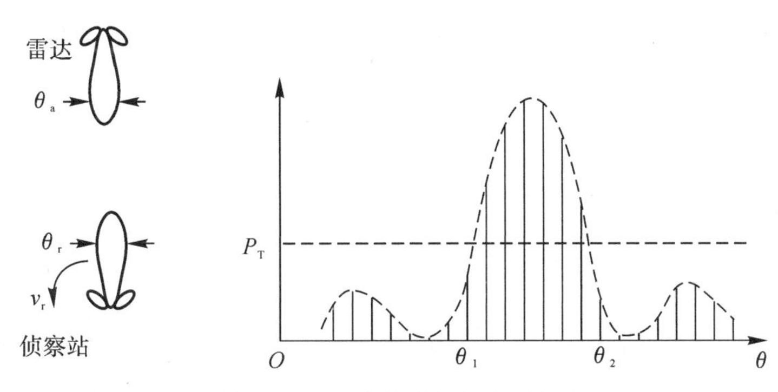

图 2.4.1　波束搜索法测向的原理

在搜索过程中,侦察波束在雷达辐射源方向有一定的驻留时间 $t_r=\theta_r/v_r$,当 t_r 大于雷达的脉冲重复周期 T_r 时,可接收到雷达辐射的一组脉冲信号。

在许多情况下,雷达天线波束也处于搜索状态。若其天线旁瓣很低,则只有当双方天线波束互指时,侦察接收机收到的雷达信号功率才能达到检测门限。由于天线互指是一个随机事件,搜索法测向的本质是两个窗口函数的重合(几何概率问题)。为了提高搜索概率,侦察接收机必须尽可能地利用已知雷达的各种先验信息,并以此为依据确定自己的搜索方式和搜索参数。根据雷达天线与侦察天线转速的关系不同,可以将搜索法测向技术分为慢速可靠搜索、快速可靠搜索和概率搜索。

1. 慢速可靠搜索

慢速可靠搜索是指侦察天线的转速比雷达天线的转速慢,同时必须在侦察天线转一周的时间内能够搜索到雷达信号。

设雷达天线的波束宽度为 θ_a(°),扫描速度为 v_a(°/s),扫描范围为 Ω_a(°),扫描周期为 T_a(s),且 $T_a=\Omega_a/v_a$。侦察天线的扫描周期为 T_R(s),角度搜索范围为 Ω_{AOA},扫描速度为 v_r(°/s),且 $T_R=\Omega_{AOA}/v_r$。侦察接收机检测雷达方向信息需要 Z 个连续脉冲。则慢速可靠搜索需同时满足的条件是:

(1) 在雷达天线扫描一周的时间 T_a 内,侦察天线最多只扫描一个波束宽度 θ_r,即

$$\frac{\theta_r}{v_r}=T_R\frac{\theta_r}{\Omega_{AOA}}\geqslant T_a \tag{2.4.3}$$

(2) 在雷达天线指向侦察接收机的时间 T_s 内,至少连续收到 Z 个雷达发射脉冲,即

$$T_s=T_a\frac{\theta_a}{\Omega_a}\geqslant ZT_r \tag{2.4.4}$$

式中,T_r 为雷达的脉冲重复周期。式(2.4.3) 称为慢速条件,式(2.4.4) 称为可靠条件。如果雷达天线在 T_R 时间内作匀速周期扫描,则慢速可靠搜索到雷达信号的时间就是侦察天线的扫描周期 T_R。

慢速可靠搜索的主要缺点是所需的搜索时间 T_R 很长,主要用于搜索天线转速较高的雷达。

2. 快速可靠搜索

快速可靠搜索是指侦察天线的转速比雷达天线的转速快,同时在雷达天线转一周的时间内能够搜索到雷达信号。

快速可靠搜索需同时满足的条件是:

(1) 在雷达天线扫描一个波束宽度 θ_a 的时间内,侦察天线至少扫描一周,即

$$\frac{\theta_a}{v_a}=T_a\frac{\theta_a}{\Omega_a}\geqslant T_R \tag{2.4.5}$$

(2) 在侦察天线指向雷达的时间 T_s 内,至少连续接收到 Z 个雷达发射脉冲,即

$$T_s=T_R\frac{\theta_r}{\Omega_{AOA}}\geqslant ZT_r \tag{2.4.6}$$

式(2.4.5) 称为快速条件,式(2.4.6) 称为可靠条件。快速可靠搜索能可靠搜索到雷达信号的时间是雷达天线的扫描周期 T_a。快速可靠搜索主要用于搜索天线转速较低的雷达。当雷达天线转速较高时,侦察接收机不仅很难满足式(2.4.6) 的可靠条件,也很难实现式(2.4.5) 的快速扫描。

3. 概率搜索

概率搜索是指既不满足慢速可靠搜索条件,也不满足快速可靠搜索条件的搜索测向方法。

2.4.3.2　全向振幅单脉冲测向技术

全向振幅单脉冲测向技术采用 N 个具有相同方向性函数 $F(\theta)$ 的天线,均匀布设在 360°方位内,如图 2.4.2 所示。相邻天线的张角 $\theta_s=360°/N$,各天线的方位指向分别为

$$F_i(\theta)=F(\theta-i\theta_s),\quad i=0,\cdots,N-1 \tag{2.4.7}$$

每个天线接收的信号经过各自振幅响应为 K_i 的接收通道,输出脉冲的对数包络信号为

$$s_i(t)=\lg[K_iF(\theta-i\theta_s)A(t)],\quad i=0,\cdots,N-1 \tag{2.4.8}$$

式中,$A(t)$ 为雷达信号振幅的调制函数。该信号送到信号处理机,由信号处理机估计出该脉冲对应的角度。常用的信号处理方法主要有相邻比幅法和全方向比幅(NABD) 法。

1. 相邻比幅法

假设天线方向图满足对称性,即 $F(\theta)=F(-\theta)$,如图 2.4.3 所示,当雷达方向位于任意两天线之间且偏离两天线等信号轴方向的夹角为 φ 时,对应通道输出的信号 $S_1(t)$,$S_2(t)$ 分别为

$$\left.\begin{aligned}S_1(t) &= \lg[K_1 F(\theta_s/2-\varphi)A(t)]\\S_2(t) &= \lg[K_2 F(\theta_s/2+\varphi)A(t)]\end{aligned}\right\} \tag{2.4.9}$$

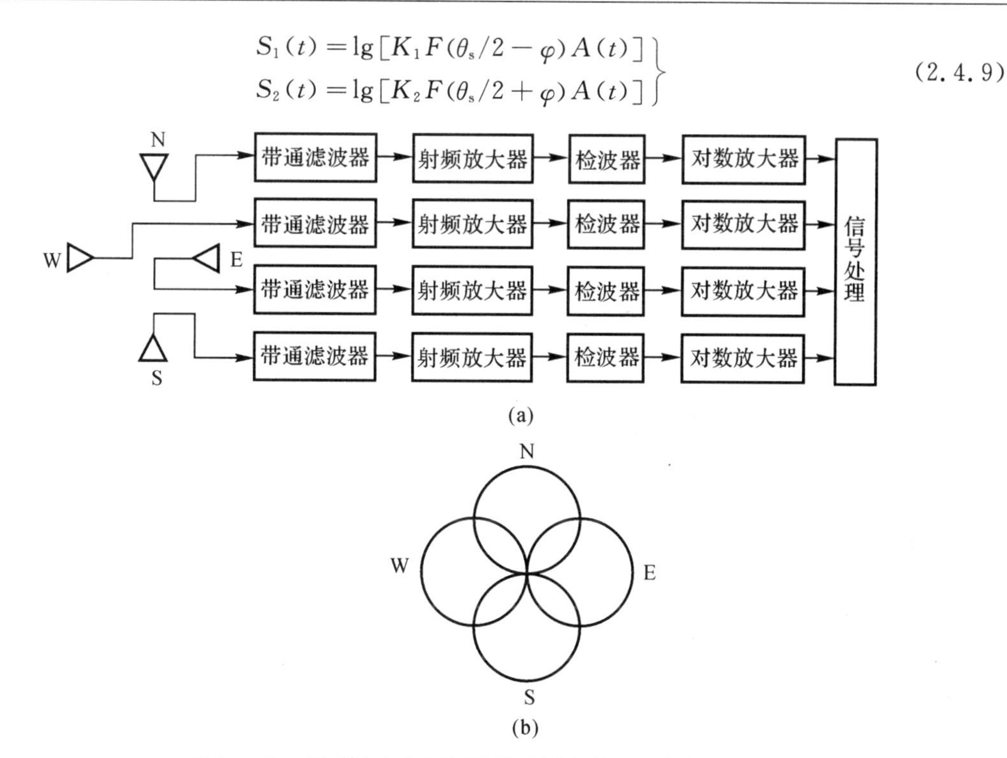

图 2.4.2　圆天线全向振幅单脉冲测向的原理方框图

(a) 系统组成；(b) 四天线方向图

相减后的对数电压比 R(dB) 为

$$R=10[S_1(t)-S_2(t)]=10\lg\frac{K_1F(\theta_s/2-\varphi)A(t)}{K_2F(\theta_s/2+\varphi)A(t)} \tag{2.4.10}$$

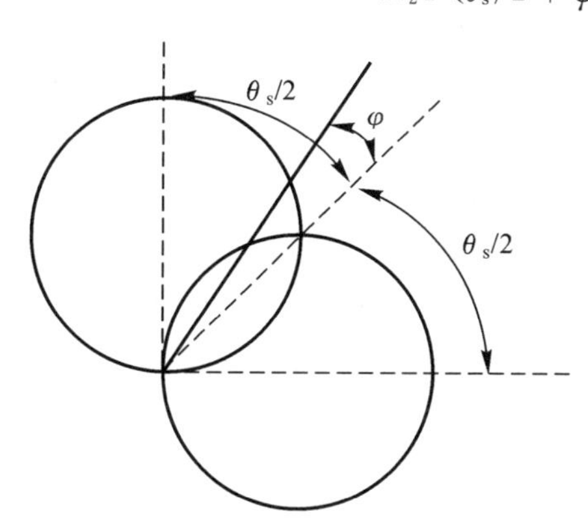

图 2.4.3　相邻天线的振幅方向图

如果函数 $F(\theta)$ 在区间 $[-\theta_s,\theta_s]$ 内具有单调性：

$$\left.\begin{aligned}&F(\theta_1)<F(\theta_2)\\&\forall\ |\theta_1|<|\theta_2|;\theta_1,\theta_2\in[-\theta_s,\theta_s]\end{aligned}\right\} \tag{2.4.11}$$

则 R 与 φ 也具有单调的对应关系。如果天线方向性函数 $F(\theta)$ 为高斯函数，$F(\theta)=\mathrm{e}^{-k\theta^2}$，根据半

功率波束宽度的定义,有 $F\left(\frac{\theta_r}{2}\right)=\sqrt{\frac{1}{2}}$,可求得其表达式为

$$F(\theta)=e^{-1.3863\left(\frac{\theta}{\theta_r}\right)^2} \tag{2.4.12}$$

式中,θ_r 为 $F(\theta)$ 的半功率波束宽度。将其代入式(2.4.10),当 $K_1=K_2$ 时,可得

$$R=\frac{12\theta_s}{\theta_r^2}\varphi \quad 或 \quad \varphi=\frac{\theta_r^2}{12\theta_s}R \tag{2.4.13}$$

式(2.4.13)也可以作为其他天线函数进行相邻比幅测角时的参考。对 θ_r,θ_s 和 R 求全微分,可以得到角度测量时的系统误差 $d\varphi$ 为

$$d\varphi=\frac{\theta_r}{6\theta_s}Rd\theta_r-\frac{\theta_r^2}{12\theta_s^2}Rd\theta_s+\frac{\theta_r^2}{12\theta_s}dR \tag{2.4.14}$$

该式表明,θ_r 越小,各项误差的影响就越小,这是由于波束越窄,测向的斜率就越高。

相邻波束交点方向(等信号轴方向)的增益 $F\left(\frac{\theta_s}{2}\right)$ 与最大信号方向的增益 $F(0)$ 的功率比称为波束交点损失 L(dB),即

$$L=20\lg\left(\frac{F(\theta_s/2)}{F(0)}\right) \tag{2.4.15}$$

对于式(2.4.12)的高斯天线方向图,可求得

$$L=20\lg\left(F\left(\frac{\theta_s}{2}\right)\right)=-3\left(\frac{\theta_s}{\theta_r}\right)^2 \tag{2.4.16}$$

对于给定的波束交点损失 L(dB),也可以求得相应的波束宽度为

$$\theta_r=\theta_s\sqrt{\frac{-3}{L}}$$

L 影响系统的测向灵敏度,因此在选择波束宽度时必须折中考虑。当波束交点损失为 -3 dB 时,$\theta_r=\theta_s$,式(2.4.14)可简化为

$$d\varphi=\frac{R}{6}d\theta_r-\frac{R}{12}d\theta_s+\frac{360^\circ}{12N}dR \tag{2.4.17}$$

式中的前两项误差分别为波束宽度和张角变化引起的误差,在波束正方向的影响最大(此时 R 最大),在等信号轴方向的影响最小(此时 $R=0$);第三项误差为通道失衡引起的误差,随着天线数 N 的增加而减小。

相邻比幅法的信号处理主要表现在相邻通道之间,这对于分辨不同方向($\Delta\theta>\theta_s$)的同时多信号是有好处的。但是当有强信号到达时,由于天线旁瓣的作用,可能使多个相邻通道同时超过检测门限造成虚假错误,需要在信号处理时给予消除。

2. 全方向比幅法(NABD)

对称天线函数 $F(\theta)$ 可展开傅氏级数:

$$F(\theta)=\sum_{k=0}^{\infty}a_k\cos(k\theta) \tag{2.4.18}$$

$$a_k=2\int_0^{\pi}F(\theta)\cos(k\theta)d\theta \tag{2.4.19}$$

$$F_i(\theta)=F(\theta-\theta_s)=\sum_{k=0}^{\infty}a_k\cos(k\theta-ki\theta_s) \tag{2.4.20}$$

用权值 $\cos(i\theta_s)$,$\sin(i\theta_s)$,$i=0,\cdots,N+1$,对各天线输出信号取加权和,有

$$C(\theta)=\sum_{k=0}^{N-1}F_i(\theta)\cos(i\theta_s) \tag{2.4.21}$$

$$S(\theta)=\sum_{k=0}^{N-1}F_i(\theta)\sin(i\theta_s) \tag{2.4.22}$$

化简后可得

$$\left.\begin{aligned}C(\theta)&=\frac{N}{2}\sum_{i=0}^{\infty}a_{iN+1}\cos[(iN+1)\theta]+\frac{N}{2}\sum_{i=0}^{\infty}a_{iN-1}\cos[(iN-1)\theta]\\S(\theta)&=\frac{N}{2}\sum_{i=0}^{\infty}a_{iN+1}\sin[(iN+1)\theta]+\frac{N}{2}\sum_{i=0}^{\infty}a_{iN-1}\sin[(iN-1)\theta]\end{aligned}\right\} \tag{2.4.23}$$

当天线数量较大时，天线函数的高次展开系数很小，此时式(2.4.23)近似为

$$\left.\begin{aligned}C(\theta)&\approx\frac{N}{2}a_1\cos\theta\\S(\theta)&\approx\frac{N}{2}a_1\sin\theta\end{aligned}\right\} \tag{2.4.24}$$

利用 $C(\theta)$，$S(\theta)$ 可无模糊地进行全方位测向，有

$$\theta=\arctan\frac{S(\theta)}{C(\theta)} \tag{2.4.25}$$

全方向比幅法测向的主要优点是对各种天线函数的适应能力较强，测向误差较小，没有强信号造成的虚假测向。但信号处理略复杂，且不能对同时多信号进行测向和分辨。

2.4.3.3　多波束测向技术

多波束测向系统由 N 个窄波束同时覆盖测角范围 Ω_{AOA}，如图 2.4.4 所示。多波束的形成主要分为由集中参数的微波馈电网络构成的多波束天线阵和由空间分布馈电构成的多波束天线阵。

罗特曼(Rotman)透镜是一种典型的由集中参数馈电网络构成的多波束天线阵，如图 2.4.5所示，主要由天线阵、变长馈线(Bootlace 透镜区)、聚焦区和波束输出口等组成。每一个天线阵元都是宽波束的，由天线阵元输入口到波束口之间的部分组成罗特曼透镜，包括两个区域：聚焦区和 Bootlace 透镜区。当平面电磁波沿 θ 方向到达天线阵时，各天线阵元的输出信号为

$$S_i(t)=S(t)\mathrm{e}^{\mathrm{j}i\varphi(\theta)},\quad \varphi(\theta)=\frac{2\pi}{\lambda}d\sin\theta,\quad i=0,\cdots,N-1 \tag{2.4.26}$$

式中，d 为相邻天线的间距。连接各天线阵元到聚焦区的可变长度馈线的等效电长度为 L_i，对应的相移量为

$$\psi_i=\frac{2\pi}{\lambda}L_i,\quad i=0,\cdots,N-1 \tag{2.4.27}$$

由聚焦区口 i 到输出口 j 的等效路径长度为 $d_{i,j}$，相移量为

$$\phi_{ij}=\frac{2\pi}{\lambda}d_{i,j},\quad i=0,\cdots,N-1 \tag{2.4.28}$$

罗特曼透镜通过对测向系统参数 $d,N,\{L_i\}_{i=0}^{N-1},\{d_{i,j}\}_{i,j=0}^{N-1}$ 的设计和调整，使输出口 j 的天线方向图函数 $F_j(\theta)$ 近似为

$$F_j(\theta)=\left|\sum_{i=0}^{N-1}\mathrm{e}^{\mathrm{j}i\phi(\theta)+\psi_i+\phi_{i,j}}\right| \tag{2.4.29}$$

从而使 N 个输出口具有 N 个不同的波束指向 $\{\theta_j\}_{j=0}^{N-1}$。为了便于理解其原理，图 2.4.6 给出了罗特曼透镜馈电网络形成两个波束的电磁波路径示意图。雷达侦察接收机中的多波束测向的难点主要是宽带特性，要求波束指向尽可能不受频率的影响(宽带聚焦)。

罗特曼透镜的测角范围有限，一般在天线阵面正向 $\pm 60°$ 范围内，天线具有一定的增益。罗特曼透镜也适合作干扰发射天线。

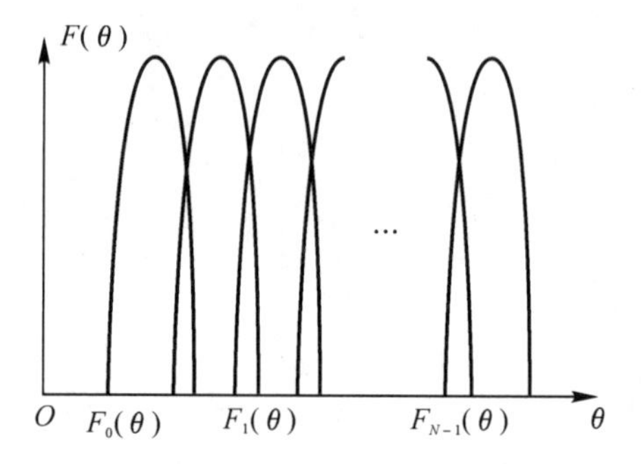

图 2.4.4　多波束测向的原理示意图

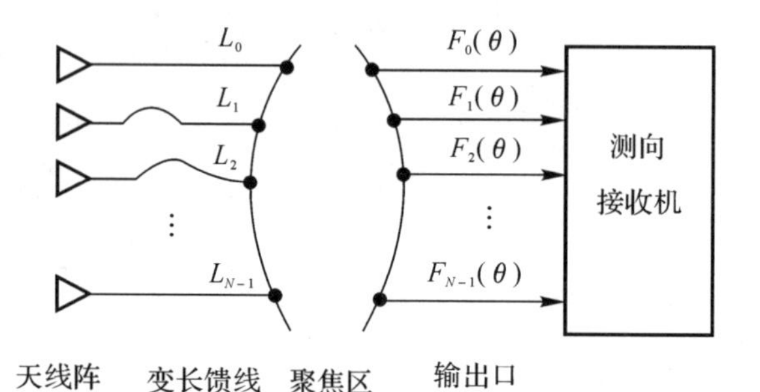

图 2.4.5　罗特曼透镜馈电多波束原理图

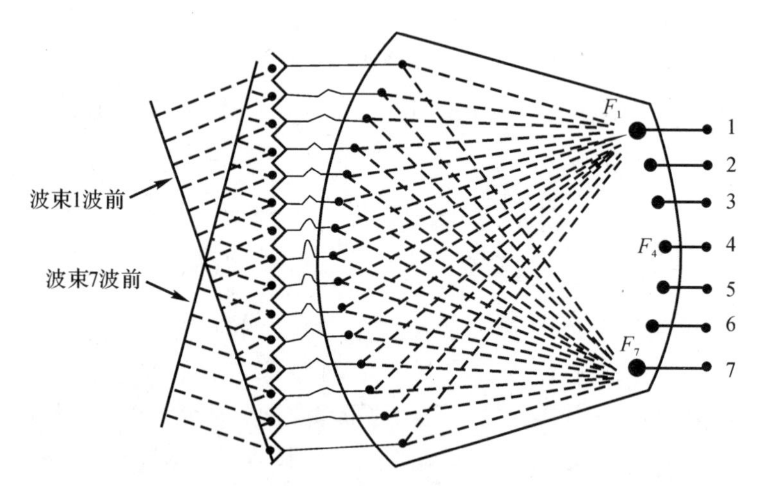

图 2.4.6　罗特曼透镜馈电网络形成两个波束的电磁波路径示意图

2.4.4　相位法测向

相位法测向就是根据测向天线对不同到达方向电磁波的相位响应来测量辐射源的方向。常用的技术为数字式相位干涉仪测向技术。

1. 单基线相位干涉仪测向的基本原理

从原理上分析，相位干涉仪能够实现对单个脉冲的测向，故又称为相位单脉冲测向。最简单的单基线相位干涉仪由两个信道组成，如图 2.4.7 所示。

若有一平面电磁波从与天线视轴夹角为 θ 的方向到达测向天线 1,2，则两天线收到信号的相位差 ϕ 为

$$\phi = \frac{2\pi l}{\lambda}\sin\theta \qquad (2.4.30)$$

式中，λ 为信号波长；l 为两天线间距。如果两个信道的相位响应完全一致，则由接收机输出信号的相位差仍为 ϕ，经过鉴相器取出相位差信息：

$$\left.\begin{aligned} U_c &= K\cos\phi \\ U_s &= K\sin\phi \end{aligned}\right\} \tag{2.4.31}$$

式中，K 为系统增益。再进行角度变换，求得雷达信号的到达方向 θ：

$$\left.\begin{aligned} \phi &= \arctan\frac{U_s}{U_c} \\ \theta &= \arcsin\frac{\phi\lambda}{2\pi l} \end{aligned}\right\} \tag{2.4.32}$$

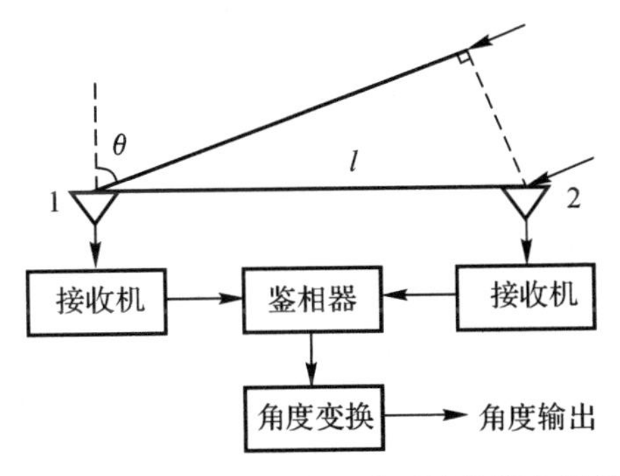

图 2.4.7　一维单基线相位干涉仪测向原理

由于鉴相器无模糊的相位检测范围仅为[$-\pi,\pi$)，所以单基线相位干涉仪的最大无模糊测角范围为[$-\theta_{max},\theta_{max}$)，其中

$$\theta_{max} = \arcsin\frac{\lambda}{2l} \tag{2.4.33}$$

对于固定天线，l 是常量。对式(2.4.30)中的其他变量求全微分，分析各项误差的相互影响：

$$\left.\begin{aligned} \Delta\phi &= \frac{2\pi l}{\lambda}\cos\theta\Delta\theta - \frac{2\pi l}{\lambda^2}\sin\theta\Delta\lambda \\ \Delta\theta &= \frac{\Delta\phi}{\frac{2\pi l}{\lambda}\cos\theta} + \frac{\Delta\lambda}{\lambda}\tan\theta \end{aligned}\right\} \tag{2.4.34}$$

从式(2.4.34)可以看出，测角误差主要来源于相位误差 $\Delta\phi$ 和信号频率不稳误差 $\Delta\lambda$。误差大小与 θ 有关，在天线视轴方向($\theta=0$)误差最小，在基线方向($\theta=\pi/2$)误差非常大，以至无法测向。因此，一般将单基线测角的范围限定在[$-\pi/3,\pi/3$]。

相位误差 $\Delta\phi$ 对测向误差的影响与 l/λ 成反比。要获得高的测向精度，必须尽可能提高 l/λ。但是，l/λ 越大，无模糊测角的范围就越小。因此，单基线相位干涉仪难以同时满足大测角范围和高测角精度的要求。

2. 一维多基线相位干涉仪测向

在一维多基线相位干涉仪中，可以用短基线来保证测角范围大，用长基线来保证测角精度高。图 2.4.8 给出了三基线 8 bit 相位干涉仪测向的原理方框图。其中，“0”天线为基准天线，其他各天线与其基线的长度分别为 l_1,l_2,l_3，且有

$$\left.\begin{aligned} l_2 &= 4l_1 \\ l_3 &= 4l_2 \end{aligned}\right\} \tag{2.4.35}$$

四天线接收的信号经过各信道接收机(混频、中放、限幅器)送到三路鉴相器,其中“0”信道为鉴相基准。三路鉴相器的6路输出信号分别为

$$\sin\phi_1, \cos\phi_1, \sin\phi_2, \cos\phi_2, \sin\phi_3, \cos\phi_3$$

在忽略三信道相位不平衡误差的条件下,有

$$\left.\begin{aligned} \phi_1 &= \frac{2\pi l_1}{\lambda}\sin\theta \\ \phi_2 &= \frac{2\pi l_2}{\lambda}\sin\theta = 4\phi_1 \\ \phi_3 &= \frac{2\pi l_3}{\lambda}\sin\theta = 4\phi_2 \end{aligned}\right\} \tag{2.4.36}$$

此6路信号经过加减电路、极性量化器、编码校码器产生8 bit方向码输出。加减电路、极性量化器、编码校码器的工作原理与比相法瞬时测频接收机相同,不再赘述。

假设一维多基线相位干涉仪测向的基线数为k,相邻基线的长度比为n,最长基线编码器的角度量化位数为m,则理论上的测向精度为

$$\delta\theta = \frac{\theta_{\max}}{n^{k-1}2^{m-1}} \tag{2.4.37}$$

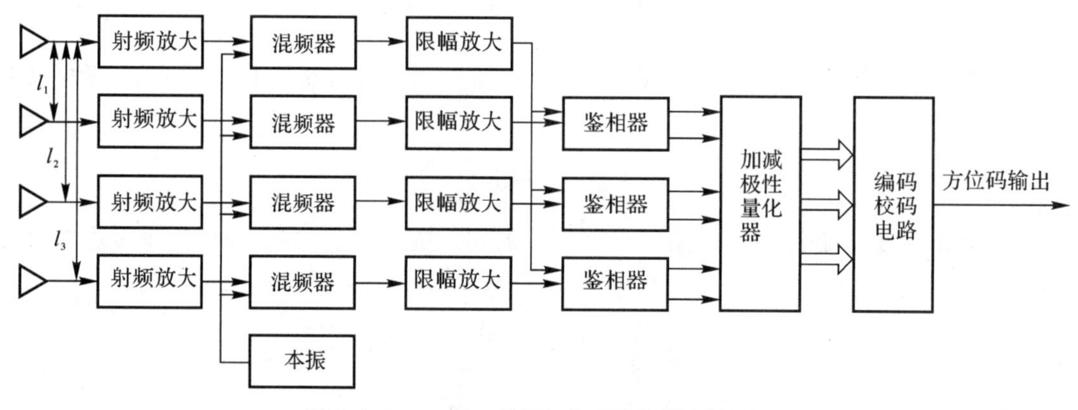

图 2.4.8　一维三基线相位干涉仪测向的原理

相位干涉仪测向具有较高的测向精度,但其测向范围不能覆盖全方位,并且与比相法瞬时测频一样,也没有对同时多信号的分辨能力。此外,由于相位差与信号的频率有关,所以在测向的时候还需要对信号进行测频,求得波长λ,才能唯一确定雷达信号的到达方向。

2.4.5　空间谱估计测向技术

空间谱(Spatial Spectrum)估计测向技术,又称波达方向(Direction of Arrival,DOA)估计技术。空间谱估计测向技术是近年来迅速兴起的一门跨学科技术,无论是在军事还是在民用领域都有着广阔的应用前景,目前已经在多个领域得到应用,如:无线电电子侦察中精确测定辐射源方向;雷达抗干扰中确定干扰来向;米波雷达方位超分辨估计;低空雷达低角跟踪技术;成像雷达中改善成像的分辨力;短波测向领域中测定无线电台的方位及位置;水下目标的方位

估计、定位与跟踪等。

空间谱估计测向技术具有以下特点：

(1)与波束幅度测角方法相比，角度测量的分辨力大大提高。传统的阵列测向中，目标的角分辨率取决于阵列的物理孔径尺寸，也就是受到瑞利限的约束，而空间谱估计测向能够突破瑞利限的约束，可大大改善在系统处理带宽内空间信号的角度估计精度、角度分辨力及其他相关参数估计精度，因而又称为超分辨角度测量技术。

(2)与相位法测向技术相比，可以测量多个同时到达信号的角度，避免角度测量模糊问题。

(3)与传统测向技术相比，该方法需要采用多个阵列单元采集来波信号，同时需要采集多次数据进行统计信号处理和参数估计，其算法相对复杂。

阵列天线 DOA 估计最初的思想是将时域信号谱估计中的非线性处理方法用于空间谱估计以提高角度分辨率。目前已经提出了大量的算法，其算法类型主要有：基于线性预测类算法、特征结构类算法，子空间拟合类算法等。多重信号分类(Multiple Signal Classification，MUSIC)算法是一种最为经典的算法，它是基于阵列协方差矩阵特征分解，利用信号子空间和噪声子空间的正交性对信号波达方向进行超分辨谱估计的一种方法。下面简要介绍 MUSIC 算法原理。

设 M 个阵元等距直线排列形成天线阵，阵元间距为 d，远区有 N 个辐射信号源，如图2.4.9 所示。通常 $d=\lambda/2$(λ 为载波波长)，$N<M$。设 $x_i(t)$，$i=1,2,\cdots,N$ 对应各阵元接收信号，$n_i(t)$ 表示各通道中存在的均值为零、方差为 σ^2 的独立高斯白噪声，目标信号和噪声不相关，由信源和阵列空间关系，用矩阵形式表示的各阵元接收信号为

$$\boldsymbol{X}(t)=\boldsymbol{AS}(t)+\boldsymbol{N}(t) \tag{2.4.38}$$

式中，$\boldsymbol{X}(t)=[\boldsymbol{x}_1(t),\boldsymbol{x}_2(t),\cdots,\boldsymbol{x}_M(t)]^{\mathrm{T}}$ 为阵列接收的 $M\times L$ 维数据矢量，$[\cdot]^{\mathrm{T}}$ 表示转置运算，$\boldsymbol{S}(t)=[\boldsymbol{s}_1(t),\boldsymbol{s}_2(t),\cdots,\boldsymbol{s}_N(t)]^{\mathrm{T}}$ 为空间辐射信号的 $N\times L$ 维数据矢量，$\boldsymbol{N}(t)=[\boldsymbol{n}_1(t),\boldsymbol{n}_2(t),\cdots,\boldsymbol{n}_M(t)]^{\mathrm{T}}$ 为阵列的 $M\times L$ 维噪声数据矢量，$\boldsymbol{A}$ 为空间阵列的 $M\times N$ 维阵列响应矩阵，又称阵列流型矩阵。

$$\boldsymbol{A}=[\boldsymbol{a}(\theta_1),\boldsymbol{a}(\theta_2),\cdots,\boldsymbol{a}(\theta_N)] \tag{2.4.39}$$

其中，$\boldsymbol{a}(\theta_i)=[1,\mathrm{e}^{\mathrm{j}\varphi_i},\cdots,\mathrm{e}^{\mathrm{j}(M-1)\varphi_i}]^{\mathrm{T}}$ 为阵列方向矢量，$\varphi_i=(2\pi d/\lambda)\sin\theta_i$，$\theta_i$ 为第 i 个辐射信号的方位角，$\boldsymbol{x}_i(t)$，$\boldsymbol{s}_i(t)$，$\boldsymbol{n}_i(t)$ 为长度 L 的采样数据矢量。

由于阵列接收数据中含有辐射信号的角度信息 θ_i，通过一定的统计信号处理便可以估计出信号的波达方向。

接收阵列的协方差矩阵为

$$\boldsymbol{R}=E\{\boldsymbol{X}(t)\boldsymbol{X}^{\mathrm{H}}(t)\} \tag{2.4.40}$$

式中，$E\{\cdot\}$ 表示求数学期望运算，$[\cdot]^{\mathrm{H}}$ 表示共轭转置运算。对阵列协方差矩阵 $\boldsymbol{R}$ 进行特征值分解可得到对应信号源的 N 个大特征值 $\lambda_1,\lambda_2,\cdots,\lambda_N$ 和 $M-N$ 个对应噪声的小特征值 $\lambda_{N+1},\lambda_{N+2},\cdots,\lambda_M$，其中 $\lambda_{N+1}=\lambda_{N+2}=\cdots=\lambda_M=\sigma^2$。$N$ 个大特征值的特征矢量 $\boldsymbol{E}_s=[e_1,e_2,\cdots,e_N]^{\mathrm{T}}$ 所张成的线性子空间称为信号子空间，$M-N$ 个对应噪声的小特征值的特征矢量 $\boldsymbol{E}_n=[e_{N+1},e_{N+2},\cdots,e_M]^{\mathrm{T}}$ 张成的线性子空间称为噪声子空间。

由于信号子空间与噪声子空间是正交的，而阵列流型矩阵 $\boldsymbol{A}$ 张成的子空间与信号子空间是同一子空间，所以阵列流型矩阵 $\boldsymbol{A}$ 张成的子空间与噪声子空间是正交的。利用这一正交关系可以构造如下空间谱函数，即 MUSIC 算法的谱函数

$$P_{\mathrm{MUSIC}}(\theta)=\frac{1}{\boldsymbol{a}^{\mathrm{T}}(\theta)\boldsymbol{E}_n\boldsymbol{E}_n^{\mathrm{T}}\boldsymbol{a}(\theta)} \tag{2.4.41}$$

式中，$\boldsymbol{a}(\theta)=[1,\mathrm{e}^{\mathrm{j}\frac{2\pi d}{\lambda}\sin\theta},\cdots,\mathrm{e}^{\mathrm{j}(M-1)\frac{2\pi d}{\lambda}\sin\theta}]^{\mathrm{T}}$ 为阵列导向矢量。上述谱函数对θ进行谱峰搜索，可得到 N 个峰值，峰值所对应的角度值就是辐射源的方向。

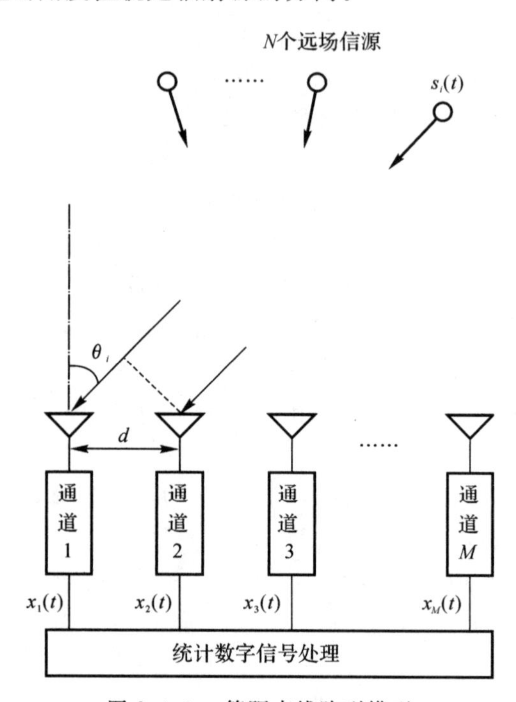

图 2.4.9　等距直线阵列模型

【举例】　计算阵元数 $M=8$ 均匀直线天线阵，阵元间距 $d=\lambda/2$，独立信号源数 $N=3$，其入射角分别为 $-30°$，$5°$，$20°$，采样数据长度 $L=256$，信噪比为 15 dB 情况下的基本 MUSIC 算法的角度估计结果。

【解】　用 MATLAB 编程得到 MUSIC 算法的结果如图 2.4.10 所示。

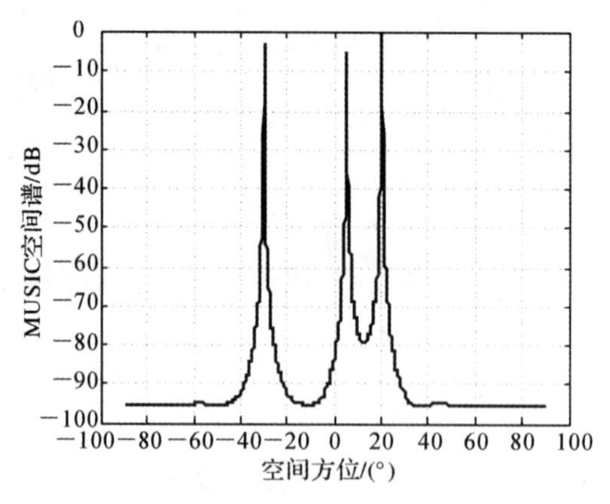

图 2.4.10　信噪比为 15 dB，采样数为 256 情况下的 MUSIC 谱图

从图 2.4.10 可以看出，在一定的信噪比和采样数的条件下，MUSIC 算法通过谱峰搜索可

在目标的真实空间方位形成尖锐的谱峰，从而可实现对辐射信号角度的估计。

除了上述基本 MUSIC 算法外，现代谱估计技术还有许多其他算法，具有不同的估计性能，适用于不同的应用场合。现代谱估计技术具有很高的测角精度，但运算量大，在实现中还需要解决多通道幅相一致性、天线互耦、多路径影响等问题。

2.5　雷达定位方法和原理

对雷达的定位分为平面定位和空间定位。平面定位是指确定雷达辐射源在某一特定平面上的位置，空间定位是指确定雷达辐射源在某一空间中的位置。由于雷达侦察设备本身是无源工作的，一般不能测距，因此实现对雷达的定位还必须要具备其他的条件。根据定位条件的不同，可以分为单点定位和多点定位。

2.5.1　单点定位

单点定位是指雷达侦察设备通过在单个位置的侦收来确定雷达辐射源的位置。主要的定位方法有飞越目标定位法和方位/仰角定位法。这种定位方法需要借助于其他设备辅助（如导航定位设备、姿态控制设备等），以便确定侦察站自身的位置和相对姿态。

2.5.1.1　飞越目标定位法

飞越目标定位法主要用于空间或空中飞行器（如卫星、无人驾驶飞机等）上的雷达侦察设备，利用垂直下视锐波束天线，对地面雷达进行探测和定位。如图 2.5.1(a) 所示，飞行器在运动过程中一旦发现雷达信号，立即将该信号的测量参数、发现的起止时间与飞行器导航数据、姿态数据等记录下来，供事后分析处理。对于地面上固定的雷达站，假设侦收到的 N 个脉冲记录整理成波束中心在地面的投影序列 $\{A_i\}_{i=0}^{N-1}$，则每一个脉冲在地面上的定位模糊区是一个以 A_i 为中心、R_i 为半径的圆，模糊区面积 S_i 为

$$S_i = \pi R^2 = \pi\left(H_i \tan\frac{\theta_r}{2}\right)^2 \tag{2.5.1}$$

N 个脉冲的定位模糊区则是此 N 个非同心圆的交叠区域，如图 2.5.1(b) 所示。显然，收到同一雷达的信号脉冲越多，定位的模糊区就越小。

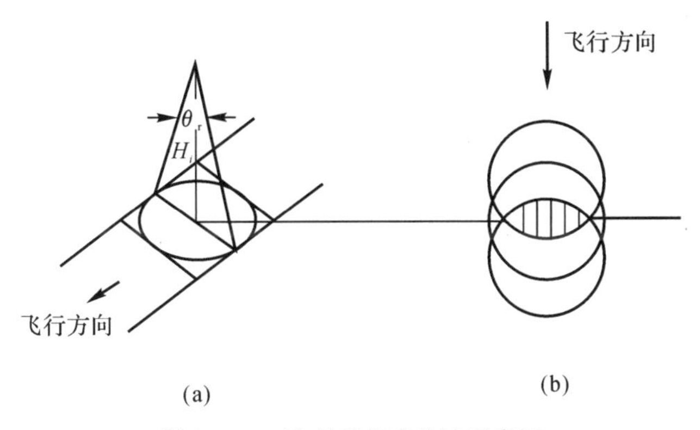

图 2.5.1　飞越目标定位法示意图

2.5.1.2 方位/仰角定位法

方位/仰角定位法是利用飞行器上的斜视锐波束对地面雷达进行探测和定位的，如图2.5.2(a)所示。同飞越目标定位法一样，飞行器在运动过程中一旦发现雷达信号，立即将该信号的测量参数、发现的起止时间与飞行器导航数据、姿态数据等记录下来，供侦察设备实时处理或事后作分析处理。对于地面上固定的雷达站，假设侦收到的 N 个脉冲记录整理成波束中心在地面的投影序列 $\{A_i\}_{i=0}^{N-1}$，则每一个脉冲在地面上的定位模糊区是一个以 A_i 为中心、a_i 为短轴、b_i 为长轴的椭圆，它与飞行器高度 H_i、下视斜角 β_i 以及两维波束宽度 θ_α，θ_β 的关系为

$$\left.\begin{aligned} a_i &= H_i(\csc\beta_i)\left(\tan\frac{\theta_\alpha}{2}\right) \\ b_i &= \frac{H_i}{2}\left[\cot\left(\beta_i-\frac{\theta_\beta}{2}\right)-\cot\left(\beta_i+\frac{\theta_\beta}{2}\right)\right] \end{aligned}\right\} \tag{2.5.2}$$

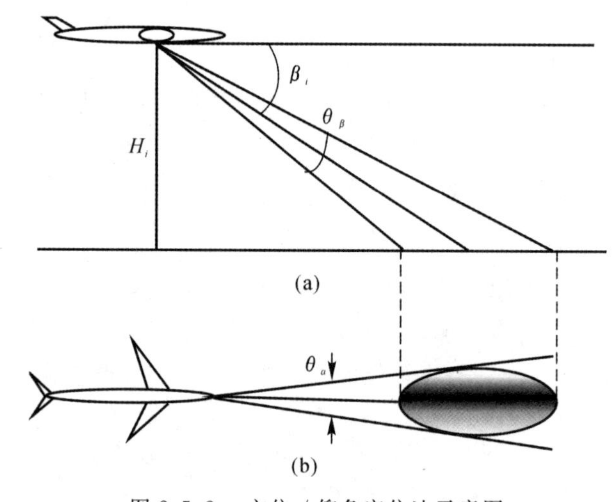

图2.5.2 方位/仰角定位法示意图

模糊区面积 S_i 为

$$S_i = \pi a_i b_i \tag{2.5.3}$$

显然，它受下视斜角 β_i 的影响最大。当 β_i 为 $\pi/2$ 时，方位/仰角定位法与飞越目标定位法一致，模糊区面积最小；当 β_i 很小时，模糊区面积很大，甚至无法定位。N 个脉冲的定位模糊区是 N 个非同心椭圆的交叠区域，多次测量也可以减小定位的模糊区。

2.5.2 多点定位

多点定位是指通过在空间位置不同的多个侦察站协同工作来确定雷达辐射源的位置。主要的定位方法有测向交叉定位、测向-时差定位和时差定位。

2.5.2.1 测向交叉定位法

测向交叉定位使用处在不同位置处的多个侦察站，根据所测得同一辐射源的方向，进行波束的交叉，确定辐射源的位置。平面上测向交叉定位的原理如图2.5.3所示。图中，l 为两侦察站间的距离(基线距离)，距离 R_1 为辐射源 P 到侦察站 A 的距离，R_2 为辐射源 P 到侦察站 B 的距离，R 为辐射源到基线的距离。

两个侦察站之间的距离是已知的，当两个侦察站分别测出同一辐射源的角度时，利用正弦定理可求得两站点到辐射源的距离分别为

$$\left.\begin{aligned} R_1 &= \frac{l\sin(\pi-\theta_2)}{\sin(\theta_2-\theta_1)} = \frac{l\sin\theta_2}{\sin(\theta_2-\theta_1)} \\ R_2 &= \frac{l\sin\theta_1}{\sin(\theta_2-\theta_1)} \end{aligned}\right\} \tag{2.5.4}$$

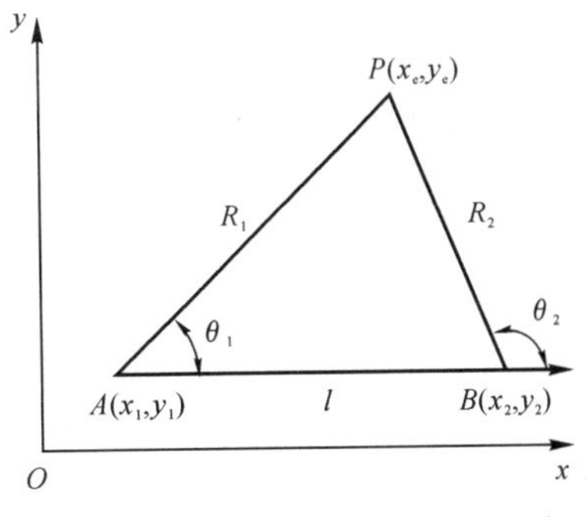

图 2.5.3　平面上测向交叉定位示意图

两条位置线 R_1 和 R_2 的交点，便是辐射源所在的坐标位置。假设侦察站 A,B 的坐标位置分别为 (x_1,y_1)，(x_2,y_2)，所测得的辐射源方向分别为 θ_1，θ_2，则辐射源的坐标位置 (x_e,y_e) 满足下列直线方程组：

$$\left.\begin{aligned} \frac{y_e-y_1}{x_e-x_1} &= \tan\theta_1 \\ \frac{y_e-y_2}{x_e-x_2} &= \tan\theta_2 \end{aligned}\right\} \tag{2.5.5}$$

解此方程组可得

$$\left.\begin{aligned} x_e &= \frac{y_1-y_2-\tan\theta_1 x_1+\tan\theta_2 x_2}{\tan\theta_2-\tan\theta_1} \\ y_e &= \frac{\tan\theta_2 y_1-\tan\theta_1 y_2-\tan\theta_1\tan\theta_2(x_1-x_2)}{\tan\theta_2-\tan\theta_1} \end{aligned}\right\} \tag{2.5.6}$$

测向定位的精度与测向精度和辐射源位置有关。如果侦察站在测量辐射源方向时产生了测量误差，误差数值范围为 $\pm\Delta\theta_1/2$ 和 $\pm\Delta\theta_2/2$，则两个侦察站测出的辐射源方向的交叉点（辐射源位置）处于一个定位模糊区内，如图 2.5.4 阴影所示。

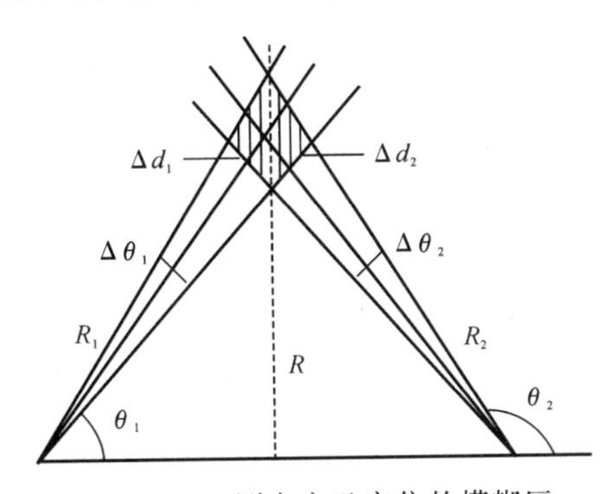

图 2.5.4　测向交叉定位的模糊区

由于 R_1 和 R_2 很大、$\Delta\theta_1$ 和 $\Delta\theta_2$ 很小，误差角交叠的阴影区可近似为一平行四边形，而横向位置线误差可表示为

$$\left.\begin{aligned} \Delta d_1 &\approx R_1\tan\Delta\theta_1 \approx R_1\Delta\theta_1 \\ \Delta d_2 &\approx R_2\tan\Delta\theta_2 \approx R_2\Delta\theta_2 \end{aligned}\right\} \tag{2.5.7}$$

由图 2.5.4 中的几何关系可以推导出阴影区（定位模糊区）的面积近似为

$$A = \left|\frac{4R^2\Delta\theta_1\Delta\theta_2}{\sin\theta_1\sin\theta_2\sin(\theta_2-\theta_1)}\right| \tag{2.5.8}$$

该式表明：

(1) 辐射源距离越远(R 越大)，测向误差越大，模糊区就越大。

(2) 利用高等数学求极小值的方法，可以求得：当 $\theta_1=\frac{\pi}{3},\theta_2=\frac{2\pi}{3}$ 或 $\theta_1=\frac{2\pi}{3},\theta_2=\frac{\pi}{3}$ 时，定位模糊区的面积 A 最小。因此，当侦察站与雷达构成等边三角形时，模糊区的面积最小。

此外，对同一辐射源进行多站测向交叉定位，也能减小定位模糊区的面积。

2.5.2.2 测向-时差定位法

采用这种方法定位的原理如图 2.5.5 所示。基站 A 和转发站 B 二者间距为 d。转发站有两个天线，一个是全向天线(或弱方向性天线)，用于接收来自辐射源的信号，经过放大后再由另一个定向天线转发给基站 A。基站 A 也有两个天线，一个用来测量辐射源 E 的方位角，另一个用来接收转发器送来的信号并测量出该信号与直接到达基站的同一个目标信号的时间差。显然，有

$$c\Delta t=R_2+d-R_1 \tag{2.5.9}$$

式中，c 为电磁波传播速度。根据余弦定理，有

$$R_2^2=R_1^2+d^2-2R_1d\cos\theta \tag{2.5.10}$$

经整理可得

$$R_1=\frac{c\Delta t(d-c\Delta t/2)}{c\Delta t-d(1-\cos\theta)} \tag{2.5.11}$$

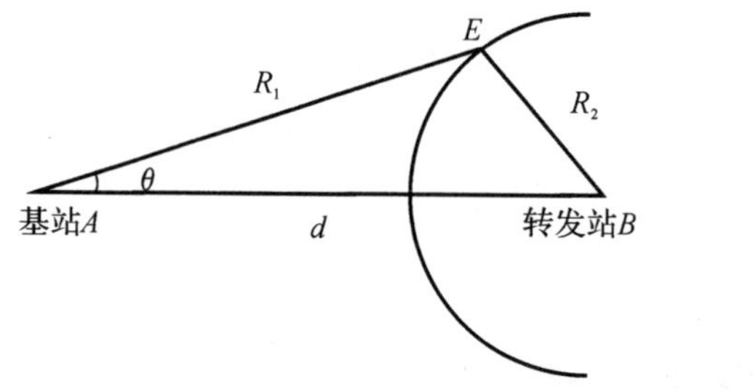

图 2.5.5 平面上测向时差定位法的原理

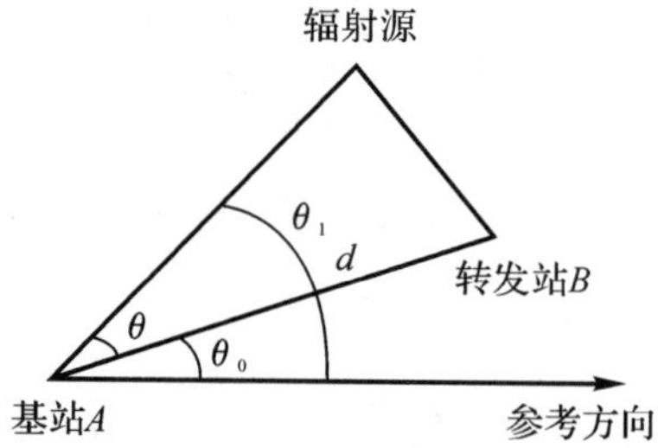

图 2.5.6 位于运动平台上的测向－时差定位

如果转发站位于运动的平台上，如图 2.5.6 所示，则它与基站之间的距离 d 以及与参考方向的夹角 θ_0 就需要用其他设备进行实时测量。如果采用应答机测量两站之间的间距，则有

$$\left.\begin{aligned} d&=c\Delta t_{AB}\\ \theta&=\theta_1-\theta_0 \end{aligned}\right\} \tag{2.5.12}$$

代入式(2.5.11)，可得

$$R_1=\frac{c\Delta t(\Delta t_{AB}-\Delta t/2)}{\Delta t-\Delta t_{AB}\left[1-\cos(\theta_1-\theta_0)\right]} \tag{2.5.13}$$

2.5.2.3 时差定位法

时差定位是利用平面或空间中的多个侦察站，测量出同一个信号到达各侦察站的时间差，由此确定出辐射源在平面或空间中的位置。下面以平面时差定位法为例进行分析。

假设在同一平面上，有三个侦察站 O,A,B 以及一个辐射源 E，其位置分别为 $(0,0)$，(ρ_A,α_A)，(ρ_B,α_B) 和 (ρ,θ)，如图 2.5.7 所示。三个侦察站测得辐射源辐射信号的到达时间分

别为 t_O,t_A 和 t_B。

根据余弦定理,可得到以下方程组:

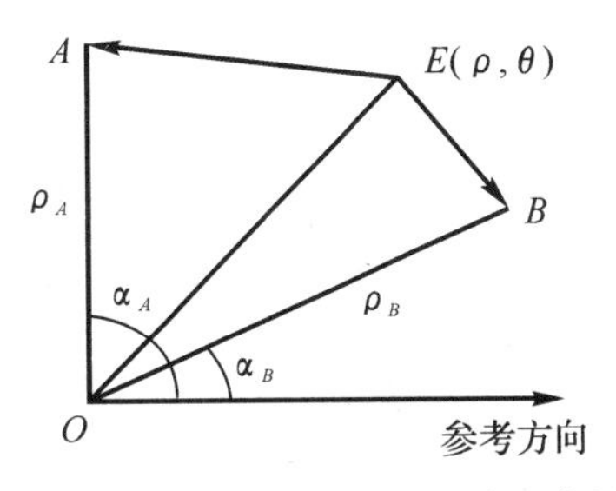

图 2.5.7　平面上的时差定位示意图

$$\left.\begin{aligned} c(t_A - t_O) &= [\rho^2 + \rho_A^2 - 2\rho_A\rho\cos(\theta - \alpha_A)]^{\frac{1}{2}} - \rho \\ c(t_B - t_O) &= [\rho^2 + \rho_B^2 - 2\rho_B\rho\cos(\theta - \alpha_B)]^{\frac{1}{2}} - \rho \end{aligned}\right\} \tag{2.5.14}$$

解方程组可得

$$\theta = \phi \pm \arccos\frac{k_5}{\sqrt{k_3^2 + k_4^2}} \tag{2.5.15}$$

式中

$$\left.\begin{aligned} k_1 &= \rho_A^2 - [c(t_A - t_O)]^2 \\ k_2 &= \rho_B^2 - [c(t_B - t_O)]^2 \\ k_3 &= k_2\rho_A\cos\alpha_A - k_1\rho_B\cos\alpha_B \\ k_4 &= k_2\rho_A\sin\alpha_A - k_1\rho_B\sin\alpha_B \\ k_5 &= k_1c(t_B - t_O) - k_2c(t_A - t_O) \\ \phi &= \arctan\frac{k_4}{k_5} \end{aligned}\right\} \tag{2.5.16}$$

将 θ 代入到方程组式(2.5.14)中即可求出 ρ。式(2.5.15)说明,平面上的三站时差定位一般将有两个解,这是由于式(2.5.14)所代表的是两条双曲线,一般有两个交点,由此产生定位模糊。

一种有效去模糊的方法是增设一个侦察站,产生一个新的时差项,三条双曲线一般只有一个交点,可以解模糊。因此利用平面上的四站时差定位可以唯一地确定 θ,进而唯一地确定辐射源的空间距离 ρ。显然,不同的布站方式将影响定位计算的复杂程度和精度。图 2.5.8 给出了一较好的平面定位的四站布站方式。

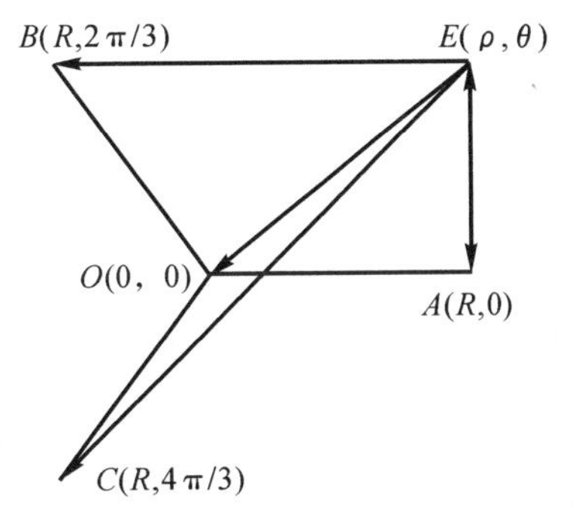

图 2.5.8　平面上的四站时差定位示意图

2.6　雷达侦察中的信号处理

2.6.1　对雷达信号进行侦察的典型过程

雷达侦察系统是一种利用无源接收和信号处理技术,对雷达辐射源信号环境进行检测和识别、对雷达信号参数进行测量和分析,从中得到有用信息的设备。

对雷达信号进行侦察的典型过程如下:

(1)雷达侦察天线接收所在空间的射频信号,并将信号馈送至射频信号实时检测和参数测量电路。由于大部分雷达信号都是脉冲信号,所以典型射频信号的检测和测量电路的输出是对每一个射频脉冲用数字形式描述的信号参数,通常称为脉冲描述字(Pulse Discreption Word,PDW)。该脉冲描述字是指定长度(定长)、指定格式(定格)、指定位含义(定位)的。从雷达侦察系统的侦察天线至射频信号实时检测和参数测量电路的输出端，通常称为雷达侦察系统的前端。

(2)将雷达侦察系统前端的输出送给侦察系统的信号处理设备，由信号处理设备根据不同的雷达和雷达信号特征，对输入的实时 PDW 信号流进行辐射源分选、参数估计、辐射源识别、威胁程度判别和作战态势判别等。信号处理设备的输出结果一般是约定格式的数据文件，同时提供给雷达侦察系统中的显示、存储、记录设备和有关的其他设备。从雷达侦察系统的信号处理设备至显示、存储、记录设备等，通常称为雷达侦察系统的后端。

随着高速数字电路和数字信号处理(DSP)技术的发展，目前已经能够将宽带信号直接进行 A/D 变换、保存和处理(数字接收机)，使传统的测向、测频技术等与数字信号处理技术紧密结合，不仅改善了当前系统的性能，而且具有良好的发展前景。

2.6.2 信号处理设备的任务与技术要求

2.6.2.1 信号处理设备的主要任务

雷达侦察系统中信号处理设备的主要任务是对前端输出的实时脉冲信号描述字流 $\{\mathrm{PDW}_i\}_{i=0}^{\infty}$ 进行信号分选、参数估计和辐射源识别，并将对各辐射源检测、测量和识别的结果提供给侦察系统的显示、存储、记录以及其他有关设备。

雷达侦察系统前端输出的 $\{\mathrm{PDW}_i\}_{i=0}^{\infty}$ 的具体内容和数据格式，取决于侦察系统前端的组成和性能。在典型的雷达侦察系统中，有

$$\{\mathrm{PDW}_i=(\theta_{\mathrm{AOA}i},f_{\mathrm{RF}i},t_{\mathrm{TOA}i},\tau_{\mathrm{PW}i},A_{\mathrm{P}i},F_i)\}_{i=0}^{\infty} \tag{2.6.1}$$

式中，θ_{AOA} 为脉冲的到达角；f_{RF} 为脉冲的载波频率；t_{TOA} 为脉冲前沿的到达时间；τ_{PW} 为脉冲宽度；A_{P} 为脉冲幅度或脉冲功率；F 为脉内调制特征；i 为按照时间顺序检测到的射频脉冲的序号。

2.6.2.2 信号处理设备的主要技术要求

对雷达侦察系统中信号处理设备的主要技术要求有以下几个方面。

1. 可分选、识别的雷达辐射源类型和可信度

雷达辐射源的类型一般可以按信号类型和工作类型进行分类。按信号类型分类是指按照雷达发射信号的调制形式对雷达辐射源进行分类，各种典型的雷达信号调制形式如图 2.6.1 所示。

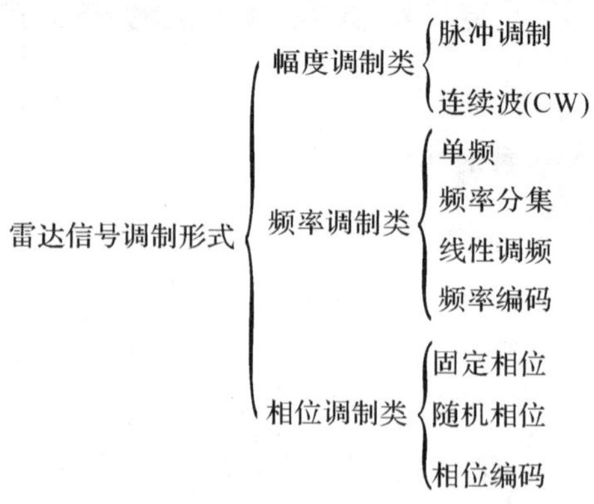

图 2.6.1 按典型的雷达信号调制形式分类

按工作类型分类是指按雷达的功能、用途、工作体制和工作状态等雷达侦察系统所能够分选、识别的雷达辐射源类型对雷达辐射源进行分类。雷达侦察系统所能分选、识别的雷达辐射源类型主要取决于侦察系统的功能和用途。通常，电子情报侦察系统(ELINT)可分选、识别的雷达辐射源类型较多，以便广泛地掌握各种雷达的作战信息；电子支援侦察系统(ESM)可分选、识别的雷达辐射源类型主要是当前战场上具有一定威胁的敌方雷达；雷达寻的和告警系统(RHAW)可分选、识别雷达辐射源的主要类型是能够形成直接威胁的火控、近炸、制导和末制导雷达。

可信度是考核信号处理设备分选、识别结果质量的指标。

2. 可测量和估计的辐射源参数、参数范围和估计精度

雷达侦察系统可测量和估计的辐射源参数包括由分选后的 PDW 直接统计测量和估计的辐射源参数，对 PDW 序列进行各种相关处理后统计测量和估计的辐射源参数。这些参数的种类、范围和精度与雷达侦察系统的任务、用途密切相关。典型雷达侦察系统可测量和估计的辐射源参数、参数范围和估计精度见表 2.6.1。

表 2.6.1　典型雷达侦察系统可测量和估计的辐射源参数、参数范围和估计精度

参数名称	计量单位	参数范围	估计精度
辐射源方位	(°)	0～360	3
信号载频	MHz	500～40 000	3
脉冲宽度	μs	0.05～500	5×10^{-2}
脉冲重复频率	ms	0.01～100	1×10^{-4}
天线扫描周期	s	0.005～60	1×10^{-3}

3. 信号处理的时间

雷达侦察系统的信号处理时间主要是指对辐射源信号进行分选、识别和参数估计所用的时间。雷达侦察系统信号处理的时间分为对指定雷达辐射源的信号处理时间 T_{sp} 和对指定雷达辐射源信号环境中各雷达辐射源信号的平均处理时间 $\overline{T}_{sp}$。

T_{sp} 是指从侦察系统前端输出指定雷达辐射源的脉冲描述字流 $\{PDW_i\}_{i=0}^{\infty}$，到产生对该辐射源分选、识别和参数估计的结果，并达到指定的正确分选、识别概率和参数估计精度所需要的时间。

$\overline{T}_{sp}$ 是对指定雷达辐射源信号环境中 N 部雷达辐射源处理时间的加权平均值，其中加权系数 W_i 可根据各辐射源对雷达侦察系统重要程度的不同分别确定。

$$\overline{T}_{sp}=\sum_{i=1}^{N}W_iT_{sp}^i \tag{2.6.2}$$

对雷达侦察系统信号处理时间的要求与侦察系统的功能和用途密切相关。在一般情况下，ELINT 系统允许有较长的信号处理时间，甚至可以将实时数据记录下来以后再作非实时的信号处理；ESM 系统往往需要介入战场的作战指挥、决策和控制，必须完成信号的实时处理，要求信号处理时间较短；RHAW 系统必须对各种直接威胁作出立即的反应，其信号处理的时间更短。

显然，待分选和识别的辐射源类型越多，测量和估计的参数越多、范围越大、精度越高、可信度越高，相应的信号处理时间也就越长。但对信号处理时间影响更大的是侦察系统中有关雷达辐射源先验信息和知识的数量和质量，先验信息和知识越多，可信度就越高，处理时间就越短。

侦察系统实际能够达到的信号处理时间除了取决于本身的能力之外，还与其所在的雷达辐射源信号环境有关。辐射源越多，信号越复杂，相应的信号处理时间也就越长。

4. 可处理的输入信号流密度

可处理的输入信号流密度是指在不发生 PDW 数据丢失的条件下，单位时间内信号处理机允许前端最大可输入$\{PDW_i\}_{i=0}^{\infty}$的平均数λ_{max}。雷达侦察接收机前端输出的信号流密度主要取决于信号环境中辐射源的数量、侦察系统前端的检测范围、检测能力以及每个辐射源的脉冲重复频率、天线波束指向和扫描方式等。通常，星载、机载 ELINT 系统所要求的λ_{max}可达数百万个脉冲 /s，机载 ESM 和 HRAW 系统的λ_{max}为数十万个脉冲 /s，地面或舰载侦察设备的λ_{max}为数万至数十万个脉冲 /s。

2.6.3　脉冲去交错

脉冲去交错是对多个脉冲（或信号）进行预分选处理的过程，它将雷达电子支援系统（*ES*）接收机截获的多个脉冲分离成与特定辐射源相关联的各个信号流。为完成这个分选过程，必须将截获的每个脉冲与其他所有截获到的脉冲进行比较，以确定它们是否来自于同一部雷达。脉冲去交错方法可按维数分为二维分选、三维分选和多维分选。

二维分选通常以信号中心频率（f_{RF}）和信号到达角（θ_{AOA}）作为分选参数，因为这两个参数是分选辐射源的最可靠参数。

二维分选描述字用矢量$\boldsymbol{V}_i$来表示：

$$\boldsymbol{V}_i = [\theta_{AOAi} \quad f_{RFi}], \quad i = 1, \cdots, n \tag{2.6.3}$$

对于常规脉冲雷达，通常测量的是脉冲载波频率。对于线性调频脉冲信号，测量的信息是起始和终止频率及脉冲宽度（PW），这样可以计算压缩系数。对于相位编码信号，需要测量载频和压缩系数。对于频率捷变信号，需要测量信号的平均频率或中心频率及其捷变带宽。

频率可以由瞬时测频接收机（IFM）、超外差接收机、信道化接收机和压缩接收机来测量。IFM 接收机不能处理同时多信号，所以要测频的信号在加到 IFM 接收机以前必须与其他信号分离。

在雷达信号去交错时，信号到达角（θ_{AOA}）是一个重要且相对稳定的参数，因为辐射源不会迅速改变位置，即便是机载雷达也不能在与 PRF 相关的时间内大幅度改变其位置。然而，θ_{AOA}是最难以测量的参数之一，通常需要若干个天线与接收机，它们之间还都需要幅度或相位匹配。

θ_{AOA}测量通常采用幅度单脉冲或相位干涉仪方法。当需要宽开角度覆盖时，采用幅度单脉冲方法，而需要较窄角度覆盖时，相位方法较为适合。告警接收机（RWR）覆盖 360°，采用四象限天线，得到 10°～15°精度。干涉仪系统得到大约 1°的精度。然而，当需要接收瞬时宽带信号时，接收机信道相位难以匹配，有时采用相位校准表来匹配信道。

三维分选通常以信号中心频率（f_{RF}）、信号到达角（θ_{AOA}）和脉宽（PW）（或 PRF）作为分选参数，比二维分选更为有效。

对于频率捷变辐射源，θ_{AOA}和载频不足以对辐射源去交错。对于低分辨率系统，由于单元划分粗略，也许会有几个明显不同的辐射源落入同一个分辨单元，必须增加一个去交错参数来消除上述模糊，例如增加 PW 或 PRF(或 PRI)可以达到这个目的。一种采用载频、PRF 和 PW 三维分选的原理如图 2.6.2 所示。

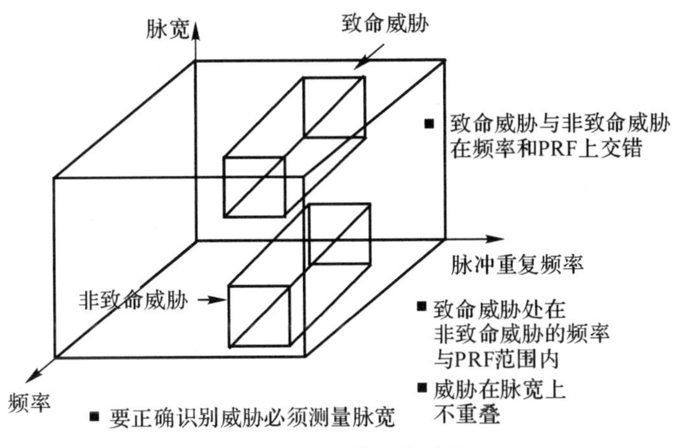

图 2.6.2 三维分选过程

举例来说，某型侦察设备采用一种两级三维分选程序。首先，采用 θ_{AOA} 与频率参数进行二维粗分选，部分地分离辐射源(3°×10 MHz)。然后从二维分选过程中提取 PRI 以形成 θ_{AOA}、频率和 PRI 参数的三维精分选(3°×10 MHz×1μs)。最后再确定 PRF、PRF 类型、扫描周期和扫描形式。

2.6.4 信号处理的基本流程

雷达侦察系统信号处理的基本流程如图 2.6.3 所示，包括对信号的预处理和主处理。

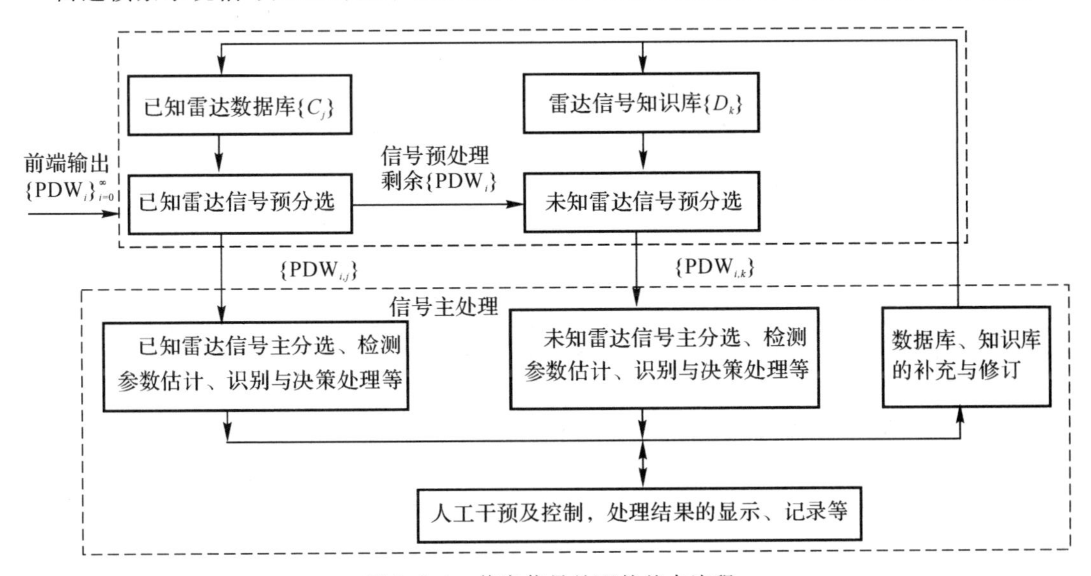

图 2.6.3 侦察信号处理的基本流程

1. 信号预处理

信号预处理的主要任务是根据已知雷达辐射源的主要特征和未知雷达辐射源的先验知识，完成对实时输入$\{PDW_i\}_{i=0}^{\infty}$的预分选(脉冲去交错)。预处理的过程是：首先将实时输入的$\{PDW_i\}_{i=0}^{\infty}$与已知的m个雷达信号特征(已知雷达数据库)$\{C_j\}_{j=1}^{m}$进行快速匹配，从中分离出符合$\{C_j\}_{j=1}^{m}$特征的已知雷达信号子流$\{PDW_{i,j}\}_{j=1}^{m}$，分别放置于m个已知雷达的数据缓存区，由主处理单元按照对已知雷达信号的处理方法作进一步的分选、识别和参数估计；然后再根据已知的一般雷达信号特征的先验知识$\{D_k\}_{k=1}^{n}$，对剩余部分$\overline{\{PDW_{i,j}\}_{j=1}^{m}}$进行预分选，并由$\{D_k\}_{k=1}^{n}$的预分选产生$n$个未知雷达信号的子流$\{PDW_{i,k}\}_{k=1}^{n}$，另外放置于$n$个未知雷达的数据缓存区，由主处理单元按照对未知雷达信号的处理方法进行辐射源检测、识别和参数估值。预处理的速度应与$\{PDW_i\}_{i=0}^{\infty}$的流密度相匹配，以求尽量不发生$\{PDW_i\}_{i=0}^{\infty}$流的数据丢失。

2. 信号主处理

信号主处理的任务是对输入的两类预分选子流$\{PDW_{i,j}\}_{j=1}^{m}$和$\{PDW_{i,k}\}_{k=1}^{n}$作进一步的分选、识别和参数估计。其中对已知雷达辐射源子流$\{PDW_{i,j}\}_{j=1}^{m}$的处理是根据已知雷达信号序列$\{PDW_{i,j}\}_{j=1}^{m}$的相关性，对$\{PDW_{i,j}\}_{j=1}^{m}$进行数据的相关分选，并对相关分选后的结果进行已知辐射源检测(判定该已知辐射源是否存在)，再对检测出的雷达信号进行各种参数的统计估值。一般情况下，在对$\{PDW_{i,j}\}_{j=1}^{m}$进行主处理的过程中，被主处理分选滤除的数据将由$\{D_k\}_{k=1}^{n}$对未知辐射源进行预分选，并补到对应的$\{PDW_{i,k}\}_{k=1}^{n}$中。对未知雷达辐射源子流$\{PDW_{i,k}\}_{k=1}^{n}$的处理主要是根据一般雷达信号特征的先验知识，检验$\{PDW_{i,k}\}_{k=1}^{n}$中的实际数据与这些先验知识的符合程度，作出各种雷达信号模型的假设检验和判决，计算检验、判决结果的可信度，并对达到一定可信度的检出雷达信号进行各种参数的统计估值。无论是已知还是未知的雷达信号，只要检验的结果达到一定可信度，都可以将其实际检测、估计的信号特征修改、补充到$\{C_j\}_{j=1}^{m}$、$\{D_k\}_{k=1}^{n}$中，使$\{C_j\}_{j=1}^{m}$、$\{D_k\}_{k=1}^{n}$能自动地适应实际面临的信号环境。其中，识别出原来未知的雷达信号并将其特征补充到已知雷达信号$\{C_j\}_{j=1}^{m}$中尤为重要，不仅提高了整个信号处理的速度和质量，而且可以获得更大的信息量和宝贵的作战情报。

由于信号处理的时间紧、任务重、要求高，所以现代侦察信号处理机往往采用多处理机系统、高速信号处理软件和开发工具编程，并可通过多种人机界面交互各种运行数据和程序信息，接受人工控制和处理过程的人工干预。信号主处理的输出是对当前雷达信号环境中各已知和未知雷达辐射源的检测、识别结果、可信度与各项参数估计的数据文件。

2.7 雷达反侦察

对于进攻方，雷达侦察是雷达电子战的先导，能够为电子干扰、电子防护、武器规避、目标瞄准或其他兵力部署等一系列军事行动实时提供威胁识别和相应参数。作为防御方，防止敌方对己方雷达设施和作战行动的侦察也是十分重要的。

2.7.1 低截获概率雷达

雷达反侦察的目的就是使对方的雷达侦察接收机不能(或难于)截获和识别雷达辐射信

号。具有难于被侦察接收机截获性质的雷达，统称为低截获概率(LPI)雷达。低截获概率雷达除了具有反侦察的特点外，还能防止敌方针对性的干扰，并且也有利于防止反辐射导弹的攻击。

低截获概率雷达的质量通常用截获因子α来衡量，它是侦察接收机能够检测到低截获概率雷达的最大距离R_I与LPI雷达检测规定目标(也可以为侦察接收机平台)的最大距离R_m的比值，即

$$\alpha=\frac{R_I}{R_m} \tag{2.7.1}$$

由雷达方程和侦察方程可以推导出

$$\alpha^4=\frac{1}{4\pi}\left(\frac{P_t}{kT_0}\right)\left(\frac{F_r}{F_I^2}\right)\left(\frac{1}{\tau B_I^2}\right)\left(\frac{L_r}{L_I^2}\right)\left(\frac{\lambda^2}{\sigma}\right)\left(\frac{D_r}{D_I^2}\right)\left(\frac{G_{tI}^2G_I^2}{G_tG_r}\right) \tag{2.7.2}$$

式中，P_t为发射信号峰值功率；kT_0为常数项，其中k为波尔兹曼常数，T_0为标准室温温度290(K)；F_r，F_I分别为雷达接收机和侦察接收机的噪声系数；L_r，L_I分别为雷达和侦察接收机的损耗因子；G_t，G_r分别为雷达发射和接收天线增益；G_{tI}为雷达发射天线在侦察接收机方向的增益；G_I为侦察接收机在雷达方向的天线增益；$D_r=(S/N)_{0\min}$为雷达检测因子，即达到一定发现概率和虚警概率时输出端所需的最小信噪比；$D_I=(S/N)_{I\min}$为侦察接收机达到一定发现概率和虚警概率时输出端所需的最小信噪比；λ为雷达工作波长；τ为雷达脉冲宽度；B_I为侦察接收机有效带宽；σ为雷达检测目标的雷达散射面积。

为提高雷达反侦察性能，应尽量降低截获因子α。

2.7.2　雷达反侦察技术措施

雷达反侦察采取的技术措施主要是尽可能地降低雷达的截获因子α，具体体现在以下几个方面。

1. 降低辐射信号的峰值功率

由式(2.7.2)可以看出：降低辐射信号的峰值功率将使截获因子α减小。采用功率管理技术，使α保持在尽可能小的程度。雷达功率管理的原则是雷达在目标方向上辐射的能量只要够用(有效检测和跟踪目标)就行，尽量将发射机峰值功率P_t控制在较低的数值上。

雷达功率管理技术通常适用于测高和跟踪雷达，而对搜索雷达则不适用，因为它必须在很大范围连续搜索小目标。

2. 降低发射天线的副瓣电平

由于现代侦察接收机的灵敏度很高，因此能够截获由雷达发射天线副瓣辐射的雷达信号。由式(2.7.2)可见，降低雷达发射天线的副瓣增益G_{tI}对降低截获因子α很重要，所以应尽量地降低发射天线副瓣电平，采用超低副瓣天线(即天线副瓣电平在-40 dB以下)。

3. 发射复杂波形的雷达信号

由式(2.7.2)可见，截获因子α与侦察接收机的损耗因子L_I成反比，而损耗因子包含了侦察接收机的失配损耗。通常，侦察接收机无法对雷达信号进行匹配接收，而是以失配的方式进行接收，所以自然会产生失配损耗。由于失配损耗的大小与侦察接收机的形式密切相关，所以雷达发射信号越复杂失配损耗就越大，侦察接收机的损耗因子L_I就越大，截获因子α就越小。

4. 发射大时间带宽积的雷达信号

由式(2.7.2)可见，截获因子α还与雷达波形的时间带宽积成反比。增大雷达信号的时间

带宽积，侦察接收机的带宽 B_1 必须增大，因此能够有效降低截获因子 α。通常将具有大时间带宽积特征的雷达信号波形称为低截获概率雷达信号波形。线性调频信号、随机相位编码信号具有大的时间带宽积，是低截获概率雷达信号，具有较好的反侦察特性。

5. 其他措施

此外，采用瞬间随机捷变频、重复周期、极化甚至脉宽跳变等措施，都可提高雷达的反侦察能力。如果采用无源定位方式，不向外辐射信号，自然能获得最好的反侦察性能。

2.7.3 雷达反侦察战术

为了防范雷达被敌方电子侦察，就要与敌方侦察系统在每个环节进行对抗。第一要降低雷达信号被截获的概率；第二要降低雷达信号被分析、识别的概率；第三则是干扰或欺骗甚至摧毁敌侦察系统。雷达反侦察的战术措施主要体现在以下几个方面。

1. 实施雷达部署和参数保密

通过运用各种战术技术措施，隐匿己方的战斗行动，规避敌各种手段的侦察。具体运用方法有：

(1)在实施雷达部署或调整部署时，在主要作战方向或地域部署一定数量且不同工作方式的隐蔽雷达，避免被敌侦察，战时根据需要突然启用，以达到出奇制胜的效果。

(2)利用敌侦察监视设备的局限性和弱点，躲进敌人侦察监视死角，包括利用敌方卫星侦察的“时间差”进行规避和利用敌方空中侦察机的“盲区”“空间差”实施规避。

(3)要隐蔽地进行机动、改频等涉及雷达位置和技术参数变动的行动。

(4)设置假辐射源或使雷达的工作频率、脉冲重复频率、扫描方式等主要技术参数经常变换，对新程式、新波段雷达严格保密，关键时刻突然使用。

2. 降低被敌侦察截获的概率

针对敌方各种电子侦察手段的特点、空中目标的分布态势和雷达站的位置及雷达性能，科学控制雷达开机，防止雷达辐射的电子信号被敌侦察或降低被敌侦察截获的概率。具体运用方法有：

(1)充分利用多方情报源，尽量减少雷达开机次数和时间。在掌握敌方侦察情报的情况下，减少雷达的不必要开机或缩短开机时间，以降低被敌方侦察的概率。敌方对我雷达实施侦察时，其侦察范围包括谋求发现新情报和证实已掌握情报，因此必然要定期到一个区域实施侦察。进行适时规避就会扰乱敌方侦察，使之无法形成即时的与长期的分析、反应能力。

(2)多站雷达内交替开机。增加部署多雷达站，多雷达站根据实际情况变换开机雷达或固定一些常规雷达开机工作，使得其他雷达能够进行适时规避。

3. 伪装隐蔽与电子欺骗措施结合使用

将各种伪装隐蔽与电子欺骗措施结合使用，使敌电子侦察设备难以侦获或即使侦获也真假难辨，以降低其侦获的准确性。具体运用方法有：

(1)针对敌方电子侦察和光学侦察的特点，利用伪装网或其他器材对阵地进行伪装，伪装时要注意不破坏周围景物原貌。还可以将允许放进地下掩体的兵器放进掩体，既能达到伪装的目的又能加强对兵器的防护，使敌电子和光学侦察难以发现。

(2)设置和运用假雷达辐射源、假雷达天线对敌侦察装置进行欺骗，使其难以准确分析侦测结果，造成其判断错误。如把报废雷达的发射机或专门生产的只具发射能力的设备部署在雷达阵地附近或预备阵地上，并有计划地组织这些假雷达与现役雷达交替开机或同时开机，使敌真假难辨。还可在敌空中侦察时，故意让假雷达工作，使敌以假为真。

(3)经常组织现役雷达向预备阵地机动或互向对方阵地机动，用一部雷达形成多个辐射源，以降低敌侦察的准确性。

4. 干扰或摧毁敌侦察系统

(1)利用专用干扰设备，对敌侦察设备进行压制性或欺骗性干扰，可以达到良好的反侦察效果。此时要注意干扰时机、频率和波形，防止干扰设备对己方雷达造成误干扰。

(2)利用导弹、高炮等摧毁携带侦察设备的载体，或利用高能微波武器直接摧毁侦察接收机中的敏感电子元器件，是一种彻底的反雷达侦察的措施。

第3章　雷达干扰

对雷达的电子干扰(亦称雷达干扰)是电子战中对雷达实施电子攻击的重要手段,它以破坏敌方雷达工作效能为目的,是雷达电子战的重要环节。

雷达干扰具有悠久的历史,目前已经发展了众多干扰形式,由于篇幅有限,本章主要讨论雷达干扰概念、干扰方程及有效干扰扇面、雷达有源干扰、无源干扰的技术原理和设备组成等基本内容。

3.1　概　　述

3.1.1　基本概念

雷达干扰是对雷达实施电子攻击的重要方式,也称为雷达"软杀伤",通常是指对敌方雷达实施电子干扰,以破坏敌方各种雷达(如警戒、引导、炮瞄、制导、轰炸瞄准雷达等)的正常工作,导致敌指挥系统和武器系统失灵而丧失战斗力。从这个意义上来说,雷达干扰是一种重要的进攻性武器。但是由于对雷达施放电子干扰不会造成雷达实体的破坏,而只能利用电子设备或干扰器材改变雷达获取的信息量,使其不能探测和跟踪真正的目标,从而破坏雷达的正常工作,所以是一种"软杀伤"手段。

图3.1.1给出了常见雷达干扰场景。敌方在进攻时,通常会有远距离专用干扰机在地空导弹最大射程之外实施远距离压制性干扰,或使用专用电子战飞机实施护航式干扰,以掩护突防的战斗机或轰炸机。在飞机突防的路径上通常会事先布撒干扰箔条,飞机可在箔条走廊上空通过而不被发现。现代战争中,突防飞机通常会携带干扰机或干扰吊舱实施自卫式干扰,以保护自身的安全。

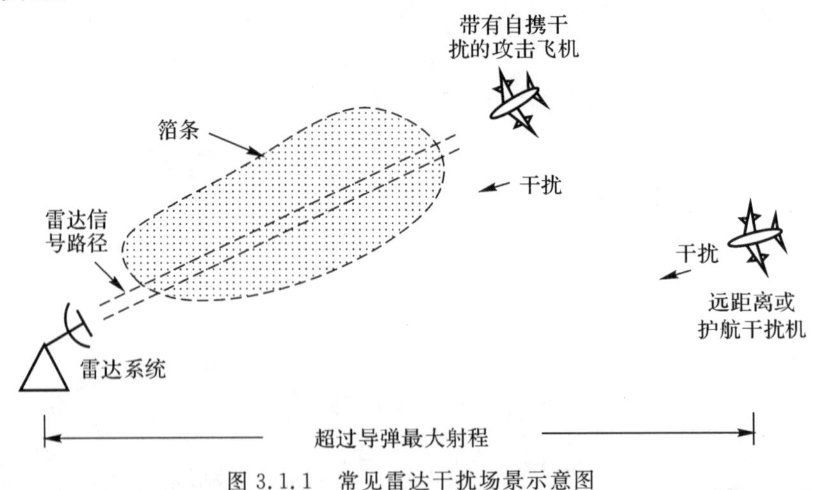

图3.1.1　常见雷达干扰场景示意图

3.1.2　雷达干扰分类

雷达干扰是指一切破坏和扰乱敌方雷达检测己方目标信息的战术和技术措施的统称。对雷达来说，除带有目标信息的有用信号外，其他各种无用信号都是干扰。干扰的分类方法很多，一种综合性的分类方法如图3.1.2所示。

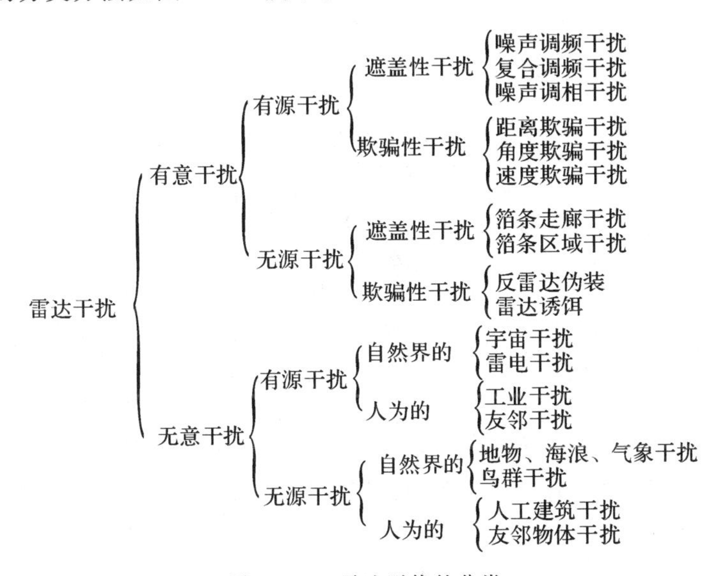

图3.1.2　雷达干扰的分类

还可以按照干扰的来源、产生途径以及干扰的作用机理等对干扰信号进行分类。

1.按照干扰能量的来源分

按照干扰能量的来源可将干扰信号分为两类：有源干扰和无源干扰。

有源(Active)干扰：凡是由辐射电磁波的能源产生的干扰。

无源(Passive)干扰：凡是利用非目标的物体对电磁波的散射、反射、折射或吸收等现象产生的干扰。

2.按照干扰产生的途径分

按照干扰信号的产生途径可将干扰信号分为两类：有意干扰和无意干扰。

有意干扰：凡是人为有意识制造的干扰称为有意干扰。

无意干扰：凡是因自然或其他因素无意识形成的干扰称为无意干扰。

通常，将人为有意识施放的有源干扰称为积极干扰，将人为有意实施的无源干扰称为消极干扰。

3.按照干扰的作用机理分

按照干扰信号的作用机理可将干扰信号分为两类：遮盖性干扰和欺骗性干扰。

遮盖性干扰：干扰机发射的强干扰信号进入雷达接收机，在雷达接收机中形成对回波信号有遮盖、压制作用的干扰背景，使雷达难以从中检测到目标信息。

欺骗性干扰：干扰机发射与目标信号特征相同或相似的假信号，使得雷达接收机难以将干扰信号与目标回波区分开，使雷达不能正确地检测目标信息。

4.按照雷达、目标、干扰机的空间位置关系分

按照雷达、目标与干扰机之间的相互位置关系，可将干扰信号分为远距离支援式干扰、随队干扰、自卫式干扰和近距离干扰四种，如图 3.1.3 所示。

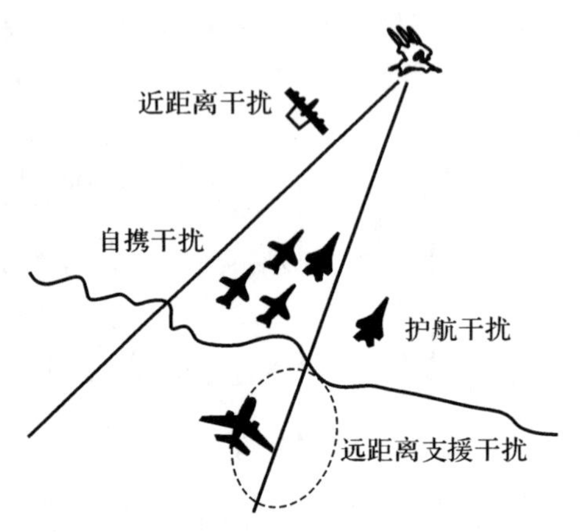

图 3.1.3　雷达、目标、干扰机的空间位置关系

远距离支援式干扰(Stand off Jamming,SOJ)：通常干扰机位于地空导弹射程之外较远距离，通过辐射强干扰信号掩护目标进行突防。实施远距离支援式干扰时，干扰信号最好是从雷达主瓣进入，此时要求干扰机处于雷达与目标连线的延长线附近角度，但这一点通常难以做到。因此，远距离支援式干扰一般从雷达天线旁瓣进入雷达接收机，通常采用压制性干扰方式。

随队干扰(Escort Jamming,ESJ，又称护航干扰)：干扰机位于目标附近，通过辐射强干扰信号掩护目标。随队干扰信号既可以从雷达天线主瓣进入雷达接收机(此时不能分辨干扰机与目标)，也可以从雷达天线旁瓣进入雷达接收机(此时能将干扰机与目标分辨开)，一般用于对雷达形成遮盖性干扰。掩护运动目标的 ESJ 飞机应具有与目标相同的机动能力。在空袭作战中，ESJ 飞机往往略领先于其他飞机，而且在一定的作战距离上同时还要施放无源干扰。出于安全考虑，进入危险战区的 ESJ 任务通常由无人驾驶飞行器担当。

自卫干扰(Self Screening Jamming,SSJ)：干扰机位于目标上，干扰的目的是使自己免遭雷达威胁。自卫干扰信号从雷达天线主瓣进入雷达接收机，除了对雷达实施遮盖性干扰，更重要的是对雷达实施欺骗性干扰。SSJ 是现代作战飞机、舰艇、地面重要目标等必备的干扰手段。

近距离干扰(Stand Forward Jamming,SFJ)：干扰机到雷达的距离领先于目标，通过辐射干扰信号掩护后续目标。由于距离领先，干扰机可获得宝贵的预先引导时间，使干扰信号频率对准雷达频率。SFJ 主要用于对雷达实施遮盖性干扰。干扰机离雷达越近，进入雷达接收机的干扰能量就越强。出于安全考虑，SFJ 主要由投掷式干扰机和无人驾驶飞行器担任。

3.2　干扰方程及有效干扰空间

干扰方程是设计干扰机时进行初始计算以及整机参数选取的基础，同时也是使用干扰机时计算和确定干扰机有效干扰空间(即干扰机威力范围)的依据。由于干扰机的基本任务就是

压制雷达、保卫目标，所以干扰方程必然涉及干扰机、雷达和目标三个因素，通过干扰方程将干扰机、雷达和目标三者的空间能量关系联系在一起。

3.2.1　干扰方程

3.2.1.1　干扰方程的一般表示式

1. 基本能量关系

雷达探测和跟踪目标时，通常雷达天线的主瓣指向目标，而干扰机为了压制雷达也将干扰天线的主瓣指向雷达。由于干扰机和目标不一定在一起，故干扰信号往往从雷达天线旁瓣进入雷达。雷达、目标和干扰机的空间关系如图 3.2.1 所示。

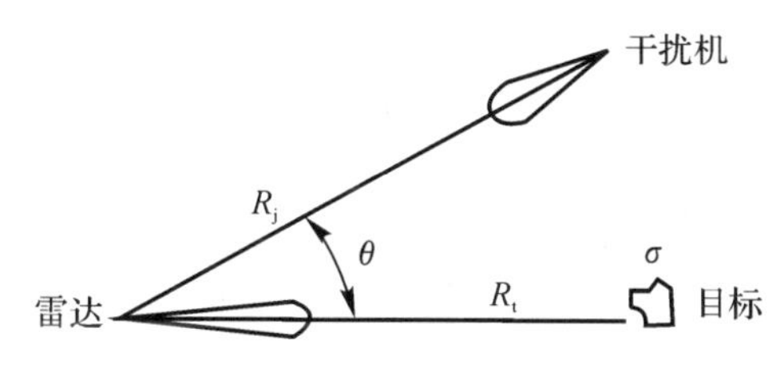

图 3.2.1　雷达、目标和干扰机的空间关系图

显然，雷达接收机将收到两个信号，即目标回波信号 P_{rs} 和干扰机辐射的干扰信号 P_{rj}。

由雷达方程可得雷达收到的目标回波信号功率 P_{rs} 为

$$P_{rs}=\frac{P_tG_t\sigma A}{(4\pi R_t^2)^2}=\frac{P_tG_t^2\sigma\lambda^2}{(4\pi)^3R_t^4} \tag{3.2.1}$$

式中，P_t 为雷达发射功率；G_t 为雷达天线增益；σ 为目标的雷达截面积；R_t 为目标与雷达的距离；A 为雷达天线的有效面积。

由二次雷达方程得进入雷达接收机的干扰信号功率 P_{rj} 为

$$P_{rj}=\frac{P_jG_j}{4\pi R_j^2}A'\gamma_j=\frac{P_jG_jG'_t\lambda^2\gamma_j}{(4\pi)^2R_j^2} \tag{3.2.2}$$

式中，P_j 为干扰机发射功率；G_j 为干扰机天线增益；R_j 为干扰机与雷达的距离；γ_j 为干扰信号对雷达天线的极化系数；A' 为雷达天线在干扰机方向上的有效面积，与之相对应的雷达天线增益为 G'_t，$A'=\frac{\lambda^2}{4\pi}G'_t$。由式(3.2.1) 和式(3.2.2) 可以得到雷达接收机输入端的干扰信号功率和目标回波信号功率的比值为

$$\frac{P_{rj}}{P_{rs}}=\frac{P_jG_j}{P_tG_t}\times\frac{4\pi\gamma_j}{\sigma}\times\frac{G'_t}{G_t}\times\frac{R_t^4}{R_j^2} \tag{3.2.3}$$

仅仅知道进入雷达接收机的干扰信号和目标信号的功率比不能说明干扰是否有效，必须用一个标准来衡量干扰的有效性。

2. 功率准则

功率准则是衡量干扰效果或抗干扰效果的一种常用准则。功率准则又称信息损失准则，一般用压制性系数 K_j 表示，适用于对遮盖性(压制性) 干扰效果的评定。它表示对雷达实施有效干扰(通常指雷达发现概率 P_d 下降到 10%) 时，雷达接收机输入端或接收机线性输出端所需要的最小干扰信号与雷达回波信号功率之比。即

$$K_j = \frac{P_j}{P_s}, \quad \text{当发现概率 } P_d = 0.1 \text{ 时} \tag{3.2.4}$$

式中，P_j，P_s 分别为受干扰雷达输入端(或接收机线性输出端)的干扰功率和目标回波信号功率。显然，K_j 是由干扰信号调制样式、干扰信号质量、接收机响应特性、信号处理方式等综合决定的。

压制系数虽然是一个常数，但必须根据干扰信号的调制样式和雷达形式(特别是雷达接收机和终端设备的形式)这两方面因素来确定。例如，对警戒雷达实施噪声干扰时，当干扰功率和信号功率基本相等或略大些时，操纵员仍可以在干扰背景中发现目标信号；当接收机输入端干扰信号功率比回波信号功率大3倍左右时，操纵员就不能在环视显示器(属亮度显示器类)的干扰背景中发现目标信号。因此，噪声干扰对以环视显示器为终端设备的雷达的压制系数 $K_j = 2 \sim 3$。而同样大的干扰信号和目标回波信号的功率比值却不足以使距离显示器失效，操纵员仍能在距离显示器(属偏转调制显示器类)上辨识出目标信号。而当接收机输入端干扰和信号功率比达到 $8 \sim 9$ 时，即使有经验的雷达操纵员也不能在噪声干扰背景中发现目标信号。因此，噪声干扰对于用距离显示器做终端的雷达，其压制系数 $K_j = 8 \sim 9$。对于自动工作的雷达系统，由于没有人的操纵，不能利用干扰和信号之间的细微差别区分干扰和目标，只能用信号和干扰在幅度、宽度等数量上的差别区分干扰和信号，因而比较容易受干扰。对于这类系统，只要噪声干扰功率比目标回波信号功率大1.5倍就可以使它失效，所以压制系数 $K_j = 1.5 \sim 2$。

总之，压制系数越小说明干扰越容易，雷达的抗干扰性能越差；压制系数越大说明干扰越困难，雷达的抗干扰性能越好。此外，压制系数还是用于比较各种干扰信号样式优劣的重要指标之一。

3. 干扰方程

利用压制系数可以推导出干扰方程。由式(3.2.3)和压制系数含义可知，有效干扰必须满足

$$\frac{P_{rj}}{P_{rs}} = \frac{P_j G_j}{P_t G_t} \times \frac{4\pi\gamma_j}{\sigma} \times \frac{G'_t}{G_t} \times \frac{R_t^4}{R_j^2} \geqslant K_j \tag{3.2.5}$$

或

$$P_j G_j \geqslant \frac{K_j}{\gamma_j} \times \frac{P_t G_t \sigma}{4\pi\left(\frac{G'_t}{G_t}\right)} \times \frac{R_j^2}{R_t^4} \tag{3.2.6}$$

通常将式(3.2.5)或式(3.2.6)称为基本干扰方程。

上述分析针对的是干扰机带宽不大于雷达接收机带宽($\Delta f_j \leqslant \Delta f_r$)的情况，只适用于瞄准式干扰。当干扰机带宽比雷达接收机带宽大很多时，干扰机产生的干扰功率就无法全部进入雷达接收机。因此，干扰方程必须考虑带宽因素的影响。即

$$\frac{P_j G_j}{P_t G_t} \times \frac{4\pi\gamma_i}{\sigma} \times \frac{G'_t}{G_t} \times \frac{R_t^4}{R_j^2} \times \frac{\Delta f_r}{\Delta f_j} \geqslant K_j \tag{3.2.7}$$

或

$$P_j G_j \geqslant \frac{K_j}{\gamma_j} \times \frac{P_t G_t \sigma}{4\pi\left(\frac{G'_t}{G_t}\right)} \times \frac{R_j^2}{R_t^4} \times \frac{\Delta f_j}{\Delta f_r} \tag{3.2.8}$$

式(3.2.7)和式(3.2.8)为一般形式的干扰方程,即干扰机不配置在目标上,且干扰机的干扰带宽大于雷达接收机的带宽。干扰方程反映了与雷达相距 R_j 的干扰机在掩护与雷达相距 R_t 的目标时,干扰机功率和干扰天线增益所应满足的空间能量关系。

当干扰机配置在目标上(目标自卫)时,$R_j=R_t$ 且 $G'_t=G_t$,一般形式的干扰方程式(3.2.7)和式(3.2.8)可以简化为

$$P_jG_j \geqslant \frac{K_j}{\gamma_j} \times \frac{P_tG_t\sigma}{4\pi R^2} \times \frac{\Delta f_j}{\Delta f_r} \tag{3.2.9}$$

或

$$R_0 = \sqrt{\frac{K_j\sigma}{4\pi\gamma_j} \times \frac{P_tG_t}{P_jG_j} \times \frac{\Delta f_j}{\Delta f_r}} \tag{3.2.10}$$

式中,R_0 为干扰机的最小有效干扰距离。

当 $\Delta f_j \leqslant \Delta f_r$ 时,式(3.2.9)和式(3.2.10)中的 $\Delta f_j/\Delta f_r$ 取为1。

3.2.1.2 干扰方程的讨论

从干扰方程式(3.2.8)可以看出:

(1)干扰机有效辐射功率 P_jG_j 和雷达有效辐射功率 P_tG_t 成正比,即压制大功率雷达所需干扰功率大。对于雷达来说,增大 P_tG_t 就可以提高其抗干扰能力;对于干扰来说,增大干扰功率 P_jG_j 就可以提高对雷达压制的有效性。

(2)干扰有效辐射功率 P_jG_j 与雷达天线的侧向增益比 G'_t/G_t 成反比。这说明雷达天线方向性越强,抗干扰性能越好,干扰起来就越困难,需要的干扰功率就大。要进行旁瓣干扰,由于 G'_t/G_t 可达 $-30 \sim -50$ dB,那么干扰机有效辐射功率 P_jG_j 就应增大 $10^3 \sim 10^5$ 倍才能实施有效干扰。所以从节省干扰功率的角度看,干扰机配置在目标上最为有利。

(3)P_jG_j 与目标散射面积成正比,被掩护目标的有效散射面积越大,所需干扰有效辐射功率 P_jG_j 就越大。例如掩护重型轰炸机($\sigma=150\ \mathrm{m}^2$)比掩护轻型轰炸机($\sigma=50\ \mathrm{m}^2$)P_jG_j 要大3倍,而要掩护大型军舰($\sigma=15\,000\ \mathrm{m}^2$)所需的 P_jG_j 比掩护重型轰炸机时大100倍。

(4)有效干扰功率和压制系数 K_j 成正比,即 K_j 越大所需 P_jG_j 就越大。

(5)P_jG_j 与极化系数 γ_j 成反比。极化系数 γ_j 由干扰机天线的极化性质而定。通常干扰天线是圆极化的,在对各种线性极化雷达实施干扰时,极化损失系数 $\gamma_j=0.5$。

3.2.2 有效干扰区

3.2.2.1 自携干扰下的有效压制区

满足干扰方程的空间称为有效干扰区或称压制区。

当干扰机配置在被保卫目标上时,干扰机最小有效干扰距离 R_0 用式(3.2.10)表示。在此距离 R_0 上,进入雷达接收机的干扰信号功率与雷达接收的目标回波信号功率之比 P_{rj}/P_{rs} 正好等于压制系数 K_j,即干扰机刚能压制住雷达,使雷达不能发现目标。

当雷达与目标的距离 $R_t > R_0$ 时,$P_{rj}/P_{rs} > K_j$,这时干扰压制住了目标回波信号,雷达不能发现目标,称为压制区。

当雷达与目标的距离 $R_t < R_0$ 时,$P_{rj}/P_{rs} < K_j$,这时干扰压制不了目标回波信号,雷达在干扰中仍能够发现目标,称为(目标)暴露区。

显然，由 $P_{rj}/P_{rs}=K_j$ 所得的 R_0，既是压制区的边界也是暴露区的边界。

对于干扰机来说，R_0 就是干扰机的最小有效干扰距离，常称为暴露半径。

对于雷达来说，R_0 就是在压制性干扰的情况下雷达能够发现目标的最大距离，称为雷达的"烧穿距离"或"自卫距离"(有些书定义 $K_j=1$ 时的距离为烧穿距离)。雷达常采用提高发射功率 P_t 或提高天线增益 G_t 的办法来增大自卫距离。

产生这一现象的物理实质是：随着雷达与目标的接近，目标回波信号 P_{rs} 按距离变化的四次方而增长，而干扰信号功率 P_{rj} 则按距离变化的二次方增长；当距离减小至 R_0 时，$P_{rj}/P_{rs}=K_j$；距离再进一步减小时，虽然干扰信号仍在增强，但不如回波信号增加得快，使 $P_{rj}/P_{rs}<K_j$，目标就暴露出来了，如图 3.2.2 所示。

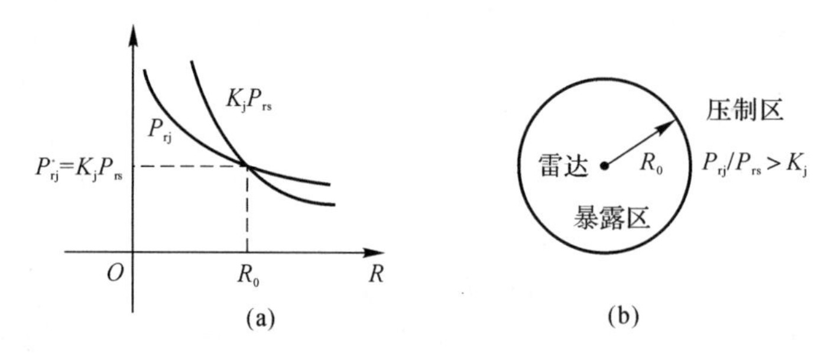

图 3.2.2　压制区与暴露区图示

从干扰方程很容易看出：雷达功率 P_tG_t 越大，被保卫目标的 σ 越大，暴露半径就越大；而要减小暴露区，只有提高干扰机的功率 P_jG_j 并正确选择干扰样式以降低 K_j。

【举例】 设雷达峰值功率为 1 MW，天线增益为 38 dB，波长为 0.03 m，目标 RCS 为 5 m^2，压制系数 K_j 为 100，干扰功率为 100 W，天线增益为 20 dB，极化系数为 0.5，画出目标处在不同距离时，K_j 倍的雷达接收的信号功率和干扰功率曲线。

【解】 根据式(3.2.1)和式(3.2.2)，用 MATLAB 编程可以得到图 3.2.3。

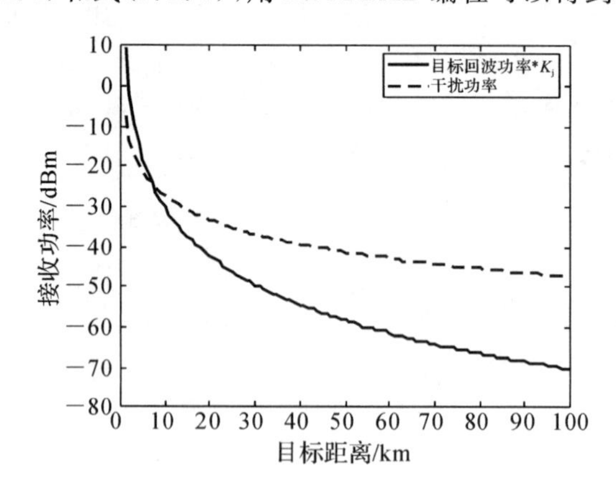

图 3.2.3　接收机接收的目标回波功率与干扰功率关系

3.2.2.2　支援干扰下的有效压制区

当干扰机与被保卫目标不在一起时，即掩护式或护航式干扰情况，干扰机最小有效干扰距

离 R_{t0} 由式(3.2.6)决定。在此距离 R_{t0} 上，进入雷达接收机的干扰功率与雷达接收的目标回波信号功率之比 P_{rj}/P_{rs} 正好等于压制系数 K_j，即干扰功率刚能压制住雷达回波，使雷达不能发现目标。

【举例】 雷达、目标、干扰机位置如图3.2.4(b)所示，设雷达峰值功率为100 kW，天线增益为38 dB，半功率波束宽度为2.3°，波长为0.03 m，目标的RCS为5 m^2，压制系数 K_j 为10，干扰功率为100 W，天线增益为20 dB，极化系数为0.5，干扰机距雷达10 km，画出目标在不同角度来袭时的暴露区曲线。

【解】 根据公式(3.2.6)和副瓣近似公式(2.2.24)，k 取0.1，干扰带宽与信号带宽相同，用MATLAB编程可以得到如图3.2.4(a)所示的暴露区曲线。

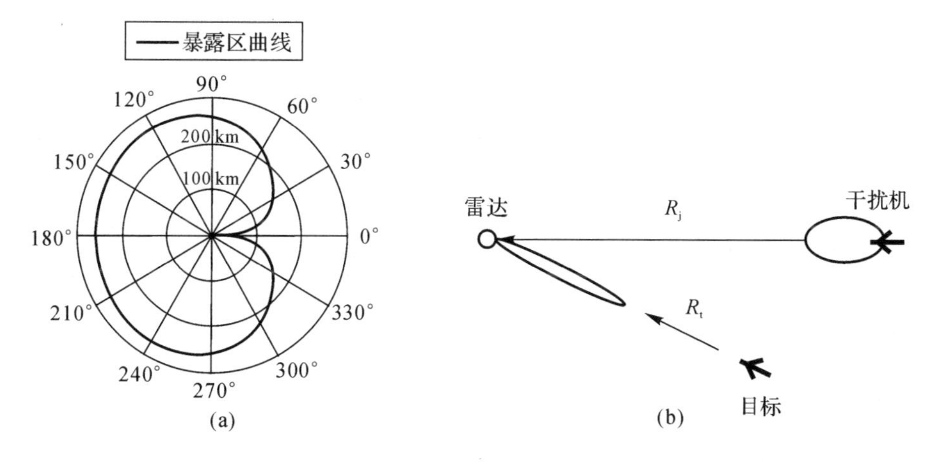

图3.2.4 干扰机在0°方向，目标从不同方向进入时的暴露区曲线

(a)暴露区曲线；(b)位置关系

3.2.3 有效干扰扇面

对于一次显示雷达，可以通过观察干扰在环形显示器上的显示画面来判断噪声干扰的强弱。通常，干扰信号在环视显示器上打亮的扇形区称为干扰扇面。干扰扇面反映了干扰信号打亮显示器扇面的大小，但还不能保证在干扰扇面中一定能压制住信号，在干扰信号打亮的扇面内仍能看到目标的亮点。若要达到压制目标的目的，干扰信号功率必须比回波功率大 K_j 倍。满足干扰方程时，干扰信号在环视显示器上打亮的扇形区域称为有效干扰扇面，在此扇面内回波信号被干扰压制，雷达完全不能发现目标。干扰机在保卫目标时，应使有效干扰扇面掩盖住目标区域，使雷达不能发现和瞄准目标。

1. 干扰扇面的计算

雷达环视显示器通常调整在使接收机内部噪声电平刚刚不显示在荧光屏上，只有超过噪声电平的目标信号电压才能在荧光屏上形成亮点。干扰要打亮荧光屏，则进入雷达接收机的干扰电平必须大于接收机内部噪声电平一定倍数。干扰要打亮如图3.2.5所示的宽度为 $\Delta\theta_B$ 的干扰扇面，则必须保证在雷达天线方向图的 $\theta(\theta=\Delta\theta_B/2)$ 角方向进入雷达接收机的干扰信号电平大于接收机内部噪声电平一定的倍数。

用 P_n 表示折算到接收机输入端的内部噪声电平，m 表示倍数，则进入接收机输入端的干

扰信号电平应为

$$P_{rj} \geqslant mP_n \tag{3.2.11}$$

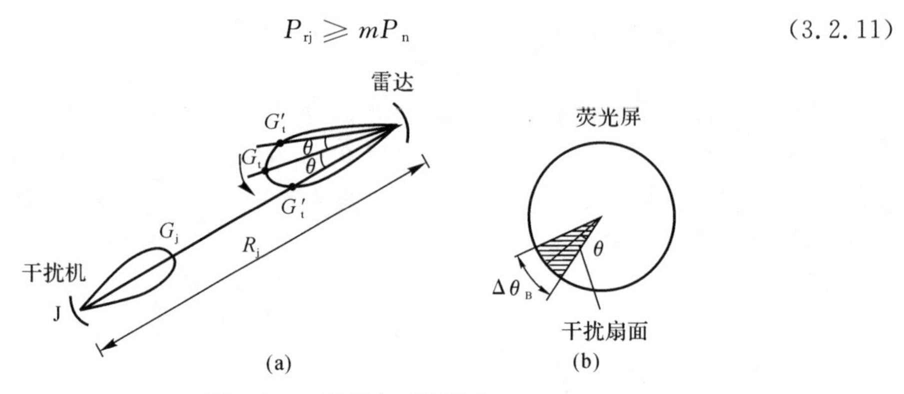

图 3.2.5　干扰扇面的形成

根据图 3.2.5 的空间关系可以求得 P_{rj} 为

$$P_{rj} = \frac{P_j G_j}{4\pi R_j^2} \times \frac{G'_t \lambda^2}{4\pi} \times \varphi \gamma_j \geqslant mP_n \tag{3.2.12}$$

式中,φ 为雷达馈线损耗系数;G'_t为偏离天线主瓣最大方向 θ 角的雷达天线增益。

如果有雷达天线的方向图曲线,可以根据θ值,在曲线图上求得 G'_t。为了得到计算干扰参数的数学表达式,通常用 G'_t与 θ 的经验公式(2.2.24)来计算,公式及含义重述如下:

$$\frac{G'_t}{G_t} = k\left(\frac{\theta_{0.5}}{\theta}\right)^2$$

对于高增益锐方向性天线,k 取大值,即 $k=0.07 \sim 0.10$;对于增益较低、波束较宽的天线,k 取小值,即 $k=0.04 \sim 0.06$。还应注意,式(3.2.13)适用的角度范围是 $\theta > \theta_{0.5}/2$ 且小于 60° 或 90°,如图 3.2.6 所示。因为实际天线的方向图在大于 60° 或 90° 角度范围之后,天线增益不再随着 θ 的增大而减小,而是趋于一个平均稳定的增益数值,这个数值可用 $\theta=60°$ 或 90° 时的 G'_t来计算。$\theta \leqslant \theta_{0.5}/2$ 时,G'_t按天线最大增益 G_t 来计算。

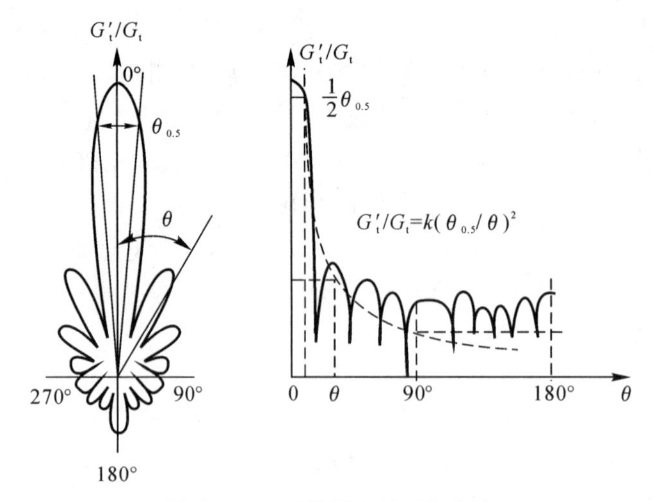

图 3.2.6　天线增益的近似曲线

将天线增益公式代入式(3.2.12),便可求得干扰扇面 $\Delta\theta_B$ 为

$$\Delta\theta_{B}=2\theta\leqslant 2\left(\frac{P_{j}G_{j}G_{t}\lambda^{2}k\varphi\gamma_{j}}{mP_{n}}\right)^{\frac{1}{2}}\times\frac{\theta_{0.5}}{4\pi R_{j}} \tag{3.2.13}$$

干扰扇面是以干扰机方向为中心，两边各为 θ 角的辉亮扇面。可以看出，干扰扇面与 R_{j} 成反比，距离越近干扰扇面 $\Delta\theta_{B}$ 越大；干扰扇面与 $\sqrt{P_{j}G_{j}}$ 成正比，$P_{j}G_{j}$ 增加一倍，$\Delta\theta_{B}$ 增加 $\sqrt{2}$ 倍。

2. 有效干扰扇面

有效干扰扇面 $\Delta\theta_{j}$ 是指在最小干扰距离上干扰能压制雷达回波信号的显示器扇面，在此扇面内雷达完全不能发现目标。

有效干扰扇面比上述打亮显示器的干扰扇面对干扰功率的要求更高，即干扰信号功率不仅是大于接收机内部噪声功率一定倍数，而且比目标回波信号大 K_{j} 倍，在这样的扇面内完全不能发现目标，故称为有效干扰扇面。显然，接收机输入端的干扰信号功率应满足

$$P_{rj}\geqslant K_{j}P_{rs}$$

即

$$\frac{P_{j}G_{j}}{4\pi R_{j}^{2}}\times\frac{G'_{t}\lambda^{2}}{4\pi}\times\varphi\gamma_{j}\geqslant K_{j}\frac{P_{t}G_{t}^{2}\sigma\lambda^{2}}{(4\pi)^{3}R_{t}^{4}} \tag{3.2.14}$$

或

$$P_{j}G_{j}\geqslant\frac{K_{j}}{\varphi\gamma_{j}}\times\frac{P_{t}G_{t}\sigma}{4\pi}\times\frac{G_{t}}{G'_{t}}\times\frac{R_{j}^{2}}{R_{t}^{4}}=\frac{K_{j}}{\varphi\gamma_{j}}\times\frac{P_{t}G_{t}\sigma}{4\pi k}\times\left(\frac{\theta}{\theta_{0.5}}\right)^{2}\times\frac{R_{j}^{2}}{R_{t}^{4}} \tag{3.2.15}$$

根据式(3.2.15)求出 θ，便可得到有效干扰扇面 $\Delta\theta_{j}$ 为

$$\Delta\theta_{j}=2\theta=2\left(\frac{P_{j}G_{j}}{P_{t}G_{t}\sigma}\times\frac{4\pi\varphi\gamma_{j}k}{K_{j}}\right)^{\frac{1}{2}}\left(\frac{R_{t}^{2}}{R_{j}}\right)\theta_{0.5} \tag{3.2.16}$$

可以看出，有效干扰扇面 $\Delta\theta_{j}$ 与很多因素有关，既与干扰参数 P_{j}、G_{j}、K_{j} 等有关，也与雷达参数 P_{t}、G_{t}、$\theta_{0.5}$ 以及目标有效反射面积 σ 有关，另外还与 R_{j} 及 R_{t} 有关。

比较式(3.2.13)和式(3.2.16)可知，由于雷达接收的目标回波电平总是比接收机内部噪声电平高很多，因此满足有效干扰扇面所需的干扰功率 $P_{j}G_{j}$ 要比打亮这样大的扇面所需的干扰功率大得多。换句话说，在干扰功率一定情况下，干扰在荧光屏上打亮的干扰扇面 $\Delta\theta_{B}$ 比它能有效压制雷达信号的扇面 $\Delta\theta_{j}$（即有效干扰扇面）要大得多。通常所说的雷达干扰扇面是指干扰扇面 $\Delta\theta_{B}$ 而不是有效干扰扇面 $\Delta\theta_{j}$。有效干扰扇面在干扰功率计算时要经常用到。

有效干扰扇面是根据被保卫目标的大小和干扰机的位置确定的。图 3.2.7 所示为干扰机配置在被保卫目标上的情况。设目标是一城市，目标半径为 r，干扰机配置在目标中心，为了可靠的压制雷达，使其在最小压制距离 R_{min} 上天线最大方向对向目标边缘时都不能发现目标，有效干扰扇面 $\Delta\theta_{j}$ 应为

$$\Delta\theta_{j}\geqslant 2\theta_{j}=2\arcsin\frac{r}{R_{min}} \tag{3.2.17}$$

式中，R_{min} 为干扰机的最小有效干扰距离。

当干扰机配置在被保卫目标之外时，如图 3.2.8 所示。这时有效干扰扇面应为

$$\Delta\theta_{j}\geqslant 2(\theta_{1}+\theta_{2})=2\left(\arcsin\frac{r}{R_{min}}+\theta_{2}\right) \tag{3.2.18}$$

可以看出，干扰机配置在被保卫目标之外所要求的有效干扰扇面比干扰机配置在目标上

的要大得多。有效干扰扇面越大，需要的干扰机功率 P_jG_j 就越大，甚至有时会超出一部干扰机所能达到的干扰功率。因此用两部(或两部以上)干扰机配置在被保卫目标之外，共同形成一个有效干扰扇面，这样每部干扰机的功率就不致太大，而且雷达也无法根据干扰扇面的中心线来判断干扰机的方向。

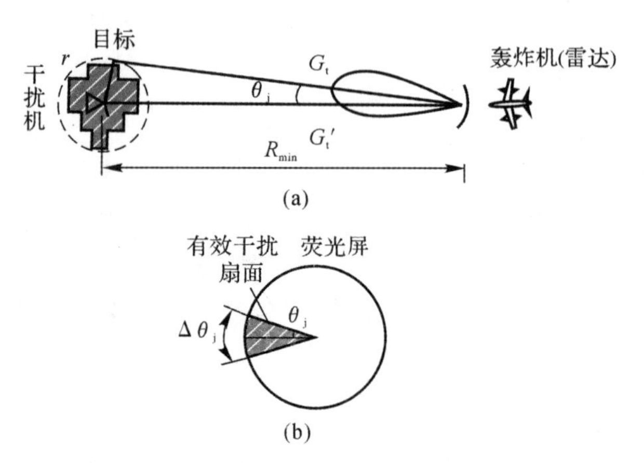

图 3.2.7　干扰机配置在目标上所要求的有效干扰扇面

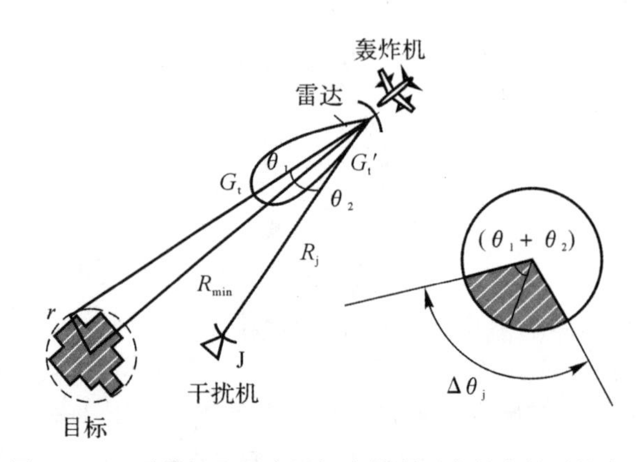

图 3.2.8　干扰机配置在目标之外所要求的有效干扰扇面

3.3　有源干扰

3.3.1　干扰机的类型及指标

3.3.1.1　干扰机的类型

按照战术用途、使用环境以及采用的技术可以将干扰机分为以下类型。

1. 噪声干扰机

噪声干扰机又称杂波干扰机或压制式干扰机，是用一种用途最广泛的干扰机，主要用来遮盖和压制各种雷达信号，形成多种干扰效果。例如，用于对防空导弹武器系统搜索雷达施放杂波干扰时，能降低搜索雷达的发现概率、降低对目标坐标及其运动参数的测量精度、延长防空导弹武器系统的反应时间、缩小导弹武器系统的威力范围等，严重时甚至使雷达出现迷盲而贻误战机。

噪声干扰机是现代干扰机的一种主要类型，能满足多种战术要求。例如，机载噪声干扰机，既能作飞机的自卫设备干扰火炮控制雷达和导弹制导雷达的正常工作，也能作支援干扰设备进行随行干扰或远距离支援干扰，掩护作战飞机。

此外，使用噪声干扰机施放噪声干扰时，基本无需知道被干扰系统的详细特性，只要知道被干扰雷达的部分性能参数(如工作频率等)就能实施有效干扰，工作方式比较简单。

2. 欺骗式干扰机

欺骗式干扰机又称回答式干扰机，主要用于施放自卫式干扰，干扰火炮控制雷达、导弹跟踪制导雷达的正常工作。欺骗式干扰机能对雷达进行距离欺骗、角度欺骗和速度欺骗干扰，也能产生假目标对警戒引导雷达进行干扰。

欺骗式干扰机的主要优势在于其干扰能量利用比较好，用它干扰一部雷达所需的能量比噪声干扰机小得多。这主要由两个因素所决定，一个因素是工作比，另一个因素是雷达接收机的处理增益。由于欺骗式干扰机的工作比通常与被干扰雷达相同，而噪声干扰机的工作比约为100%，这就使得回答式干扰机的平均功率大大低于噪声干扰机的平均功率。此外，雷达通常采用相干或非相干积累方式在干扰背景中提取信号，由于回答式干扰机产生的干扰信号与目标信号性质相同，因此就能共享雷达的处理增益。

3. 双模干扰机

双模干扰机将连续波噪声干扰和脉冲欺骗式干扰结合为一体，使一部干扰机兼有两种干扰机的能力，是一种多功能干扰机，又称为综合式干扰机或噪声-欺骗式干扰机。灵巧式干扰机可以看作是一种特殊的双模干扰机，能同时产生压制干扰和欺骗干扰。

4. 一次使用干扰机

一次使用干扰机又称投掷式干扰机，是在严密的现代防空系统下，为保证轰炸机、洲际导弹突防成功而迅速发展起来的一种干扰机。对一次使用干扰机的基本要求是小巧、性能价格比高、投放方便。为增大干扰压制区和干扰效果，需要采用较大型的自动工作干扰机，由飞机、无人驾驶飞机、气球等投放到敌纵深雷达基地或导弹基地附近。而对小型有源干扰机，则可以利用火箭、迫击炮、火炮、气球、降落伞等投放，或者安装在遥控小型飞行器上使用。一般一次使用干扰机投放在被干扰对象附近，使其接收系统饱和或数据处理系统过载。

一次使用干扰机最大的特点是能产生真正的角度欺骗，并能在很靠近被干扰对象附近处实施干扰，因此对一次使用有源干扰机的功率要求较低，可以获得高的效费比。为了取得好的干扰效果，必要时可以应用多部一次使用干扰机。

5. 自适应干扰机

自适应干扰机是一种由计算机控制，能针对雷达特性和威胁等级实施快速有效干扰的新型干扰机。这类干扰机的关键部件是高速数字计算机，干扰机的 ESM 系统能够自动获取雷达参数，进行信号分选、识别、确定雷达性质和威胁程度，根据雷达参数确定最佳干扰样式，并在方向、频率、时间上对干扰进行控制、引导并检查干扰效果。

6. 相控阵干扰机

相控阵干扰机是采用相控阵技术的一种干扰机，具有很高的有效辐射功率和同时干扰多个威胁辐射源的能力。在干扰机中采用相控阵技术，可使干扰机在大功率、多功能、自适应能力等方面有很大提高，能迅速、准确地将干扰波束对准被干扰雷达。相控阵干扰机的主要优点是：能够形成窄波束，提高干扰机的有效辐射功率(ERP)；具有迅速、灵活、准确的波束指向控制能力；能够实现对多个目标的干扰；可以迅速改变极化特性，减小极化损失等。相控阵干扰机可以完成角度搜索和跟踪，实施噪声干扰和欺骗式干扰，做到一机多用并具有自适应能力。

宽带多波束/相控阵技术是未来复杂电子战环境中解决多方位、多目标干扰的主要途径，目前已经在电子战领域得到实际应用。

7. 引信干扰机

引信的作用是当目标进入导弹或炮弹战斗部的动态杀伤区时适时引爆战斗部，使战斗部的杀伤碎片最大限度、均匀地覆盖目标，达到摧毁目标的目的。因此，引信干扰机的作用就是破坏引战配合，即破坏引信的启动区与战斗部的动态杀伤区的配合。由于导弹引信一般在离目标 200～400 m 时才开机工作，而且干扰必须使引信在目标进入导弹战斗部的动态杀伤区之前失效，使它不炸或早炸，因此实施电子侦察和干扰的时间一般都很短，干扰往往采用宽带阻塞式或欺骗式。

一般机载、弹载自卫用的引信干扰机功率较小、体积也不大，而地面或舰载反导弹系统用的引信干扰机的功率和体积都较大，以满足干扰距离远的要求。

3.3.1.2 干扰机的主要指标要求

1. 频率覆盖范围

干扰机的工作波段必须覆盖被干扰对象的工作波段，其典型值为 0.5～18 GHz，现在正向毫米波波段(35～40 GHz)和低频波段扩展。

2. 干扰功率

干扰机的功率由战术要求确定。通常要求在最小干扰距离上，被干扰雷达接收机输入端的干扰功率大于雷达目标回波信号功率，一般要求干信比为 10～13 dB。目前，一般连续波干扰功率为几百瓦，高的可达 1～2 kW；脉冲干扰功率为几千瓦，高的可达几十千瓦，工作比为 2%～10%。

3. 干扰样式

在其他条件相同的情况下，干扰样式的选择在一定程度上直接影响干扰的效果。一般应根据被干扰雷达的体制、工作方式及性能参数确定最佳的干扰样式。干扰样式可分为非调制波和调制波干扰两大类，如图 3.3.1 所示。

正弦波干扰又称连续波干扰，它和正弦波调制干扰都是比较简单的干扰样式，在电子战初期大量使用，目前已很少采用。

噪声干扰包括各种噪声调制干扰和纯噪声干扰。噪声调制干扰的样式包括了噪声调幅、调频、调相、调幅-调频和调幅-调频-调相，纯噪声干扰是直接将噪声放大并发射出去的射频噪声信号。由于噪声干扰对各种雷达都可以产生明显的干扰效果，所以是应用最多的一种干扰样式。

脉冲干扰是一串高频干扰脉冲。通过对脉冲幅度、重复频率、脉冲宽度或其中几个参数同时调制，可以取得不同的干扰效果。当干扰脉冲与雷达脉冲重复频率相等时，形成同步脉冲干扰，它在雷达显示器上是不动的；当干扰脉冲与雷达脉冲重复频率不相等或不成整数倍时，形成异步脉冲干扰，它在雷达显示器上是移动的；当干扰脉冲幅度和间隔随机变化时，形成杂乱脉冲干扰。脉冲干扰是破坏脉冲雷达、编码指令制导系统基本而有效的干扰样式。为干扰导弹武器系统可以采用欺骗(转发)式脉冲干扰,其中距离、速度和角度欺骗干扰是破坏导弹武器系统自动跟踪和控制系统最有效的干扰方法。

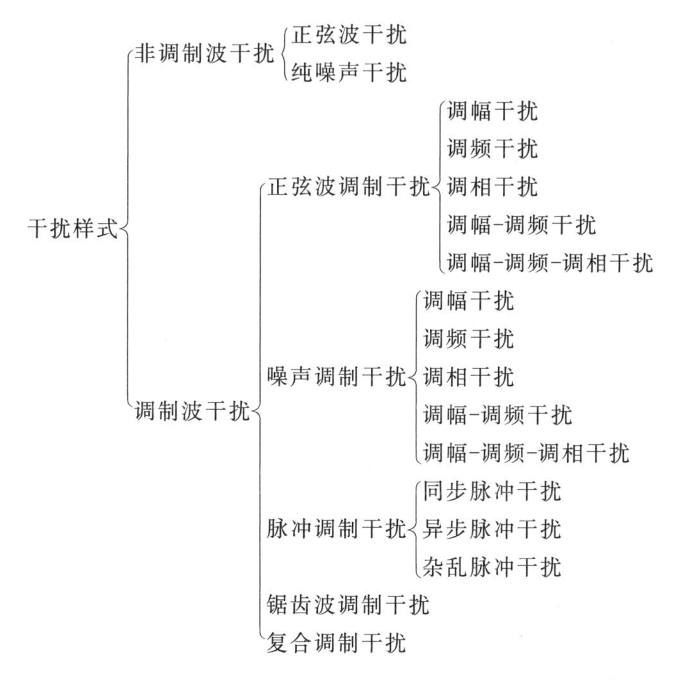

图 3.3.1　干扰样式的分类

4. 系统响应时间

现代电子干扰系统的响应时间包括截获和确定辐射源属性,进行信号分选、识别,确定威胁等级并对威胁等级高的辐射源确定最佳干扰样式和参数,同时进行方位和频率引导所需的时间。典型的响应时间为 0.1～0.25 s。

5. 功率管理能力

现代电子干扰系统面临的最复杂问题是要在高度密集的电磁威胁环境中,有效地对付数量不断增加而且工作在很宽频率范围内的各种新体制雷达。为了解决这一问题,可以采用功率管理电子干扰系统。

功率管理电子干扰系统的基本设备是用于截获信号的 ESM 接收机和一部高速电子计算机。功率管理电子干扰系统利用雷达威胁数据库分析和识别威胁,提出有效利用干扰资源的最佳策略,实时解决电子对抗系统在空间、时间、功率和频谱四个方面分配干扰资源的复杂问题。在时域上,干扰机针对每个重点威胁雷达设置若干个干扰窗口,干扰窗口的宽度约为雷达重复周期的 10%,这样就可以用少量干扰机来干扰多部雷达。在空域上,采用定向天线增加干扰有效辐射功率。当被干扰雷达天线照射干扰飞机(目标)时,干扰天线瞄准被干扰雷达的照射方向。干扰机的多波束天线和相控阵天线都可以在微秒级时间内调到所覆盖空间的任何方向上。

干扰功率的强度及范围,则可以根据目标的性质、威胁雷达参数,预先计算好存储在一个表内,由计算机查表确定。

3.3.2 遮盖性干扰

3.3.2.1 概述

按照干扰信号的作用机理可将有源干扰分为遮盖性干扰(又称压制性干扰)和欺骗性干扰两类。本小节主要讨论遮盖性干扰原理。

雷达是通过对回波信号的检测来发现目标并测量其参数信息的,而干扰的目的就是破坏或阻碍雷达对目标的发现和参数的测量。

雷达获取目标信息的过程如图 3.3.2 所示。

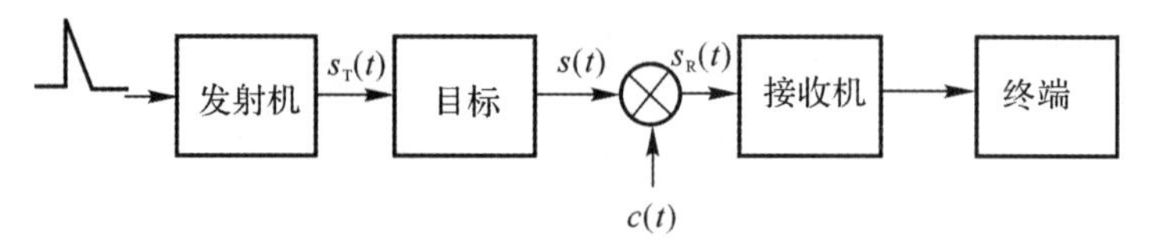

图 3.3.2 雷达获取信息的过程

首先,雷达向空间发射信号 $s_T(t)$,当该空间存在目标时,该信号会受到目标距离、角度、速度和其他参数的调制,形成回波信号 $s_R(t)$。在接收机中,通过对所接收信号的解调与分析,便可得到有关目标的距离、角度和速度等信息。图中增加的信号 $c(t)$ 表示雷达接收信号中除目标回波以外不可避免存在的各种噪声(包括多径回波、天线噪声、宇宙射电等)和干扰,正是这些噪声和干扰的加入影响了雷达对目标的检测能力。可见,如果在 $s_R(t)$ 中,人为引入噪声、干扰信号或利用吸收材料等都可以阻碍雷达正常地检测目标的信息,达到干扰的目的。

1. 遮盖性干扰的作用

遮盖性干扰就是用噪声或类似噪声的干扰信号遮盖或淹没有用信号,阻止雷达检测目标的信息。

由于任何一部雷达都有外部噪声和内部噪声,所以,雷达对目标的检测是基于一定的概率准则在噪声中进行的。一般来说,如果目标信号能量 S 与噪声能量 N 之比(信噪比 S/N)超过检测门限 D,则可以保证雷达以一定的虚警概率 P_{fa} 和检测概率 P_d 发现目标,简称发现目标,否则称为不发现目标。遮盖干扰使强干扰功率进入雷达接收机,降低雷达接收机的信噪比 S/N,使雷达难以检测目标。

2. 遮盖性干扰的分类

按照干扰信号中心频率 f_j 和频谱宽度 Δf_j 与雷达接收机中心频率 f_s 和带宽 Δf_r 的关系,遮盖性干扰可以分为瞄准式干扰、阻塞式干扰和扫频式干扰。

(1) 瞄准式干扰。

瞄准式干扰一般满足

$$f_j \approx f_s, \quad \Delta f_j = (2 \sim 5)\Delta f_r \tag{3.3.1}$$

采用瞄准式干扰首先必须测出雷达信号频率 f_s,然后调整干扰机频率 f_j 对准雷达频率,保证以较窄的 Δf_j 覆盖 Δf_r,这一过程称为频率引导。瞄准式干扰的主要优点是在 Δf_r 内干扰功率强,是遮盖干扰的首选方式;缺点是对频率引导的要求高,有时甚至是难以实现的。

(2) 阻塞式干扰。

阻塞式干扰一般满足

$$\Delta f_j > 5\Delta f_r,\quad f_s \in \left[f_j - \frac{\Delta f_j}{2}, f_j + \frac{\Delta f_j}{2}\right] \tag{3.3.2}$$

由于阻塞式干扰 Δf_j 相对较宽,故对频率引导精度的要求低,频率引导设备简单。此外,由于其 Δf_j 宽,便于同时干扰频率分集雷达、频率捷变雷达和多部工作在不同频率的雷达。但是阻塞式干扰在 Δf_r 内的干扰功率密度低,干扰强度弱。

(3) 扫频式干扰。

扫频式干扰一般满足

$$\Delta f_j = (2 \sim 5)\Delta f_r,\quad f_j(t) = [f_1 \to f_2],\quad t \in [0, T] \tag{3.3.3}$$

即干扰中心频率为以 T 为周期的连续时间函数,扫描范围为 f_1 到 f_2。扫频干扰可对雷达形成间断的周期性强干扰,扫频的范围较宽,也能够干扰频率分集雷达、频率捷变雷达和多部不同工作频率的雷达。

应当指出,实际干扰机可以根据具体雷达的载频调制情况,对上述基本形式进行组合,对雷达施放多频率点瞄准式干扰、分段阻塞式干扰和扫频锁定式干扰等。

3. *最佳遮盖干扰波形*

由于雷达对目标的检测是在噪声中进行的,所以对于接收信号做出有、无目标的两种假设检验具有不确定性,即后验不确定性。因此,最佳干扰波形就是随机性最强(或不确定性最大)的波形。

在限制平均功率的条件下,随机性最强的最佳遮盖干扰波形为正态分布的噪声。

研究最佳干扰信号的目的是建立比较各种干扰信号优劣的标准。实际使用的干扰信号与最佳干扰信号之间可能存在偏差,如果能计算或测量出它们相对于最佳干扰信号在遮盖性能上的损失,便可以评判各种实际的干扰信号在遮盖性能上的优劣。噪声质量因素 η_n 适用于衡量实际干扰信号的质量。噪声质量因素表示在相同遮盖效果的条件下,最佳干扰信号所需的功率 P_{j0} 与实际干扰信号所需的干扰功率 P_j 之比,即

$$\eta_n = \left.\frac{P_{j0}}{P_j}\right|_{\text{相同遮盖效果}} \tag{3.3.4}$$

通常,$\eta_n \ll 1$。这样,只要知道正态噪声干扰时所需要的干扰功率再乘以一个修正因子,就可以得到实施有效干扰所需的实际干扰信号功率。

但是通常情况下,实际干扰信号的概率密度难以用数学公式描述,故常用实验方法来确定噪声质量因素。

3.3.2.2　射频噪声干扰

直接将窄带高斯噪声放大和发射出去的干扰称为射频噪声干扰,所以又称为直接放大的噪声(DINA)。

窄带高斯噪声可以表示为

$$J(t) = U_n(t)\cos[\omega_j t + \phi(t)] \tag{3.3.5}$$

其中包络函数 $U_n(t)$ 服从瑞利分布,相位函数 $\phi(t)$ 服从 $[0, 2\pi]$ 均匀分布,且与 $U_n(t)$ 相互独立,载频 ω_j 为常数且远大于 $J(t)$ 的谱宽。$J(t)$ 通常是对低功率噪声滤波和放大获取的。

射频噪声干扰也称为纯噪声干扰,由于其效率低,仅应用于早期对低频雷达的干扰机中,目前已不再使用。一般所说的干扰主要指噪声调制干扰,即噪声调幅干扰、噪声调频干扰或噪声调相干扰,目前噪声调频干扰应用最为普遍。

3.3.2.3 噪声调幅干扰

广义平稳随机过程：

$$J(t)=[U_0+U_n(t)]\cos[\omega_j t+\varphi] \tag{3.3.6}$$

称为噪声调幅干扰。其中，调制噪声 $U_n(t)$ 为零均值、方差为 σ_n^2，在区间 $[-U_0,\infty)$ 分布的广义平稳随机过程，φ 为 $[0,2\pi]$ 均匀分布且与 $U_n(t)$ 独立的随机变量，U_0、ω_j 为常数。

因为 $U_n(t)$ 与 φ 相互独立，所以其联合概率密度函数 $p(U_n,\varphi)$ 与各自的概率密度 $p(U_n)$ 和 $p(\varphi)$ 之间存在下列关系：

$$p(U_n,\varphi)=p(U_n)\,p(\varphi) \tag{3.3.7}$$

$J(t)$ 的均值为

$$E[J(t)]=E\{[U_0+U_n(t)]\cos(\omega_j t+\varphi)\}=E[U_0+U_n(t)]E[\cos(\omega_j t+\varphi)]=0 \tag{3.3.8}$$

$J(t)$ 的相关函数为

$$B_j(\tau)=E[J(t)J(t+\tau)]=\frac{1}{2}[U_0^2+B_n(\tau)]\cos(\omega_j\tau) \tag{3.3.9}$$

式中，$B_n(\tau)$ 为调制噪声 $U_n(t)$ 的相关函数。此式就是著名的噪声调幅定理。

噪声调幅信号的总功率为

$$P_t=B_j(0)=\frac{U_0^2}{2}+\frac{1}{2}B_n(0)=\frac{U_0^2}{2}+\frac{\sigma_n^2}{2} \tag{3.3.10}$$

它等于载波功率($U_0^2/2$) 与调制噪声功率(σ_n^2) 一半的和。式(3.3.10) 也可改写为

$$P_t=\frac{U_0^2}{2}\left[1+\left(\frac{\sigma_n}{U_0}\right)^2\right]=P_0(1+m_{Ae}^2) \tag{3.3.11}$$

式中，$P_0=U_0^2/2$，为载波功率；$m_{Ae}=\sigma_n/U_0$，为有效调制系数。

噪声调幅信号的功率谱可由式(3.3.9) 经傅里叶变换求得

$$G_j(f)=4\int_0^{\infty}B_j(\tau)\cos(2\pi f\tau)\mathrm{d}\tau=\frac{U_0^2}{2}\delta(f-f_j)+\frac{1}{4}G_n(f_j-f)+\frac{1}{4}G_n(f-f_j) \tag{3.3.12}$$

式中，$G_n(f)$ 为调制噪声的功率谱，第一项代表载波的功率谱，后两项代表调制噪声功率谱的对称搬移。上、下边带功率之和为旁频功率 P_{sl}，其功率等于调制噪声功率的一半，即

$$P_{sl}=\frac{\sigma_n^2}{2}=P_0 m_{Ae}^2 \tag{3.3.13}$$

由于雷达接收机检波器的输出正比于噪声调制信号的包络，因此，起遮盖干扰作用的主要是旁频功率。如果对调制噪声 $U_n(t)$ 不加限幅处理，在不产生过调制条件下($m_{Ae}\leqslant 1$)，旁频功率仅为载波功率的很小一部分。

提高干扰的有效功率主要是提高噪声调幅信号的旁频功率。提高旁频功率的方法有两个：一是提高载波功率 P_0；二是加大有效调制系数 m_{Ae}。第一种方法就是提高干扰机的发射功率而不提高其中产生旁频功率的效率，但发射功率的增加将受到发射器件功率条件等的限制。第二种方法主要是对 $U_n(t)$ 适当限幅，提高旁频功率在发射功率中的比例。

【举例】 设置典型参数，画出调制噪声波形、调制噪声功率谱密度(简称功率谱)、噪声调幅干扰波形和噪声调幅干扰功率谱密度。

【解】 设置调制噪声(视频噪声)$U_n(t)$ 为窄带正态分布噪声，带宽为 25 MHz，$\sigma_n=1$，载

频 $f_j=100$ MHz,$U_0=1$,$\varphi=0$,按照式(3.3.6)和功率谱计算方法用MATLAB编程,可以得到噪声及噪声调幅干扰的波形和功率谱如图3.3.3(a)(b)(c)(d)所示。由图(d)可以看出,干扰频谱中载波占有较大的分量。

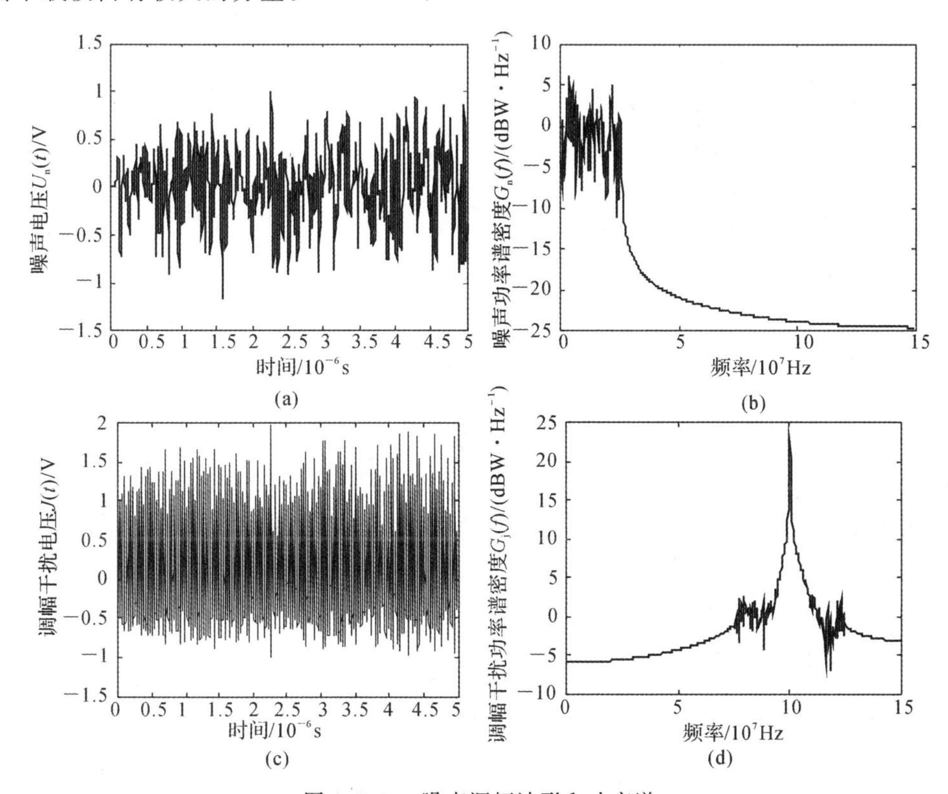

图3.3.3　噪声调幅波形和功率谱

(a) 调制噪声波形；(b) 调制噪声功率谱；(c) 已调波波形；(d) 已调波功率谱

(注:dBW·Hz^{-1} 为功率谱密度单位 W·Hz^{-1} 取 dB 的表示)

3.3.2.4　噪声调频干扰

广义平稳随机过程:

$$J(t)=U_j\cos\left[\omega_j t+2\pi K_{FM}\int_0^t U_n(t')\,dt'+\varphi\right] \tag{3.3.14}$$

称为噪声调频干扰,其中调制噪声 $U_n(t)$ 为零均值、广义平稳随机过程,φ 为 $[0,2\pi]$ 均匀分布且与 $U_n(t)$ 独立的随机变量,U_j 为噪声调频信号的幅度,ω_j 为噪声调频信号的中心频率,K_{FM} 为调频斜率。

噪声调频干扰信号 $J(t)$ 为广义平稳的随机过程,其均值为

$$E[J(t)]=E\{U_j\cos[\theta(t)+\varphi]\}=E\{U_j\cos[\theta(t)]\}E\{\cos\varphi\}-E\{U_j\sin[\theta(t)]\}E\{\sin\varphi\}=0 \tag{3.3.15}$$

其协方差(相关函数)为

$$B_j(\tau)=E[J(t)J(t+\tau)]=\frac{U_j^2}{2}e^{-\frac{\sigma^2(\tau)}{2}}\cos(\omega_j\tau) \tag{3.3.16}$$

式中,$\sigma^2(\tau)$ 为调频函数 $2\pi K_{FM}[e(t+\tau)-e(t)]$ 的方差,其中 $e(t)=\int_0^t U_n(t')dt'$。

$$\sigma^2(\tau)=4\pi^2\times 2K_{FM}^2\int_0^{\Delta F_n}\frac{\sigma_n^2(1-\cos(2\pi f\tau))}{\Delta F_n\ (2\pi f)^2}df=$$
$$2m_{fe}^2\Delta\Omega_n\int_0^{\Delta\Omega_n}\frac{1-\cos(\Omega\tau)}{\Omega^2}d\Omega \tag{3.3.17}$$

式中，$\Delta\Omega_n=2\pi\Delta F_n$ 为调制噪声的谱宽；$m_{fe}=K_{FM}\sigma_n/\Delta F_n=f_{de}/\Delta F_n$ 为有效调频指数，其中 f_{de} 为有效调频带宽。由式(3.3.16)求得噪声调频信号功率谱的表示式为

$$G_j(\omega)=4\int_0^{+\infty}B_j(\tau)\cos(\omega\tau)d\tau=$$
$$U_j^2\int_0^{+\infty}\cos((\omega_j-\omega)\tau)\exp\left[-m_{fe}^2\Delta\Omega_n\int_0^{\Delta\Omega_n}\frac{1-\cos(\Omega\tau)}{\Omega^2}d\Omega\right]d\tau \tag{3.3.18}$$

式(3.3.18)中的积分只有当 $m_{fe}\gg 1$ 和 $m_{fe}\ll 1$ 时才能近似求解。

1. $m_{fe}\gg 1$

此时，功率谱近似为

$$G_j(f)=\frac{U_j^2}{2}\frac{1}{\sqrt{2\pi}f_{de}}e^{-\frac{(f-f_j)^2}{2f_{de}^2}} \tag{3.3.19}$$

由式(3.3.19)可以得到 $m_{fe}\gg 1$ 时噪声调频信号功率谱特性的重要结论：

(1) 噪声调频信号的功率谱密度 $G_j(f)$ 与调制噪声的概率密度 $p_n(u)$ 有线性关系。当调制噪声的概率密度为高斯分布时，噪声调频信号的功率谱密度也为高斯分布。这种近似关系还可以推广到非高斯噪声调频的情况。

(2) 噪声调频信号的功率等于载波功率，即

$$P_j=\int_{-\infty}^{+\infty}G_j(f)df=\frac{U_j^2}{2} \tag{3.3.20}$$

这表明，调制噪声功率不对已调波的功率产生影响。这与调幅波是不一样的。

(3) 噪声调频信号的干扰带宽(半功率带宽)为

$$\Delta f_j=2\sqrt{2\ln 2}f_{de}=2\sqrt{2\ln 2}K_{FM}\sigma_n \tag{3.3.21}$$

与调制噪声带宽 ΔF_n 无关，只取决于调制噪声的功率 σ_n^2 和调频斜率 K_{FM}。

【举例】 设置典型参数，画出调制噪声波形、调制噪声功率谱密度(简称功率谱)、噪声调频干扰波形和噪声调频干扰功率谱密度。

【解】 设置调制噪声(视频噪声)$U_n(t)$为窄带正态分布噪声，带宽为 25 MHz，$\sigma_n=1$，载频 $f_j=100$ MHz，$K_{FM}=50$ MHz/V，$U_0=1$，$\varphi=0$，按照式(3.3.14)和功率谱计算方法，通过 MATLAB 编程得到噪声调频干扰的波形和功率谱如图 3.3.4(a)(b)(c)(d)所示。由图(d)可以看出，干扰频谱中载波占有较大的分量。

2. $m_{fe}\ll 1$

这时，功率谱可表示为

$$G_j(f)=\frac{U_j^2}{2}\frac{\dfrac{f_{de}^2}{2\Delta F_n}}{\left(\dfrac{\pi f_{de}^2}{2\Delta F_n}\right)^2+(f-f_j)^2} \tag{3.3.22}$$

功率谱密度如图 3.3.5 所示，由式(3.3.22)可得半功率干扰带宽为

$$\Delta f_j=\frac{\pi f_{de}^2}{\Delta F_n}=\pi m_{fe}^2\Delta F_n \tag{3.3.23}$$

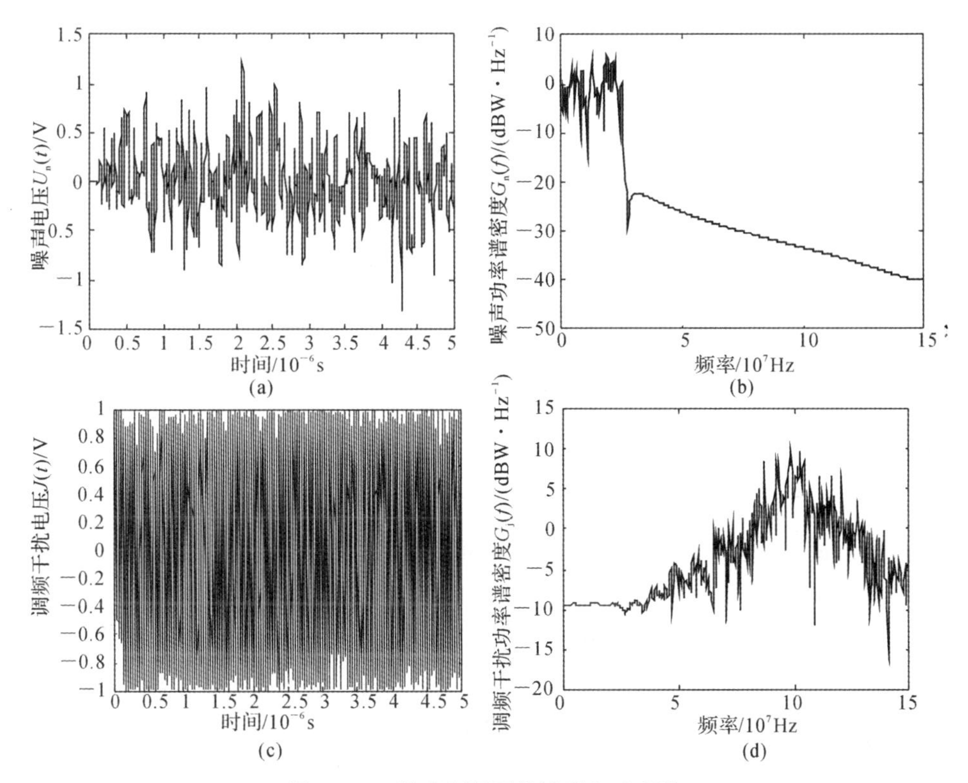

图 3.3.4 噪声调频干扰波形和功率谱

(a)调制噪声波形； (b)调制噪声功率谱； (c)已调波波形； (d)已调波功率谱

3.3.2.5 噪声调相干扰

广义平稳随机过程：

$$J(t)=U_j\cos[\omega_j t+K_{PM}U_n(t)+\varphi] \tag{3.3.24}$$

称为噪声调相干扰。其中调制噪声$U_n(t)$为零均值、广义平稳随机过程，φ为$[0,2\pi]$均匀分布且与$U_n(t)$独立的随机变量，U_j、ω_j、K_{PM}为常数。

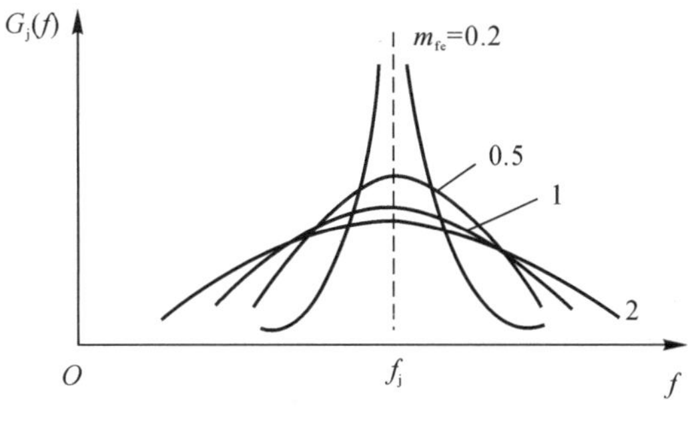

图 3.3.5 调频信号的功率谱

类似对噪声调频信号的分析，噪声调相信号的均值

$$E[J(t)]=0 \tag{3.3.25}$$

相关函数为

$$B_j(\tau)=E[J(t)J(t+\tau)]=\frac{U_j^2}{2}\cos(\omega_j\tau)\mathrm{e}^{-D^2\left(1-\frac{\sin(\Delta\Omega_n\tau)}{\Delta\Omega_n\tau}\right)} \tag{3.3.26}$$

其中，$D=K_{PM}\sigma_n$称为有效相移，K_{PM}为噪声调相系数。由此可以求得噪声调相信号的功率谱为

$$G_j(f)=\frac{U_j^2}{2}\mathrm{e}^{-D^2}\delta(f-f_j)+U_j^2\int_0^{+\infty}\cos(2\pi(f-f_j)\tau)\left[\mathrm{e}^{-D^2\left(1-\frac{\sin(2\pi\Delta F_n\tau)}{2\pi\Delta F_n\tau}\right)}-\mathrm{e}^{-D^2}\right]\mathrm{d}\tau \tag{3.3.27}$$

当 $D \gg 1$ 时，式(3.3.27) 中第二项只有当 τ 很小时才有值，故

$$G_{\mathrm{j}}(f) \approx \frac{U_{\mathrm{j}}^{2}}{2} \mathrm{e}^{-D^{2}} \delta(f-f_{\mathrm{j}})+U_{\mathrm{j}}^{2} \int_{0}^{+\infty} \cos(2\pi(f-f_{\mathrm{j}}) \tau) \mathrm{e}^{-\frac{D^{2} \Delta \Omega_{\mathrm{n}}^{2}}{6} \tau^{2}} \mathrm{d} \tau=$$

$$\frac{U_{\mathrm{j}}^{2}}{2} \mathrm{e}^{-D^{2}} \delta(f-f_{\mathrm{j}})+\frac{U_{\mathrm{j}}^{2}}{2} \frac{1}{\sqrt{2\pi(D^{2} \Delta F_{\mathrm{n}}^{2}/3)}} \mathrm{e}^{-\frac{(f-f_{\mathrm{j}})^{2}}{2D^{2} \Delta F_{\mathrm{n}}^{2}/3}} \tag{3.3.28}$$

其功率为

$$P_{\mathrm{t}}=\int_{0}^{+\infty} G_{\mathrm{j}}(f) \mathrm{d} f=\frac{U_{\mathrm{j}}^{2}}{2}(\mathrm{e}^{-D^{2}}+1) \approx \frac{U_{\mathrm{j}}^{2}}{2}=P_{0} \tag{3.3.29}$$

其带宽为

$$\Delta f_{\mathrm{j}}=2\sqrt{2\ln 2} \sqrt{\frac{D^{2} \Delta F_{\mathrm{n}}^{2}}{3}}=1.36 D \Delta F_{\mathrm{n}} \tag{3.3.30}$$

【举例】 设置典型参数，画出调制噪声波形、调制噪声功率谱密度(简称功率谱)、噪声调相干扰波形和噪声调相干扰功率谱密度。

【解】 设置调制噪声(视频噪声)$U_{\mathrm{n}}(t)$ 为窄带正态分布噪声，带宽为 25 MHz，$\sigma_{\mathrm{n}}=1$，载频 $f_{\mathrm{j}}=100$ MHz，$K_{\mathrm{FM}}=4$ rad/V，$U_{\mathrm{j}}=1$，$\varphi=0$，按照式(3.3.24) 和功率谱计算方法用图 MATLAB 编程，可以得到如图3.3.6(a)(b)(c)(d) 所示的噪声调相波形和功率谱。由图(d) 可以看出，干扰频谱中载波占有一定的分量。

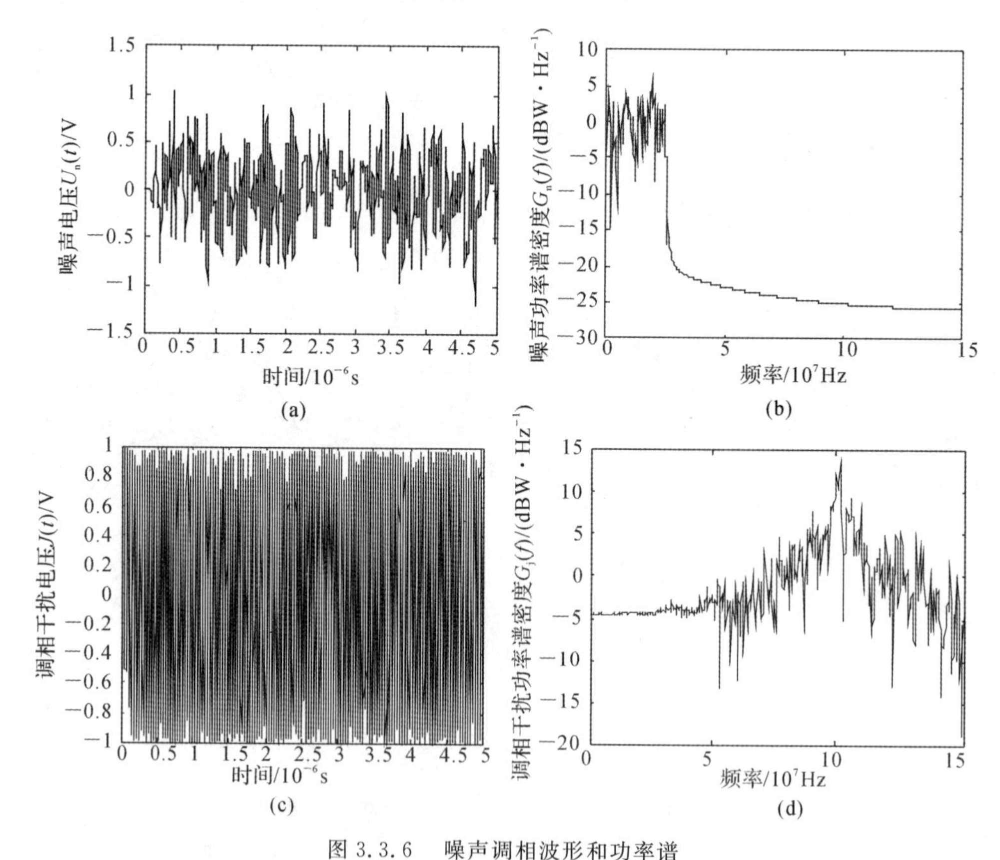

图 3.3.6 噪声调相波形和功率谱

(a) 调制噪声波形； (b) 调制噪声功率谱； (c) 已调波波形； (d) 已调波功率谱

当 $D \ll 1$ 时

$$G_j(f)=\begin{cases}\dfrac{U_j^2}{2}\left[e^{-D^2}\delta(f-f_j)+\dfrac{e^{-D^2}D^2}{2\Delta F_n}\right], & |f-f_j|<\Delta F_n \\ 0, & |f-f_j|>\Delta F_n\end{cases} \tag{3.3.31}$$

所以总功率为

$$P_t=\int_0^{+\infty}G_j(f)\mathrm{d}f=\frac{U_j^2}{2}(e^{-D^2}+D^2e^{-D^2})\approx\frac{U_j^2}{2} \tag{3.3.32}$$

带宽为

$$\Delta f_j=2\Delta F_n \tag{3.3.33}$$

由上述分析可以看出，调相波的总功率等于载波功率。当有效相移 D 很小时，功率谱在中心频率处为冲击函数，在其周围 $2\Delta F_n$ 带宽内呈均匀分布，且能量集中在中心频率处；当有效相移增加时，中心频率处的能量转化成旁频能量，但是带宽保持不变；当有效相移 $D\gg 1$ 时，能量主要分布在旁频中，频谱宽度展宽，但功率谱密度降低。其功率谱如图 3.3.7 所示。

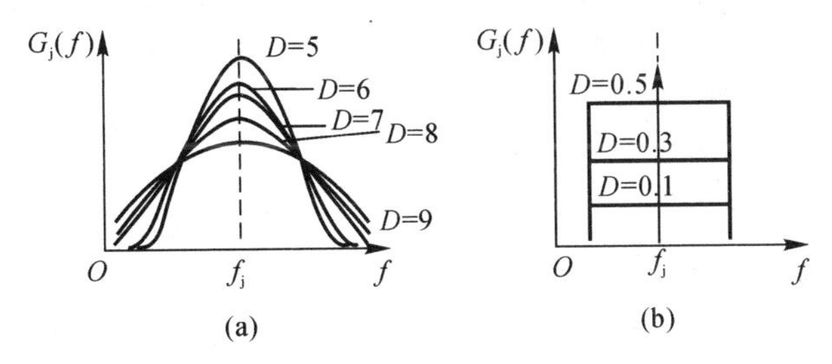

图 3.3.7　调相信号功率谱图

(a) $D\gg 1$；　(b) $D\ll 1$

由以上分析可以看出，当有效相移较小时，调相信号能量主要集中在载波频率上，旁频能量很低，不适宜作为遮盖干扰信号；当有效相移足够大时，旁频功率较大，近似为噪声调频干扰的情况，适于作为遮盖干扰信号。

噪声调相引起的信号频偏实质上与调制噪声电压的变化率成正比，当 $D\gg 1$、调制噪声为高斯噪声时，其功率谱形状近似为高斯型。这样，噪声调相信号通过窄带多普勒滤波器的情形与噪声调频信号通过中放的情形类似，影响其干扰效果的因素主要有瞄频误差、频谱宽度和调制噪声带宽等。

需要指出的是，多普勒滤波器的带宽通常都很窄，这就给干扰信号的形成带来诸多困难，特别是频率对准问题，在传统干扰技术条件下难以实现。随着锁相技术和数字技术的发展，采用脉冲锁相和射频存储可以大大地减少瞄频误差。采用噪声调相方式进行瞄频干扰是有重要意义的。

3.3.2.6　脉冲干扰

脉冲干扰通常是指在雷达接收机中产生时域离散的非目标回波脉冲。干扰脉冲可以由有源干扰源产生，也可以由无源干扰物产生，以下主要讨论有源干扰设备形成的脉冲干扰。脉冲干扰可以分为规则脉冲干扰和随机脉冲干扰两种。

规则脉冲干扰是指脉冲参数（幅度、宽度和重复频率）恒定的干扰信号，例如，由雷达站周围其他脉冲辐射源（或其他雷达）产生的干扰脉冲。如果规则脉冲的出现时间与雷达定时信号具有相对稳定的时间关系，则称为同步脉冲干扰，反之称为异步脉冲干扰。同步脉冲干扰在雷达距离显示器(如A型显示器)上呈现稳定的干扰脉冲回波。若其脉宽与雷达发射脉宽相当，则干扰脉冲回波很像真实目标回波脉冲，主要起欺骗作用。若其脉宽能够覆盖住目标回波出现的时间，则具有很强的遮盖干扰效果(也称为覆盖脉冲干扰)，并且在进行覆盖脉冲干扰时，往往还同时进行噪声调频或调幅干扰。异步干扰脉冲在雷达距离显示器上的位置不确定，具有一定的遮盖干扰效果，特别是当干扰脉冲的工作比较高时，干扰脉冲与回波脉冲的重合概率很大，使雷达难以在密集的干扰脉冲背景中检测目标。但当干扰脉冲的工作比较低时，由于其覆盖真实目标的概率很低，遮盖的效果较差。而且，由于异步干扰脉冲与雷达不同步，容易被雷达抗异步脉冲干扰电路所对消。

随机脉冲干扰是指干扰脉冲的幅度、宽度和间隔等某些参数或全部参数随机变化。如前所述，当脉冲的平均间隔小于雷达接收机暂态响应时间时，中放的输出为这些随机脉冲响应相互重叠，其概率分布接近于高斯分布，遮盖干扰效果与噪声调频干扰相似。随机脉冲干扰可以采用限幅噪声对射频信号调幅的方法实现，也可以采用伪随机序列对射频信号调幅的方法实现。采用限幅噪声调幅时，随机脉冲的平均宽度和间隔与视频噪声的功率谱和限幅电平有关。

随机脉冲干扰与连续噪声调制干扰都具有遮盖干扰的特点，但两者的统计性质是不同的。采用两者的组合干扰将引起遮盖干扰的非平稳性，造成雷达抗干扰困难。常用的组合方法是：

(1)在连续噪声调制干扰(主要是噪声调频干扰)的同时，随机或周期性地附加随机脉冲干扰(主要是随机脉冲调幅)；

(2)随机或周期性地交替使用连续噪声调制干扰(主要是噪声调频干扰)和随机脉冲干扰(如高频函数调频或伪随机序列调幅)。

实验证明，将随机脉冲干扰和连续噪声调制干扰组合使用时的干扰效果比单独使用时的好。

3.3.3 欺骗性干扰

3.3.3.1 概述

欺骗性干扰是指使用假的目标和信息作用于雷达的目标检测和跟踪系统，使雷达不能正确地检测真正的目标，或者不能正确地测量真正目标的参数信息，从而达到迷惑和扰乱雷达对真正目标检测和跟踪的目的。

设雷达对各类目标的检测空间(也称目标检测的威力范围)为V，对于具有四维(距离、方位、仰角和速度)检测能力的雷达，其典型的V为

$$V=\{[R_{\min},R_{\max}],[\alpha_{\min},\alpha_{\max}],[\beta_{\min},\beta_{\max}],[f_{\mathrm{dmin}},f_{\mathrm{dmax}}],[S_{\mathrm{imin}},S_{\mathrm{imax}}]\} \quad (3.3.34)$$

式中，$R_{\min}$，$R_{\max}$，$\alpha_{\min}$，$\alpha_{\max}$，$\beta_{\min}$，$\beta_{\max}$，f_{imax}，f_{imax}，S_{imin}，S_{imax}分别表示雷达的最小和最大检测距离，最小和最大检测方位，最小和最大检测仰角，最小和最大检测的多普勒频率，最小可检测信号功率(灵敏度)和饱和输入信号功率。理想点目标T仅为目标检测空间中的某一个确定点，即

$$T=\{R,\alpha,\beta,f_{\mathrm{d}},S_{\mathrm{i}}\}\in V \quad (3.3.35)$$

式中，R，α，β，f_{d}，S_i分别为目标所在的距离、方位、仰角、多普勒频率和回波功率。雷达能够区分V中两个不同点目标T_1，T_2的最小空间距离ΔV称为雷达的空间分辨力。

$$\Delta V=\{\Delta R,\Delta\alpha,\Delta\beta,\Delta f_{d},[S_{imin},S_{imax}]\} \qquad (3.3.36)$$

式中，$\Delta R,\Delta\alpha,\Delta\beta,\Delta f_{d}$ 分别称为雷达的距离分辨力、方位分辨力、仰角分辨力和速度分辨力。一般雷达在能量上没有分辨能力，因此，其能量分辨力就是能量的检测范围。

在一般条件下，欺骗干扰形成的假目标 T_{f} 也是 V 中的某一个或某一群不同于真目标 T 的确定点的集合，即

$$\{T_{fi}\}_{i=1}^{n},\quad T_{fi}\in V,\quad T_{fi}\neq T,\quad \forall i=1,\cdots,n \qquad (3.3.37)$$

所以假目标也能被雷达检测，并起到以假乱真的干扰效果。特别要指出的是，虽然许多遮盖性干扰的信号也可以形成 V 中的假目标，但这种假目标往往具有空间和时间的不确定性，也就是说形成假目标的空间位置和出现时间是随机的，这就使得假目标与空间和时间上具有确定性的真目标相差甚远，难以被雷达当作目标进行检测和跟踪。显然，式(3.3.37)既是实现欺骗干扰的基本条件，也是欺骗性干扰技术实现的关键点。

由于目标的距离、角度和速度信息是通过雷达接收的回波信号与发射信号振幅、频率和相位调制的相关性表现出来的，而不同雷达获取目标距离、角度、速度信息的原理并不相同，并且发射信号的调制样式又与雷达对目标信息的检测原理密切相关，因此，实现欺骗性干扰必须准确地掌握雷达获取目标距离、角度和速度信息的原理和雷达发射信号调制中的一些关键参数，有针对性地合理设计干扰信号的调制方式和调制参数，才能达到预期的干扰效果。

3.3.3.2　欺骗性干扰的分类与效果度量

对欺骗性干扰的分类主要采用以下两种方法。

1. 按照假目标 T_{f} 与真目标 T 在 V 中参数信息的差别分类

按这种分类方法可将欺骗性干扰分为5种：

(1) 距离欺骗干扰。距离欺骗干扰是指假目标的距离不同于真目标，且能量往往比真目标强，而其余参数则与真目标参数近似相等。即

$$R_{f}\neq R,\quad \alpha_{f}\approx\alpha,\quad \beta_{f}\approx\beta,\quad f_{df}\approx f_{d},\quad S_{if}>S_{i} \qquad (3.3.38)$$

式中，$R_{f},\alpha_{f},\beta_{f},f_{df},S_{if}$ 分别为假目标 T_{f} 在 V 中的距离、方位、仰角、多普勒频率和功率。

(2) 角度欺骗干扰。角度欺骗干扰是指假目标的方位或仰角不同于真目标，且能量比真目标强，而其余参数则与真目标参数近似相等。即

$$\alpha_{f}\neq\alpha\quad 或\quad \beta_{f}\neq\beta,\quad R_{f}\approx R,\quad f_{df}\approx f_{d},\quad S_{if}>S_{i} \qquad (3.3.39)$$

(3) 速度欺骗干扰。速度欺骗干扰是指假目标的多普勒频率不同于真目标，且能量强于真目标，而其余参数则与真目标参数近似相等。即

$$f_{df}\neq f_{d},\quad R_{f}\approx R,\quad \alpha_{f}\approx\alpha,\quad \beta_{f}\approx\beta,\quad S_{if}>S_{i} \qquad (3.3.40)$$

(4) AGC欺骗干扰。AGC欺骗干扰是指假目标的能量不同于真目标，而其余参数覆盖或与真目标参数近似相等。即

$$S_{if}\neq S_{i} \qquad (3.3.41)$$

(5) 多参数欺骗干扰。多参数欺骗干扰是指假目标在 V 中有两维或两维以上参数不同于真目标，以便进一步改善欺骗干扰的效果。AGC欺骗干扰经常与其他干扰配合使用，此外还有距离－速度同步欺骗干扰等。

2. 按照假目标 T_{f} 与真目标 T 在 V 中参数差别的大小和调制方式分类

按这种分类方法可将欺骗性干扰分为3种：

(1) 质心干扰。质心干扰是指真、假目标参数的差别小于雷达的空间分辨力，即

$$\| T_f - T \| \leqslant \Delta V \tag{3.3.42}$$

雷达不能将 T_f 与 T 区分为两个不同的目标，而将真、假目标作为一个目标 T'_f 进行检测和跟踪。由于在许多情况下，雷达对 T'_f 的最终检测、跟踪往往是针对真、假目标参数的能量加权质心（重心）进行的，故称这种干扰为质心干扰。

$$T'_f = \frac{S_f T_f}{S_f + S} \tag{3.3.43}$$

（2）假目标干扰。假目标干扰是指真、假目标参数的差别大于雷达的空间分辨力，即

$$\| T_f - T \| > \Delta V \tag{3.3.44}$$

雷达能将 T_f 与 T 区分为两个不同的目标，但可能将假目标作为真目标进行检测和跟踪从而造成虚警，也可能发现不了真目标而造成漏报。此外，大量的虚警还可能造成雷达检测、跟踪和其他信号处理电路过载。

（3）拖引干扰。拖引干扰是一种周期性地从质心干扰到假目标干扰的连续变化过程。典型的拖引干扰过程可以用下式表示：

$$\| T_f - T \| = \begin{cases} 0, & 0 \leqslant t < t_1, \quad \text{停拖} \\ 0 \rightarrow \delta V_{\max}, & t_1 \leqslant t < t_2, \quad \text{拖引} \\ T_f \text{ 消失}, & t_2 \leqslant t < T_j, \quad \text{关闭} \end{cases} \tag{3.3.45}$$

即在停拖时间段$[0,t_1)$，假目标与真目标出现的空间和时间近似重合很容易被雷达检测和捕获。由于假目标的能量高于真目标，捕获后 AGC 电路将按照假目标信号的能量来调整接收机的增益（使增益降低），以便对其进行连续测量和跟踪。停拖时间段的长度应与雷达检测和捕获目标所需时间（包括雷达接收机 AGC 电路增益调整时间）相对应。在拖引时间段$[t_1,t_2)$，假目标与真目标在预定的欺骗干扰参数（距离、角度或速度）上逐渐分离（拖引），且分离的速度 v' 在雷达跟踪正常运动目标的速度响应范围$[v_{\min},v_{\max}]$之内，直到真、假目标的参数差达到预定的程度 $\delta V_{\max}$，即

$$\| T_f - T \| = \delta V_{\max}, \quad \delta V_{\max} \gg \Delta V \tag{3.3.46}$$

由于拖引前假目标已经控制了接收机增益，而且假目标的能量高于真目标，所以雷达跟踪系统很容易被假目标拖引开而抛弃真目标。施引段的时间长度主要由最大误差 $\delta V_{\max}$ 和拖引速度 v' 所决定。在关闭时间段$[t_2,T_j)$，欺骗式干扰机停止发射，使假目标 T_f 突然消失，造成雷达跟踪信号突然中断。通常，雷达跟踪系统需要滞留和等待一段时间，AGC 电路也需要重新调整雷达接收机的增益（提高增益）。在此时间之内，如果信号重新出现，则雷达可以继续进行跟踪。当信号消失超过一定时间，雷达确认目标丢失时，才能重新进行目标信号的搜索、检测和捕获。关闭时间段的长度主要由雷达跟踪中断后的滞留和调整时间决定。

3. 欺骗性干扰效果的度量

根据欺骗性干扰的作用原理，主要使用以下几个参数对干扰的效果进行度量。

（1）受欺骗概率 P_f。

受欺骗概率是指在欺骗性干扰条件下，雷达检测和跟踪系统把假目标当作真目标的概率。如果以$\{T_{fi}\}_{i=1}^{n}$表示 V 中的假目标集，则只要有一个 T_{fi} 被当作真目标，就会发生受欺骗事件。如果将雷达对每个假目标的检测和识别作为独立的试验序列，将第 i 次试验中发生受欺骗的概率记为 P_{fi}，则有 n 个假目标时的受欺骗概率 P_f 为

$$P_f = 1 - \prod_{i=1}^{n}(1 - P_{fi}) \tag{3.3.47}$$

(2) 参数测量(跟踪)误差均值 δV 和方差 σ_v^2。

随机过程中的参数测量误差往往是一个统计量，δV 是雷达检测跟踪的实际参数与真目标的理想参数之间误差的均值，σ_v^2 是误差的方差。根据欺骗性干扰的第一种分类方法，δV 可分为距离测量(跟踪)误差 δR、角度测量(跟踪)误差 $\delta\alpha$、$\delta\beta$ 和速度测量(跟踪)误差 δf_d，σ_v^2 也可分为距离误差方差 σ_R^2、角度误差方差 σ_α^2、σ_β^2 和速度误差方差 $\sigma_{f_d}^2$ 等，其中误差均值 δV 对雷达的影响更为重要。

对欺骗性干扰效果的上述度量参数适用于各种用途的雷达。还可根据雷达在具体作战系统中的作用和功能，将其换算成杀伤概率、生存概率、突防概率等进行度量。

3.3.3.3　对雷达距离信息的欺骗

众所周知，测量目标距离 R 的实质是测量雷达发射信号 $s_T(t)$ 与接收信号 $s_R(t)$ 之间的时间迟延 t_r，$t_r = 2R/C$，C 为电波传播速度。雷达常用的测距方法有脉冲测距法和连续波调频测距法。

对脉冲雷达距离信息的欺骗主要是通过将收到的雷达照射信号进行时延调制和放大转发来实现的。由于单纯进行距离质心干扰造成的距离误差较小(小于雷达的距离分辨单元)，所以一般采用距离假目标干扰加距离波门拖引干扰对脉冲雷达进行距离欺骗。

1. 距离假目标干扰

距离假目标干扰也称为同步脉冲干扰。设 R 为真目标所在距离，经雷达接收机输出的回波脉冲包络时延为 $t_r = 2R/C$，R_f 为假目标所在距离，则在雷达接收机内干扰脉冲包络相对于雷达定时脉冲的时延为

$$t_f = \frac{2R_f}{C} \tag{3.3.48}$$

当其满足

$$|R_f - R| > \delta f \tag{3.3.49}$$

时，便形成距离假目标，如图 3.3.8 所示。通常，t_f 由两部分组成：

$$t_f = t_{f0} + \Delta t_f, \quad t_{f0} = \frac{2R_j}{C} \tag{3.3.50}$$

其中 t_{f0} 是由雷达与干扰机之间的距离 R_j 引起的电波传播时延，Δt_f 则是干扰机对雷达信号的转发时延。在一般情况下，干扰机无法确定 R_j，所以 t_{f0} 是未知的，主要通过控制 Δt_f 实现迟延控制，这就要求干扰机与被保护目标之间具有良好的空间配合关系，将假目标的距离设置在合适的位置，避免假目标与真目标距离重合。因此，假目标干扰多用于目标进行自卫干扰，容易与真目标(自身)配合。

实现距离假目标干扰的方法很多。图 3.3.9(a) 所示为一种采用储频技术的转发式干扰机。由接收天线收到的雷达脉冲信号 ① 经带通滤波器、定向耦合器分别送至储频电路和检波、视放、门限检测器。当脉冲能量达到给定门限时，门限检测器给出启动信号 ②，使储频电路对信号 ① 取样，并将所取样本以一定形式(数字或模拟)保持在储频电路中；启动信号 ② 还同时触发干扰控制电路，由干扰控制电路产生各迟延时间为 $\{\Delta t_{fi}\}_{i=1}^{n}$ 的干扰调制脉冲串 ③，按照脉冲串 ③ 重复取出储频器中保持的样本信号 ④，送给末级功放和干扰发射天线。

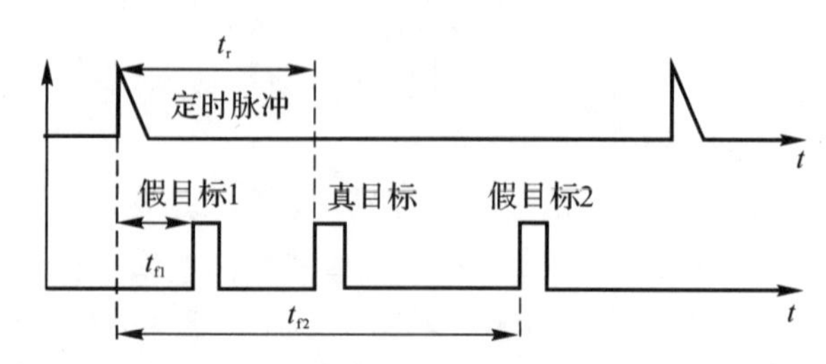

图 3.3.8　对脉冲雷达距离检测的假目标干扰

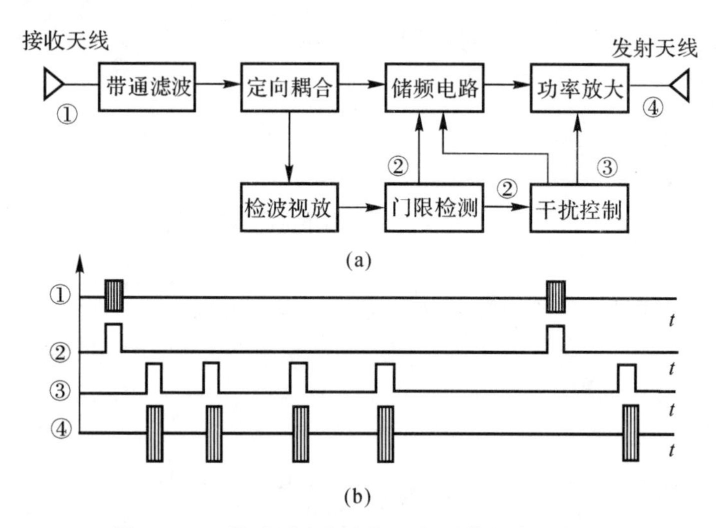

图 3.3.9　脉冲雷达距离假目标干扰的实现方法

(a) 储频技术的转发式干扰机；(b) 信号波形图

2. 距离波门拖引干扰

距离波门拖引干扰的假目标距离函数 $R_f(t)$ 可以表述为

$$R_f(t)=\begin{cases}R, & 0\leqslant t<t_1, \quad \text{停拖}\\ R+v(t-t_1)\ \text{或}\ R+a(t-t_1)^2, & t_1\leqslant t<t_2, \quad \text{拖引}\\ \text{干扰关闭}, & t_2\leqslant t<T_j, \quad \text{关闭}\end{cases} \tag{3.3.51}$$

式中，R 为目标所在距离；v 和 a 分别为匀速拖引时的速度和匀加速拖引时的加速度。

在自卫干扰条件下，R 也就是目标的所在距离，可将上式转换为干扰机对收到雷达照射信号进行转发的时延 Δt_f，显然，距离波门拖引干扰的转发时延 Δt_f 为

$$\Delta t_f(t)=\begin{cases}0, & 0\leqslant t<t_1, \quad \text{停拖}\\ \dfrac{2v(t-t_1)}{C}\ \text{或}\ \dfrac{2a(t-t_1)^2}{C}, & t_1\leqslant t<t_2, \quad \text{拖引}\\ \text{干扰关闭}, & t_2\leqslant t<T_j, \quad \text{关闭}\end{cases} \tag{3.3.52}$$

最大拖引距离 R_{max}（或最大转发时 $\Delta t_{f\,max}=2R_{max}/C$）为

$$R_{max}=\begin{cases}v(t_2-t_1), & \text{匀速拖引}\\ a(t_2-t_1)^2, & \text{匀加速拖引}\end{cases} \tag{3.3.53}$$

实现距离波门拖引干扰的基本方法有射频延迟方法和射频储频延迟方法。

3.3.3.4　对雷达角度信息的欺骗

雷达对目标角度信息的检测和跟踪主要依靠雷达收发天线对不同方向电磁波的振幅或相位响应。常用的角度跟踪方法有圆锥扫描角度跟踪、线性扫描角度跟踪和单脉冲角度跟踪。由于圆锥扫描、线性扫描角度跟踪系统容易受到角度欺骗干扰，目前在现代雷达跟踪系统中较为少用，本小节重点对单脉冲角度跟踪系统的角度欺骗干扰进行介绍。单脉冲角跟踪系统具有良好的抗单点源干扰的能力。针对单脉冲角度跟踪系统的欺骗干扰多采用多点源干扰，常用以下几种干扰形式。

1. 非相干干扰

非相干干扰是在单脉冲雷达的分辨角内设置两个或两个以上的干扰源，它们到达雷达接收天线口面的信号没有相对稳定的相位关系(非相干)。单平面非相干干扰的原理如图3.3.10所示。

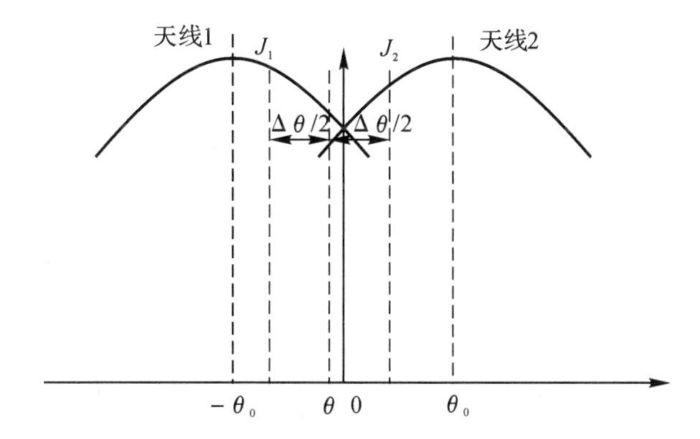

图 3.3.10　单平面非相干干扰原理

雷达接收天线 1,2 收到两个干扰源 J_1 和 J_2 的信号分别为

$$E_1 = A_{J_1} F\left(\theta_0 - \frac{\Delta\theta}{2} - \theta\right) e^{j(\omega_1 t+\phi_1)} + A_{J_2} F\left(\theta_0 + \frac{\Delta\theta}{2} - \theta\right) e^{j(\omega_2 t+\phi_2)} \tag{3.3.54}$$

$$E_2 = A_{J_1} F\left(\theta_0 + \frac{\Delta\theta}{2} + \theta\right) e^{j(\omega_1 t+\phi_1)} + A_{J_2} F\left(\theta_0 - \frac{\Delta\theta}{2} + \theta\right) e^{j(\omega_2 t+\phi_2)} \tag{3.3.55}$$

A_{J_1} 和 A_{J_2} 分别为 J_1 和 J_2 的幅度，$\Delta\theta$ 为两干扰源相对雷达的夹角，θ 为单脉冲天线跟踪指向角。经过波束形成网络，得到 E_1 和 E_2 的和、差信号为 E_Σ，E_Δ：

$$\begin{aligned} E_\Sigma = E_1 + E_2 = & A_{J_1}\left[F\left(\theta_0 - \frac{\Delta\theta}{2} - \theta\right) + F\left(\theta_0 + \frac{\Delta\theta}{2} + \theta\right)\right] e^{j(\omega_1 t+\phi_1)} + \\ & A_{J_2}\left[F\left(\theta_0 + \frac{\Delta\theta}{2} - \theta\right) + F\left(\theta_0 - \frac{\Delta\theta}{2} + \theta\right)\right] e^{j(\omega_2 t+\phi_2)} \end{aligned} \tag{3.3.56}$$

$$\begin{aligned} E_\Delta = E_1 - E_2 = & A_{J_1}\left[F\left(\theta_0 - \frac{\Delta\theta}{2} - \theta\right) - F\left(\theta_0 + \frac{\Delta\theta}{2} + \theta\right)\right] e^{j(\omega_1 t+\phi_1)} + \\ & A_{J_2}\left[F\left(\theta_0 + \frac{\Delta\theta}{2} - \theta\right) - F\left(\theta_0 - \frac{\Delta\theta}{2} + \theta\right)\right] e^{j(\omega_2 t+\phi_2)} \end{aligned} \tag{3.3.57}$$

E_Σ，E_Δ 分别经混频、中放(包括 AGC 控制)，以 E_Σ 为基准信号对 E_Δ 进行相位检波，低通滤波输出信号 $S_e(t)$ 为

$$S_e(t) = K\left\{A_{J_1}^2\left[F^2\left(\theta_0 - \frac{\Delta\theta}{2} - \theta\right) - F^2\left(\theta_0 + \frac{\Delta\theta}{2} + \theta\right)\right] + \right.$$

$$A_{J_2}^2\left[F^2\left(\theta_0+\frac{\Delta\theta}{2}-\theta\right)-F^2\left(\theta_0-\frac{\Delta\theta}{2}+\theta\right)\right]\Big\} \tag{3.3.58}$$

其中

$$K \propto \frac{K_d}{F^2(\theta_0)(A_{J_1}^2+A_{J_2}^2)}$$

式中,K_d 为检波系数。由于单脉冲雷达天线方向图可在 θ_0 展开成幂级数,并取一阶近似可得

$$F^2(\theta_0\pm\theta)=F^2(\theta_0)\mp|F^{2'}(\theta_0)|\theta \tag{3.3.59}$$

利用式(3.3.58)可得

$$S_e(t)\approx\frac{2K_d|F^{2'}(\theta_0)|}{F^2(\theta_0)(A_{J_1}^2+A_{J_2}^2)}\left[A_{J_1}^2\left(\theta+\frac{\Delta\theta}{2}\right)+A_{J_2}^2\left(\theta-\frac{\Delta\theta}{2}\right)\right] \tag{3.3.60}$$

设 J_1,J_2 的功率比为 $b^2=A_{J_2}^2/A_{J_1}^2$,当误差信号 $S_e(t)=0$ 时,跟踪天线的指向角 θ 为

$$\theta=\frac{\Delta\theta}{2}\frac{b^2-1}{b^2+1} \tag{3.3.61}$$

这表明,在非相干干扰条件下,单脉冲跟踪雷达的天线指向位于干扰源之间的能量质心处。

根据以上非相干干扰原理,在作战使用中还可以进一步派生出以下4种使用方式。

(1)同步闪烁干扰。由 J_1,J_2 配合,轮流通断干扰机,造成雷达跟踪天线的指向在 J_1,J_2 之间来回追摆。除了可以采用 J_1,J_2 配合之外,也可以采用目标与其附近的干扰机配合。由于干扰功率远远大于目标回波,只要周期性地通断干扰机,也可以起到同步闪烁干扰的效果,而且简化了同步配合的要求。

(2)误引干扰。由 n 部干扰机形成干扰机组,部署在预定的误引方向上,如图3.3.11所示,其中任意两部相邻干扰机相对雷达的张角均小于雷达的角分辨力。实施干扰时,首先 J_1 开机干扰,诱使雷达跟踪 J_1;然后 J_2 开机,诱使雷达跟踪 J_1,J_2 的质心;接下来再使 J_1 关机,诱使雷达跟踪 J_2,以后 J_3 开机……;以此类推,直到 J_n 关机,诱使雷达跟踪到预定的误引方向。误引干扰主要用于保护重要目标免遭末制导雷达和反辐射导弹的攻击。

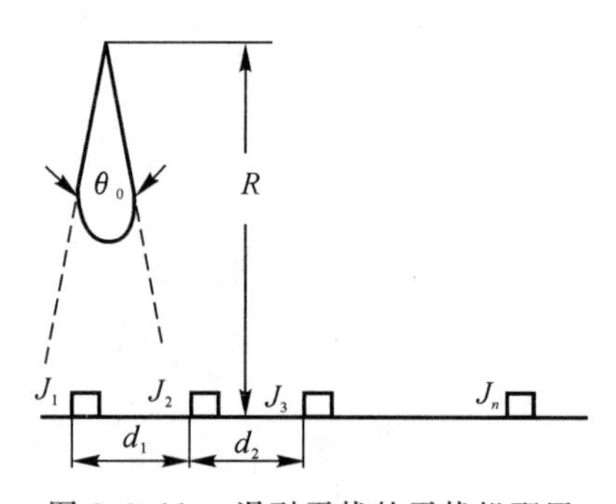

图3.3.11 误引干扰的干扰机配置

(3)异步闪烁干扰。由 J_1,J_2 按照各自的控制逻辑交替通断干扰机。由于 J_1,J_2 是异步通断的,所以将形成以下四种组合状态:J_1,J_2 同时工作,诱使雷达跟踪由 J_1,J_2 能量质心;由 J_1,J_2 同时关闭,使雷达跟踪信号消失,转而重新捕获目标;J_1 工作,J_2 关闭,诱使雷达跟踪 J_1;J_2 工作,J_1 关闭,诱使雷达跟踪 J_2。显然,上述四种状态是等概率、随机变化的,雷达跟踪系统受到上述状态影响而不能准确跟踪目标。

(4)地面反弹干扰。图3.3.12所示的地面反弹干扰技术可有效地对抗主动或半主动导弹制导系统。机上干扰机向地面适当角度发射一个很强的模拟回波信号,通过地面反射在导弹处形成非相干干扰,使导引头偏离目标而指向目标的下方。要求此时干扰有效辐射功率必须足够大,以使到达导弹跟踪天线处的地面反射信号比飞机回波信号强得多。

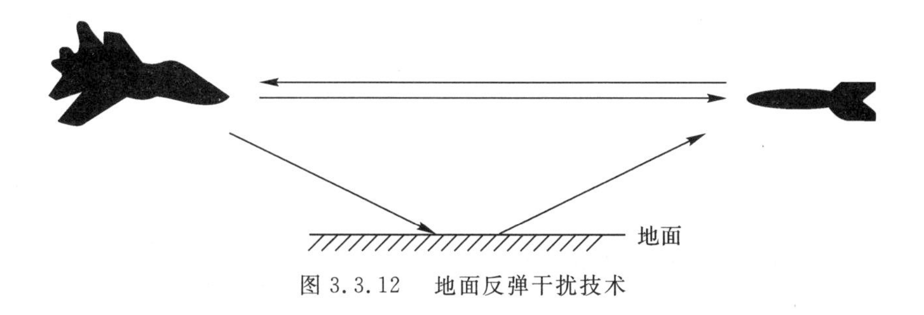

图 3.3.12 地面反弹干扰技术

2. 相干干扰

在满足非相干干扰的条件下，如果 J_1，J_2 到达雷达天线口面的信号具有稳定的相位关系（相位相干），则称为相干干扰。设 φ 为 J_1，J_2 在雷达天线处信号的相位差，雷达接收天线 1，2 收到 J_1，J_2 两干扰源的信号分别为

$$E_1 = \left[A_{J_1} F\left(\theta_0 - \frac{\Delta\theta}{2} - \theta\right) + A_{J_2} F\left(\theta_0 + \frac{\Delta\theta}{2} - \theta\right) e^{j\varphi}\right] e^{j\omega t} \tag{3.3.62}$$

$$E_2 = \left[A_{J_1} F\left(\theta_0 + \frac{\Delta\theta}{2} + \theta\right) + A_{J_2} F\left(\theta_0 - \frac{\Delta\theta}{2} + \theta\right) e^{j\varphi}\right] e^{j\omega t} \tag{3.3.63}$$

经过波束形成网络，得到 E_1 和 E_2 的和、差信号为 E_Σ，E_Δ：

$$\begin{aligned} E_\Sigma = \Big\{ & A_{J_1}\left[F\left(\theta_0 - \frac{\Delta\theta}{2} - \theta\right) + F\left(\theta_0 + \frac{\Delta\theta}{2} + \theta\right)\right] + \\ & A_{J_2}\left[F\left(\theta_0 + \frac{\Delta\theta}{2} - \theta\right) + F\left(\theta_0 - \frac{\Delta\theta}{2} + \theta\right)\right] e^{j\varphi}\Big\} e^{j\omega t} \end{aligned} \tag{3.3.64}$$

$$\begin{aligned} E_\Delta = \Big\{ & A_{J_1}\left[F\left(\theta_0 - \frac{\Delta\theta}{2} - \theta\right) - F\left(\theta_0 + \frac{\Delta\theta}{2} + \theta\right)\right] + \\ & A_{J_2}\left[F\left(\theta_0 + \frac{\Delta\theta}{2} - \theta\right) - F\left(\theta_0 - \frac{\Delta\theta}{2} + \theta\right)\right] e^{j\varphi}\Big\} e^{j\omega t} \end{aligned} \tag{3.3.65}$$

E_Σ，E_Δ 分别经混频、中放（包括 AGC 控制），以 E_Σ 为基准信号对 E_Δ 进行相位检波，低通滤波输出信号 $S_e(t)$ 为

$$S_e(t) \approx \frac{2K_d A_{J_1}^2 \mid F^{2'}(\theta_0) \mid}{F^2(\theta_0)(A_{J_1}^2 + A_{J_2}^2)}\left[\left(\theta + \frac{\Delta\theta}{2}\right) + b^2\left(\theta - \frac{\Delta\theta}{2}\right) + 2b\theta\cos\varphi\right] \tag{3.3.66}$$

式中 $b^2 = A_{J_2}^2 / A_{J_1}^2$。当误差信号 $S_e(t) = 0$ 时，跟踪天线的指向角 θ 为

$$\theta = \frac{\Delta\theta}{2}\,\frac{b^2 - 1}{b^2 + 1 + 2b\cos\varphi} \tag{3.3.67}$$

θ 与 b，φ 的关系曲线如图 3.3.13 所示。由图可以看出，当 $\varphi = \pi$，$b \approx 1$ 时，$\theta \to \infty$，这主要是由于天线方向图采用了等信号方向的近似展开式，实际 θ 的误差角将受到天线方向图的限制。实现相干干扰的主要技术难点是保证 J_1，J_2 信号在雷达天线口面处于稳定的反相，一般需要采用图 3.3.14 所示的收发互补性天线，其中接收天线 R_1 与发射天线 J_2 处于同一位置，接收天线 R_2 与发射天线 J_1 处于同一位置，并在其中一路插入了相移 π，工作时还需要保证两路射频通道信号的相位一致。这种干扰也称为交叉眼干扰。由于两路转发器的电长度相等，这种干扰机可对不同方向的雷达实施相干干扰。交叉眼干扰技术在应用时需要注意两个问题：一是要保证两路射频通道电长度接近相等（相位差在 5° 以内），二是需要非常大的干信比 J/S（20 dB 以上）。

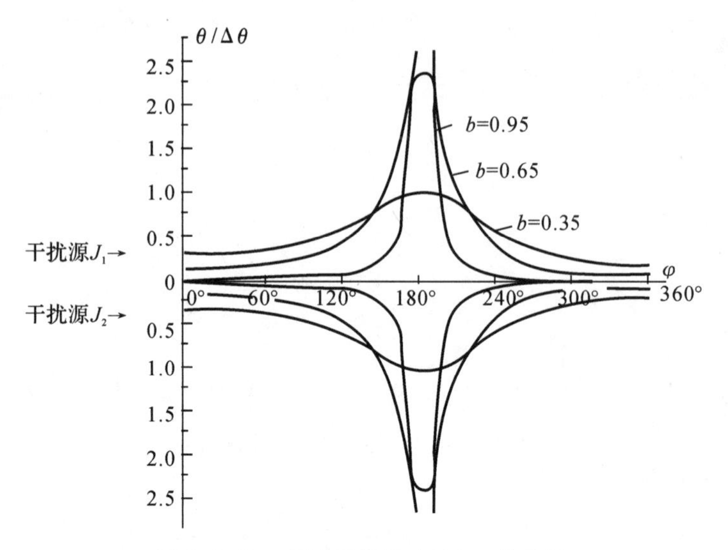

图 3.3.13　相干干扰时 θ 与 b,φ 的关系

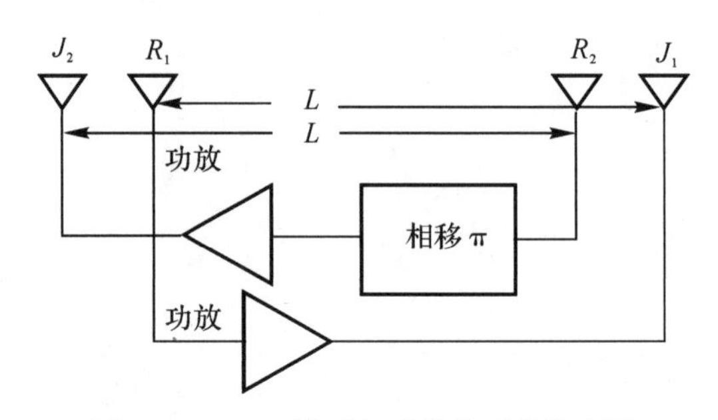

图 3.3.14　互补反相型收发天线的配置

3. 交叉极化干扰

设 γ 为雷达天线的主极化方向，图 3.3.15(a) 表示单平面主极化天线的方向图，其等信号方向与雷达跟踪方向一致。$\gamma+\pi/2$ 为天线的交叉极化方向，如图 3.3.15(b) 所示，其等信号方向与雷达跟踪方向之间存在着误差 $\delta\theta$。在相同入射场强时，天线对主极化电场的输出功率为 P_{M}，对交叉极化电场的输出功率为 P_{C}，二者之比称为天线的极化抑制比 A，即

$$A=\frac{P_{\mathrm{M}}}{P_{\mathrm{C}}} \tag{3.3.68}$$

交叉极化干扰正是利用雷达天线对交叉极化信号固有的跟踪偏差 $\delta\theta$，发射交叉极化的干扰信号到达雷达天线，造成雷达天线的跟踪误差。设 $A_{\mathrm{t}}, A_{\mathrm{j}}$ 分别为雷达天线处的目标回波信号振幅和干扰信号振幅，β 为干扰极化与主极化方向的夹角，且干扰源与目标位于相同的方向，则雷达在主极化与交叉极化方向收到的信号功率 $P_{\mathrm{M}}, P_{\mathrm{C}}$ 分别为

$$P_{\mathrm{M}}=A_{\mathrm{t}}^{2}+(A_{\mathrm{j}}\cos\beta)^{2} \tag{3.3.69}$$

$$P_{\mathrm{C}}=\frac{(A_{\mathrm{j}}\sin\beta)^{2}}{A} \tag{3.3.70}$$

雷达天线跟踪的方向 θ 近似为主极化与交叉极化两个等信号方向的能量质心，即

$$\theta=\delta\theta\left(\frac{P_{\mathrm{C}}}{P_{\mathrm{C}}+P_{\mathrm{M}}}\right)=\frac{\delta\theta}{A}\left(\frac{b^{2}\sin^{2}\beta}{1+b^{2}\cos^{2}\beta}\right),\quad b^{2}=\frac{A_{\mathrm{j}}^{2}}{A_{\mathrm{t}}^{2}} \tag{3.3.71}$$

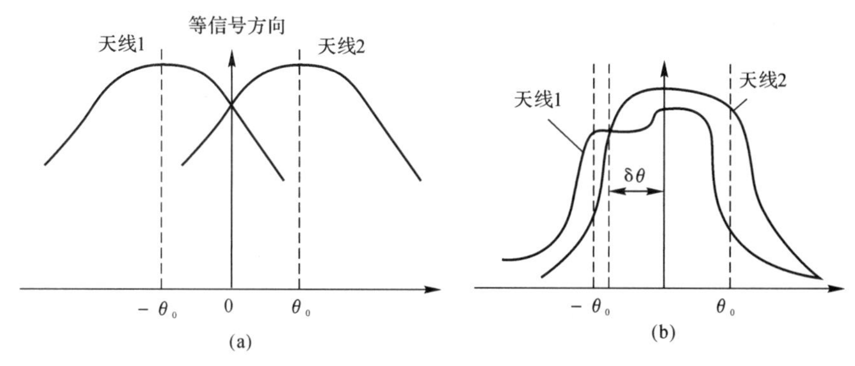

图 3.3.15 雷达天线主极化与交叉极化方向图

(a) 主极化方向图； (b) 交叉极化方向图

由于雷达天线的极化抑制比 A 通常都在 1 000 以上，因此在进行交叉极化干扰时，不仅要求 β 尽可能严格地保持正交($\pi/2$)，而且干扰功率必须很强。

尽管单脉冲雷达在角度上具有较高的抗单点源干扰的能力，但是在一般情况下，其角度跟踪往往还需要在距离、速度上首先完成对目标的检测和跟踪，还需要接收机提供一个稳定的信号电平。由于其距离、速度检测、跟踪和 AGC 控制等电路与普通脉冲雷达是一样的，所以，一旦这些电路遭到干扰，也会不同程度地影响角度跟踪的效果。因此，对单脉冲雷达系统实施单点源干扰，也可以从对角度跟踪系统进行干扰转为对抗干扰能力较薄弱的距离、速度检测、跟踪电路和 AGC 控制等电路进行干扰，以达到事半功倍的效果。

3.3.3.5 对雷达速度信息的欺骗

雷达对目标速度信息检测和跟踪的主要依据是雷达接收到的目标回波信号与基准信号(雷达发射信号或直接接收到的雷达发射信号)的频率差 f_d(多普勒频率)。常用的速度检测和跟踪方法有连续波测速跟踪和脉冲多普勒测速跟踪。

对测速跟踪系统干扰的目的是给雷达制造一个虚假或错误的速度信息。主要的干扰样式有速度波门拖引干扰、假多普勒频率干扰、多普勒频率闪烁干扰和距离-速度同步干扰。

1. 速度波门拖引干扰

速度波门拖引干扰的基本原理是：首先转发与目标回波具有相同多普勒频率 f_d 的干扰信号，且干扰信号的能量大于目标回波的能量，使雷达速度跟踪电路能够捕获干扰的多普勒频率 f_{dj}。AGC 电路按照干扰信号的能量控制雷达接收机的增益，此段时间称为停拖期，时间长度为 0.5～2 s(略大于速度跟踪电路的捕获时间)；然后使干扰信号的多普勒频率 f_{dj} 逐渐与目标回波的多普勒频率 f_d 分离，且分离速度 v_f(Hz/s) 不大于雷达可跟踪目标的最大加速度 a，即

$$v_f \leqslant \frac{2a}{\lambda} \tag{3.3.72}$$

由于干扰能量大于目标回波，将使雷达的速度跟踪电路跟踪干扰信号的多普勒频率 f_{dj}，造成速度信息的错误，此段时间称为拖引期，时间长度(t_2-t_1) 按照 f_{dj} 与 f_d 的最大频差 δf_{max} 计算：

$$t_2-t_1=\frac{\delta f_{max}}{v_f} \tag{3.3.73}$$

当 f_{dj} 与 f_d 的频差 $\delta f=f_{dj}-f_d$ 达到 δf_{max} 时，关闭干扰机。由于被跟踪信号突然消失，且消失的时间(即干扰机关闭的时间) 大于速度跟踪电路的等待时间和 AGC 电路的恢复时间

(0.5～2 s)，速度跟踪电路将重新转入搜索状态。在速度波门拖引干扰中，干扰信号多普勒频率 f_{dj} 的变化过程如下：

$$f_{dj}(t)=\begin{cases} f_d, & 0\leqslant t<t_1, \quad 停拖 \\ f_d+v_f(t-t_1), & t_1\leqslant t<t_2, \quad 拖引 \\ 干扰关闭, & t_2\leqslant t<T_j, \quad 关闭 \end{cases} \tag{3.3.74}$$

v_f 的正负取决于拖引的方向(也是假速度目标加速度的方向)。对连续波测速跟踪系统进行速度波门拖引干扰的干扰机组成如图 3.3.16 所示。接收天线 A 收到的雷达发射信号经定向耦合器分别送给载频移频电路和雷达信号检测电路，其中雷达信号检测电路的作用是检测和识别连续波雷达信号、判断威胁等级并做出对该雷达的干扰决策，将决策传送到干扰控制器。干扰控制器按照干扰决策制定干扰样式和干扰参数，并给载频移频电路提供实时控制信号。载频移频电路根据实时控制信号完成对输入射频信号的频移调制，并将经过频移调制后的信号输出到末级功放，通过干扰天线 B 辐射大功率的干扰信号。

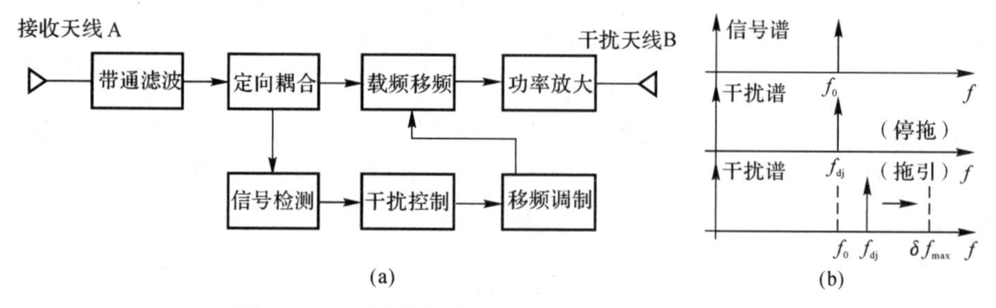

图 3.3.16　速度波门拖引干扰机的组成和时序

2. 假多普勒频率干扰

假多普勒频率干扰的基本原理是：根据接收到的雷达信号，同时转发与目标回波多普勒频率 f_d 不同的若干个干扰信号 $\{f_{dji}\mid f_{dji}\neq f_d\}_{i=1}^{n}$ 频移，使雷达的速度跟踪电路可同时检测到多个多普勒频率 $\{f_{dji}\}_{i=1}^{n}$(若干扰信号远大于目标回波，由于 AGC 响应的是大信号，将使雷达难以检测 f_d)，并且造成其检测跟踪的错误。假多普勒频率干扰的干扰机组成如图 3.3.17 所示。可以看出，进行假多普勒频率干扰与进行速度波门拖引干扰的主要差别是需要有 n 路载频移频器同时工作，以便同时产生多路不同移频值的干扰信号。

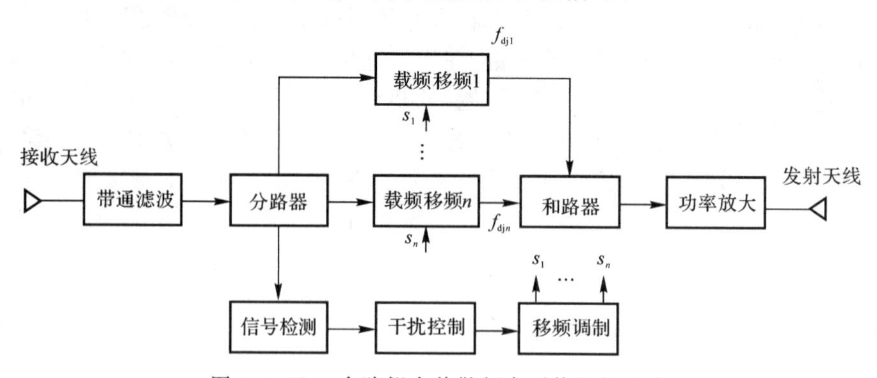

图 3.3.17　多路假多普勒频率干扰机的组成

3. 多普勒频率闪烁干扰

多普勒频率闪烁干扰的基本原理是：在雷达速度跟踪电路的跟踪带宽 Δf 内，以 T 为周期

交替产生 f_{dj1}、f_{dj2} 两个不同频移的干扰信号，造成雷达速度跟踪波门在两个干扰频率之间摆动，始终不能正确、稳定地捕获目标速度。由于速度跟踪系统的响应时间约为跟踪带宽 Δf 的倒数，所以交替周期 T 选为

$$T \geqslant \frac{1}{2\Delta f} \tag{3.3.75}$$

多普勒频率闪烁干扰的干扰机组成与速度波门拖引干扰的干扰机基本相同，但由干扰控制电路送给载频移频器的调制信号是分时交替的。

4. 距离-速度同步干扰

目标的径向速度 v_r 是距离 R 对时间的导数，也是多普勒频移的函数：

$$v_r = \frac{\partial R}{\partial t} = \frac{\lambda f_d}{2} \tag{3.3.76}$$

对于只有距离 R 或速度 v_r 检测和跟踪能力的雷达，单独采用上述对其距离或速度跟踪系统的欺骗干扰是可以奏效的，但是，对于具有距离-速度两维信息同时检测和跟踪能力的雷达，只对其某一维信息进行欺骗或者对其两维信息欺骗的参数不一致时，就很可能被雷达识别出假目标，从而达不到预定的干扰效果。

距离-速度同步干扰主要用于干扰具有距离-速度两维信息同时检测和跟踪能力的雷达（如脉冲多普勒雷达），在进行距离波门拖引干扰的同时进行速度波门欺骗干扰，在匀速拖距和加速拖距时的距离延迟 $\Delta R_f(t)$ 和多普勒频移 $f_{dj}(t)$ 的调制函数分别为

$$\Delta R_f(t) = \begin{cases} 0 \\ v(t-t_1)\,; \\ \text{干扰关闭} \end{cases} \quad f_{dj}(t) = \begin{cases} 0, & 0 \leqslant t < t_1 \\ -2v/\lambda, & t_1 \leqslant t < t_2 \\ \text{干扰关闭}, & t_2 \leqslant t < T_j \end{cases} \tag{3.3.77}$$

$$\Delta R_f(t) = \begin{cases} 0 \\ a(t-t_1)^2\,; \\ \text{干扰关闭} \end{cases} \quad f_{dj}(t) = \begin{cases} 0, & 0 \leqslant t < t_1 \\ -2a(t-t_1)/\lambda, & t_1 \leqslant t < t_2 \\ \text{干扰关闭}, & t_2 \leqslant t < T_j \end{cases} \tag{3.3.78}$$

当对距离波门后拖时，移频为负方向，匀速拖距时移频为固定值，加速拖距时移频线性变化。

3.3.4 灵巧式干扰

灵巧式干扰指的是同时具有压制干扰和欺骗干扰特点的一类干扰，近年来已经发展成为电子干扰领域中一种新的干扰形式。这种干扰既具有回波信号的特征，又具有噪声或杂乱脉冲的特征，可以是密集转发调制干扰，也可以是噪声与雷达发射信号的混合调制波形，因而它可以利用雷达对信号的处理增益增大进入接收机的干扰能量，在节省干扰机功率的同时提高干扰效率。

图 3.3.18 给出了一种基于 DRFM 技术的灵巧噪声干扰机结构框图。雷达信号被侦测天线接收，经过前置放大，与本振混频形成中频信号，再由 A/D 采样直接存入数字存储器，信号分析器则根据采样的雷达信号选择出最佳的干扰方式，然后将接收到的雷达信号根据需要调制出相应的干扰噪声，噪声和采集的雷达信号通过信号合成器形成灵巧干扰数字信号，由D/A 转换成中频模拟信号，然后调制到原来的频段，经过天线发出干扰。

噪声调制的干扰方式主要有：① 频域调制，通过对雷达信号的频域调制（多普勒噪声）可对雷达探测目标的速度参数进行干扰；② 时域调制，通过对雷达信号的时域调制，可形成错误

的距离探测信号;③ 时、频域调制,通过对雷达信号的时域和频域同时调制,可使雷达信号在速度和距离上同时具有不确定性;④ 脉冲重叠法,对采集的雷达信号采样后叠加在时域或者频域进行调制,相对于压制性干扰而言,其包含了更多的相参回波信号,干扰效果更加理想;⑤等间隔取样法,经过相参处理后时域波形相似程度较高,虽然相对于理想信号而言,信号幅度降低,能量受到衰减,但基本能反映出原信号的峰值特征,这一特征有利于欺骗干扰的实现。

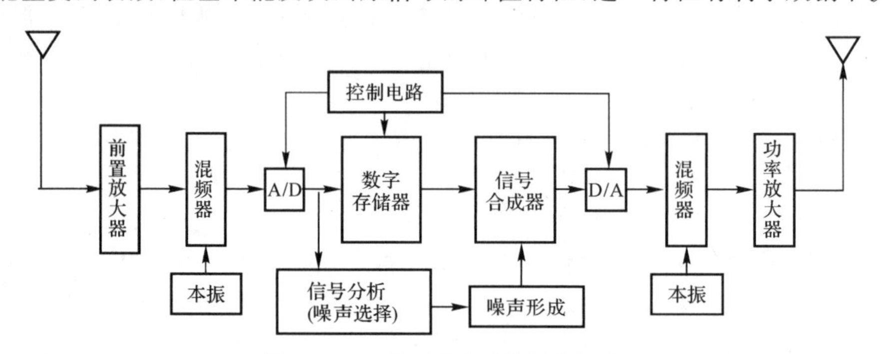

图 3.3.18 灵巧噪声干扰机的组成

【举例】 对雷达信号进行时域调制产生灵巧干扰及处理后的输出波形。

【解】 设置雷达线性调频信号起始频率为 60 MHz,脉宽为 2 μs,调频带宽为 10 MHz。干扰机接收到雷达信号后,采用噪声调相信号对其进行时域卷积后直接转发形成灵巧干扰。噪声调相信号参数如下:噪声为窄带正态分布噪声,带宽为 25 MHz,$\sigma_n=1$,载频 $f_j=60$ MHz,$K_{FM}=4$ rad/V,$U_0=1$,$\varphi=0$。通过 MATLAB 编程,可以得到灵巧干扰的波形图及脉压处理后的输出波形如图 3.3.19(b)(d)所示。由图(d)可以看出,干扰有效地压制了回波信号。

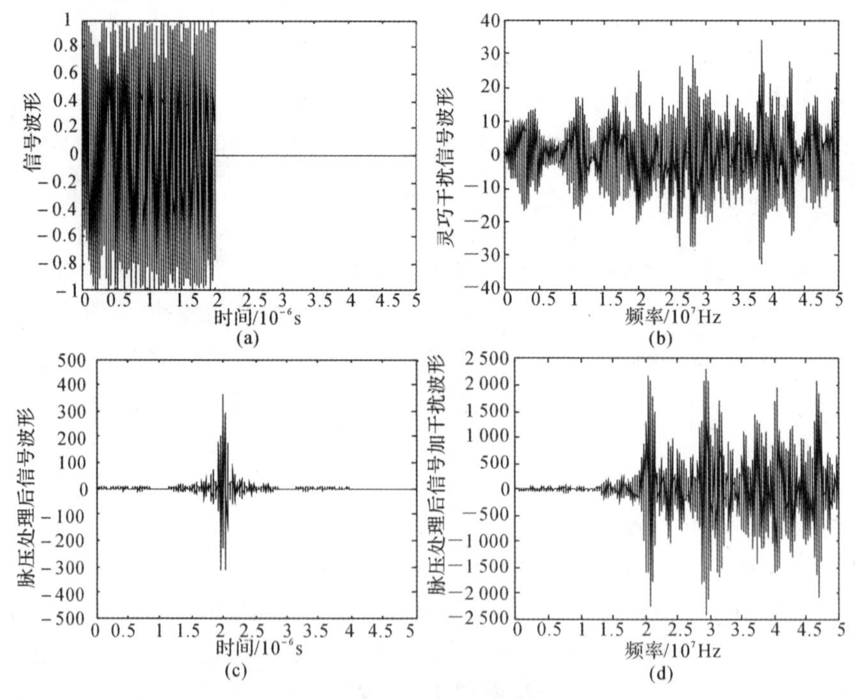

图 3.3.19 灵巧干扰波形和功率谱

(a)信号波形; (b)灵巧干扰信号波形; (c)无干扰时输出波形; (d)有干扰时输出波形

3.3.5 拖曳式有源雷达诱饵与投掷式干扰

拖曳式诱饵随被保护目标一起运动，两者具有相同的运动特性，因而一般雷达和跟踪系统无法通过运动特性区分目标和诱饵。由于使用方式灵活，造价低廉，因此被认为是对付跟踪雷达和导弹的费效比最高的方案之一，目前应用较广泛。

拖曳式诱饵通过电缆与被保护目标相连接，由被保护目标提供电源并且控制诱饵的工作，在完成任务后割断电缆即可。由于拖曳式诱饵受控于被保护目标，因此诱饵上的干扰机和目标上的干扰机可以协同工作，完成复杂的干扰任务，是对付单脉冲雷达的一种好方法。

拖曳式诱饵的电缆长度主要取决于目标所面临威胁武器的杀伤半径以及诱饵对目标运动性能，通常电缆长度为 90～150 m。

图 3.3.20 所示是四种拖曳式诱饵的配置结构，圆圈线内为机外拖曳诱饵设备，其他部分在机内，它们之间通过拖曳线连接。

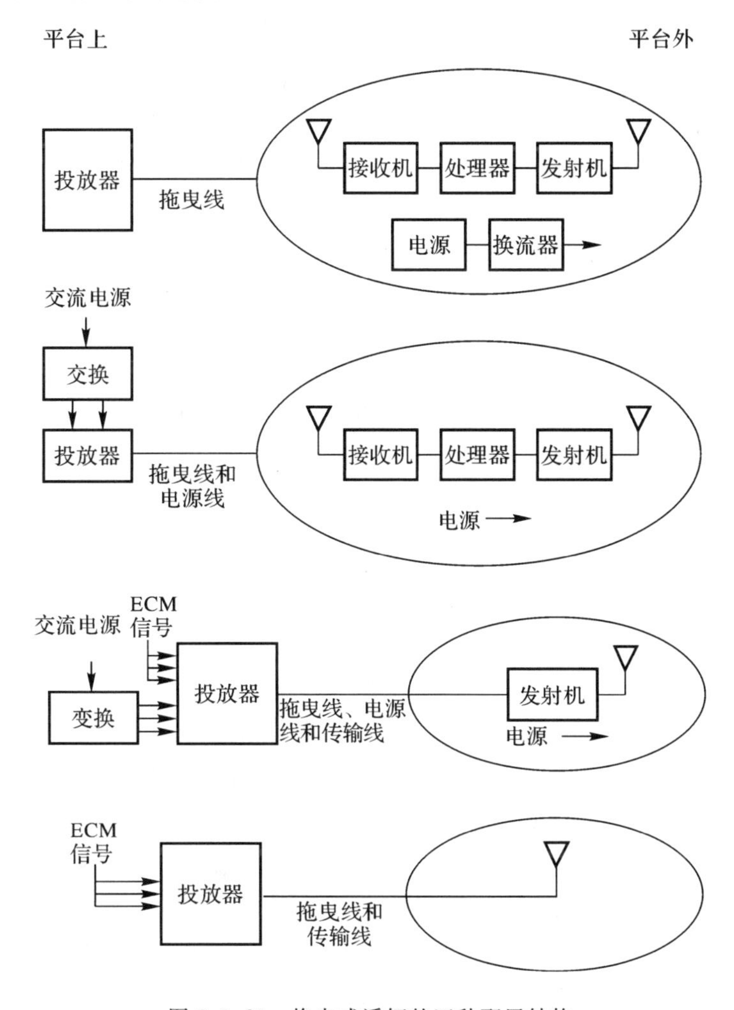

图 3.3.20 拖曳式诱饵的四种配置结构

拖曳式有源诱饵置于作战平台之外，通过转发一个比雷达回波更强的信号欺骗和破坏敌方雷达的工作，从而达到保护飞机的目的。这种平台外牵引的雷达欺骗干扰装置，具有实时截获、实时干扰、欺骗性强和成本低的优点，可形成多目标或多点源非相干扰对付单脉冲型雷达制导导弹威胁，并可以共享机内干扰机的硬件资源（如干扰发生器），能施放欺骗干扰（转发式或调制应答式）或压制式噪声十扰。它可以一次性使用，也可回收重复使用。AN/ALE-50是第一代拖曳式有源诱饵，已在多种飞机和无人机上应用。目前，美空军正在积极发展第二代有源诱饵，即光纤诱饵 ALE-55，它不仅能转发威胁雷达信号，而且还能在干扰信号载频上加适当的调制信号。

一次性投掷式干扰机可由有人或无人驾驶飞机采用降落伞投放，滞空时间 5～30 min。干扰机在敌方雷达、通信等电子设备附近实施干扰，只需很小功率就能获得很好的干扰效果。工作在 110～160 MHz 的一次性噪声干扰机，平均干扰功率一般为 5 W，3～10 G122Hz 频段的干扰平均功率一般为 20 W。投掷式干扰机还在进一步发展完善，向一体化、自动化、宽带化、积木化、可重编程方向发展。应用时可与激光、红外、箔条、反辐射导弹等相结合，自适应地对付各种威胁，按最佳方式达到最佳的干扰效果。同时投放多个投掷式干扰机就可形成分布式干扰，造成雷达系统饱和。美国的 Gen-X 投掷式干扰机，采用回答式欺骗干扰体制形成众多的假目标，可有效对付单脉冲等新体制雷达。小型空中发射诱饵（MALD）已在国防预研计划局的“先期概念技术演示项目”下进行研制，MALD 能模拟一架飞机的雷达特征，被认为是将来对敌防空压制（SEAD）任务中的关键手段。

3.3.6 干扰机的设备及关键技术

3.3.6.1 引导式噪声干扰机

引导式噪声干扰机主要由测频接收机、测向接收机、干扰发射机以及计算机控制的信号分选、识别系统和干扰逻辑控制电路等组成，如图 3.3.21 所示。

测频、测向接收机的作用是发现带有辐射源的目标，准确测定辐射源的工作频率和方位，测定和分析辐射源的信号参数，并通过计算机及告警文件确定辐射源的类型与威胁等级。

干扰发射部分包括发射天线、干扰发射机、射频源和调制信号产生器。干扰发射部分的主要任务是在需要干扰的辐射源频率和方位上产生合适的有效辐射功率与干扰样式。

早期的方位和频率引导是采用人工或半自动方式实现的。首先由测向接收机和测频接收机完成对雷达方位角和频率的测量，然后操纵员根据测量结果，将干扰天线和干扰发射机的频率调到被干扰雷达的方位和工作频率上。

现代电子对抗系统中，由测向和测频接收机测得的有关雷达辐射源方位角和频率数据与其他有关参数一起形成脉冲描述字送到计算机，经处理后由计算机进行功率管理，自动完成方位和频率引导。图 3.3.21 中所示的干扰逻辑控制电路用于完成方位和频率引导功能。

为了用有限的干扰资源对付密集信号环境中的多个威胁，现代电子对抗系统应该能有效地利用干扰机的功率资源，具有功率管理能力。功率管理主要由快速截获接收机和计算机完成，利用计算机确定出每个雷达辐射源的相对威胁等级，干扰机的干扰时间和干扰窗宽度，干扰天线波束对威胁源的瞄准角，最佳干扰功率电平和干扰调制样式等。

随着反辐射导弹技术的发展和广泛应用，保护干扰机免受反辐射导弹的攻击变得非常重要，因为任何辐射平台都易于被测向设备定位，成为反辐射导弹的攻击对象。干扰机在干扰过程中必须采取瞬间观察、检查干扰效果，适时关断干扰机等措施，以便既能及时检查有无新的威胁出现，又能避免受到反辐射导弹的攻击。此外，干扰机的瞬间观察技术，还可以避免无休止地干扰造成的干扰资源浪费。

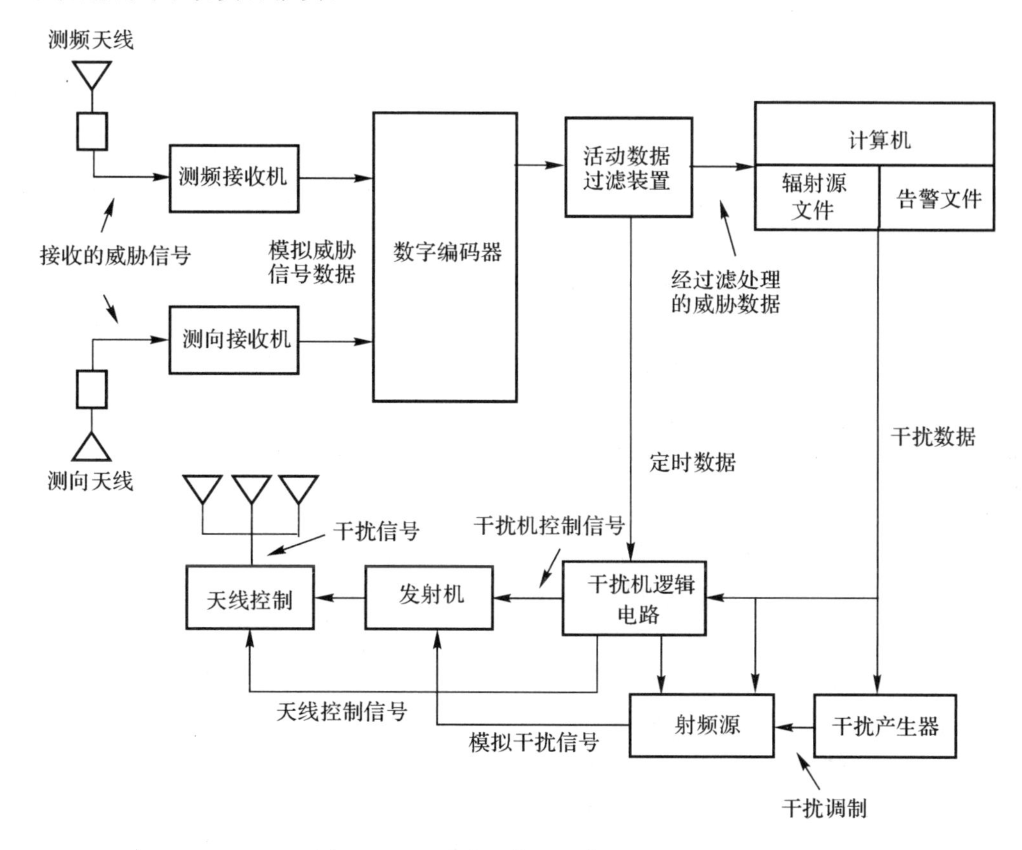

图 3.3.21　噪声干扰机的典型原理框图

3.3.6.2　欺骗式干扰机

噪声干扰机适合对跟踪雷达实施远距离支援式干扰，不太适合对该类雷达主波束实施噪声干扰，这是因为大多数跟踪雷达都有对噪声源进行角跟踪的能力，进行噪声干扰只能降低或破坏雷达的测距能力，而不能破坏雷达的测角能力。此外，噪声干扰机还能成为只用角度数据就能有效工作的跟踪雷达的信标，成为高炮和导弹的攻击对象。

欺骗式干扰的主要对象是导弹武器系统的火控和跟踪雷达。欺骗式干扰机主要用于实施距离、速度和角度欺骗干扰，常作为自卫干扰机用。现代欺骗干扰机的核心部件是 DRFM。

3.3.6.3　数字射频存储器(DRFM)

数字射频存储器是为适应现代复杂而密集的威胁信号环境以及对电子干扰能力更高要求而发展的一项电子战领域的革新技术。它是一种新型的高速数字存储部件，对信号进行高速采样、存储，需要时可精确地再现与被干扰雷达信号波形匹配的干扰信号波形，最小延迟量减小到 10～20 ns。数字射频存储器可以精确复制雷达信号，容易产生时移和频移干扰信号，已经替代早期的行波管储频环路而广泛应用在现代欺骗干扰机中。它能对包括脉冲压缩和脉冲多普勒等相参信号在内的各种威胁信号实施有效的欺骗干扰，还可以连续复制转发接收的雷达信号形成密集的假目标压制干扰。由于这种干扰能够直接进入雷达的接收机通道，所以雷达难以采用各种滤波手段消除干扰。应用数字射频存储器也可以产生噪声调制干扰，还可以将这些噪声干扰与雷达信号进行卷积或调制形成灵巧式干扰。这类产品已在国内外干扰机中大量使用，对电子战系统的发展产生了重大影响，可以看出，采用数字射频存储器的干扰机是今后干扰机的发展方向之一。

数字射频存储器是把输入模拟射频信号变成顺序的数字量保存在数字寄存器中，并对其进行处理以产生类似于敌雷达特征的干扰信号，然后再重构射频发射信号。由于受数字器件速度的限制，目前数字频率存储只能在较低的频率进行，所以在射频信号存储器中还需要进行上、下变频处理，如图 3.3.22 所示。

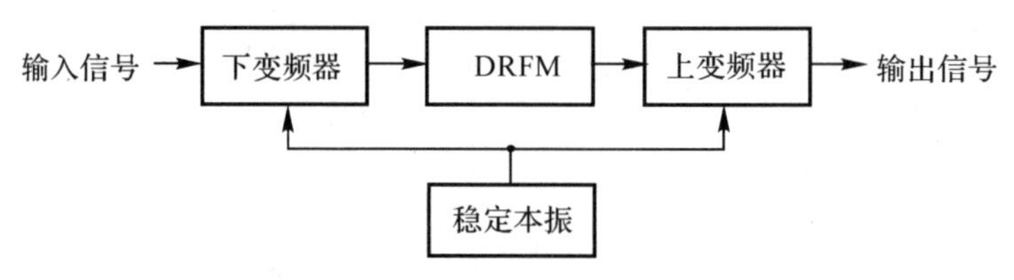

图 3.3.22　数字储频的上、下变频过程

数字射频存储器对输入模拟信号量化的方法主要有幅度取样法和相位取样法，分别称为幅度取样 DRFM 和相位取样 DRFM。

1. 幅度取样 DRFM

单通道幅度取样 DRFM 电路的基本组成如图 3.3.23(a)所示。当储频控制电路向 A/D 变换器发出启动方波①(见图 3.3.23(b))时，A/D 变换器按照采样时钟②对输入信号③进行幅度量化取样，A/D 变换器将其输出数据序列依次写入数据存储器。如果 DRFM 电路工作于示样脉冲方式，方波①的宽度为 τ_c；如果 DRFM 电路工作于全脉冲方式，方波①的宽度则与输入雷达信号的脉宽一致。需要输出时，储频控制电路发出读出方波④，其宽度与输入脉冲的宽度一致。在方波④期间，按照读出时钟⑤从数据存储器中依次读出数据，经 D/A 变换器、滤波器产生模拟信号⑥。当 DRFM 电路工作于示样脉冲方式时，数据存储器的读出地址在方波④期间将循环若干次，而当 DRFM 电路工作于全脉冲方式时，数据存储器的读出地址在方波④期间不做循环。在一般情况下，读出时钟⑤与采样时钟②相同。

设经过下边频后的输入信号频率范围为[$f_0-\Delta B/2, f_0+\Delta B/2$]，为了抑制上、下变频时的高次交调，中心频率 f_0 与带宽 ΔB 应满足

$$2\left(f_0-\frac{\Delta B}{2}\right)>f_0+\frac{\Delta B}{2} \tag{3.3.79}$$

即

$$f_0>\frac{3}{2}\Delta B \tag{3.3.80}$$

根据采样定理，采样时钟频率 f_c 应满足

$$f_c>2\left(f_0+\frac{\Delta B}{2}\right)=2f_0+\Delta B>4\Delta B \tag{3.3.81}$$

在信号满量程变换的条件下，量化噪声引起的信噪比 $(S/N)_q$ 与量化位数 n 的关系近似为

$$(S/N)_q=6.02\times n+1.76\ \text{dB} \tag{3.3.82}$$

单通道 DRFM 的优点是结构简单，主要缺点是采样频率高，当 ΔB 较宽时难以实现。正交

双通道幅度取样 DRFM 的基本组成如图 3.3.24 所示，相当于由两路共用采样、读出控制信号的单通道 DRFM 组成。为了保证两路幅相特性一致，电路中元器件的选择、结构设计等应尽量一致。

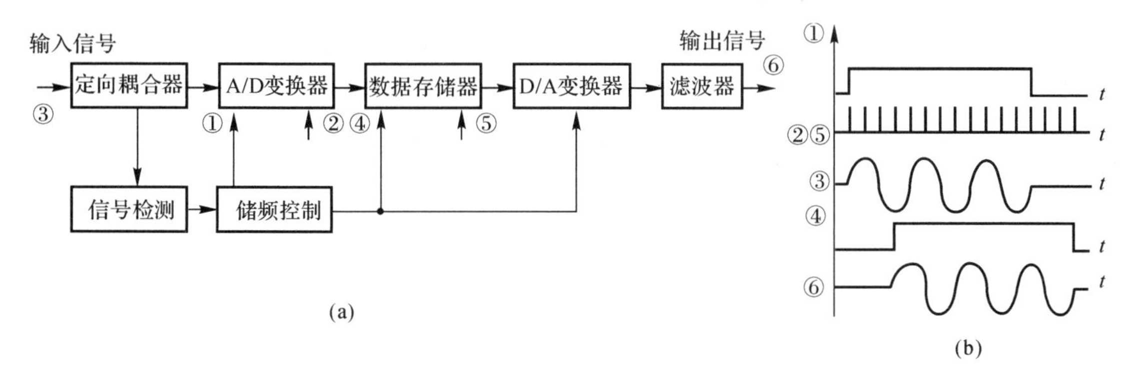

图 3.3.23 单通道幅度取样 DRFM 电路组成及相应波形

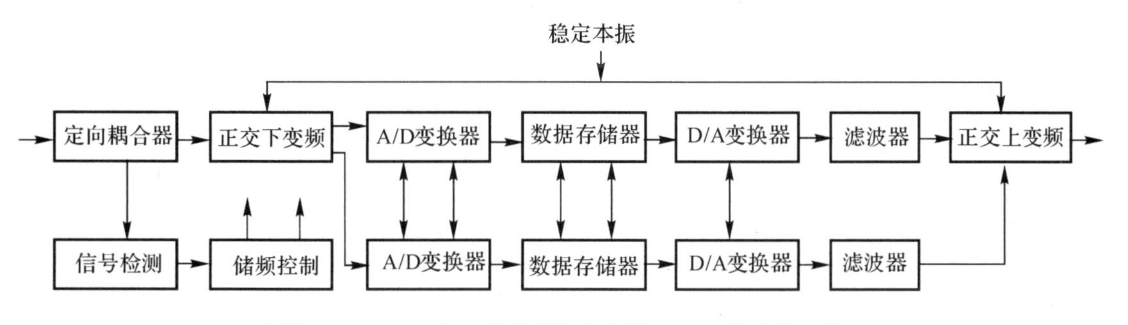

图 3.3.24 正交双通道道幅度取样 DRFM 的基本组成

正交双通道幅度取样 DRFM 一般采用正交下变频零中频处理，输入信号的频率范围为 $[-\Delta B/2,\Delta B/2]$，所以每一路储频电路输入信号频率范围仅为 $[0,\Delta B/2]$，它的采样频率只须满足

$$f_c > \Delta B \tag{3.3.83}$$

因为对于相同的瞬时带宽 ΔB，正交双通道幅度取样 DRFM 所需要的采样频率只有单通道幅度取样 DRFM 的 1/4，所以得到了广泛的应用。它的缺点是要求双通道的幅相特性一致以及需要采用正交双通道上、下变频。

2. 相位取样 DRFM

相位取样 DRFM 的典型电路组成如图 3.3.25(a) 所示，一般也采用正交双通道零中频处理。下变频后的 I,Q 模拟输入信号 ①② 经极性量化器成为 1 bit 数字信号 ③④，在启动方波 ⑤ 和取样时钟 ⑥ 控制下顺序写入存储器。示样脉冲或全脉冲时的取样方波 ⑤ 与幅度取样 DRFM 相同。信号读出由读出方波 ⑦ 和读出时钟 ⑧ 控制，将存储器中的数据依次送入 K bit 串入并出移位寄存器。移位寄存器的 K 位输出，经加权相加网络合成模拟信号 ⑨⑩，滤波后输出。图 3.3.25(b) 画出了取样时钟频率为信号频率 8 倍、$K=4$ 时合成模拟信号的波形。

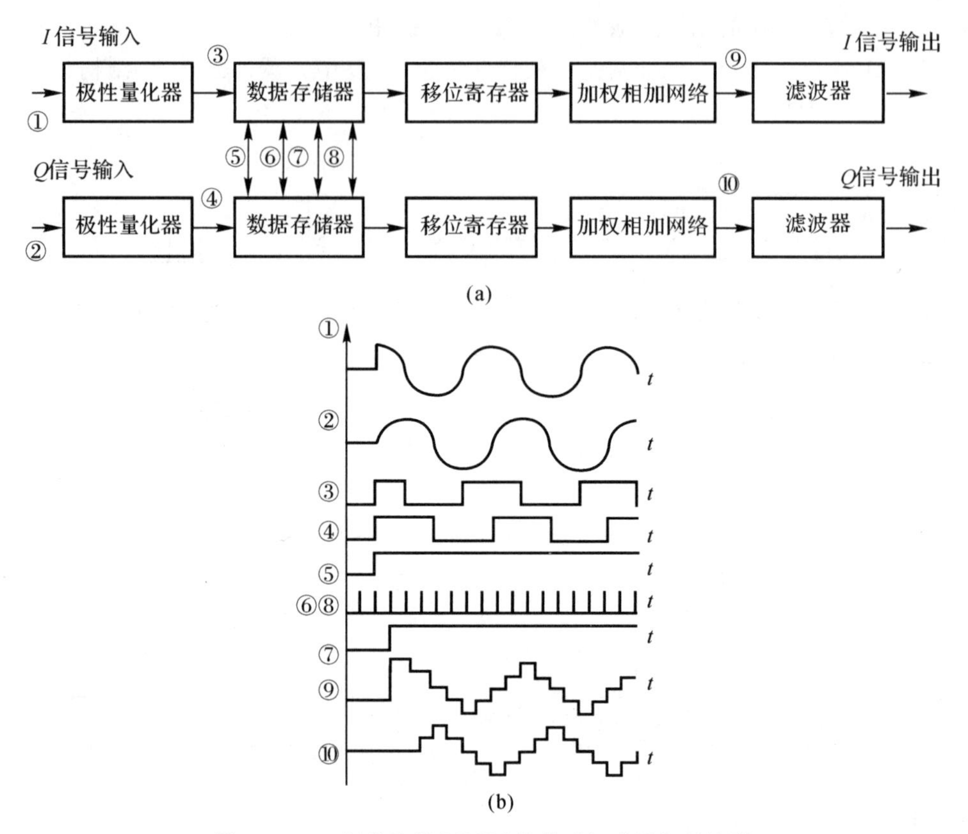

图 3.3.25　相位取样 DRFM 的典型组成及各级波形

相位取样 DRFM 以极性量化器取代了 A/D 变换器，以加权相加网络取代了 D/A 变换器，因此可以获得较高的取样率。假设其取样时钟频率与瞬时带宽 ΔB 比值为 K，则零中频正交变频后信号带宽为 $\Delta B/2$，移位寄存器的位数也应为 K，经加权相加网络合成模拟信号的有效幅度量化数为 K，量化噪声的输出信噪比为

$$(S/N)_q = 10\lg(3K^2) \tag{3.3.84}$$

取样率的提高，使存储器的工作频率、存储容量也需要相应提高。为了降低对存储器工作速度和存储容量的要求，在相位取样 DRFM 中普遍采用串入并出、并入串出的数据转换技术，如图 3.3.26 所示。将极性量化器输出的 1 bit 数字信号，以时钟频率 M bit 送入 M bit 串入并出移位寄存器，转换成 M bit 并行输出，再写入 M bit 存储器。这样，存储器的写入时钟只需为 f_{ck}/M，降低了 M 倍。读出时则采用相反的处理过程，先按照 f_{ck}/M 的时钟频率将数据从存储器中读至 M bit 并入串出移位寄存器，再用时钟频率 f_{ck} 将其逐一读出。

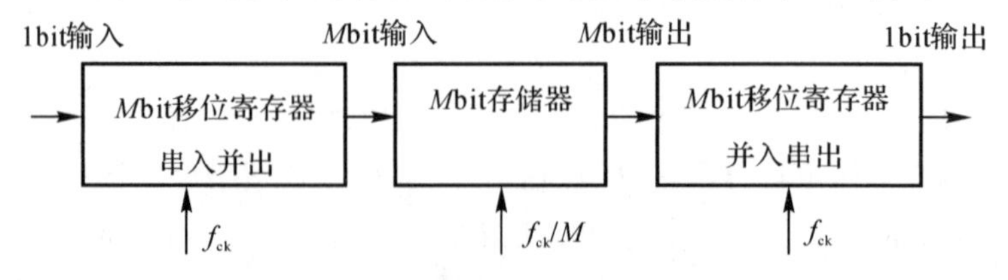

图 3.3.26　存储器输入、输出的数据转换

相位取样 DRFM 具有较大的瞬时带宽,技术实现较简便,但其输出信噪比较低。

3. 数字射频存储器的特点

与一般储频器相比,数字射频存储器有下列优点:

(1)DRFM 的最小延迟时间短,为 10～20 ns。

(2)由于 DRFM 的存储机理与存储时间无关,因此信号的保真度不会随着延迟时间变化,存储时间不受限制。

(3)DRFM 根据指令可存储和再现多个同时到达的信号,能存储和复制脉冲压缩信号和脉内相位调制的编码信号。

(4)将 DRFM 输入端(下变频)和输出端(上变频)基准振荡器的频率简单地偏移,即可为复制的信号加上多普勒频移,实施速度欺骗干扰。

3.3.6.4 干扰机的收发隔离和效果监视

使干扰机发射的干扰信号不影响自身侦察接收机的正常工作,称为干扰机的收发隔离。在干扰实施的过程中,通过侦察接收机监视周围的威胁雷达信号环境和被干扰威胁雷达信号的变化,由此判断干扰效果的优劣,称为效果监视。显然,收发隔离是效果监视的前提和保证。

收发隔离是收发分置的电子系统普遍需要解决的问题。其在干扰机中突出的困难在于:干扰机发射和侦收往往是同频带、同方向、同时间的,且干扰机辐射功率很大,远远高于侦收设备的灵敏度。收发隔离不好,轻则降低侦察接收机的实际灵敏度,减小侦察作用距离,重则使干扰机自发自收形成自激励,无法检测雷达信号。

1. 收发隔离

干扰机的收发隔离程度称为收发隔离度,简称为隔离度。通常在干扰机收发天线的端口上测量,如图 3.3.27 中的 A,B 两点。隔离度 g 一般以分贝表示为

$$g = 10\lg \frac{P_J}{P_r} \quad \text{dB} \tag{3.3.85}$$

式中,P_J,P_r 分别为发射天线端口处的干扰发射功率和在接收天线端口处接收的干扰信号功率。表示收发隔离基本要求的隔离度门限值 g_J 为

$$g_J = 10\lg \frac{P_J}{P_{rmin}} \quad \text{dB} \tag{3.3.86}$$

式中,P_{rmin} 为侦察接收机灵敏度。如果干扰机的实际隔离度 $g \geqslant g_J$,则可以保证干扰机工作时不会发生收发自激,但不能保证侦收设备的实际灵敏度不降低;反之,如果 $g < g_J$,则干扰机会出现收发自激。一般干扰机的 g_J 为 100 ～ 150 dB。

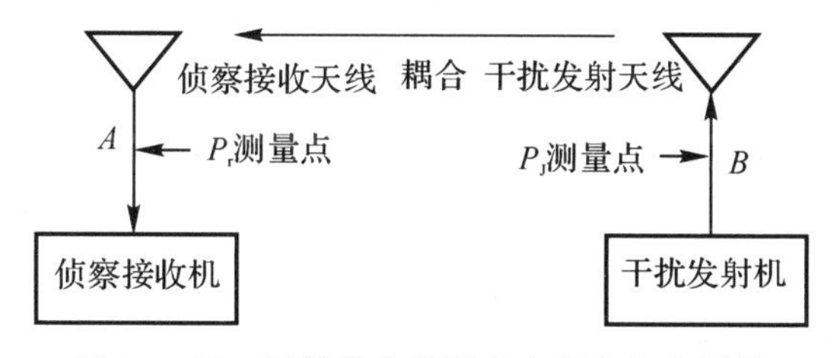

图 3.3.27 干扰机收发隔离度的定义和测量

提高收发隔离度的主要方法是降低收、发天线间的各种耦合和采用收发分时工作方式。

(1)降低收、发天线间的各种耦合。

收发天线间的耦合包括直接耦合(由发射天线直接传播到接收天线)和间接耦合(发射天线经由其他途径传播到接收天线)。降低各种耦合的措施主要有以下几种方式。

1)增大收发天线间的间距。拉开侦察站与干扰站的配置距离,每增加一倍距离可使隔离度提高 6.02 dB。

2)减小收发天线的侧向辐射。采用低旁瓣天线设计措施,周围附加吸收材料,根据实际安装空间和周围背景选择收发天线彼此耦合最弱的安装位置和安装方向。

3)极化隔离。选择左、右旋圆极化分别用作接收和发射天线。从理论上讲,完全正交的圆极化可使双方的耦合减小至 0。但实际天线都存在交叉极化,因此极化隔离的隔离度仅约 10 dB。

4)在收发天线间增加吸收性隔离屏,使其不能直接传播。对发射天线周围的金属材料表面进行电波吸收处理,降低间接耦合。

(2)采用收、发分时工作方式。

由于隔离度 g_J 的要求很高,而提高隔离度又受到各种实际因素的限制,因此许多干扰机普遍采用收、发分时工作方式,即干扰发射机为间歇工作方式:干扰发射一段时间,然后停下来侦察一段时间,之后再发射一段时间,再停下一段时间(用于侦察),如此循环往复。设 t_w 为侦察时间(发射机不工作),T_w 为干扰机发射时间,一般情况下应满足

$$\frac{t_w}{T_w} \leqslant 5\% \tag{3.3.87}$$

2.效果监视

效果监视的任务主要包括:

(1)监视周围的威胁雷达信号环境有无变化。这些变化包括出现了新的威胁雷达信号,原有的威胁雷达信号消失了,威胁雷达信号的参数和威胁程度发生改变等。

(2)监视被干扰的威胁雷达信号参数及其变化,以便实时调控干扰参数,分析和判断干扰效果,修订干扰决策控制命令等。

(3)监测干扰信号与被干扰的雷达信号的调控状态,如频率是否对准、方向是否对准等。

效果监视是在满足收发隔离的条件下进行的。如果干扰机没有采用收发时分工作方式就达到了收发隔离的要求,则效果监视是连续进行的;反之,如果干扰机采用收发时分工作方式,则效果监视是间断进行的。

侦察接收机完成效果监视所作的信号检测和处理,类似于第 2 章中的侦察信号处理,其主要差别仅在于:原有的检测处理结果可以作为进行当前检测处理的先验信息,从而提高检测处理的速度和结果的可信度;通过对当前检测处理结果与过去检测处理结果的比较,可以识别和判断威胁雷达信号环境和威胁雷达信号参数的变化。

侦察接收机监视被干扰的威胁雷达信号参数,一方面用来对干扰决策控制和干扰调制参数进行引导,如引导干扰信号的频率、干扰发射的方向对准威胁雷达的信号频率和方向,根据雷达信号的变化制定更合适的干扰调制样式等,另一方面用来分析、判断当前的干扰效果。

由侦察接收机通过信号处理来实时分析判断干扰效果是很困难的。这是由于干扰机的干扰效果评价主要通过其在雷达系统中的作用来度量的,这些作用可能并不表现或者很少表现在雷达的发射信号中,而侦察接收机又只能根据接收到的雷达发射信号进行分析判断,这种分析判断的依据显然是不全面、不充分的。

3.3.6.5 专用电子战飞机 EA-18G

1. EA-18G 电子战飞机特点

EA-18G(见图 3.3.28)是美军最新型专用电子战飞机,是 EA-6B 电子战飞机的替代机型。与 EA-6B 相比,EA-18G 的优势非常明显:首先从飞行性能上看,EA-18G 具备与 F/A-18F战斗机几乎完全一样的飞行包线,远远超出退役的 EA-6B;其次,EA-6B 只有 5 个可以携带干扰吊舱、油箱和高速反辐射导弹的挂点,而 EA-18G 有 11 个挂点,除能携带 5 个 ALQ-99 战术干扰吊舱外,还可携带 F/A-18 战斗机所能携带的任何武器,具有较强的自卫能力和独立攻击目标的能力。EA-18G 除了可携带高速反辐射导弹外,还可根据压制敌防空系统的需要,携带精确制导防区外武器,具有非常强大的对地攻击能力。另外,EA-18G 飞机作为美军网络中心战体系的重要组成部分,配备了"多任务先进战术终端"(MATT),"多功能信息分发系统"(MIDS)和 Link 16 数据链等,拥有完备的网络作战能力。在作战中,EA-18G 飞机同预警机、无人机、战斗机、地面部队等其他战术平台联网,共享信息,协同工作,可完成多平台协同、威胁目标定位、协同攻击引导等作战任务。

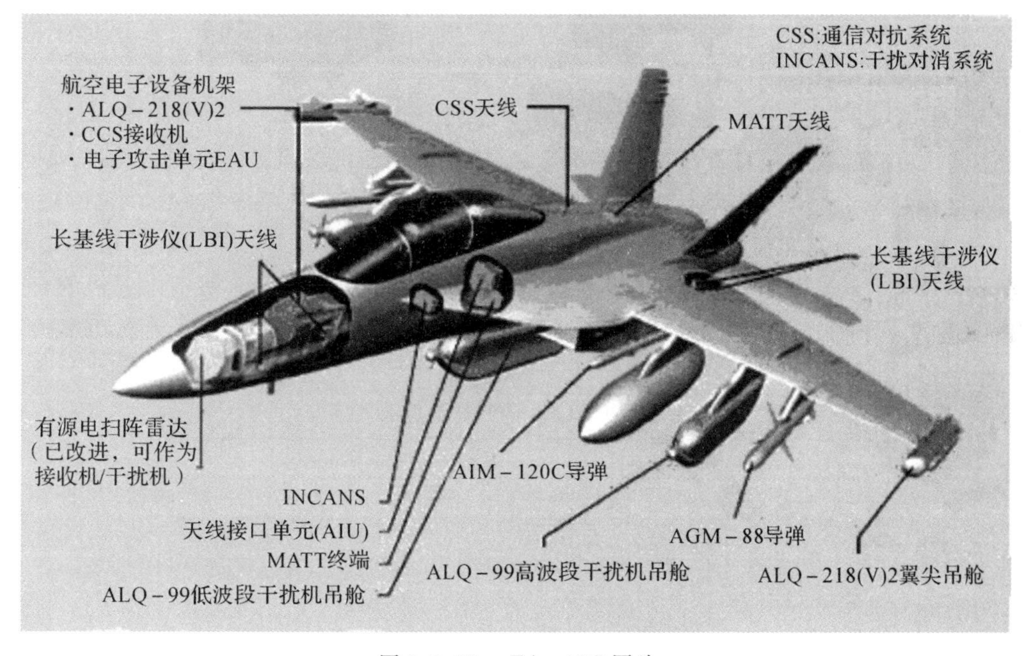

图 3.3.28 EA-18G 图片

EA-18G 的服役,标志着美军 EA-6B 飞机换装的开始,一种新型电子攻击飞机已正式步入现代战争的舞台。随着 EA-18G 的大量装备,将逐步解决 EA-6B 机体老化、数量短缺和电子战设备落后等问题,美军综合电子战能力将得到大幅度提升。

2. EA-18G 电子战任务系统

电子战任务系统是 EA-18G 电子干扰飞机航电系统的核心,主要包括 AN/ALQ-218 战术接收机系统、AN/ALQ-227 通信对抗系统、AN/ALQ-99 战术干扰吊舱系统等。EA-18G采用电子攻击单元(EAL)作为电子战系统和飞机平台之间的主要接口,负责协调飞机平台的导航数据并向飞行员提供电子战跟踪文件进行显示和记录。在整个作战过程中,电子战任务系统始终占据着主导地位，并在其他航电系统的紧密配合下完成各种电子战作战任务。

(1)AN/ALQ-218 战术接收机系统。

EA-18G 上的 AN/ALQ-218(V)2 新型数字接收机采用了一种“长基线干涉仪测量方法”，灵敏度较高，除基本的告警、侦察、信号截获等传统的 ESM 系统功能之外，可对雷达信号源进行测向定位和识别，有助于引导干扰机实施精确干扰，也可以为发射反辐射导弹提供更精确的引导。AN/ALQ-218(V)2 宽频接收机与 ALQ-99 高低频战术干扰吊舱配合，形成了全谱侦察和干扰能力，能够对抗目前所有已知的地对空威胁。在 ALQ-99 (V)吊舱对敌实施有源干扰，AN/APG-79(V)有源电扫描阵列雷达工作时，AN/ALQ-218(V) 2 宽带接收机能进行信号探测和接收。这是现有同类接收机无法做到的，这种能力被称为“接收机间断观察”，这使 EA-18G 能在进行攻击性电子干扰的同时，保持电子监视和基于射频的无源态势感知。

(2)AN/ALQ-227 通信对抗系统。

EA-18G 采用雷声公司生产的体积小、功能强的 ALQ-227 通信对抗系统，主要任务是对敌方通信信号进行搜索、记录、分析，其分选和识别通信信号的能力非常强，可以识别新体制的通信设备而且频率覆盖范围更宽，可以引导低频干扰吊舱 ALQ-99(V) 发射复杂的通信干扰波形，破坏敌方的战场通信联络。

(3)AN/ALQ-99 战术干扰吊舱系统。

AN/ALQ-99 战术干扰系统用于干扰敌方陆基、舰载和机载的指挥、控制和通信系统、预警雷达、目标捕获和防空雷达等，是当今现役的功能最强大的干扰吊舱，是 EA-6B 和 EA-18G 电子战飞机的核心部件，目前最新型号是 ALQ-99F。ALQ-99 的频率范围是 64 MHz～18 GHz(见表 3.3.1)，每部发射机的连续波功率是 1～2 kW，每部发射机的有效辐射功率是 100 kW，干扰功率密度是 1 kW/MHz，干扰波束宽度是 30°，杂波干扰功率密度是 1 kW/MHz。系统具有完善的功率管理、杂波/欺骗双模干扰和多目标干扰能力。

表 3.3.1　ALQ-99 吊舱频段划分

频段	频率范围
Band 1	64～150 MHz
Band 2	150～270 MHz
Band 3	270～500 MHz
Band 4	500～1 000 MHz
Band 5/6	1～2.5 GHz
Band 7	2.5～4 GHz
Band 8	4～7.5/7.75 GHz
Band 9/10	7.5/7.75～18 GHz

3.3.6.6　“下一代干扰机”(NGJ)

ALQ-99 是 20 世纪 70 年代开始研制和生产的，已经进行了多次升级改造，但随着威胁环境的日益复杂，其能力越来越难以满足对抗先进防空雷达的任务要求。为此，美军于 2008 年 2 月正式启动了“下一代干扰机”(NGJ)方案的分析研究，NGJ 项目由美海军航空系统司令部下属的 EA-6B/AEA 项目办公室(简称 PMA234)负责。根据美军的设想方案，NGJ 将替代 ALQ－99，成为美军未来最主要的空中电子攻击火力，继续维持美军在战场电磁空间的统治性优势。NGJ 的设计作战对象包括敌方综合防空系统中的雷达和数据链、机载雷达以及各种军事无线通信系统。

NGJ 的一个显著特点就是在设计中将会采用“模块化开放式系统架构”（MOSA）。MOSA 概念于 2003 年由美国国防部提出，是指采用开放式标准、协议和语言来开发系统内所有的接口和维护方式，通过有效配置将独立系统集成到联合作战多系统中。MOSA 的这种设计理念能够给 NGJ 带来很多优势，如缩短开发周期、节省维护成本、确保互操作性、提高新技术（包括商业现货技术）的插入能力、更方便地进行升级等。NGJ 的主要特点可概括为：

(1)采用模块化开放式系统架构；

(2)采用有源相控阵列天线，波束控制更灵活；

(3)采用先进的微波电子器件，提高了性能和可靠性；

(4)采用 DRFM、DDS、高速存储器、光学波束合成等先进技术；

(5)干扰资源更加充足，有效辐射功率更高，有效干扰距离更远；

(6)采用先进的动态干扰管理技术，可同时处理更多信号，干扰效率更高；

(7)具备重编程能力，系统结构灵活；

(8)优化的吊舱外型和结构。

NGJ 计划最先应用于 EA－18G 平台，随后可能应用于先进作战飞机和先进的无人机平台。美军计划在未来数年内持续对 EA－18G 飞机进行升级改进，不断增强其能力，以适应威胁的快速变化发展。

3.4 无源干扰

3.4.1 无源干扰的作用与特点

1. 无源干扰的作用

无源干扰（亦称消极干扰）是一种本身不主动辐射，而是通过反射、折射、衰减达到干扰回波信号目的的干扰器材。它的作用主要有：

(1)形成压制干扰，如箔条走廊；

(2)形成欺骗干扰，如角反射器；

(3)形成假目标干扰，如无源诱饵等。

2. 无源干扰类型

凡是利用无源器材人为地改变雷达电波的正常传播、改变目标的反射特性以及制造假的散射回波，都属于消极干扰的范畴。因此，消极干扰根据所使用的器材不同可分为：

(1)箔条（干扰丝/带）：投放到空中形成干扰屏幕以遮盖目标，或破坏雷达对目标的跟踪。

(2)反射器：增强反射，制造假目标，改变地形、地物的雷达图像。

(3)吸收层：减弱目标的反射，隐蔽真实目标。

(4)假目标、雷达诱饵：假目标主要是针对雷达警戒系统，大量的假目标甚至能使目标分配系统饱和；雷达诱饵主要是针对雷达跟踪系统，它使雷达不能跟踪真实目标。

(5)等离子气悬体：形成局部的电离空间，造成电波的绕射、反射、吸收等干扰效果。

3. 无源干扰特点

无源干扰制造简单、使用方便、干扰可靠、研制周期短,被誉为最廉价的雷达干扰。尤其可贵的是,无源干扰能够对付新体制、新频段的雷达,具有同时干扰不同方向、不同频率、不同形式的多部雷达的能力,因而发展极为迅速。随着新型干扰器材和设备的不断出现,其干扰效果日益显著,已成为现代战争中对雷达干扰的重要手段。

3.4.2 干扰箔条

3.4.2.1 箔条干扰的一般特性

无源干扰中使用最早和最广的是箔条干扰。早在第二次世界大战雷达出现的初期,无源干扰就成为一种重要的干扰手段。在欧洲战场上为了掩护轰炸机群,投掷了数以万吨计的箔条,取得了非常显著的干扰效果,据估计使近 500 架轰炸机免遭击落,从而保住了几千名飞行人员的生命。因此,战后几乎所有军用飞机都装备了无源干扰器材。1973 年第四次中东战争中的海战,证明了箔条干扰在保卫舰船免遭飞航式反舰导弹袭击方面具有十分优越的性能,因而世界各国的舰艇都迅速装备了性能优良的箔条干扰系统。

箔条干扰是投放在空间的大量随机分布的金属反射体产生的二次辐射对雷达造成的干扰。它在雷达荧光屏上产生和噪声类似的杂乱回波,以遮盖目标回波。因此,箔条干扰也称为杂乱反射体(confusion reflectors)干扰。

箔条干扰各反射体之间的距离通常比波长大几十倍到几百倍,因而它并不改变媒质的电磁性能。

箔条通常由金属箔切成的条、镀金属的介质(最常用的是镀铝、锌、银的玻璃丝或尼龙丝)或直接由金属丝等制成。由于箔条的材料及工艺的进步,现在同样重量的箔条比初期(20 世纪 40 年代)箔条的雷达反射面积增大约十倍。

箔条大量使用的是半波长振子。半波长振子对电磁波谐振,散射波最强,材料最省。短的半波长箔条在空气中通常为水平取向。为干扰各种极化的雷达,也同时使用长达数十米以至百米的干扰带和干扰绳。

箔条的基本用途有两种:一种是在一定空域中(宽数千米,长数十千米至数百千米)大量地投撒形成干扰走廊,以掩护战斗机群的通过。这时,如果在此空间的每一雷达分辨单元(脉冲体积)中,箔条产生的回波功率超过飞机的回波功率,雷达便不能发现或跟踪目标。另一种是飞机或舰船自卫时投放的箔条,这种箔条要快速散开,形成比目标自身回波强得多的回波,同时目标本身作机动,使雷达转移到跟踪箔条云而不能跟踪目标。实际应用时,不论大规模投放或自卫时投放,通常都做成箔条包由专门的投放器投放。

箔条干扰能同时对处于不同方向、不同频率的很多雷达进行有效干扰,但对于连续波、动目标显示、脉冲多普勒等具有速度处理能力的雷达,其干扰效果将降低。对付这类雷达,需要同时配合其他干扰手段,才能有效地实施干扰。

箔条干扰的技术指标包括箔条的有效反射面积、箔条包的有效反射面积、箔条的频率特性、极化、频谱、衰减特性及箔条的遮挡效应以及散开时间、下降速度、投放速度、粘连系数、体积、重量等。这些性能指标受许多因素(特别是受大气密度、温度、湿度、气流等因素)的影响,通常需要根据实验来确定。

1. 箔条的有效反射面积

箔条干扰是大量随机分布的箔条振子的响应总和。箔条总的有效反射面积等于箔条数乘以单根箔条的平均有效反射面积。

(1)单根箔条的有效反射面积。

目标有效反射面积可以定义为目标散射总功率 P_2 与照射功率密度 S_1 的比值,即 $\sigma = P_2/S_1$。如果 E_2 为反射波在雷达处的电场强度,E_1 为照射波在目标处的电场强度,目标斜距为 R,则

$$\sigma = 4\pi R^2 \frac{E_2^2}{E_1^2} \tag{3.4.1}$$

设箔条为半波长的理想导线,如图 3.4.1 所示。入射波场强为 E_1,与箔条的夹角为 θ,则 E_1 产生的感应电流最大值为

$$I_0 = \frac{\lambda E_1}{\pi R_\Sigma}\cos\theta \tag{3.4.2}$$

式中,$R_\Sigma = 73\ \Omega$ 为半波振子的辐射电阻;λ 为波长。

该感应电流在雷达处产生的电场强度 E_2 为

$$E_2 = \frac{60 I_0}{R}\cos\theta \tag{3.4.3}$$

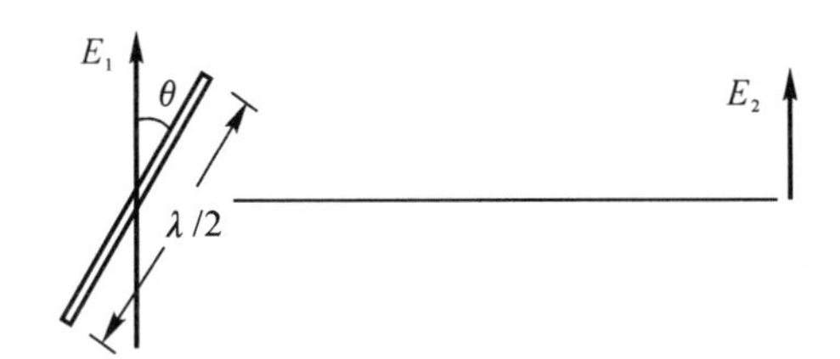

图 3.4.1 半波长振子的有效反射面积的计算

将式(3.4.2) 和式(3.4.3) 代入式(3.4.1),得到单根箔条的有效反射面积为

$$\sigma_1 = 0.86\lambda^2\cos^4\theta \tag{3.4.4}$$

(2) 单根箔条的平均有效反射面积。

考虑箔条在三维空间的任意分布,则箔条的平均有效反射面积为单根箔条的面积在空间立体角中的平均值,即

$$\bar{\sigma}_1 = \int_\Omega \sigma_1 W(\Omega)\mathrm{d}\Omega \tag{3.4.5}$$

其中,$W(\Omega) = \dfrac{1}{4\pi}$,$\mathrm{d}\Omega = \sin\theta\mathrm{d}\theta\mathrm{d}\varphi$,则

$$\bar{\sigma}_1 = \int_0^{2\pi}\mathrm{d}\varphi\int_0^{\pi} 0.86\lambda^2\cos^4\theta\,\frac{1}{4\pi}\sin\theta\mathrm{d}\theta = 0.17\lambda^2 \tag{3.4.6}$$

(3) 箔条包的箔条数 N。

用箔条掩护目标时,要求在每个脉冲体积(脉冲体积是沿天线波束方向由脉冲宽度的空间长度所截取的体积) 内至少投放一包箔条。每一包箔条的总有效反射面积 σ_N 应大于被掩护目标的有效反射面积 σ_t,即

$$\sigma_N \geqslant \sigma_t \tag{3.4.7}$$

而 $\sigma_N = N\bar{\sigma}_1$，因此可以求得每一箔条包中应有的箔条数 N 为

$$N \geqslant \frac{\sigma_t}{\bar{\sigma}_1} \tag{3.4.8}$$

由于箔条在投放后的相互粘连以及箔条本身的损坏，所以计算箔条数 N 时应考虑一定的余量，一般取

$$N = (1.3 \sim 1.5)\frac{\sigma_t}{\bar{\sigma}_1} \tag{3.4.9}$$

【举例】 掩护中型轰炸机时（设 $\sigma_t = 70\ \mathrm{m^2}$），要对波长 $\lambda = 4$ m 的雷达形成干扰，求每一箔条包箔条中需要多少根箔条？

【解】 半波长箔条的长度为 2 m，这种长度的箔条在空中将任意取向，其单根箔条的平均有效反射面积为

$$\bar{\sigma}_1 = 0.17\lambda^2 = 2.72\ \mathrm{m^2}$$

所以每包的箔条数为

$$N = (1.3 \sim 1.5)\frac{\sigma_t}{\bar{\sigma}_1} = (1.3 \sim 1.5) \times \frac{70}{2.72}\ \text{根} = 33.5 \sim 38.6\ \text{根}$$

2. 箔条的频率响应

为了得到大的有效反射面积，通常采用半波长振子箔条。但半波长箔条的频带很窄，只占中心频率的 15%～20%。为了增加频带宽度，可以采用两种方法：一是增大单根箔条的直径或宽度，但这对带宽的增加量是有限的，且容易带来重量、体积和下降速度等问题；二是采用不同长度的箔条混合包装，为了便于生产，每包中箔条长度的种类不宜太多，以 5～8 种为宜。

3. 箔条干扰的极化特性

短箔条在空间投放以后，由于本身所受重力和气候的影响，在空间将趋于水平取向且旋转地下降，其运动特性如图 3.4.2 所示。这时箔条对水平极化雷达信号的反射强，而对垂直极化雷达信号的反射弱。为了使箔条能够干扰垂直极化的雷达，可以在箔条的一端配重，使箔条降落时垂直取向，但下降速度变快，并且在箔条投放一段时间以后，箔条云会分成两层，上边一层为水平取向，下边一层为垂直取向，时间越长，两层分开得越远。在飞机自卫的情况下，刚投放的箔条受到飞机湍流的影响，取向可以达到完全随机，能够干扰各种极化的雷达。

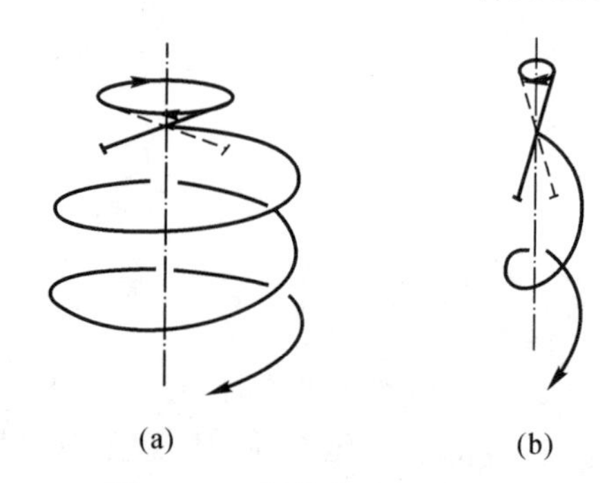

图 3.4.2 短箔条的运动特性

(a)慢速下降特性；(b)快速下降特性

长箔条（长度大于 10 cm）在空中的运动规律可以认为是完全随机的，能够对各种极化雷达实施干扰。

箔条云的极化特性还与雷达波束的仰角有关。在 90°仰角时，水平取向的箔条对水平极化和垂直极化雷达信号的回波强弱差不多；而在低仰角时，对水平极化雷达信号的回波比对垂直极化雷达信号的回波要强得多。

4. 箔条回波信号的频谱

箔条云回波是大量箔条反射信号之和。每根箔条回波的强度和相位是随机的，其频谱可以认为是高斯谱，其频谱中心对应于箔条云移动的中心频率，其频谱宽度主要取决于风速，风

速越大,频谱越宽。

箔条云的平均运动速度 v_0 为

$$v_0=\sqrt{v_F^2+v_L^2} \tag{3.4.10}$$

式中,v_F 和 v_L 分别为风的平均速度和箔条的平均下降速度。

应当指出的是,箔条云的频谱宽度通常只有几十赫兹,即使在阵风、旋风作用下,其谱宽也只有几百赫兹。因此,对于具有多普勒频率处理能力的雷达,箔条云干扰的效果明显降低。这时可以采用复合式干扰,利用有源干扰产生宽带多普勒噪声,以弥补箔条干扰带宽不足的缺陷。

5. 箔条云对电磁波的衰减

电磁波通过箔条云时,其能量因箔条的散射而受到衰减,其功率关系如下:

$$P=P_0\mathrm{e}^{-\bar{n}0.17\lambda^2 x} \tag{3.4.11}$$

式中,P_0 为刚进入箔条云时的电磁波入射功率;P 为经过箔条云后的电磁波功率;$\bar{n}$ 为单位体积内的箔条数(箔条云"浓度");x(m) 为箔条云的厚度(见图 3.4.3)。若用箔条云对电磁波的衰减系数 β(dB/m) 表示,式(3.4.11) 可表示为

$$P=10^{-0.1\beta x}P_0 \tag{3.4.12}$$

其中

$$\beta=4.3(\bar{n}0.17\lambda^2)=0.73\bar{n}\lambda^2 \tag{3.4.13}$$

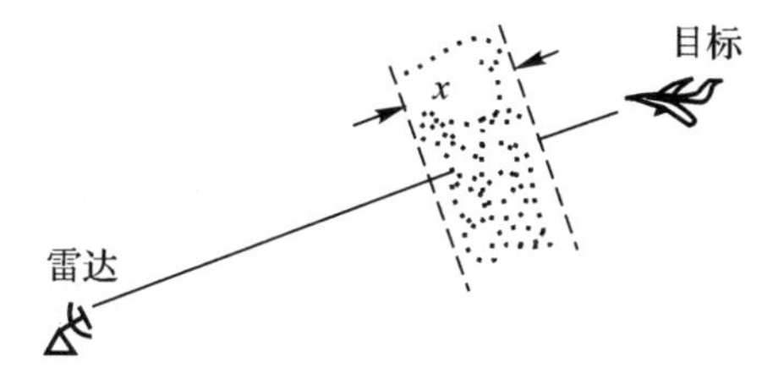

图 3.4.3 箔条云对雷达作用距离的影响

对于雷达探测来说,电波为双程衰减,两次衰减后的电磁波功率为

$$P=10^{-0.2\beta x}P_0 \tag{3.4.14}$$

由式(3.4.14),结合雷达方程就可以计算箔条云对雷达作用距离的缩减。

【举例】 设在空中形成箔条云以掩护目标,箔条云的厚度 $x=1\ 000$ m,如图 3.4.3所示。如果箔条云使得雷达作用距离减小 1/10,试确定箔条云的"浓度"($\bar{n}$)。

【解】 由于雷达作用距离与接收功率成四次方的关系,则作用距离减小 1/10,相当于电波被箔条云衰减了 40 dB,即 $P=10^{-4}P_0$。已知 $x=1\ 000$ m,则箔条云的衰减系数为 $\beta=0.02$ dB/m。由式(3.4.13) 可求得箔条云的平均浓度 $\bar{n}$。

对于 $\lambda=3$ cm 的雷达,有

$$\bar{n}=\frac{\beta}{0.73\lambda^2}=\frac{0.02}{0.73\times 9\times 10^{-4}}\ 根/\mathrm{m}^3\approx 30\ 根/\mathrm{m}^3$$

对于 $\lambda=10$ cm 的雷达,有

$$\bar{n}=\frac{\beta}{0.73\lambda^2}=\frac{0.02}{0.73\times 1\times 10^{-2}}\ 根/\mathrm{m}^3\approx 3\ 根/\mathrm{m}^3$$

3.4.2.2 箔条干扰的战术应用

箔条干扰的优越性能使它在现代战争中有着日益广泛的应用：用于在主要攻击方向上形成干扰走廊，以掩护目标接近重要的军事目标，或制造假的进攻方向；用于洲际导弹再入大气层时形成假目标；用于飞机自卫、舰船自卫时的雷达诱饵。

1.箔条用于飞机自卫

箔条用于飞机自卫是利用了箔条对雷达信号的强反射，将雷达对飞机的跟踪转移到对箔条的跟踪上。为了达到这一目的，箔条必须在宽频带上具有比被保护飞机大的有效反射面积，必须保证在雷达的每个分辨单元内至少有一包箔条，如图 3.4.4 所示。

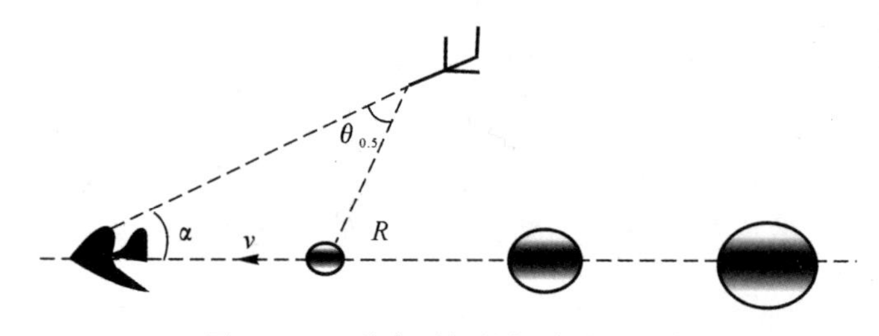

图 3.4.4　箔条诱饵的投放时间要求

在径向方向，箔条的投放时间间隔 t_{i} 应小于飞机飞过距离分辨单元$\frac{c\tau}{2}$的时间，即

$$t_{\mathrm{i}} \leqslant \frac{c\tau}{2v\cos\alpha} \tag{3.4.15}$$

式中，α 为飞机飞行方向与径向方向的夹角，v 为目标飞行速度。

在切线方向，箔条的投放时间间隔应小于飞机飞过雷达角度分辨单元 $R\theta_{0.5}$ 的时间，即

$$t_{\mathrm{i}} \leqslant \frac{R\theta_{0.5}}{v\sin\alpha} \tag{3.4.16}$$

飞机在箔条的投放中应保证箔条能快速散开，并且在方向上作适当的机动以躲避雷达的跟踪。按这种方式投放箔条，更有利于干扰飞机身后雷达，因为这时雷达的距离波门将首先锁定在距雷达较近的箔条上。

2.箔条用于舰船自卫

箔条用于舰船自卫时有两种方法。一种方法是大面积投放，形成箔条云以掩护舰船。因为舰船体积庞大，其有效反射面积高达数千甚至数万平方米，这需要专门的远程投放设备，其价格昂贵，箔条用量也大；另一种是把箔条作为诱饵，干扰敌攻击机或导弹对舰船的瞄准攻击。实战表明，箔条对飞航式反舰导弹的干扰特别有效，而且经济和灵活，已成为现代舰船广泛采用的电子对抗手段。

这种诱饵式箔条干扰的原理是：在舰上侦察设备发现来袭导弹后，立即在舰上迎着导弹来袭方向发射快速离舰散开的箔条弹，使其与舰船都处于雷达的分辨单元之内，从而使导弹跟踪到比舰船回波强得多的箔条云上。同时，舰船应根据导弹来袭方向、舰船航向、航速以及风速作快速机动，以躲避雷达的跟踪。

由于舰船的运动速度慢，有效反射面积大，应尽早发现来袭导弹，为舰船发射箔条弹和机动提供足够的时间。

3.4.3　反射器

在对雷达的无源干扰中，经常需要使用多种不同形式的反射器，以产生强烈的雷达回波。

一个理想的导电金属平板，当其尺寸远大于波长时，对沿法线入射的电波将产生强烈的反射。导电金属平板的有效反射面积为

$$\sigma_{\max}=4\pi\frac{A^2}{\lambda^2} \tag{3.4.17}$$

式中，A 为金属平板的面积。

如果电波不是沿法线方向垂直入射，而是沿其他方向入射，这时平板虽然也能很好地将电波反射出去，但由于电波被反射到其他方向去了，所以其回波信号就会变得微弱，相应的有效反射面积就很小，不能满足于干扰雷达的要求。

对反射器的主要要求是：

(1)以小的尺寸和重量，获得尽可能大的有效反射面积；

(2)要具有足够宽的方向图。

为此，人们研究了多种性能优良的反射器，例如角反射器、双锥反射器、龙伯透镜反射器、范阿塔反射器等。

3.4.3.1　角反射器

角反射器是利用三个互相垂直的金属平板制成，如图 3.4.5 所示。根据它各个反射面的形状不同可分为三角形、圆形、方形三种角反射器。

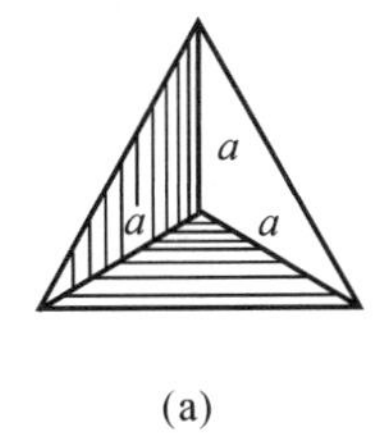

(a)

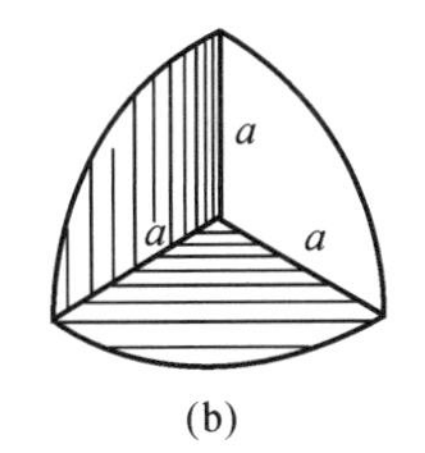

(b)

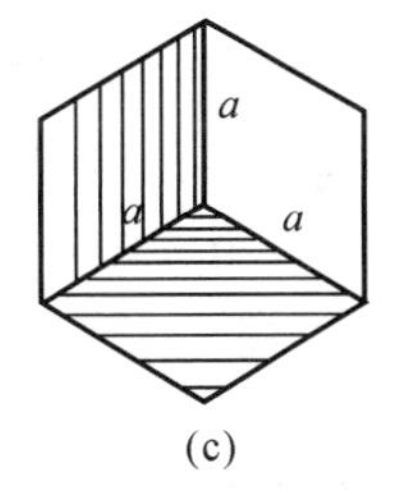

(c)

图 3.4.5　角反射器的类型

1. 角反射器的有效反射面积

角反射器可以在较大的角度范围内，将入射的电波经过三次反射按原入射方向反射回去，如图 3.4.6(a)所示，因而具有很大的有效反射面积。角反射器的最大反射方向称为角反射器的中心轴，它与三个垂直轴的夹角相等，均为 54°45′，如图 3.4.6(b)所示，在中心轴方向的有效反射面积最大。因此，只要求得角反射器相对于中心轴的等效平面面积，代入式(3.4.17)，即可求出角反射器最大有效反射面积的表达式为

$$\sigma_{\Delta\max}=4.19\frac{a^4}{\lambda^2} \tag{3.4.18}$$

$$\sigma_{\bigcirc\max}=15.6\frac{a^4}{\lambda^2} \tag{3.4.19}$$

$$\sigma_{\square\max}=37.3\frac{a^4}{\lambda^2} \tag{3.4.20}$$

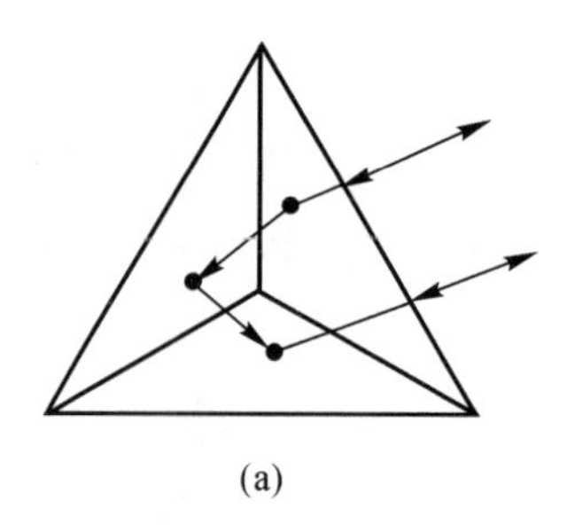
(a)

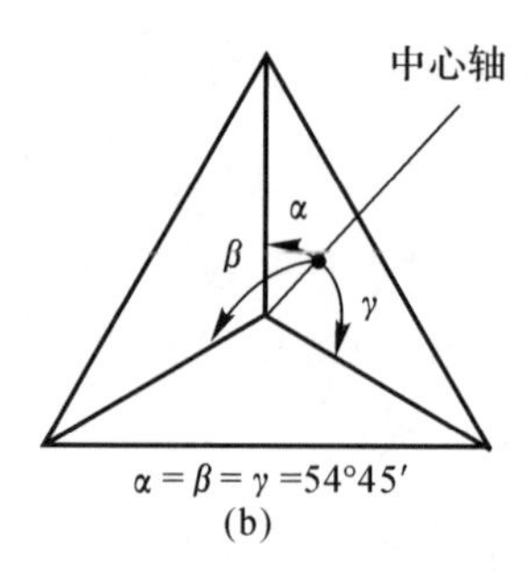

(b)

图 3.4.6　角反射器的原理及最大反射方向

比较上述三式可以看出：在垂直边长 a 相等的条件下，三角形角反射器的有效反射面积最小，圆形角反射器的次之，方形角反射器的最大，为三角形角反射器的 9 倍；角反射器的有效反射面积与其垂直边长 a 的四次方成正比，增加 a 可以得到很大的有效反射面积；角反射器的有效反射面积与波长 λ 的二次方成反比，同样尺寸的角反射器，对于不同波长的雷达，其有效反射面积不同。例如，设三角形角反射器的 $a=1$ m，对于 $\lambda=3$ cm 的雷达，有

$$\sigma_{\Delta\max}=4.19\times\frac{1}{9\times10^{-4}}\ \mathrm{m}^2=4\ 656\ \mathrm{m}^2$$

对于 $\lambda=10$ cm 的雷达，有

$$\sigma_{\Delta\max}=4.19\times\frac{1}{10^{-2}}\ \mathrm{m}^2=419\ \mathrm{m}^2$$

角反射器对制造的准确性要求很高，如果三个面夹角不是 90° 或者反射面凹凸不平都将引起有效反射面积的显著减小。通常要求在 $a=(60\sim70)\lambda$ 时，应有 $\sigma/\sigma_{\max}\geqslant0.5$（即 -3 dB），因此角度偏差不能大于 $\pm0.5°$。

三角形角反射器结构较方形角反射器坚固，不容易变形，另外其方向覆盖性能比方形角反射器好，所以三角形角反射器使用得较广泛。

2. 角反射器的方向性

角反射器的方向性以其方向图宽度来表示，即当有效反射面积降为最大有效面积的 1/2 时的角度范围。角反射器的方向性，包括水平方向性和垂直方向性，它们在对雷达的干扰中都有重要意义。

角反射器的方向图应越宽越好，以便在较宽的角度范围对雷达都有较强的回波。图3.4.7 所示为三角形角反射器水平方向图的实验曲线，它的 3 dB 宽度约为 40°（理论分析结果为 39°）；曲线两边的尖峰是当入射波平行于一个边时，由其余二个面产生的反射波。

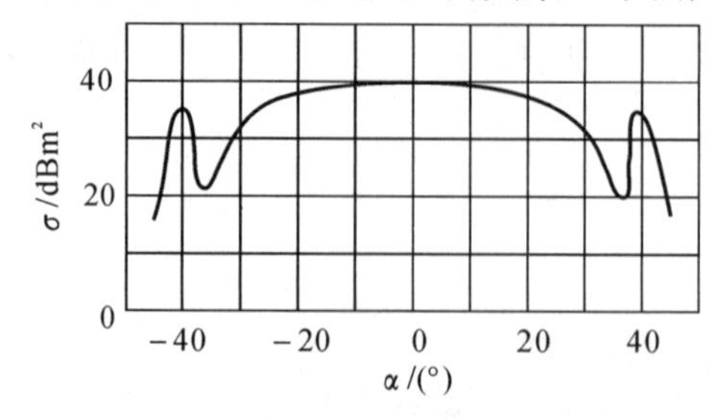

图 3.4.7　三角形角反射器的水平方向图的实验曲线

（注：dBm^2 为雷达截面积单位 m^2 取 dB 的表示）

圆形角反射器和方形角反射器的方向图要比三角形的窄。圆形的方向图宽度约为 30°，方形的方向图宽度最窄约为 25°。

通常为使角反射器具有宽的水平方向覆盖，都采用四格(四象限)的角反射器，如图 3.4.8 所示。这种四格的三角形角反射器，可以覆盖 40°×4＝160°的角度范围；而四格方形角反射器则只能覆盖 25°×4＝100°的角度范围。

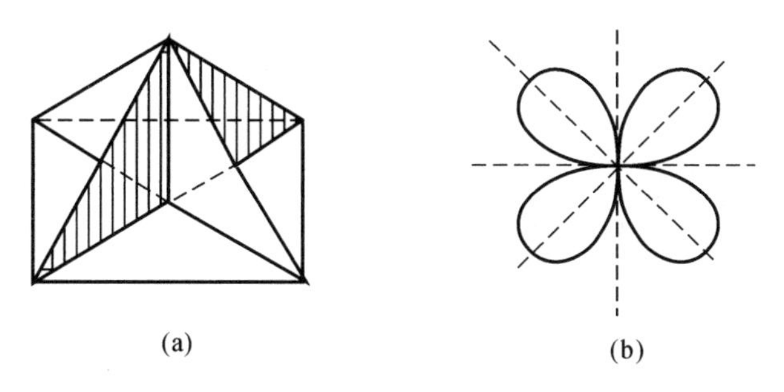

图 3.4.8 四格角反射器及其水平方向图

为了全方位覆盖，可采用两个相同的四格角反射器，使其互差 45°配置在一起，如图 3.4.9(a)所示，则其方向图是两者方向图的重叠，如图 3.4.9(b)所示。这时覆盖的角度为 40°×8＝320°，基本上具有全方位覆盖的性能。

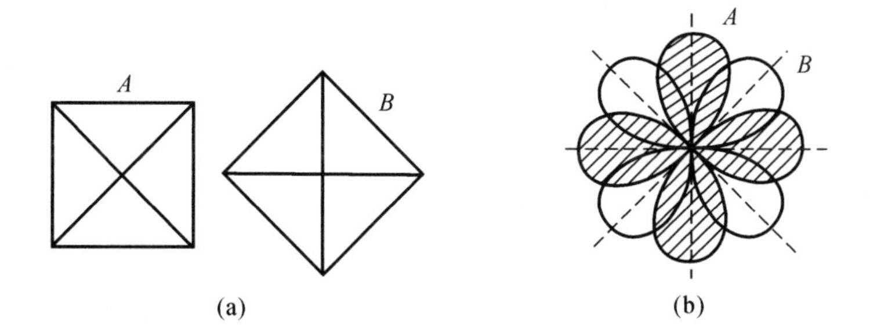

图 3.4.9 用两个四格角反射器进行全方位覆盖

四格角反射器适用于地面和水面，空中使用时则常采用八格(八象限)的角反射器，如图 3.4.10 所示。八格角反射器多采用三角形或圆形的角反射器，这样的结构紧凑、坚固，体积也比较小。三角形角反射器的有效反射面积不如圆形角反射器的大，但它的全方位覆盖性能却优于圆形角反射器。

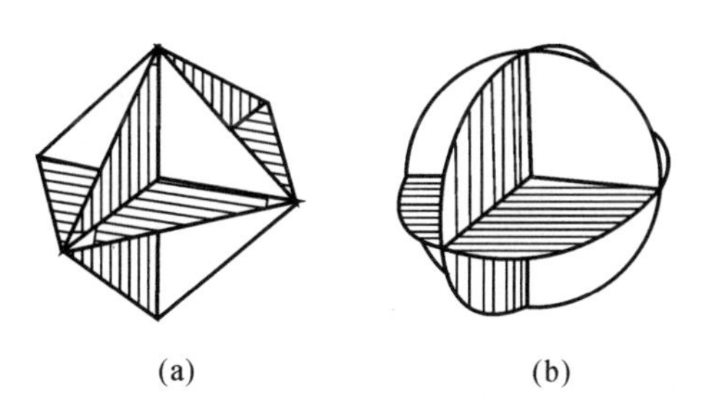

图 3.4.10 具有全方向性能的八格角反射器

3. 角反射器的频率特性及双波段运用

角反射器的有效反射面积$\sigma_{\max} \propto 1/\lambda^2$，同一角反射器对两个波长$\lambda_1$和$\lambda_2$的有效反射面积不同，有效反射面积之比为

$$\frac{\sigma_{\max}(\lambda_1)}{\sigma_{\max}(\lambda_2)} = \left(\frac{\lambda_2}{\lambda_1}\right)^2 \quad \text{或} \quad \frac{\sigma_{\max}(\lambda_1)}{\sigma_{\max}(\lambda_2)} = \left(\frac{f_1}{f_2}\right)^2 \tag{3.4.21}$$

轰炸瞄准雷达常常采用两个波段工作，在远距离时用3 cm厘米波段，在近距离时用8 mm波段，以便得到清晰的地面图像。设$\lambda_1 = 3.2$ cm，$\lambda_2 = 8$ mm，波长相差 4 倍，则同一角反射器的有效反射面积相差 16 倍。这样作为伪装用的角反射器很容易被识别出来。

为了使角反射器对两个波段都呈现出相同的有效反射面积，可采用以下两种方法：

(1) 利用金属网和金属板做成复合式角反射器。

利用金属网和金属板做成的复合式角反射器如图3.4.11所示。设两个波长为$\lambda_1 < \lambda_2$，由角反射器有效反射面积计算公式(3.4.18) 可知：如果使复合式角反射器外部的金属网部分对短波长的λ_1电波不产生反射(使它穿透过去)，而对长波长的λ_2电波又能全部反射，就可根据所需的σ对λ_1求得a_1，对λ_2求得a_2，进而确定角反射器各部分的尺寸。这时，金属网的网眼直径d必须满足

$$\left(\frac{1}{6} \sim \frac{1}{8}\right)\lambda_2 > d > \left(\frac{1}{6} \sim \frac{1}{8}\right)\lambda_1 \tag{3.4.22}$$

显然，这种复合式角反射器只适用于波长λ_1和λ_2差别较大的两个波段。

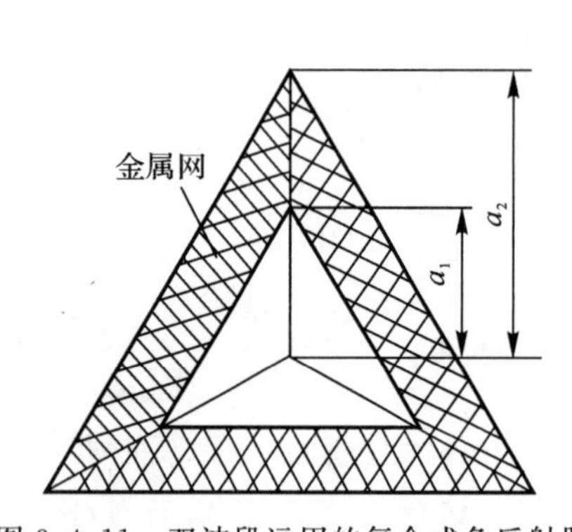

图 3.4.11　双波段运用的复合式角反射器

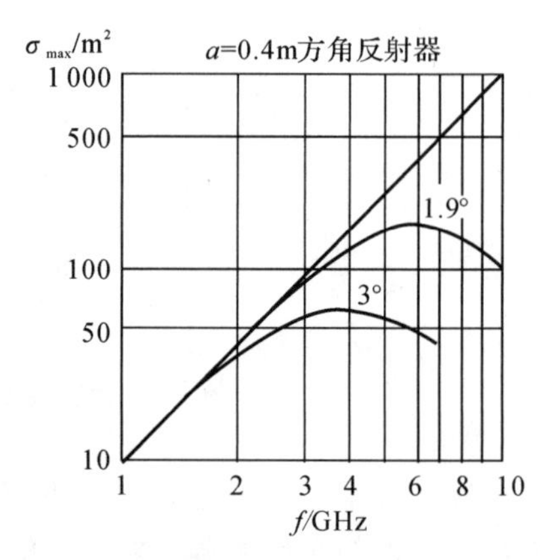

图 3.4.12　角反射器由于角偏差引起的有效反射面积的减小与频率的关系

(2)选择合适的偏差角实现角反射器的双波段运用。

当角反射器的各反射面不成 90°时，将会引起有效反射面积减小，而且随着频率的增高，有效反射面积减小得更多，如图 3.4.12 所示。图中只画了角度偏差为 1.9°和 3°时的两条曲线。例如，查偏差角为 1.9°的曲线可知，在频率为 3.5 GHz 和 10 GHz 两个频段上的有效反射面积相等(100 m²)；对于偏差角为 3°的曲线，它在 3 GHz 和 5 GHz 两个频段上的有效反射面积也基本相等(50 m²)。

因此，只要合适地选择偏差角，就可以使角反射器在两个指定的频段上具有相同的有效反射面积。在上例中，如果偏差角为 2.3°，就可使角反射器在 10 cm(3 GHz)和 3 cm(10 GHz)两个波段具有基本相等的有效反射面积。

3.4.3.2 双锥反射器

双锥反射器是由两个圆锥导体相交而成，其交角为 90°，使入射的电波经两次反射后按原方向反射回去，如图 3.4.13(a)所示。

双锥反射器的优点是水平方向无方向性(具有全方位性能)，并且垂直方向也有较宽的方向图，其最大反射方向与地面平行，因而比角反射器的低仰角性能好。

双锥反射器的最大有效反射面积在 $\theta=90^\circ$ 方向，其为

$$\sigma_{\max}=\frac{32\pi}{9\lambda}\left(a_2-\sqrt{2a_2-a_1}-a_1^{\frac{3}{2}}\right)^2 \tag{3.4.23}$$

式中，a_1 为双锥相交圆的半径；a_2 为锥的底圆半径。

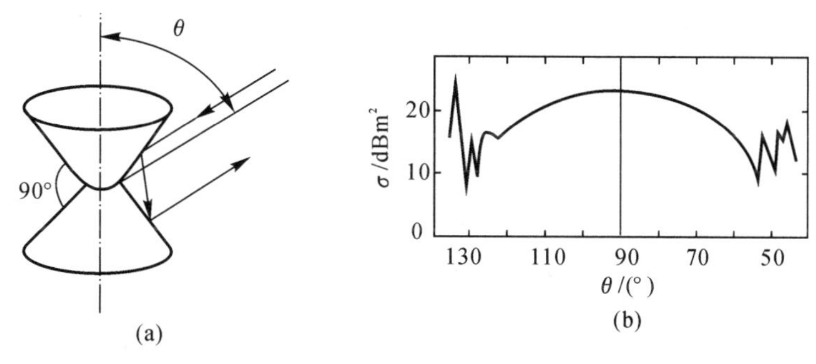

图 3.4.13 双锥反射器及其垂直方向图

图3.4.13(b)所示为双锥反射器垂直方向图的实验曲线，其中 $a_1=1.5$ in[①]，$a_2=8.5$ in，波长 $\lambda=1.25$ cm，其 $\theta=90^\circ$ 方向的 $\sigma=157\ \text{m}^2$。

双锥反射器的主要缺点是有效反射面积比同样尺寸的角反射器的小，比角反射器制造复杂、造价高，因而用得不多。

3.4.3.3 龙伯透镜反射器

龙伯透镜反射器是在龙伯透镜的局部表面加上金属反射面制成的。龙伯透镜是一个介质圆球，其介质的折射率 n 随半径 r 变化，即

$$n=\sqrt{2-\left(\frac{r}{a}\right)^2} \tag{3.4.24}$$

式中，a 为透镜球的外半径。

在龙伯透镜的表面，$r=a$，$n=1$，即折射率和空气的相同；在球心处，$r=0$，$n=\sqrt{2}$，即折射率最大。具有这样折射率的龙伯透镜可以把在外径上的一个点辐射源变为平面波辐射出去，也可以把透镜所截收的入射平面波集中为一点。

龙伯透镜反射器根据所加金属反射面的大小不同，分为 90°，140°，180°反射器，图 3.4.14 给出了 90°和 140°两种反射器。图 3.4.14(a)所示的反射器的方向覆盖约为 90°，其方向图的实验曲线如右图所示；图 3.4.14(b)是 140°反射器，其方向图宽度约为 140°；180°反射器的方向图宽度约为 180°。

当 $a\gg\lambda$ 时，龙伯透镜反射器的有效反射面积为

---

① 1 in = 2.54 cm。

$$\sigma = 4\pi^3 \frac{a^4}{\lambda^2} = 124 \frac{a^4}{\lambda^2} \tag{3.4.25}$$

将式(3.4.25)与前面推导的用于计算各种角反射器的最大有效反射面积公式进行比较，可以看出：在相同尺寸的条件下，龙伯透镜反射器的有效反射面积最大，它比三角形角反射器的约大 30 倍。实际的龙伯透镜反射器受介质损耗及制造工艺不完善等的影响，其有效反射面积要比理论计算值小 15 dB 左右。

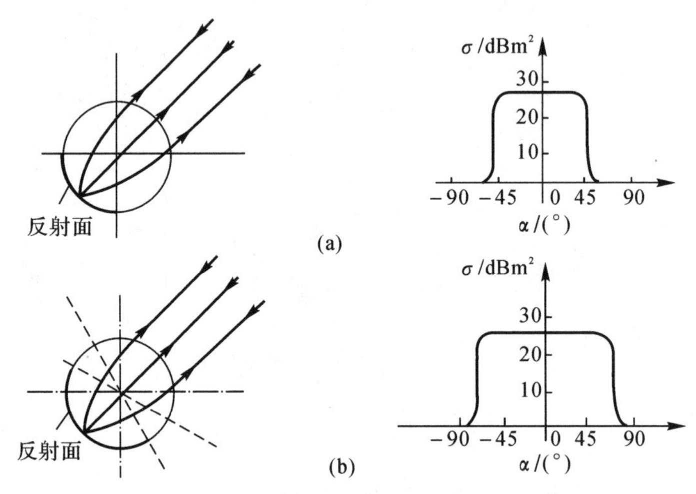

图 3.4.14 龙伯透镜反射器及其方向图

(a)90°反射面； (b)140°反射面

龙伯透镜反射器的优点是体积小，有效反射面积大，在水平和垂直方向上都有宽方向性；缺点是需要专门的材料和制造工艺，造价贵、重量大。目前它已有系列化的产品。

3.4.4 假目标及雷达无源诱饵

假目标和雷达诱饵是破坏敌防空系统对目标选择、跟踪和摧毁的有效对抗手段之一，广泛用于对重要目标的保护以及飞机、战略武器的突防和飞机舰船的自卫。

假目标通常在结构上比较复杂，性能逼真，能够自主独立飞行。大量的假目标将使雷达操作员识别信号的时间增加或判断困难，或者使自动数据处理系统饱和，迫使敌方对假目标进行攻击，减少真目标受攻击的机会。

雷达诱饵通常是指飞机和舰船为了破坏敌雷达或导弹的跟踪系统而发射或投放假目标，使雷达或导弹的跟踪系统跟踪诱饵，达到保护飞机或舰船的目的。

下面介绍三种常用的假目标和雷达诱饵：带有发动机的假目标、火箭式雷达诱饵和投掷式雷达诱饵。

1. 带有发动机的假目标

火箭式假目标或无人驾驶飞机，可以在目标信号的强度、速度、加速度甚至更多的信号特征上模拟真目标，可以实现长时间的飞行。

因此，这类假目标通常包括三个部分，即发动机、飞行控制系统和干扰设备。这类假目标除了本身反射雷达信号之外，还装有无源反射器或有源干扰发射机或转发器，甚至还携带有红外和激光等干扰设备。

假如敌防空系统不能区分真目标和假目标，就只能在真、假目标中任意确定一个或几个目标进行射击，防空导弹对真目标的命中概率就要降低。

2. 火箭式雷达诱饵

雷达诱饵一般在目标受到雷达或导弹跟踪时才发射或投放，其作用距离较近，飞行控制简单，体积、重量都远比假目标小，价格也较低。

为了破坏雷达对目标的跟踪，雷达诱饵对雷达的反射功率应当比目标对雷达信号的反射功率大若干倍，以便将雷达吸引到对诱饵的跟踪上来。火箭式诱饵的初速度由雷达跟踪支路的动态特性所决定，应根据诱饵和被保护目标的角度、距离和速度等参数都在导弹或雷达的分辨单元之内这一要求来选择初始速度，保证把雷达跟踪支路的选通波门引诱到诱饵上。被保护目标在发射诱饵的同时，还应在速度和方向上适当机动，以保证自身的安全。

如果诱饵上装有有源干扰机，则要求雷达接收的干扰信号功率和目标回波信号之比不小于压制系数。如果为无源诱饵则要求诱饵有效反射面积和目标有效反射面积之比不小于压制系数。

3. 投掷式雷达诱饵

投掷式雷达诱饵也称为一次性使用的雷达诱饵，通常不带发动机，由箔条、角反射器等廉价的无源散射器材制成，也有使用有源干扰机作投掷式诱饵的，但这种干扰机更多地用于形成分布式干扰。

投掷式雷达诱饵为了完成保护目标的功能，除了应满足干扰功率要求之外，还要求诱饵产生的假目标信号的作用时间不小于距离、角度和速度跟踪系统的时间常数。

由于不带发动机，投掷式诱饵一般作具有一定初速度的自由落体运动。因此，有源与无源诱饵的功率和时间等限制条件对投掷式雷达诱饵结构和性能的要求很严格。对脉冲雷达来说，诱饵的作用时间由诱饵在脉冲分辨单元的停留时间所决定；对连续波雷达来说，则由诱饵相对雷达的径向速度在速度跟踪系统通频带内的停留时间以及诱饵在天线波束内的停留时间所决定。因此，应当合理设计诱饵的空气动力学特性以及发射的方向和速度。

第4章　雷达抗干扰

雷达抗干扰(亦称雷达反干扰)是电子战的重要组成部分,指在敌人使用电子干扰条件下,保证我方有效使用电磁频谱(即雷达装备)所采取的一些行动。雷达抗干扰是电子战中电子防护的重要内容,目的是消除敌方干扰的影响保证己方雷达设备发挥最大效能。

干扰和抗干扰是雷达中的一对矛盾,在发明雷达之后,就一直存在,而且在矛盾的对抗中不断发展,历次局部战争均表明,矛盾的一方获胜便可以在特定的情况下得到军事上的优势。干扰和抗干扰是雷达领域最常见对抗问题,成为雷达作战指挥员在作战行动中必须重点考虑的问题之一。值得指出的是,雷达干扰和抗干扰是矛盾的两个方面,并在矛盾的斗争中相互促进,不断发展。一种新的雷达技术的发明和应用必然会引起一种新的干扰技术的提出和发展,而新的干扰方式的出现又必然促使新的雷达抗干扰措施的产生,这样循环往复,不断促使雷达干扰和抗干扰技术螺旋式向上发展。一种干扰可能对某一雷达有效,但对另一种新技术或新体制雷达可能失效,同样,一种抗干扰措施可能对某种干扰有效,但对另一种干扰可能失效,从这个意义上来说,没有干扰不了的雷达,也没有对付不了的干扰,雷达干扰和抗干扰的成败是相对的,在特定的场景和条件下矛盾双方都要谋取局部或全局的电子战优势,以取得战场或战争的胜利。

本章主要讨论一些基本的雷达抗干扰技术和战术,其中包括天线域抗干扰技术、能量域抗干扰技术、频率域抗干扰技术、速度域抗干扰技术、时间域抗干扰技术和战术抗干扰措施等。

4.1　概　　述

4.1.1　雷达抗干扰技术途径

雷达抗干扰的技术途径有很多种,可按不同方式进行分类。雷达对抗有源干扰的技术途径主要有以下几种:第一种途径主要是通过空间选择、极化选择及频域选择等方式,尽量将干扰排除在接收机之外;第二种途径主要是进行功率对抗,尽可能提高信干比;第三种途径主要是抑制进入接收机内部的干扰信号,利用干扰与目标的差别剔除干扰或利用信号处理技术使雷达接收机的输出信噪比增至最大。雷达抗无源干扰的主要途径是利用目标回波信号与无源干扰物形成的干扰信号之间运动速度的差异,采用动目标显示、动目标检测和脉冲多普勒体制抑制固定(或缓慢运动)背景杂波干扰。

4.1.2　雷达抗干扰技术分类

目前,已经发展了数百种抗干扰技术装置或电路,反干扰的分类可以按多种方式来分:

(1)按雷达应用类型来分,包括搜索/截获/探测雷达的抗干扰、跟踪雷达的抗干扰和导弹制导雷达的抗干扰等。

(2)按雷达组成来分,包括与天线有关的抗干扰、与波形有关的抗干扰、与频率有关抗干扰、与数据处理(接收机)有关的抗干扰和与雷达网有关的抗干扰等。

(3)按技术原理来分,包括抑制干扰信号、避开干扰、防过载、鉴别干扰信号、利用干扰信号和战术抗干扰等。

为了便于教学,本书将抗干扰技术按域的概念来叙述:天线域抗干扰技术、能量域抗干扰技术、频率域抗干扰技术、速度域抗干扰技术、时间域抗干扰技术和战术抗干扰等。

4.2 天线域抗干扰技术

天线域抗干扰技术是指利用天线空间滤波和选择特性,尽量减少敌方干扰进入雷达接收机内的能量,即将干扰拒之于“门”外。天线域抗干扰技术的核心是通过雷达天线的设计,提高雷达对干扰的空间滤波和鉴别能力。所采用的具体技术主要包括低旁瓣和超低旁瓣天线技术、旁瓣对消技术、天线自适应抗干扰技术、旁瓣消隐技术、极化选择和单脉冲技术等。

雷达天线可以看成是一个空间滤波器,起着空间滤波的作用。根据空间滤波特性的不同,可以分为峰值滤波器和零值滤波器。

1. 峰值滤波器

对于干扰均匀分布的环境(如分布式消极干扰或大范围的点式干扰),减小天线波束宽度,使波束主瓣足够窄、天线增益足够高、旁瓣尽量低,就能使信号干扰比达到最大。因为这种方法滤去干扰,而使信号干扰比最大,故称为峰值滤波器,又称为波束匹配,如图4.2.1所示。常规雷达天线的波束实际上就是一种峰值滤波器,因此,为了提高雷达的抗干扰能力应尽量减小天线波束主瓣宽度、提高天线增益、压低旁瓣。大型相控阵面阵天线波束宽度窄,且波束指向可以捷变,是一种良好的天线峰值滤波器。

2. 零值滤波器

当目标周围只有少数几个点式干扰源(如压制性积极干扰)时,干扰源可以看成是点源,把天线波束零点对准干扰源方向即可滤除干扰,称之为零值滤波器,如图4.2.2所示。

因为零值滤波器滤去零值方向的干扰,所以在其他方向就不再受这个干扰的影响,可以正常地接收目标信号。由于干扰源在空间相对位置是变化的,零值滤波器的零值位置也要相应变化。旁瓣对消技术和天线自适应抗干扰技术即是天线零值滤波的实例。

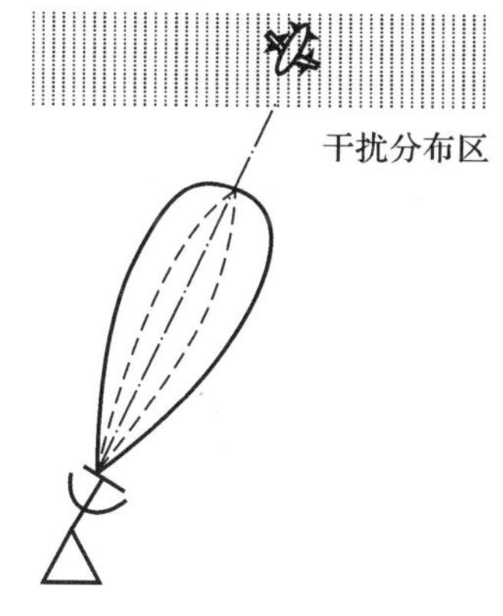

图4.2.1 峰值滤波(极坐标图)

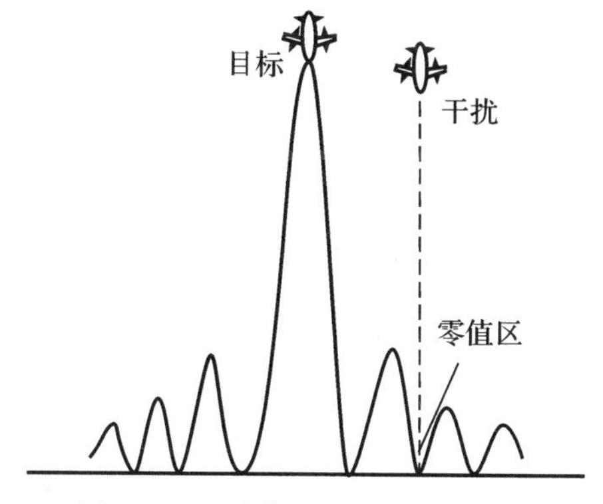

图4.2.2 零值滤波(直角坐标图)

4.2.1 低副(旁)瓣天线技术

目前,低副瓣和超低副瓣天线已经成为提高雷达系统整体性能的一个重要方面。要想使雷达能在严重地物干扰和电子干扰环境中有效地工作,必须尽可能采用低副瓣的天线。低副瓣和超低副瓣天线还能有效地避免雷达遭反辐射导弹的袭击。一般天线的最大副瓣电平为−13～−30 dB,低副瓣天线的最大副瓣电平为−30～−40 dB,而超低副瓣天线的最大副瓣电平在−40 dB以下。

天线的副瓣电平主要由天线的照射特性、初级馈源泄漏和口径阻挡效应及天线的加工精度等因素所决定。对于轴对称的反射面天线(如抛物面天线),由于初级馈源泄漏和阻挡效应,很难做成超低副瓣天线。平面阵列天线却有很大潜力,可以实现超低副瓣天线。平面阵列天线的超低副瓣是利用计算机辅助设计(CAD)和计算机辅助机械加工来实现的,其关键技术是鉴别和控制影响天线副瓣电平的误差源(如天线结构、各辐射元之间的互耦、天线各种制造误差和频率响应等)。

近年来,由于天线副瓣设计理论方面有了新的发展,在天线设计和制造方面广泛采用了计算机辅助设计(CAD)和计算机辅助制造(CAM),再加上对大型雷达天线近场精密测试技术的提高,已实现对每一部出厂天线进行检测,发现缺陷并及时修正。因此,新型雷达天线可实现了低副瓣水平(一般在−35 dB左右)。

4.2.2 旁瓣对消(SLC)技术

旁瓣对消(SLC)是一种相干处理技术,可减小通过天线旁瓣进入的噪声干扰,目前的SLC技术可使旁瓣噪声干扰减低20～30 dB。

一个典型的相干旁瓣对消器(CSLC)的组成如图4.2.3所示。

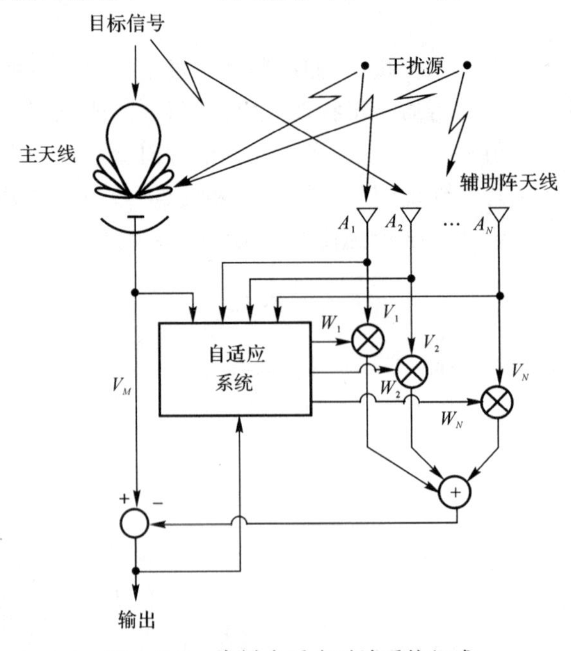

图4.2.3　旁瓣自适应对消系统组成

在主天线波瓣收到目标信号的同时，天线的旁瓣响应中收到了干扰信号。干扰信号也被几个辅助天线接收到，它们在干扰机方向上的增益大于主天线旁瓣的增益。通常在辅助天线上收到的干扰信号强度远大于目标信号。

每一个辅助天线收到的干扰信号在幅度和相位上进行复加权形成"矢量和"信号，然后与主天线的干扰信号相减。权值是由一个自适应处理器控制的，可以使干扰信号功率在系统的输出中最小。

【举例】 一个简单的自适应旁瓣对消实例。

【解】 如图4.2.4(a)所示，主天线接收到的信号包括回波$U_{s0}(t)$和干扰$U_{J0}(t)$，经过接收机处理后送到相加器，副天线接收的信号分成互相正交的两路$U_{JC}(t)$和$U_{JCV}(t)$，分别经W_1和W_2加权后，也送到相加器，三个信号相加的矢量和作为输出信号。适当调节W_1、W_2的值，使

$$U_{J\Sigma}(t)=U_{J0}(t)+W_1U_{JC}(t)+W_2U_{JCV}(t)=0 \tag{4.2.1}$$

就可将主天线接收的干扰对消掉，它们之间的矢量关系如图4.2.4(b)所示。

设副天线与主天线所接收的干扰信号幅度比为a，相位差为$\Delta\varphi$，即$U_{JC}=aU_{j0}\mathrm{e}^{-j\Delta\varphi}$，则根据矢量关系可求得：当$W_1=-\cos\Delta\varphi/a$，$W_2=\sin\Delta\varphi/a$时，$U_{J\Sigma}=0$。

对回波信号，由于主天线主瓣增益远大于副天线增益，因而副天线所接收的回波信号相对于主天线的来说是非常弱的，在相加器处与主天线接收的回波信号矢量相加时，其影响是很小的，所以回波信号经对消器后损失很小。

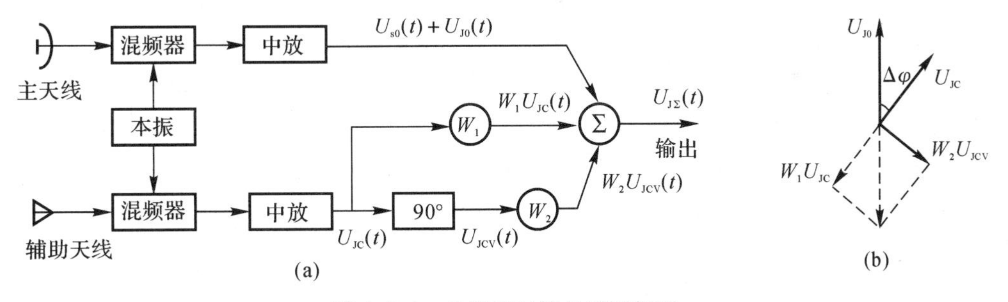

图4.2.4　自适应对消的原理框图

由于目标和干扰源都在运动，而天线是随目标运动而转动的，副天线与主天线旁瓣所接收的干扰信号的幅度比a和相位差$\Delta\varphi$都在不断地变化着，无法用人工控制权系数W_1、W_2的办法来实现旁瓣对消。因此，必须根据两天线所接收的干扰情况自动地计算和调整W_1、W_2的数值。

一种采用相关器和增益电控放大器来自动调整W_1和W_2的自适应旁瓣对消设备的原理如图4.2.5所示。两个增益电控放大器的放大量W_1和W_2分别正比于相关器Ⅰ和Ⅱ的输出电压。其值分别为

$$\left.\begin{aligned}W_1&=K_1E[U_{JC}(t)U_{J\Sigma}(t)]\\W_2&=K_2E[U_{JCV}(t)U_{J\Sigma}(t)]\end{aligned}\right\} \tag{4.2.2}$$

式中，$E[\cdot]$表示相关运算，K_1，K_2为比例常数。由于

$$U_{J\Sigma}(t)=U_{J0}(t)+W_1U_{JC}(t)+W_2U_{JCV}(t) \tag{4.2.3}$$

$$\left.\begin{aligned} &E[U_{JC}(t)U_{JCV}(t)]=0 \\ &E[U_{JC}(t)U_{JC}(t)]=\sigma^2 \\ &E[U_{JCV}(t)U_{JCV}(t)]=\sigma^2 \end{aligned}\right\} \tag{4.2.4}$$

式中，σ^2 为 $U_{JC}(t)$ 和 $U_{JCV}(t)$ 的方差(功率)。将式(4.2.3)、式(4.2.4)代入式(4.2.2)，可得

$$\left.\begin{aligned} W_1 &= K_1E[U_{JC}(t)U_{J\Sigma}(t)]/(1-K_1\sigma^2) \\ W_2 &= K_2E[U_{JCV}(t)U_{J\Sigma}(t)]/(1-K_2\sigma^2) \end{aligned}\right\} \tag{4.2.5}$$

考虑干扰为噪声干扰，$U_{J0}(t)$，$U_{JC}(t)$ 和 $U_{JCV}(t)$ 均为窄带随机过程。根据互相关系数的定义可得

$$\left.\begin{aligned} &E[U_{JC}(t)U_{J0}(t)]=\sigma\sigma_{J0}\rho_{J1} \\ &E[U_{JCV}(t)U_{J0}(t)]=\sigma\sigma_{J0}\rho_{J2} \end{aligned}\right\} \tag{4.2.6}$$

其中，σ_{J0}^2 为 $U_{J0}(t)$ 的方差；ρ_{J1} 和 ρ_{J2} 分别为 $U_{JC}(t)$，$U_{JCV}(t)$ 与 $U_{J0}(t)$ 的互相关系数。

当副、主天线所接收的干扰幅度比为 a 即 $U_{JCm}(t)=aU_{J0m}(t)$ 时，$\sigma=a\sigma_{J0}$。

考虑一种最简单的情况，当调整使 $\varphi_{J0}(t)=\varphi_{JC}(t)$ 时，$\rho_{J1}=1$，$\rho_{J2}=0$，这时

$$\left.\begin{aligned} &E[U_{JC}(t)U_{J0}(t)]=a\sigma_{J0}^2 \\ &E[U_{JCV}(t)U_{J0}(t)]=0 \end{aligned}\right\} \tag{4.2.7}$$

将式(4.2.7)代入式(4.2.5)，再代入式(4.2.3)可得

$$\begin{aligned} U_{J\Sigma}(t) &= U_{J0}(t)+\frac{K_1a\sigma_{J0}^2}{1-K_1a^2\sigma_{J0}^2}U_{JC}(t)= \\ &U_{J0m}(t)\cos[\omega_it+\varphi_{J0}(t)]+\frac{K_1a^2\sigma_{J0}^2}{1-K_1a^2\sigma_{J0}^2}U_{J0m}\cos[\omega_it+\varphi_{JC}(t)] \end{aligned} \tag{4.2.8}$$

当 $K_1a^2\sigma_{J0}^2\gg 1$ 时，$\frac{K_1a^2\sigma_{J0}^2}{1-K_1a^2\sigma_{J0}^2}\approx -1$，由于 $\varphi_{J0}(t)=\varphi_{JC}(t)$，故 $U_{J\Sigma}\approx 0$，干扰可以被对消。一般情况下，副支路同向和正交两路同时调整权系数，可以较好地对消掉噪声干扰，使 $U_{J\Sigma}\approx 0$。

在实际应用中，权系数的调整是在没有目标回波信号的扫描回程期间进行，在扫描正程期间权系数保持不变，旁瓣对消系统可进行干扰对消并正常接收目标回波信号(见图 4.2.5)。

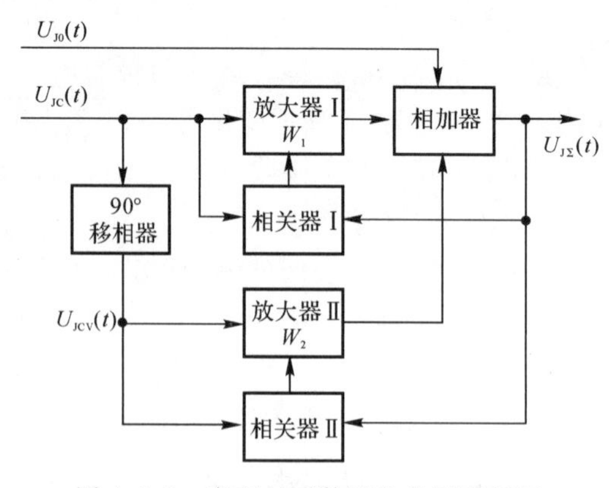

图 4.2.5　实现权系数调整的原理框图

旁瓣对消系统能对消的干扰源的最大数目等于辅助天线的数目，并且适用于对消窄带噪声干扰。

4.2.3　天线自适应抗干扰技术

天线自适应抗干扰技术就是根据信号与干扰的具体环境，自动地控制天线波束形状，使波束主瓣最大值方向始终指向目标而零值方向指向干扰源，以便能最多地接收回波能量和最少地接收干扰能量，使信干比最大。因此，自适应抗干扰天线属于零值滤波器型天线。

图4.2.6给出了一种线性约束最小方差(LCMV)算法的天线自适应处理的原理框图。

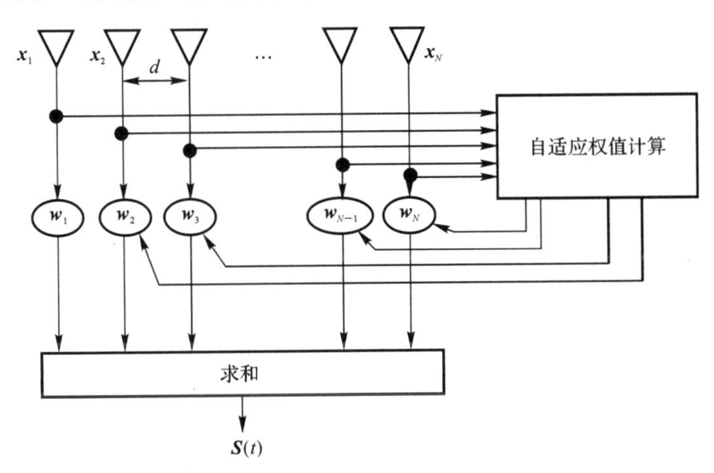

图4.2.6　天线零值滤波器自适应抗干扰

自适应天线是由许多天线阵元组成的天线阵，阵元间隔 d(一般取为信号的半波长)，每个天线阵元接收的信号 $\boldsymbol{x}_i(t)$ 经各自复数加权 $\boldsymbol{w}_i$ 后组合相加产生阵输出 $\boldsymbol{S}(t)$。

线性约束最小方差(LCMV)算法的基本思想是：在最大限度接收期望信号的基础上，通过设置约束条件对自适应权矢量进行调整，从而保证阵列输出功率最小。其问题模型可表示为

$$\left.\begin{aligned}&\min_{\boldsymbol{W}}\quad \boldsymbol{W}^{\mathrm{T}}\boldsymbol{R}_X\boldsymbol{W}\\&\mathrm{s.t}\quad \boldsymbol{W}^{\mathrm{T}}\boldsymbol{a}(\theta_0)=\mu\end{aligned}\right\}\tag{4.2.9}$$

其中，$\boldsymbol{R}_X$ 为接收干扰信号的协方差矩阵，其计算方法与式(2.4.40)类似，$\boldsymbol{W}$ 为待求得权值矢量，θ_0 为期望波束指向(即目标所在方向)，$\boldsymbol{a}(\theta_0)$ 为期望信号的空间导向矢量，μ 为常数，由于 μ 的取值对阵列输出信干噪比(SINR)没有影响，因此一般设为1。令 $\mu=1$，此时可求得最优权矢量为

$$\boldsymbol{W}_{\mathrm{opt}}=\frac{\boldsymbol{R}^{-1}\boldsymbol{a}(\theta_0)}{\boldsymbol{a}^{\mathrm{T}}(\theta_0)\boldsymbol{R}_X^{-1}\boldsymbol{a}(\theta_0)}\tag{4.2.10}$$

【举例】　一个16阵元相位加权自适应天线阵，阵元间距均为 $\lambda/2$，目标处于0°方向，有两个窄带干扰，分别处于 $\theta=-25°$，$\theta=20°$ 方向，干信比40 dB，采用LCMV自适应算法，计算自适应波束形成后的方向图。

【解】　根据上述条件，首先计算包含两个干扰的协方差矩阵，设置期望信号导向矢量为0°方向，然后根据式(4.2.10)求得权值 $\boldsymbol{w}_1\sim\boldsymbol{w}_{16}$。根据权值，可以得出自适应波束形成后的波束图如图4.2.7实线所示。为了说明抗干扰效果，图4.2.7给出了权值均为1时的固定系数波束方向图，如虚线所示。由图可以看出：固定系数方向图在 $\theta=-25°$，$\theta=20°$ 方向均有−20 dB

的增益，而对于自适应处理后的波束图，在 $\theta=-25^{\circ}$，$\theta=20^{\circ}$ 方向均有较深的零陷，分别为 -91.8 dB 和 -93.4 dB。这就表明：经过自适应处理后，相比固定系数波束，可对 $\theta=-25^{\circ}$，$\theta=20^{\circ}$ 方向的干扰分别衰减 71.8 dB 和 73.4 dB，达到较好的抑制干扰的效果。

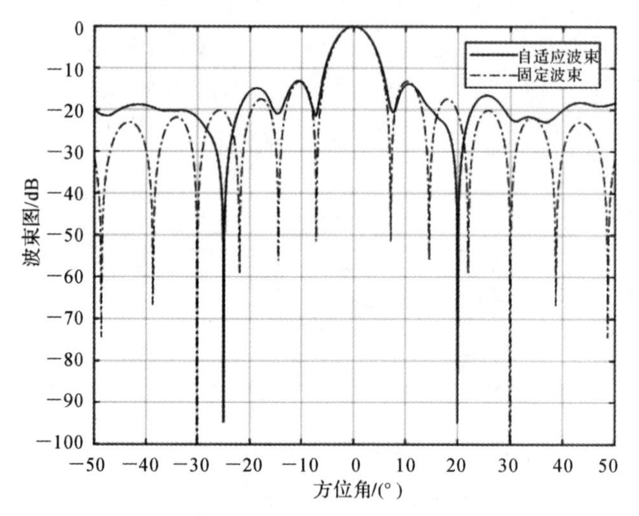

图 4.2.7　16 阵元自适应波束形成抗干扰实例

4.2.4　副(旁)瓣消隐(SLB)技术

副瓣消隐技术是在原雷达接收机(主路接收机)基础上增设一路辅助接收机(副路接收机)，主路接收机所用的主天线为原雷达天线，副路接收机所用的副天线为全向天线，其增益略大于或等于主天线最大副瓣增益(远小于主瓣增益)。主天线和副天线的方向图如图 4.2.8 所示。

副瓣消隐的原理方框图如图 4.2.9 所示。主天线和副天线的输出信号或干扰分别经过主路接收机和副路接收机送至比较器，在比较器中进行比较。当主路输出大于副路输出时，选通器开启，将主路接收机的信号经过选通器送往信号处理器，这是目标处于主瓣方向正常接收的情况。当主路输出的干扰小于(或等于)副路输出时，则产生消隐脉冲送至选通器关闭选通器，没有信号送往信号处理器，从而消除了来自副瓣的干扰。

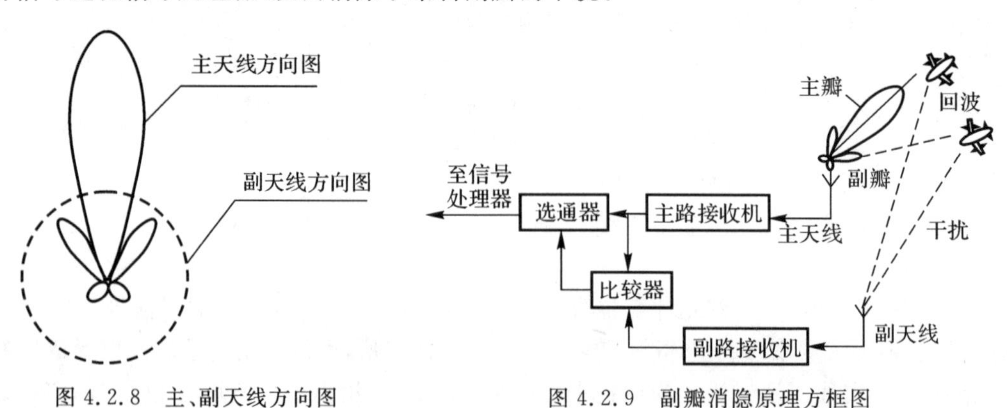

图 4.2.8　主、副天线方向图　　　图 4.2.9　副瓣消隐原理方框图

这种方法的优点是结构简单，易于实现。其缺点是只对低工作比的脉冲干扰有效，不适用于连续噪声干扰和高工作比的脉冲干扰，因为此时接收机大部分时间处于关闭状态。

4.2.5　极化选择

极化选择又称极化滤波，它是利用目标回波信号和干扰之间在极化上的差异来抑制干扰提取目标信号的技术。

利用雷达的极化特性抗干扰有两种方法：

第一种方法是尽可能降低雷达天线的交叉极化增益，以此来对抗交叉极化干扰。为了能抗一般的交叉极化干扰，通常要求天线主波束增益比交叉极化增益高 35 dB 以上。

第二种方法是控制天线极化，使其保持与干扰的极化失配，能有效地抑制与雷达极化方向正交的干扰信号。从理论上看，当雷达的极化方向与干扰机的极化方向垂直时，对干扰的抑制度可达无穷大。但实际上，由于受天线极化隔离度的限制，仅能得到 20 dB 左右的极化隔离度。极化失配对干扰信号的抑制水平参见表 4.2.1。

表 4.2.1　极化干扰抑制量

雷达天线极化方式	抑制量/dB			
	干扰极化方式			
	水平	垂直	左旋	右旋
水平	0	∞①	3	3
垂直	∞①	0	3	3
左旋	3	3	0	∞①
右旋	3	3	∞①	0

注：①实际极限约为 20 dB。

由于敌方干扰信号的极化方向事先是未知的，所以要实现极化失配抗干扰就必须采用极化侦察设备和变极化天线，自适应地改变发射和接收天线的极化方向，使接收的目标信号能量最大而使接收到的干扰能量最小，极化抗干扰的原理方框图如图 4.2.10 所示。当自卫干扰机或远距离支援干扰机正使用某种极化噪声干扰信号时，通过极化测试仪可以测得干扰信号的极化数据，由操纵员或自动控制系统控制雷达天线改变天线极化方式，最大限度地抑制干扰信号，获得最大的信号干扰比。

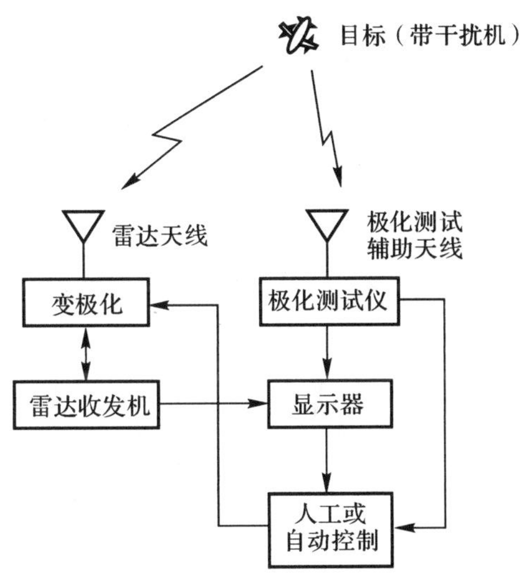

图 4.2.10　极化抗干扰原理图

此外，极化抗干扰技术还包括极化捷变、极化分集等，其基本原理都是通过对天线极化方向的调整来抑制干扰信号的。

4.2.6 单脉冲跟踪技术

单脉冲跟踪雷达是通过比较来自两个或多个同时波束的信号获得目标角位置信息的一种雷达。由于角度测量可以用单个脉冲信号来完成,故被称为单脉冲,然而在实际应用中,通常使用多个脉冲以增加检测概率、提高角度估计精度和在必要时提供多普勒分辨率。

单脉冲测角方法主要用于目标跟踪,在两个正交的角坐标平面内产生角误差信号,这个误差信号在闭环的伺服系统中驱动跟踪天线的视轴,使得它对准运动的目标。相控阵雷达可以利用对角度标定误差电压,以开环的方式进行角度测量。

脉冲角度测量有多种方法实现,最常用的方法为幅度比较单脉冲(又称比幅单脉冲)方法,该方法通过对多偏置波束同时接收到的信号进行比较来确定角度。下面简要介绍幅度比较单脉冲组成及基本工作原理。

为了简单起见,这里仅分析一个角平面的幅度比较单脉冲。如图 4.2.11(a)所示,使用两个存在重叠部分的天线方向图,这两个天线指向有一个小的角度差。图中的两个波束被称为斜视的或偏置的。它们可以由两个馈源放置在抛物面反射器焦点的两个相反方向的位置上形成或直接由相控阵波束形成。幅度比较单脉冲方法的实质是利用两个偏置天线方向图的差与和波束,如图 4.2.11(b)和图 4.2.11(c)所示。发射时用和方向图向外辐射,接收时和方向图及差方向图同时接收回波信号。差方向图接收到的信号提供角度误差的幅度,同时通过比较差信号与和信号的相位得到角度偏离的方向。来自和方向图与差方向图的接收信号被分别放大,然后在相位检波器中合成,产生角误差信号,如图 4.2.11(d)所示。和信号用于提供目标检测和距离测量,并且用作判别角度测量极性的参考信号。

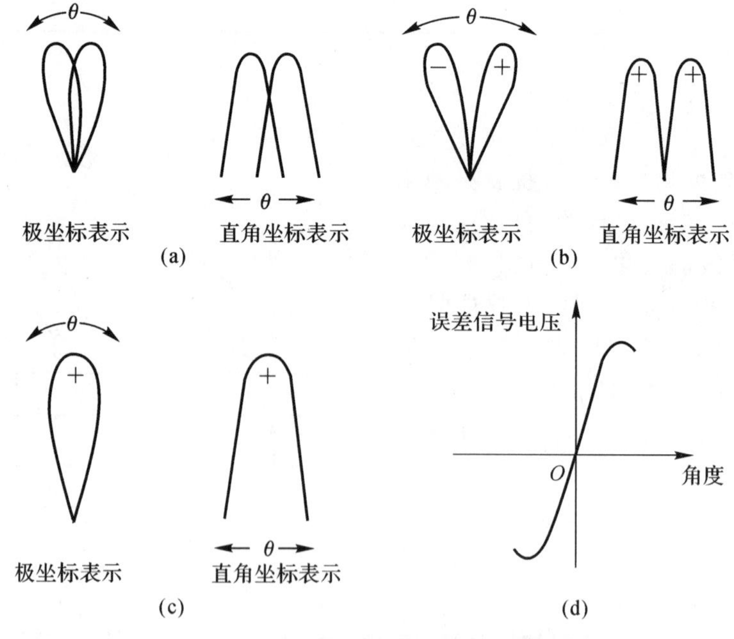

图 4.2.11 单脉冲波束关系及误差曲线

(a)两个波束; (b)差方向图; (c)和方向图; (d)角度误差

图 4.2.12 给出一个角平面的幅度比较单脉冲跟踪雷达的简化框图。两个相邻的天线馈源连接到和差器的两个输入端(相控阵天线则通过馈电网络形成和差通道)。和差器是一个两端口输入、两端口输出的四端口微波器件。当来自两个偏置波束的信号送入两个和差器输入端后,在单脉冲天线两个输出端便产生和信号、差信号。在超外差接收机中,和、差信号混频形成中频信号并且放大。值得指出的是,为了提高角度测量精度,和与差通道的幅度、相位特性需要保持严格一致,因此,两个通道需要共用一个本地振荡器并进行相同的自动增益控制。发射机连接到和差器的和端口,发射和接收通过一个双工器(TR)来进行切换。

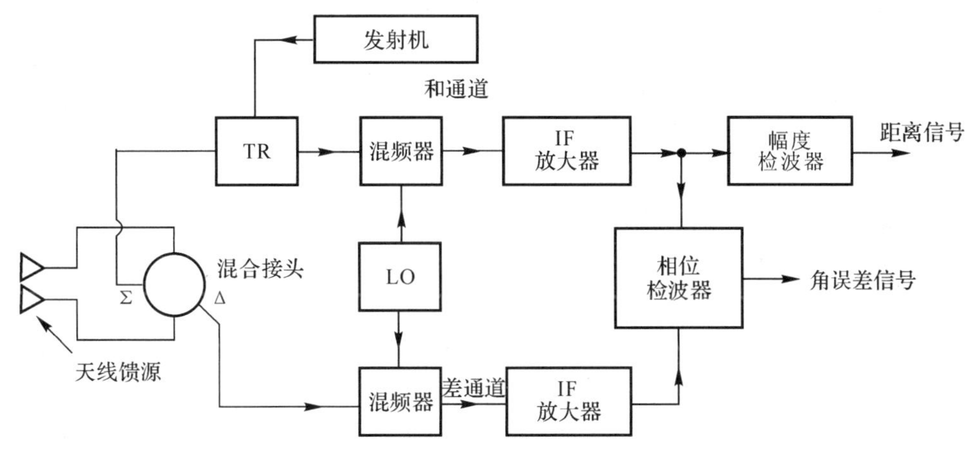

图 4.2.12　单平面幅度比较单脉冲雷达简化框图(Δ 代表和通道,Σ 代表差通道)

单脉冲体制抗干扰技术特点如下:

(1)可以对自携干扰的目标进行角度跟踪。

单脉冲跟踪是一种性能优良的角度跟踪技术,具有跟踪单个干扰源的抗干扰能力。这是因为单脉冲雷达测量精度不受目标回波幅度起伏的影响,无论是目标回波或干扰信号,所产生的角误差信号仅与信号源偏离等信号轴的大小有关。

(2)多个单脉冲雷达可对干扰源进行交叉定位。

单脉冲跟踪技术可以对自携干扰目标进行角度跟踪,但此时距离通道有干扰存在、无法测量目标距离。如果要对干扰目标定位,则可以采用多部单脉冲雷达分别对干扰源进行角度测量,通过交叉定位方法对干扰源进行精确定位。

4.3　能量域抗干扰技术

在电子防护中,功率对抗是抗有源干扰特别是抗主瓣干扰的一个重要措施。通过增大雷达的发射功率、增加在目标上的波束驻留时间或增加天线增益,都可增大回波信号能量、提高接收信干比,有利于发现和跟踪目标。

功率对抗的基本方法包括增大单管峰值功率、采用脉冲压缩技术、采用功率合成技术、采用波束合成技术和提高脉冲重复频率等。

4.3.1　增大单管峰值功率

增大单管峰值功率主要就是选用功率大、效率高的微波发射管。但是单管的峰值功率与波长有关，波长越短，峰值功率越小。而且，当发射管功率很大时，电源的体积增大，价格增加，还容易使传输线系统打火，所以增大单管功率受到了限制。

4.3.2 采用脉冲压缩技术

脉冲压缩的概念始于第二次世界大战初期，由于技术实现上的困难，直到20世纪60年代初脉冲压缩信号才开始使用于超远程警戒和远程跟踪雷达。70年代以来，由于理论上的成熟和技术实现手段日趋完善，脉冲压缩技术能广泛运用于三坐标、相控阵、火控等雷达，从而明显地改进了这些雷达的性能。为了强调这种技术的重要性，往往把采用这种技术（体制）的雷达称为脉冲压缩雷达。

脉冲雷达所用的信号多是简单矩形脉冲。这时脉冲信号能量 $E = P_t \tau$，P_t 为脉冲功率，τ 为脉冲宽度。当要求增大雷达探测目标的作用距离时，应该加大信号能量。增大发射机的脉冲功率是一个途径，但它受到发射管峰值功率及传输线功率容量等因素的限制。在发射机平均功率允许的条件下，可以用增大脉冲宽度 τ 的办法来提高信号能量。但脉冲宽度 τ 的增加又受到了距离分辨力的限制。距离分辨力取决于所用信号的带宽 B。B 越大，距离分力越好。对于简单矩形脉冲信号，信号带宽 B 和其脉冲宽度 τ 满足 $B\tau \approx 1$ 的关系，τ 越大，B 越小即距离分辨力越差。因此，对于简单矩形脉冲信号，提高雷达的探测距离和保证必需的距离分辨力这对矛盾是无法解决的，这就有必要去寻找和采用较为复杂的信号形式。

大时宽带宽积信号就是解决上述矛盾的合适信号。顾名思义大时宽带积信号指的是脉冲宽度 τ 与信号带宽 B 的乘积远远大于1的信号，即 $B\tau \gg 1$。在宽脉冲内采用附加的频率或相位调制就可以增加信号的带宽。接收时采用匹配滤波器进行处理就可将宽脉冲压缩到 $1/B$ 的宽度。这样既可发射宽脉冲以获得大的能量，又可在接收处理后得到窄脉冲所具备的距离分辨力。因为在接收机内对信号进行了压缩处理，故大时宽带宽积信号又称为脉冲压缩信号。

常用的大时宽带宽积信号主要有两种：一种是线性调频信号；另一种是相位编码信号。因为脉冲压缩的实质是匹配滤波处理，所以4.3.2.1小节先讨论信号的匹配滤波器，4.3.2.2小节和4.3.2.3小节分别讨论线性调频脉冲压缩及相位编码脉冲压缩技术的原理和实现问题。

4.3.2.1 匹配滤波器

早期雷达是通过观察显示器噪声背景中的信号，来判断目标是否存在并测量其参量。显然，增加信号峰值功率相对于噪声平均功率的比值（即增加信噪比），将有利于在噪声背景中把信号区分出来，也便于精确地测量信号参量。因此，自然地采用信噪比作为衡量接收系统性能的准则。这个准则在门限检测时也是适用的，当背景噪声是高斯分布时，信噪比的大小唯一地决定着噪声背景中发现目标的能力。

匹配滤波器就是以输出最大信噪比为准则的最佳线性滤波器。下面给出白噪声背景下的匹配滤波器主要结论，推导的过程从略。

设线性非时变滤波器输入端为信号加噪声，即

$$x(t) = s_i(t) + n_i(t) \tag{4.3.1}$$

其中，噪声为平稳白噪声，其双边带功率谱密度为

$$P_n(f) = \frac{N_0}{2} \tag{4.3.2}$$

而确知信号 $s_i(t)$ 的频谱为

$$S_i(f)=\int_{-\infty}^{\infty}s_i(t)e^{-j2\pi ft}dt \tag{4.3.3}$$

则当滤波器的频率响应为

$$H(f)=kS_i^*(f)e^{-j2\pi ft_0} \tag{4.3.4}$$

时，在滤波器输出端能够得到最大信号噪声比。这个滤波器为最大信噪比准则下的最佳滤波器，常称为匹配滤波器。由式(4.3.4)知，匹配滤波器的频率特性与输入信号的频谱成复共轭。式中 k 为常数，t_0 为使滤波器物理可实现所附加的延时。

匹配滤波器输出端信号噪声功率比的最大值可求得为

$$d_{\max}=\frac{\text{输出信号峰值功率}}{\text{输出噪声平均功率}}=\frac{2E}{N_0} \tag{4.3.5}$$

式中，E 为输入信号能量，且有

$$E=\int_{-\infty}^{\infty}|S_i(f)|^2df=\int_{-\infty}^{\infty}s_i^2(t)dt \tag{4.3.6}$$

式(4.3.5)说明匹配滤波器输出端的最大信噪比只取决于输入信号的能量 E 和输入噪声的功率谱密度$\frac{N_0}{2}$，而与输入信号的形式无关。无论什么信号，只要它们所含能量相同，则在输出端能够得到的最大信噪比是一样的。差别在于所用匹配滤波器的频率特性应与不同信号的频谱相共轭。

由式(4.3.4)可得匹配滤波器的幅频特性和相频特性为

$$|H(f)|=k|S_i(f)| \tag{4.3.7}$$

$$\arg H(f)=-\arg S_i(f)-2\pi ft_0 \tag{4.3.8}$$

即滤波器幅频特性与输入信号幅频特性相同，而其相频特性与输入信号频谱的相频特性相反，并有一个附加的延时项。

如果用时域形式来表示，其脉冲响应为

$$h(t)=ks_i^*(t_0-t) \tag{4.3.9}$$

则滤波器的输出由卷积给出，即

$$y(t)=\int_{-\infty}^{\infty}x(u)h(t-u)du=k\int_{-\infty}^{\infty}x(u)s_i^*(u+t_0-t)du \tag{4.3.10}$$

如果信号存在于时间间隔(0，τ)内，为了充分利用输入信号能量，应该选择 $t_0\geqslant\tau$，一般选择 $t_0=\tau$。信号在 t_0 时刻前结束，即滤波器输出达到其最大输出信噪比$\frac{2E}{N_0}$的时刻 t_0 必然在输入信号全部结束后，这样才可能利用信号的全部能量。

匹配滤波器的频率响应为输入信号频谱的复共轭。因此，信号幅度大小不影响滤波器的形式。当信号结构相同时，其匹配滤波器的特性亦一样，只是输出能量随信号幅度而改变。对只有时间差别的两信号，其匹配滤波器是相同的，只是在输出端有相应的时间差而已，这就是说匹配滤波器对时延信号具有适应性。但对于频移 ξ 的信号，匹配滤波器不具有适应性。由于其信号频谱发生频移，即

$$S_2(f)=S_i(f-\xi) \tag{4.3.11}$$

则它的匹配滤波器频率特性不同于 $S_i^*(f)$。如果 $s_2(t)$ 的信号通过的 $H_i(f)=S_i^*(f)$ 滤波器，则各频率分量没有得到合适的加权，且相位也得不到应有的补偿，故在输出端得不到信号的峰值。这就是说，匹配滤波器对于具有多普勒频移的信号，将会产生失配损失。

4.3.2.2　线性调频脉冲压缩

1. 基本概念

线性调频脉冲是一种良好的雷达信号，它具有较大的时宽带宽积。开始时人们用它来解决平均功率与距离分辨力的矛盾，现在人们把它作为抗干扰的一种有效手段。

雷达发射机发射宽脉冲线性调频信号(见图 4.3.1)，这样就加大了雷达平均发射功率。回波当然也是宽脉冲线性调频信号，若不加处理，则距离分辨力较差。当这种线性调频的宽脉冲信号经过压缩处理后，将变成幅度较大的窄脉冲，于是上述矛盾就得到了解决。线性调频脉冲被压缩的过程如图 4.3.2 所示。设图中调频信号的频率是随时间线性增长的，若将这种信号经过一延迟网络，其延迟时间随频率升高而线性下降，则当上述线性调频脉冲进入该延迟网络时，线性调频脉冲将被压缩。根据网络延迟特性可知，先进入网络的是频率较低的信号，它的延迟时间较长，而后进入网络的信号频率较高，延迟时间较短，仿佛先进入网络的信号在网络中“等”后进入的信号，故网络输出信号是一齐涌出来的。当延迟网络设计合适时，线性调频脉冲经过这种延时网络之后，宽脉冲被压缩为窄脉冲，且幅度变得较高。我们称这种延迟网络为脉冲压缩网络。

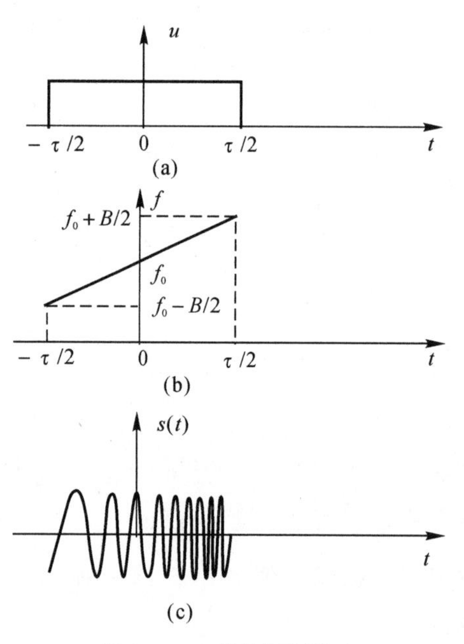

图 4.3.1　线性调频脉冲

(a) 视频脉冲；(b) 调频特性；

(c) 线性调频脉冲

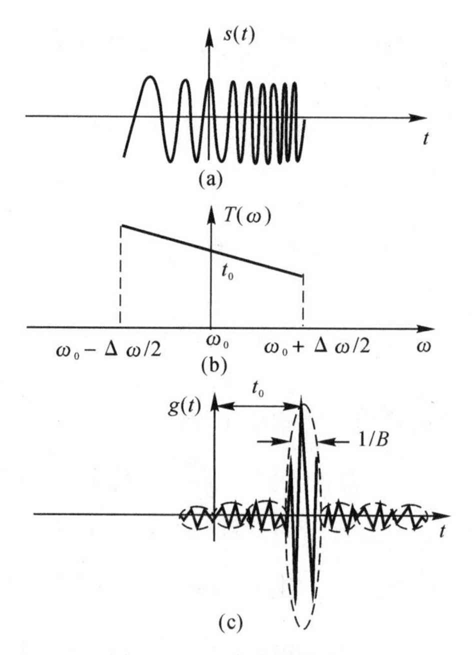

图 4.3.2　脉冲压缩波形

(a) 线性调频脉冲回波；(b) 网络延迟特性；

(c) 压缩后输出波形

网络的延迟特性 $T(\omega)$ 和相频特性有下列关系：

$$T(\omega)=-\frac{\mathrm{d}\varphi(\omega)}{\mathrm{d}\omega} \tag{4.3.12}$$

对于调频频率为 $\omega(t)=\omega_0+\mu t$ 的信号，对应的压缩网络的延迟特性应为线性函数，并设它为 $T(\omega)=\frac{\omega_0-\omega}{\mu}+t_0$，$t_0$ 的意义如图 4.3.2 所示。于是得出压缩网络的相频特性为

$$\varphi(\omega)=-\int T(\omega)\mathrm{d}\omega=\frac{(\omega_0-\omega)^2}{2\mu}-\omega t_0 \tag{4.3.13}$$

以上粗略地讨论了线性调频脉冲的压缩原理和压缩网络的相频特性。压缩网络延迟时间特性 $T(\omega)$ 和频率成线性关系，压缩网络的相频特性和频率成平方关系。

2. 线性调频脉冲的匹配滤波器

(1) 线性调频脉冲的频谱。

线性调频信号的频率变化规律为

$$\omega(t)=\omega_0+\mu t,\quad -\frac{\tau}{2}\leqslant|t|\leqslant\frac{\tau}{2} \tag{4.3.14}$$

式中，μ 为调频斜率，其值为

$$\mu=\Delta\omega/\tau=2\pi B/\tau \tag{4.3.15}$$

式中，B 为线性调频信号的带宽；τ 为脉冲宽度，故时宽带宽积为 τB。发射信号(或不考虑多普勒效应的回波信号) 可写为

$$s(t)=\begin{cases}A\cos\left(\omega_0 t+\dfrac{1}{2}\mu t^2\right), & -\dfrac{\tau}{2}\leqslant t\leqslant\dfrac{\tau}{2}\\ 0, & \text{其他}\end{cases} \tag{4.3.16}$$

式中，A 为信号幅度，为了便于推导，采用信号的复数形式表示为

$$s_c(t)=\begin{cases}A\exp\left[\mathrm{j}\left(\omega_0 t+\dfrac{1}{2}\mu t^2\right)\right], & -\dfrac{\tau}{2}\leqslant t\leqslant\dfrac{\tau}{2}\\ 0, & \text{其他}\end{cases} \tag{4.3.17}$$

其频谱函数为

$$\begin{aligned}s_c(\omega)=&\int_{-\frac{\tau}{2}}^{\frac{\tau}{2}}A\exp\left(\omega_0 t+\frac{1}{2}\mu t^2\right)\exp(-\mathrm{j}\omega t)\,\mathrm{d}t=\\ &A\int_{-\frac{\tau}{2}}^{\frac{\tau}{2}}\exp\left\{\mathrm{j}\left[(\omega_0-\omega)t+\frac{1}{2}\mu t^2\right]\right\}\mathrm{d}t\end{aligned} \tag{4.3.18}$$

经推导得

$$s_c(\omega)=A\sqrt{\frac{\pi}{\mu}}\exp\left[-\mathrm{j}\,\frac{(\omega_0-\omega)^2}{2\mu}\right]\{[C(X_1)+C(X_2)]+\mathrm{j}[S(X_1)+S(X_2)]\} \tag{4.3.19}$$

式中

$$X_1=\sqrt{\frac{B\tau}{2}}\left[1-\frac{2(f_0-f)}{B}\right] \tag{4.3.20}$$

$$X_2=\sqrt{\frac{B\tau}{2}}\left[1+\frac{2(f_0-f)}{B}\right] \tag{4.3.21}$$

$$C(X)=\int_0^X\cos\frac{\pi y^2}{2}\mathrm{d}y \tag{4.3.22}$$

$$S(X)=\int_0^X\sin\frac{\pi y^2}{2}\mathrm{d}y \tag{4.3.23}$$

为菲涅尔积分，它的数值在数学手册中的积分表上可以查到。菲涅尔积分具有以下特性：

$$C(-X)=-C(X),\quad S(-X)=-S(X)$$

将 $s_c(\omega)$ 写成振幅频谱和相位频谱，则

$$|s_c(\omega)|=\frac{1}{2}\sqrt{\frac{\pi}{\mu}}\ \{[C(X_1)+C(X_2)]^2+[S(X_1)+S(X_2)]^2\}^{\frac{1}{2}} \tag{4.3.24}$$

$$\Phi(\omega)=-\frac{(\omega_0-\omega)^2}{2\mu}+\arctan\frac{S(X_1)+S(X_2)}{C(X_1)+C(X_2)}=-\frac{(\omega_0-\omega)^2}{2\mu}+\theta_0 \tag{4.3.25}$$

根据上式可做出不同时宽带宽积的线性调频脉冲的幅频和相频特性曲线，如图 4.3.3 所示。

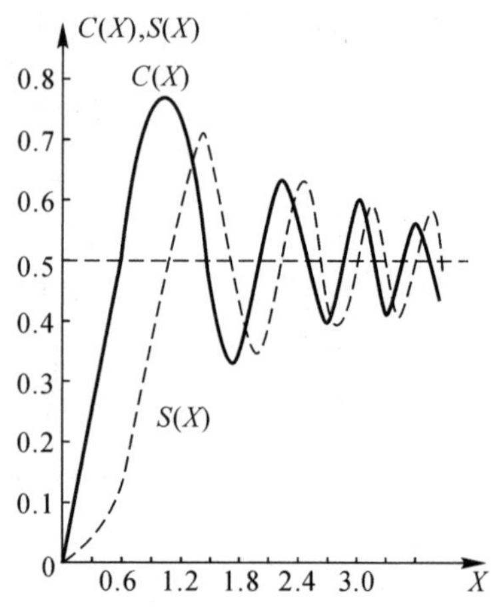

图 4.3.3　$C(X)$，$S(X)$ 和 X 关系

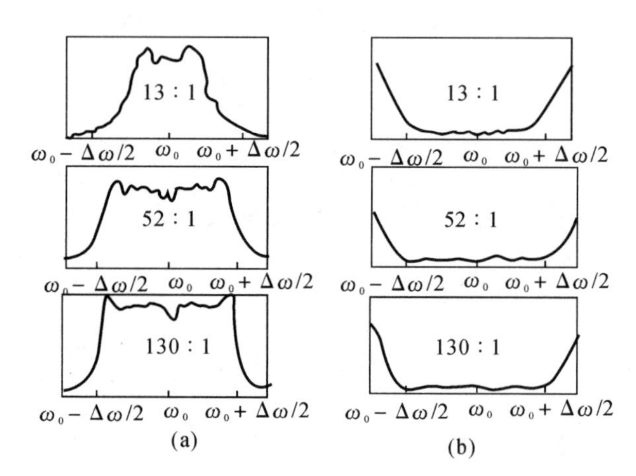

图 4.3.4　线性调频脉冲幅频和相频特性

(a) 幅频特性；(b) 相频特性

由图 4.3.4 和式(4.3.24)、式(4.3.25) 可以看出线性调频脉冲的频谱有下列特点：

1) 主要频谱分量集中在 $\omega_0\pm\frac{\Delta\omega}{2}(\Delta\omega=2\pi B)$ 的范围内，在远离中心频率的区域即频偏 $|f_0-f|\gg\frac{B}{2}$ 时，频谱分量趋近于零。

2) 当 BT 的值足够大时，$|s_c(\omega)|$ 接近矩形。

$$s_c(\omega)=A\sqrt{\frac{\pi}{\mu}}\ \{(0.5+0.5)^2+(0.5+0.5)^2\}^{\frac{1}{2}}=A\sqrt{\frac{2\pi}{\mu}} \tag{4.3.26}$$

3) 当 $B\tau$ 的值足够大时，有

$$\frac{S(X_1)+S(X_2)}{C(X_1)+C(X_2)}\approx 1 \tag{4.3.27}$$

则式(4.3.25) 中第二项近似为常数，即 $\theta_0\approx 45°$。

(2) 线性调频信号通过匹配滤波器。

根据匹配滤波器的理论，白噪声背景下线性调频脉冲的匹配滤波器的频率特性可写为

$$H(\omega)=kA\sqrt{\frac{2\pi}{\mu}}\exp\left\{\mathrm{j}\left[\frac{(\omega_0-\omega)^2}{2\mu}-\theta_0-\omega t_0\right]\right\} \tag{4.3.28}$$

它和信号频谱共轭，中心频率为 f_0，滤波器带宽也为 $B=\frac{\mu\tau}{2\pi}$，其相频特性可写为

$$\varphi(\omega)=\frac{(\omega_0-\omega)^2}{2\mu}-\theta-\omega t_0 \tag{4.3.29}$$

由此可得该匹配网络的延迟特性为

$$T(\omega)=-\frac{\mathrm{d}\varphi(\omega)}{\mathrm{d}\omega}=-\frac{(\omega-\omega_0)}{\mu}+t_0 \tag{4.3.30}$$

可见它与基本概念中分析的压缩网络延迟特性是一致的，可见脉冲压缩网络即为线性调频脉冲的匹配滤波器。

线性调频信号在经过匹配滤波器后，输出信号的频谱为

$$G(\omega)=s_c(\omega)H(\omega)=kA^2\frac{2\pi}{\mu}\exp(-\mathrm{j}\omega t_0) \tag{4.3.31}$$

输出信号为

$$\begin{aligned}g_c(t)=&\frac{1}{2\pi}\int_{-\infty}^{\infty}G(\omega)\mathrm{e}^{\mathrm{j}\omega t}\mathrm{d}\omega=\frac{1}{2\pi}\int_{\omega_0-\frac{\Delta\omega}{2}}^{\omega_0+\frac{\Delta\omega}{2}}kA^2\frac{2\pi}{\mu}\mathrm{e}^{\mathrm{j}\omega(t-t_0)}\mathrm{d}\omega=\\&\frac{1}{2\pi}kA^2\frac{2\pi}{\mu}\frac{1}{\mathrm{j}(t-t_0)}\left[\mathrm{e}^{\mathrm{j}\left(\omega_0+\frac{\Delta\omega}{2}\right)(t-t_0)}-\mathrm{e}^{\mathrm{j}\left(\omega_0-\frac{\Delta\omega}{2}\right)(t-t_0)}\right]=\\&kA^2\tau\frac{\sin\left[\frac{\Delta\omega}{2}(t-t_0)\right]}{\frac{\Delta\omega}{2}(t-t_0)}\mathrm{e}^{\mathrm{j}\omega_0(t-t_0)}\end{aligned} \tag{4.3.32}$$

将复数信号取实部得

$$g(t)=kA^2\tau\frac{\sin\left[\frac{\Delta\omega}{2}(t-t_0)\right]}{\frac{\Delta\omega}{2}(t-t_0)}\cos[\omega_0(t-t_0)] \tag{4.3.33}$$

由上述公式可以看出：

1）线性调频脉冲经过匹配滤波器（压缩网络）之后输出信号包络为辛克（sinc）波形，主瓣窄而高，集中了信号主要能量。除主瓣之外，还存在着旁瓣信号。旁瓣是不希望的，因为它会降低距离分辨力和增大虚警概率。

2）若取峰值的 -4 dB 处为脉冲宽度 τ_0，则 $\tau_0=\frac{1}{B}$。因 $D=\tau B$，故 $\tau_0=\frac{\tau}{D}$。可见脉冲宽度被压缩了 D 倍，故 D 又被称为压缩系数（或压缩比）。相比于脉宽相同的简单脉冲，线性调频信号的分辨率提高了 τB 倍。目前，脉冲压缩雷达的压缩比可做得非常大，这对提高距离分辨力有很大的好处。

3）当 $t=t_0$ 时，脉冲出现最大值。峰值电压振幅比输入信号电压振幅大 $kA\tau$ 倍。当匹配滤波器常系数 k 取 $1/(A\sqrt{2\pi/\mu})$ 时，式（4.3.33）幅值为 $A\sqrt{\tau B}=A\sqrt{D}$，即经过匹配滤波后，信号的幅度相对输入信号增大了 $\sqrt{D}$ 倍。不管 k 取何值，输出信噪比均为 $\mathrm{SNR_o}=\dfrac{(kA^2\tau)^2}{\frac{1}{2\pi}\int_{-\Delta\omega/2}^{\Delta\omega/2}|H(\omega)|^2\frac{N_0}{2}\mathrm{d}\omega}=\dfrac{2A^2\tau}{N_0}$，这表明，输出最大信噪比仅取决于输入信号的能量与噪声功率的比值。对于拥有同样幅值和脉宽的简单脉冲和线性调频信号，其在匹配滤波器输出端会有同样的峰值能量，也会有同样的输出信噪比。然而，为了在匹配滤波器输出端得到同样的距离分辨率，则简单脉冲必须缩减脉冲宽 D 倍至 $1/B$。换句话说，与同样距离分辨率的简单脉冲相比，线性调频信号可以得到 D 倍的信号处理增益，即峰值增大 $\sqrt{\tau B}$ 倍。线性调频信号通过增大脉宽提高了发射能量，同时利用脉冲压缩特性提高了距离分辨率，因此，线性调频信号较好地解决了发射能量与分辨率之间的矛盾。从抗干扰角度来看，线性调频信号增大发射能

量(平均功率)实现了功率对抗。

【举例】 一个目标距离为 4.5 km,携带自携式干扰,噪声干扰比回波信号功率强 10 dB,采用线性调频发射波形,调频带宽 10 MHz,求发射脉宽分别为 10 μs,15 μs 时的输出波形。

【解】 根据上述参数,采样频率为 100 MHz,用 MATLAB 仿真求出输入和输出波形如图 4.3.5 所示。由图 4.3.5(b)可以看出,干扰完全把信号淹没;由图 4.3.5(c)(d)可以看出,经过脉冲压缩处理后,信号峰值清晰可见,随着脉冲宽度(信号能量)的增加,信号的峰值功率增大。

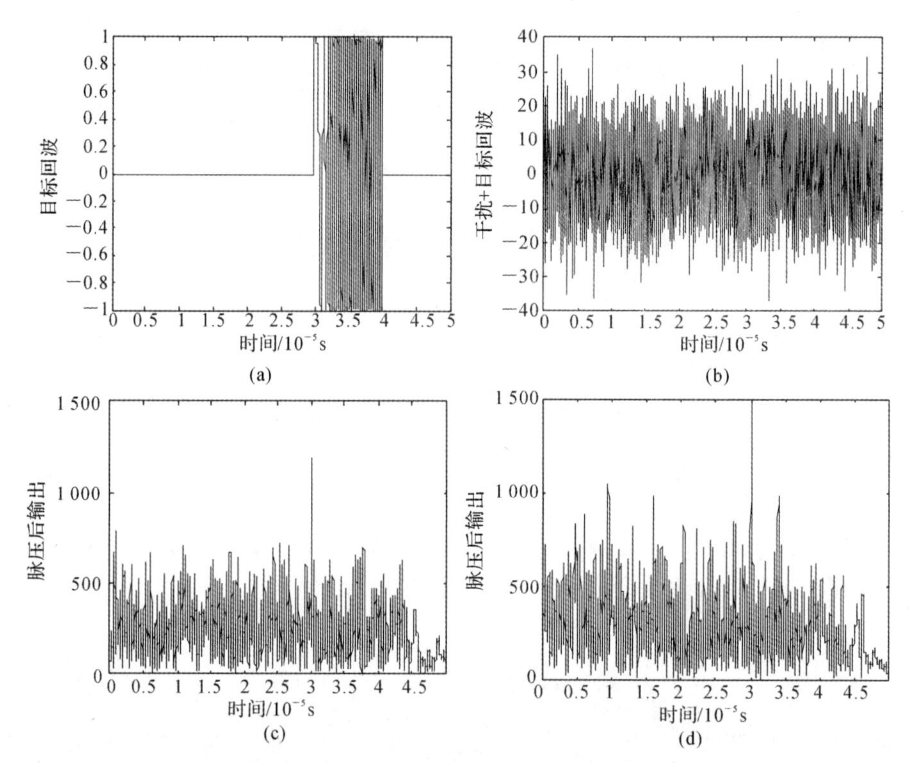

图 4.3.5 线性调频脉冲压缩处理结果

(a)目标回波(脉宽 10 μs); (b)干扰与目标回波叠加(干信比 10 dB);

(c)脉压后输出(脉宽 10 μs,经过校准); (d)脉压后输出(脉宽 15 μs,经过校准)

考虑回波有多普勒频移 f_d 时,压缩网络的输出信号的幅值为

$$g(t,\omega_d)=\begin{cases}kA^2(\tau-|t|)\operatorname{sinc}\left[\dfrac{\omega_d+\mu t}{2}(\tau-|t|)\right], & -\dfrac{\tau}{2}\leqslant t\leqslant\dfrac{\tau}{2}\\ 0, & \text{其他}\end{cases}\tag{4.3.34}$$

【举例】 设发射信号为脉宽 1 μs,调频带宽 $B=10$ MHz 的线性调频信号,若目标回波分别有 0,$-0.2B$,$-0.4B$ 的多普勒频移,求这些信号经过匹配滤波器后的输出。

【解】 设采样频率为 $10B$,由式(4.3.34),通过 MATLAB 编程,可求出归一化脉压输出幅度波形如图 4.3.6 所示。由于多普勒频移的影响,压缩后的脉冲幅值减小,宽度展宽,且峰值产生了位移。这是由于具有多普勒频移的回波信号与匹配滤波器失配引起的。这就是所谓的距离多普勒耦合现象。

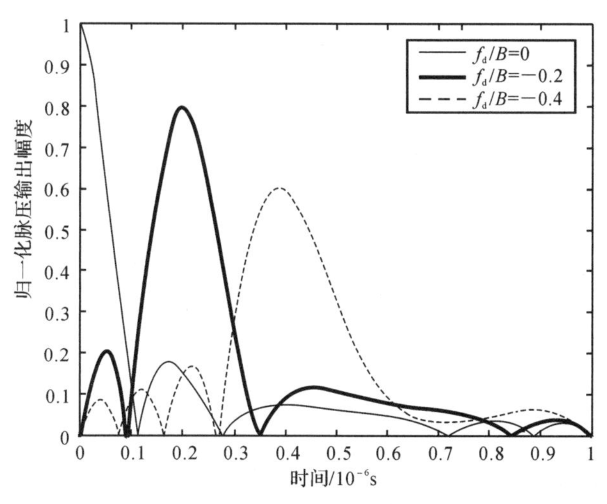

图 4.3.6　归一化脉压输出幅度波形

3. *旁瓣抑制*

线性调频脉冲通过匹配滤波器后，输出压缩脉冲的包络变成辛克函数形状。第一旁瓣的峰值与主瓣峰值电平比为−13.2 dB，旁瓣零点间隔为 $1/B$。在多目标环境中，这些旁瓣会干扰和掩盖附近小目标的主瓣，引起目标丢失。为了提高分辨多目标的能力，应采用时域旁瓣抑制技术。通常采用加权技术抑制压缩脉冲的旁瓣。理论上，加权可在发射端进行，或在接收端进行，也可二者同时进行。但为了使发射机工作于稳定的最佳状态，加权一般不在发射端进行。加权方式包括频域幅度或相位加权，时域幅度或相位加权。目前应用最广泛的是在接收机的中频级采用频域幅度加权。

引入加权网络的实质是对信号进行失配处理，它使旁瓣压低，同时也会使主瓣降低、变宽。也就是说，旁瓣降低是以信噪比损失和距离分辨力变差为代价的。

由于信号波形和频谱的关系与天线口径面电流分布和远区场的关系有类似之处，故用于压低天线旁瓣的加权函数，也适用于脉冲压缩波形的时域旁瓣抑制。通常把多尔夫-切比雪夫函数作为最佳加权函数，但这种函数实现比较困难。实际采用的加权函数可写成下面的通式

$$H(f) = K + (1 - K)\cos^n\left(\frac{\pi f}{B}\right) \tag{4.3.35}$$

当 $K=0$，$n=2$ 时为海明加权。它是泰勒加权的特例。当 $K=0$，$n=2,3,4$ 时，分别为余弦二次方、余弦三次方、余弦四次方加权。几种频域幅度加权特性见表 4.3.1。

表 4.3.1　几种频域幅度加权特性

	加权函数	基座高度 $H/(\%)$	信噪比损失 /dB	−3 dB 时主瓣宽度	旁瓣电平 /dB	远旁瓣衰减率
1	均匀加权 $W_0(f)=\begin{cases}1, & \lvert f\rvert < \frac{B}{2}\\ 0, & \lvert f\rvert > \frac{B}{2}\end{cases}$	100	0	$0.886/B$	−13.2	6 dB/ 倍频程

续 表

	加权函数	基座高度 $H/(\%)$	信噪比损失 /dB	－3 dB时主瓣宽度	旁瓣电平 /dB	远旁瓣衰减率
2	泰勒加权 $W_1(f)=W_0(f)\cdot\left[1+2\sum_{m}^{n-1}F_m\cos\left(2\pi m\frac{f}{B}\right)\right]$	11	1.14	$1.25/B$	－40	6 dB/倍频程
3	海明加权 $W_0(f)\left[0.08+\cos^2\frac{f\pi}{B}\right]$	8	1.34	$1.33/B$	－42.8	6 dB/倍频程
4	余弦平方加权 $W_0(f)\cdot\cos^2\frac{f\pi}{B}$	0	1.76	$1.46/B$	－31.7	18 dB/倍频程

4.线性调频信号的产生和处理

线性调频脉冲的优点之一就是这种信号容易产生和处理，已经开发出了许多新技术、新器件来产生和压缩线性调频脉冲。目前，常采用直接数字合成技术(DDS)产生线性调频信号。

对于线性调频信号的处理技术有三种：一是模拟处理，二是数字处理，三是声光处理。模拟处理中主要用色散延迟线，即延迟时间随频率变化。声表面波器件(SAW)是一种良好的色散延迟线。

近年来，雷达信号数字处理十分普及。数字处理的优点是灵活性较强，适用于不同波形。线性调频信号的数字匹配滤波器方框图如图 4.3.7 所示。

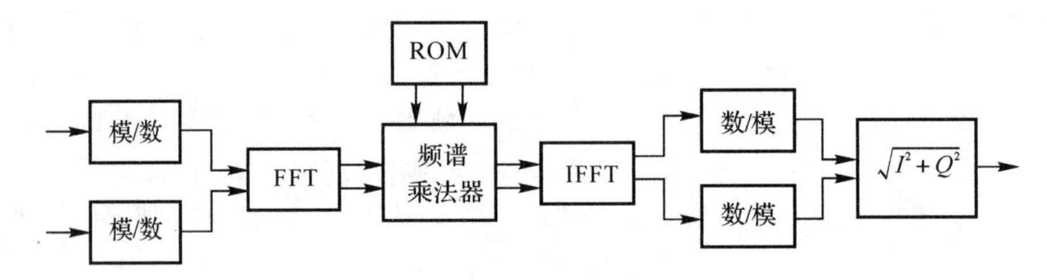

图 4.3.7 数字脉压处理原理方框图

考虑到信号是频谱不对称的复调制信号，在零中频处理时，应采用正交双通道。雷达中频信号经两路正交相干检波，复调制信号被分解为实部 I 和虚部 Q，经模数转换变成数字信号之后，再经快速傅里叶变换，得到输入信号的离散频谱。将输入信号频谱与匹配滤波器的频率响应函数相乘，就得到输出信号的频谱。经过快速傅里叶反变换(IFFT)之后，就成为数字式输出信号，再由数/模转换变成模拟信号，即压缩后的信号。

图中匹配滤波器的频率响应函数由只读存储器(ROM)提供。当要求用幅度加权来压缩旁瓣时，只读存储器提供的频率响应则是匹配滤波器频率响应函数与加权函数乘积后的系数。

4.3.2.3 相位编码脉冲压缩

将许多等幅、同宽、同载频的子脉冲，依次衔接成宽脉冲，每个子脉冲相位则是按相位编码来选择的，这种脉冲串称为相位编码脉冲。由于相位编码采用伪随机序列，故也称为伪随机编码信号。当子脉冲的相位只取 0 和 π 两个值，称为二相编码。除了二相编码之外还有多相编码。常用的二相编码信号包括巴克码、M 序列码、L 序列码和互补编码。下面我们着重分析巴克码和 M 序列码。

1. *巴克码的产生和压缩原理*

巴克码是由试验得到的二相编码信号，经过压缩的波形即自相关函数为

$$R(\tau)=\sum_{i=1}^{N}a_i a_{i+\tau}=\begin{cases}N, & \tau=0\\ 0\text{ 或 }\pm 1, & \tau\neq 0\end{cases}\tag{4.3.36}$$

可见它的主峰高度为 N(码数)，旁峰为 1，它是一种优良编码。巴克码的数量较少，仅有表 4.3.2 所列的几种。

表 4.3.2　巴克码

码长	码元	主旁瓣比/dB
2	＋－，(＋＋)	8
3	＋＋－	9.5
4	＋＋－＋ (＋＋＋－)	12
5	＋＋＋－＋	14
7	＋＋＋－－＋－	16.9
11	＋＋＋－－－＋－－＋－	20.8
13	＋＋＋＋＋－－＋＋－＋－＋	22.3

为了实际需要，人们把旁瓣峰值不大于 3 的码组，作为推广的巴克码来用。

由匹配滤波器理论可知，对信号 $s(t)$ 的匹配滤波器的脉冲响应函数 $h(t)=s(t_0-t)$。对于七位巴克码，编码形式为＋ ＋ ＋ － － ＋ －，与之对应的匹配滤波器脉冲响应函数如图 4.3.8所示。

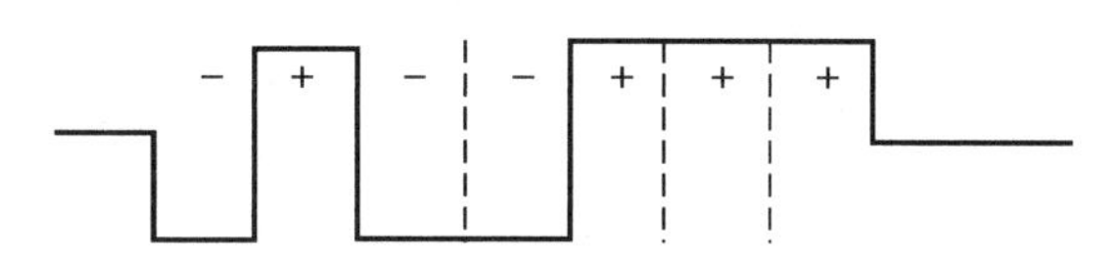

图 4.3.8　七位视频巴克码的匹配滤波器脉冲响应函数

对应的滤波器结构如图 4.3.9 所示。它是由延迟线、倒相器、加法器等组成的，每节延迟线的延迟时间等于子脉冲宽度 τ。七位巴克码经压缩网络后输出的压缩脉冲波形如图 4.3.10 所示。

2. *M 序列码*

M 序列又叫最长线性移位寄存器序列。M 序列码产生器是由移位寄存器和模二加法器(半加器) 组成的。n 个移位寄存器产生的码长为

$$N=2^n-1\tag{4.3.37}$$

四个移位寄存器可产生 $N=15$ 位 M 序列。图 4.3.11 给出了其原理框图，图中移位寄存

器的起始状态为1 000,在移位脉冲和模二加法反馈电路作用下,进行移位操作,X_1 输出即为 $N=15$ 位 M 序列,其脉冲压缩波形如图 4.3.11 所示。

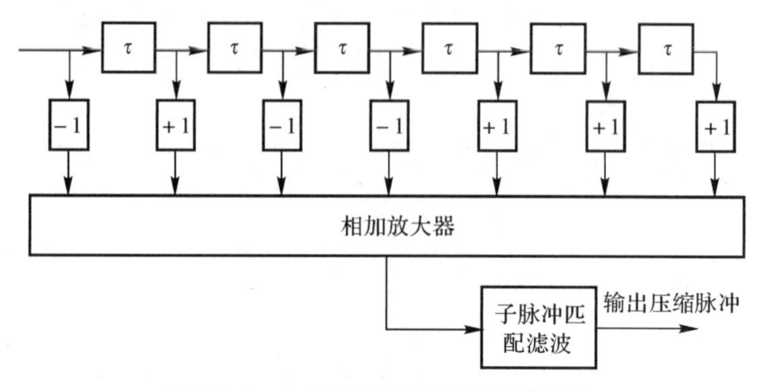

图 4.3.9　七位巴克码的匹配滤波器结构

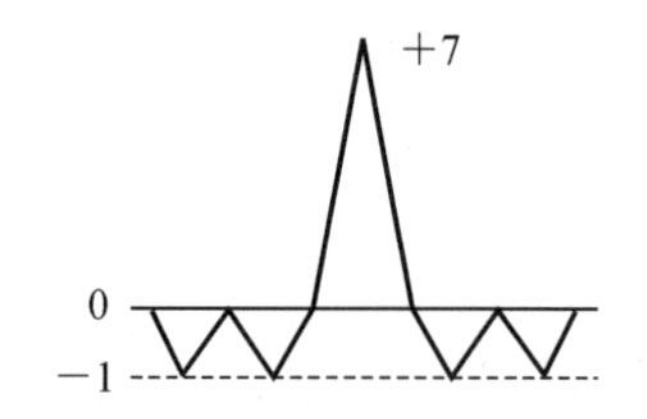

图 4.3.10　七位巴克码压缩波形

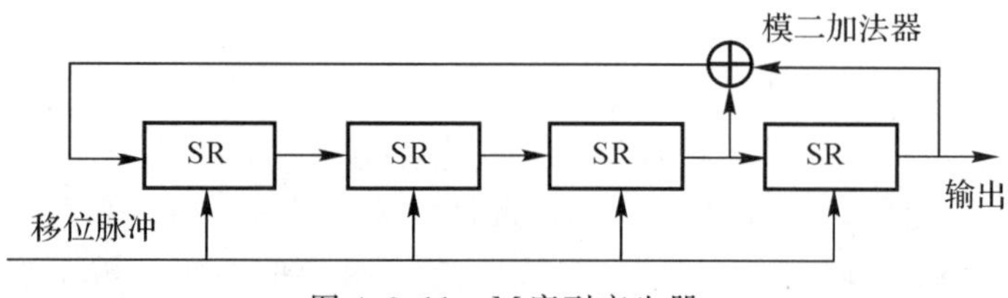

图 4.3.11　M 序列产生器

从移位寄存器的状态来看,M 序列码有周期循环的特性。连续周期的 M 序列码压缩后的主峰为 N,副峰平均值为1[见图 4.3.12(a)]。对于非周期(单个)M 序列码,压缩波形如图 4.3.12(b)所示,当 N 很大时,主副瓣比趋近于 $\sqrt{N}$。

移位寄存器反馈连接方式不同,能产生不同的序列。所以,同样数量的移位寄存器,因反馈连接方式不同,产生的 M 序列码也不同。

3. 相位调制及解调

相位调制是指对视频巴克码或 M 序列码进行二相调相,相位调制的方法有三种:开关选通法、中频调相法和微波调相法。对于二相调相,开关选通法比较方便。图 4.3.13 是开关选通相位调制原理方框图。图中频率合成器分两路输出,一路送到定时脉冲产生器,形成钟脉冲,在钟脉冲的作用下,伪码产生器产生巴克码或其他二相伪随机视频码。二相码的正、负极性脉冲分别控制门1和门2的通和断。频率合成器的另一端是高稳定正弦信号,它一路直接经射随器到控制门1,另一路经倒相器、射随器加到控制门2。于是在视频码的正脉冲期间门1通,未倒相的正弦波经门1加到合成器,反之,在负脉冲期间,倒相的正弦波经门2加到合成器，则合成器输出为所要求的相位编码调制信号。

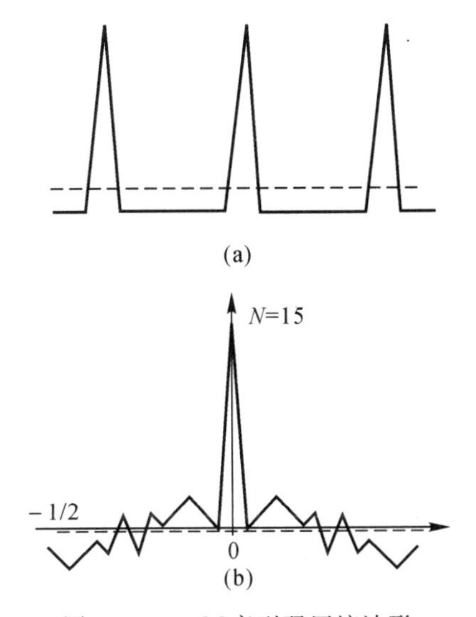

图 4.3.12　M序列码压缩波形

(a)周期M序列码压缩波形；(b)非周期M序列码压缩波形

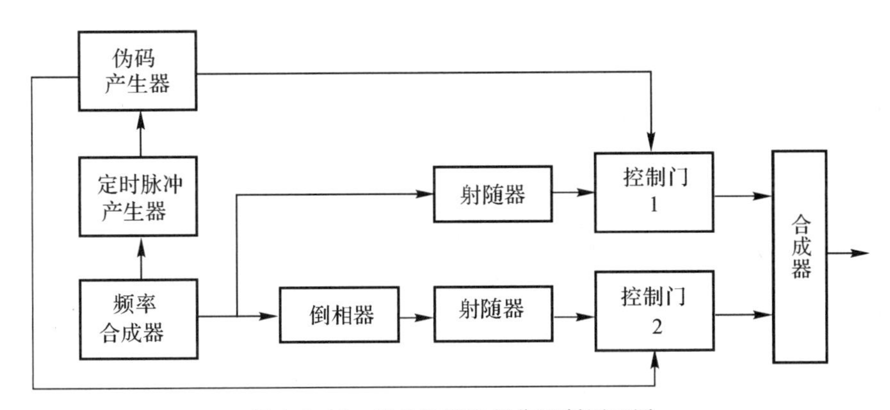

图 4.3.13　开关选通法相位调制原理图

相位编码信号的解调是指将相位编码信号解调成视频脉码信号。这种解调通常可通过相干检波来实现。相干检波器应当有与需检信号频率相同的基准信号。对于回波信号中的多普勒频移应设法进行补偿。在不考虑多普勒频移时，由于回波信号的高频相位是未知的，用一般相干检波器会产生信噪比的损失。为了减少这种损失，这里采用正交双通道检测。图 4.3.14 中，相干检波器的基准信号 $\cos(2\pi f_1 t)$ 和 $\sin(2\pi f_1 t)$ 分别送到 I 和 Q 两支路，两路输出的视频码经两套相同的脉冲压缩网络和滤波器，最后二次方相加输出，得到脉冲压缩的波形。

以上分别介绍了线性调频和相位编码脉冲压缩原理。在所有脉冲压缩技术中，线性调频是最早的和发展最成熟的一种，它可提高检测性能同时保持较高距离分辨力。由于线性调频信号对多普勒频移敏感度低，在现代雷达中应用较为广泛。相位编码技术中，二相编码技术最为成熟，可获得极高的脉冲压缩比。相位编码信号是一种对多普勒频移敏感的信号，适用于慢速运动目标情况。对于高速运动目标，在脉冲压缩处理前需要对多普勒频移进行补偿。

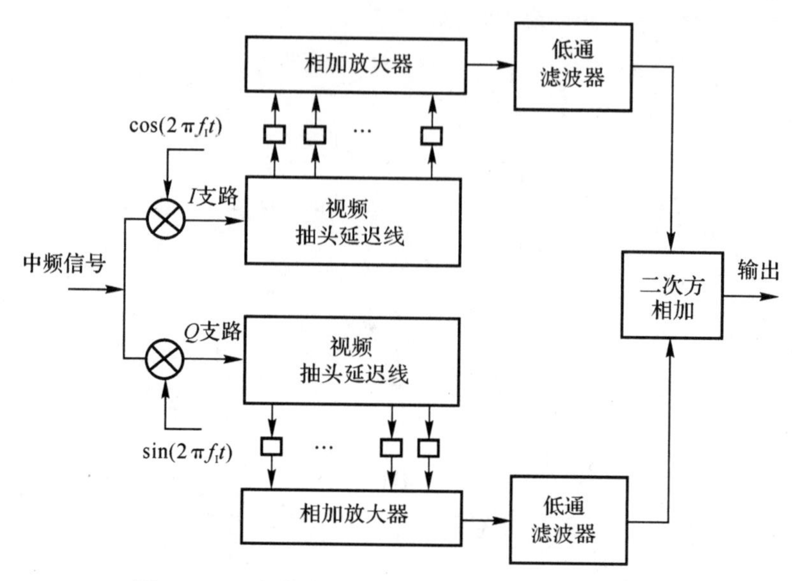

图 4.3.14　相位编码的正交双通道解调和脉冲压缩

4.3.3　采用功率合成技术

由于功率分配器和功率合成器是可逆的，在微波中用作功率分配的器件如图 4.3.15 所示环形桥和双 T 接头等，既可用作功率分配器，也能用作功率合成器，只要将输入和输出调换位置就行了。

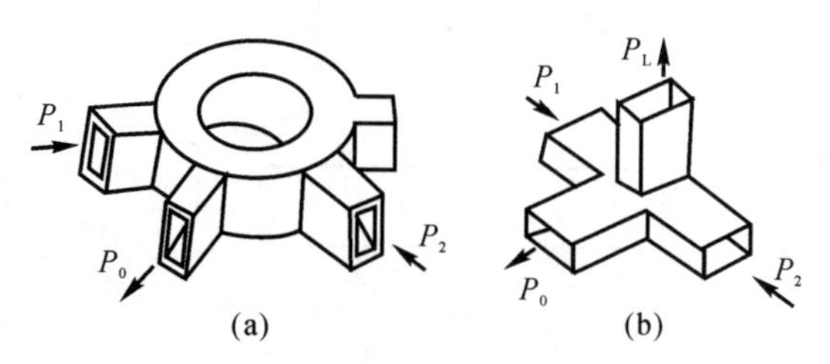

图 4.3.15　两路微波功率合成器

若两路输入功率不相等，并存在相位差时，两路功率合成的功率损失与二路信号幅度比及相位差的关系曲线如图 4.3.16 所示。图中曲线对应的合成功率 P_0 与负载吸收功率 P_L 分别为

$$P_0 = \frac{1}{2}(P_1 + P_2) + \sqrt{P_1 P_2 \cos\theta} \tag{4.3.38}$$

$$P_L = \frac{1}{2}(P_1 + P_2) - \sqrt{P_1 P_2 \cos\theta} \tag{4.3.39}$$

除了两路功率合成之外，还可以进行多路功率合成。多路功率合成可用许多二路功率合成器组合而成，也可以用 N 路合成器一次合成。图 4.3.17 中前级是二路功率分配，后级是四路功率合成。

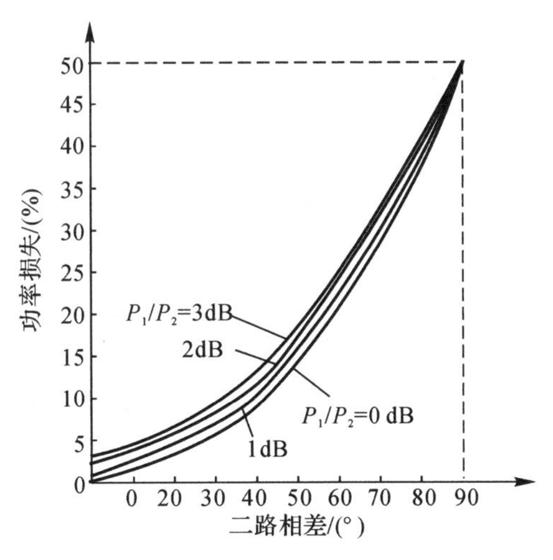

图 4.3.16　功率损失与两路幅度比及相位差的关系曲线

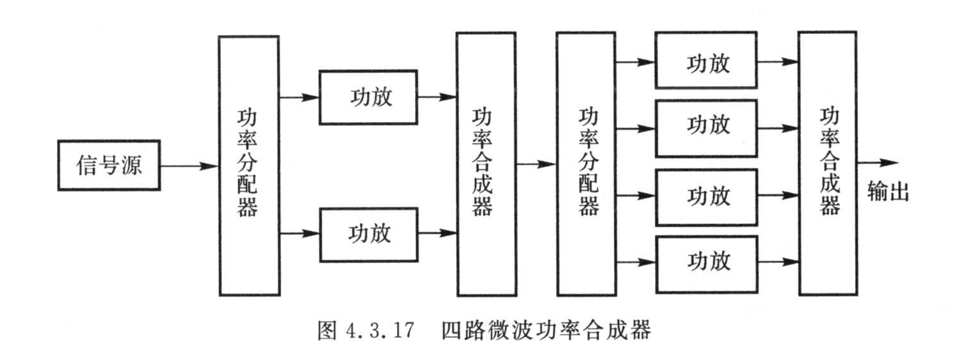

图 4.3.17　四路微波功率合成器

4.3.4　采用波束合成技术

波束功率合成就是将许多功率较小的波束合成一个波束(电磁波在空间中叠加),固态有源相控阵雷达就是应用波束功率合成的一个典型。它用许许多多个固态发射/接收模块,分别给天线阵列的各个阵元馈电,通过控制各个阵元辐射电磁波的相位,即可在空间形成一个能量很大的波束。

相控阵雷达除了具有增大发射功率的作用外,还可以形成多种不同形状的波束,并可根据需要随意改变这些波束的方向,具有很大的灵活性。从功能上说,可以边搜索、边跟踪、边进行火力控制,并可同时跟踪多批目标。从雷达防护的观点看,相控阵雷达还具有以下优点:扫描方式灵活多样、随机变化,扫描波束难以被对方侦察系统截获;具备自适应波束零点形成能力,能有效抑制某些方向上的支援式干扰;能自适应地在空间实现天线辐射信号能量的合理分配,即实现空间能量匹配;天线孔径大,雷达空间分辨力好,可抗分布式干扰;具备超低副瓣天线的条件,抗副瓣有源干扰性能好。

4.3.5　提高脉冲重复频率

发射脉冲的重复频率升高,可以增大其平均功率,经脉冲积累可以提高信干比,从而提高抗干扰能力，但同时将使雷达单值测距范围下降，可以采用两种不同的脉冲重复频率解决这个问题。目前，脉冲多普勒雷达采用的是高重频体制，在提高发射平均功率的同时，需要解决脉冲测距模糊的问题。

4.4 频率域抗干扰技术

频率域抗干扰技术就是利用雷达信号与干扰信号频域特征的差别来滤除干扰的技术。当雷达迅速地改变工作频率，跳出干扰频率范围时，就可以避开干扰。常用频率域抗干扰的方法有：选择靠近敌雷达载频的频率工作；开辟新频段；快速跳频；频率捷变；频率分集。

4.4.1 频率及频段选择

1. 选用靠近敌人雷达载频的频率

由于敌人无法对这一频率施放干扰，否则，自身雷达就将不能正常工作，因此，能够达到避开干扰的效果。

2. 开辟新频段

雷达常用的频段有超短波、L 波段(22 cm)、S 波段(10 cm)、C 波段(5 cm)和 X 波段(3 cm)。常用雷达密集频段为 220 MHz～35 GHz，敌方干扰机也重点针对这些频段实施干扰。如果雷达工作频率上超出了敌人干扰机的频率范围，雷达就不会受到干扰。

4.4.2 频率捷变技术

频率捷变雷达是一种脉冲载频在脉间(或脉组之间)作有规律或随机变化的脉冲雷达。在第二次世界大战期间，为了躲避敌人的干扰及友邻雷达的相互干扰，就开始逐渐将固定频率的雷达改为可调频率的磁控管雷达。但是，最早的可调频率磁控管采用的是机械调谐机构。在 20 世纪 50 年代初，出现了用马达带动凸轮的机械调谐机构。但是这种旋转调谐控管用到雷达中，一开始就遇到了很大的技术困难，这就是如何使本振频率能够快速跟上调谐磁控管发射脉冲的频率，而且在发射脉冲之后保持高度的频率稳定。这个问题直到 1963 年才较成功地得到解决。到 1965 年，开始了全相参频率捷变雷达的研制。由于频率捷变雷达具有很强的抗干扰能力，相比固定频率的雷达在性能上又有一定的提高，在一些国家，不但将原有的雷达改装为频率捷变雷达，而且在新设计的雷达中也广泛地采用频率捷变体制。目前来看，频率捷变雷达已经成为军用雷达的一种常规体制。频率捷变技术有两种类型：一是采用捷变频磁控管的非相参型；二是利用频率合成技术的主振放大式的全相参型。本节首先讨论频率捷变雷达的性能，然后介绍相参频率捷变雷达及频率合成器工作原理，最后简单介绍一种自适应频率捷变雷达的原理。

4.4.2.1 频率捷变雷达的性能

从抗干扰的角度来看，跳频的跨度(频差)越大、跳频速度越高抗干扰效果越好，但由此带来的复杂性和实际条件的限制，使这两个指标不能做得很高。一般要求相邻脉间频差大于雷达整个工作频带的 10%。与固定载频雷达相比，频率捷变雷达在性能上有所提高，并具有很强的抗干扰能力，现分别叙述如下。

1.提高抗干扰能力

提高雷达的抗干扰能力是采用频率捷变技术的最初出发点，也是促使现代雷达采用这一技术的重要原因之一。

(1)有效地对抗人为电子干扰。

频率捷变雷达具有低截获概率特性，这就增加了侦察设备对其侦察的困难。由于侦察不到雷达的存在或测量的参数不准，就很难对其实施有效的干扰。

由于频率捷变技术对抗窄带瞄准式干扰特别有效，这就迫使敌方采用宽带阻塞式干扰，这样一来干扰能量就大大分散了，若要提高干扰效果，必须增大总的干扰功率。

对于强功率宽频带的阻塞式干扰，简单的跳频技术是无能为力的，但具有干扰频谱分析能力的自适应频率捷变雷达，可使雷达工作在干扰频谱的弱区，减小干扰的影响。

频率捷变雷达能抗跨周期回答式干扰，这是显而易见的，因为干扰机无法预知下一周期的雷达频率。

(2)避免雷达相互干扰。

在雷达密集的环境，如舰艇上往往装有多部雷达，互相干扰是很严重的。当采用频率捷变体制时，各雷达接收到邻近雷达发射信号的概率极小，约等于雷达的工作带宽与捷变总带宽之比，基本上可以排除相互干扰。

(3)对海浪杂波的抑制能力。

海面搜索雷达对贴近海面的小型目标的检测能力受到海杂波相关性的限制，采用脉间捷变频技术能降低这种相关程度，从而提高海面目标的检测能力。因此频率捷变体制也特别适用于机载或舰艇雷达，用以检测海面低空或海上目标。

频率捷变可以使相邻周期的杂波去相关。去相关后的杂波，其统计特性完全与噪声类似，因此，采用普通的非相参积累就可以实现提高信杂比的目的。

虽然频率捷变也会使目标回波去相关而变为快速起伏，但只要积累一定数目的回波后，目标的回波幅度逐渐趋近于其平均值，而杂波的方差却大为减小。

利用频率捷变抑制海浪杂波，虽然其效果不是最理想的(不如自适应动目标显示和脉冲多普勒体制)。但由于海浪杂波强度通常比地物杂波弱很多，该体制仍可以大大提高对海上目标的检测能力。

2.提高雷达作用距离

目标的雷达截面积对频率的变化与视角的变化都十分敏感。对于同样的视角，频率的极小变化就会引起有效反射面积的极大变化，如图4.4.1所示。复杂目标是由许多分散的大小形状有极大差别的小散射体组成，而雷达天线所接收到的信号是由这些散射体所反射的电波的矢量和。当雷达发射的频率变化时，由传播路径差而引起的相位差也随之不同，因而各散射体所反射电波的矢量和也就随着变化。

由于雷达截面积对频率的依赖关系，当雷达发射脉冲工作于跳频状态时，其每个回波的幅度将会有很大的变化。当频差较大时，所接收到的回波是脉间不相关的，即围绕其平均值而快速跳动。这样，频率捷变可以改变被检测目标和杂波背景的统计性质。假定感兴趣的目标回波信号是起伏的，其统计性质在波束扫描的驻留时间内是强相关的，当采用频率捷变信号时就能起到脉间去相关的作用。在单一频率照射下的目标起伏模型是Swerling Ⅰ或Swerling Ⅲ型，而在频率捷变情况下目标起伏模型就变成了SwerlingⅡ或Ⅳ型，在同样的检测概率下，后者比前者需要的信噪比小，这就体现出了频率捷变的好处。

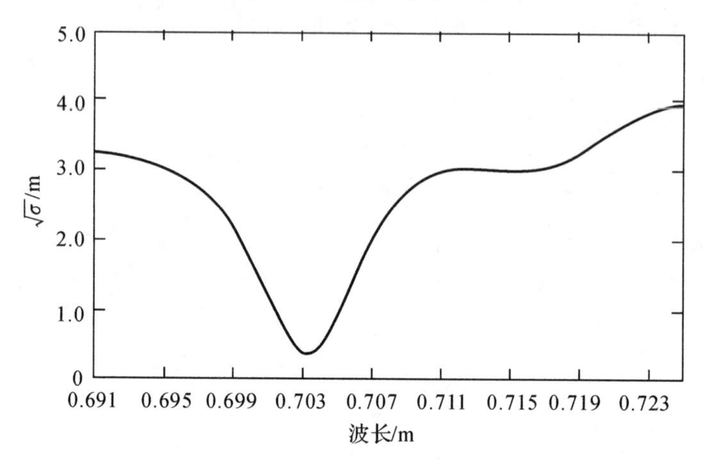

图 4.4.1　一个大型喷气式飞机前端雷达截面积 σ 和波长 λ 的关系

由图 4.4.2 可看出，当脉冲积累为 $N=20$，$P_{fa}=2\times10^{-5}$，$P_d=90\%$时，要获得同样的作用距离，则在其他参数均相同情况下，采用固定频率的雷达需要的发射功率比采用频率捷变的雷达需要的发射功率大 7.5dB (6 倍)。若采用相同的发射功率，则频率捷变雷达的作用距离是固定频率时的 1.5 倍。当然在 $P_d<33\%$时频率捷变雷达的检测性能还不如固定频率雷达，但这样低的检测概率是很少应用的。

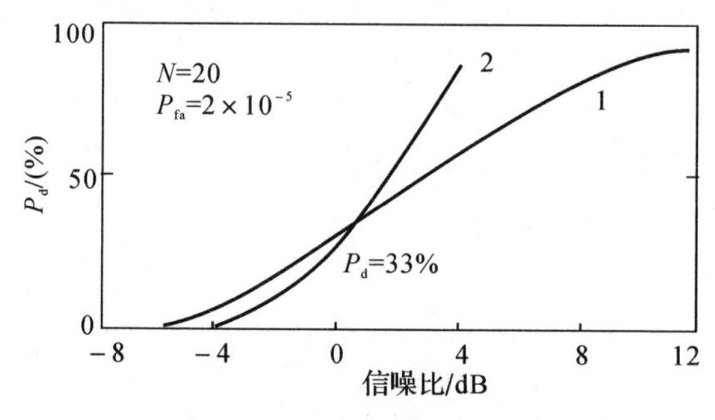

图 4.4.2　发现概率与信噪比的关系

1—固定频率；　2—频率捷变雷达

3. *提高跟踪精度*

目标回波的视在中心的角度变化称为角闪烁，它表现为角噪声，会引起测角误差。角闪烁的大小与目标的尺寸、目标的视角、雷达的频率和伺服带宽等因素有关。这种视在中心角度的变化在固定频率的雷达中是慢变化的，形成的误差难以消除。

对于频率捷变雷达，每一脉冲的射频都不一样，由此引起目标视在中心的变化的速变加快，而视在中心的均值接近真值。这种闪烁的快变化成分是不能通过伺服系统的，因而频率捷变雷达能改善角跟踪精度。

频率捷变能减少低仰角跟踪时多路径效应引起的误差。地面或海面反射所引起的波束分裂，其最小点的角度位置是和雷达所用的工作频率有关的。改变工作频率就可以改变最小点的位置。因此，当雷达工作于频率捷变时，就可以使分裂的波瓣相互重叠，从而消除了波瓣分裂(多路径)的影响。这在采用计算机跟踪录取的雷达中,可以大大减小丢失目标的概率。

4. 消除二次(或多次)环绕回波

在很多地面雷达中(尤其是海岸警戒雷达),由于大气的超折射现象引起的异常传播,常会使雷达有极远的探测距离。这就使远距离的地物杂波或海浪干扰在第二次(或更多次)重复周期内反射回来。轻者会增加噪声背景,严重时甚至会淹没正常目标回波。但在频率捷变雷达中,第二次发射脉冲的载频与第一次的不同,当超量程的环绕回波返回时,接收机的频率范围已经改变。因此接收机不能收到这种信号,这就自然地消除了二次或多次环绕回波。但正是这个原因,频率捷变体制不能直接用到具有距离模糊的高重复频率的雷达中。

4.4.2.2　相参频率捷变

相参频率捷变雷达的发射脉冲载频与本振信号是由同一个稳定信号源产生的,二者之间保持严格的相位关系。由于全相参频率捷变雷达的工作频率可用数字技术来控制,它的捷变频有更大的灵活性,可以实现复杂规律的捷变和自适应捷变,同时也可以实现信号的相参处理。

相参频率捷变与非相参频率捷变相比,在技术上要复杂得多。相参频率捷变雷达采用主振放大式发射机,由于基准信号是由高稳定的晶体振荡器产生的,因此其发射信号具有较高的频率稳定度和相位稳定度。

在相参频率捷变雷达中,核心技术问题是频率合成问题。频率合成系统应能产生数目足够多的频率信号,对每个频率信号而言,频谱纯度都很高,并能以微秒级时间实现跳频。目前,主要有三类频率合成技术:直接模拟频率合成技术、直接数字频率合成技术和间接频率合成技术。

1. 直接模拟频率合成技术

直接模拟频率合成是指用给定的基准频率,利用“加、减、乘、除”等手段,产生新的所要求频率的技术。实现频率的加、减,通常用混频器来完成;实现频率的乘、除通常用倍频器和分频器来完成。这种方法得到的信号长期和短期稳定度高,频率变换速度快,但调试难度较大,杂散抑制不易做好。目前此法仍在一些雷达信号产生器中应用。

一种十进制开关选择法直接模拟频率合成器的例子如图 4.4.3 所示。

基准振荡器产生基准频率 f_i,它经谐波发生器后又经 10 个选频放大器,得到 10 种频率,加到开关矩阵。开关矩阵有 10 路频率输入和两路频率输出,它受数字指令控制,输出频率可能是 10 种频率中任意两个:f_m 和 f_n。f_m 经 1/10 分频成 $f_m/10$,再经滤波放大,与 f_n 混频得 $f_n+f_m/10$。f_m 和 f_n 是基本频率中 10 次谐波的任意一个,最低频率为 $f_{0\min}=f_{n\min}+f_{m\min}/10$,最高频率为 $f_{0\max}=f_{n\max}+f_{m\max}/10$,共 100 个频率。当 f_0 频率低于雷达所需要的工作频率时,经倍频器倍频为雷达工作频率,再经放大链放大成大功率信号。

直接频率合成器的频率捷变时间主要取决于矩阵开关的响应时间。这个时间可以做得很短,约几微秒。

2. 直接数字频率合成技术(DDS)

随着数字集成电路和微电子技术的发展,出现了一种新的合成方法——直接数字式频率合成(DDS)。它从相位的概念出发进行频率合成,采用了数字采样存储技术,具有频率分辨力高、转换时间短等突出优点,是新一代频率合成器,已经在军事和民用领域得到了广泛应用。

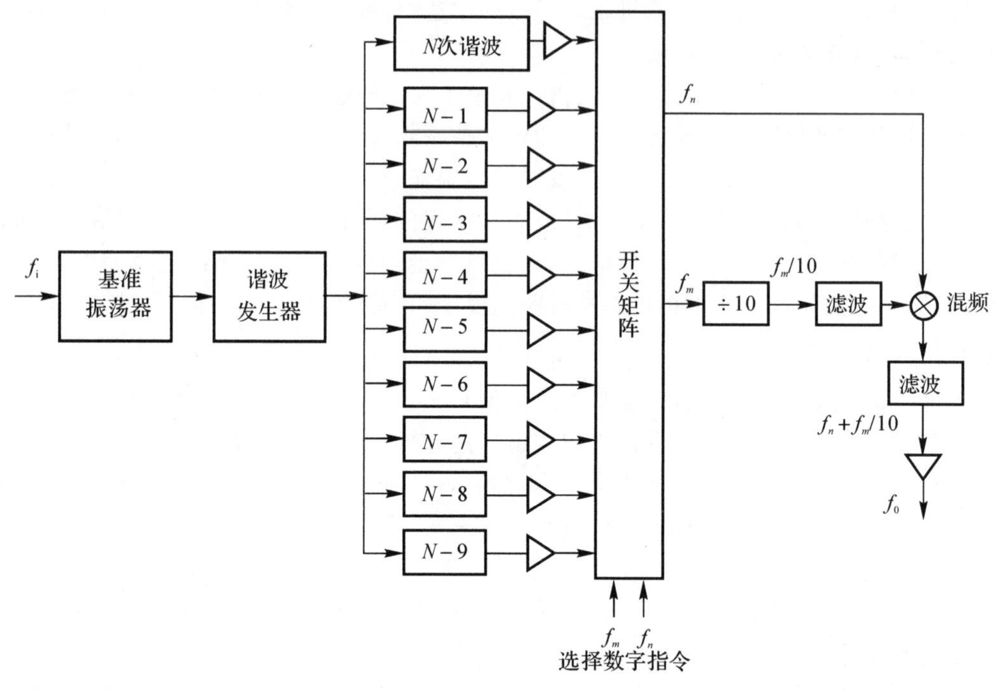

图 4.4.3　十进制开关选择法频率合成器

DDS 的原理框图如图 4.4.4 所示，它包含相位累加器、波形存储器、数模转换器、低通滤波器和参考时钟五部分。在参考时钟的控制下，相位累加器对频率控制字 K 进行线性累加，得到的相位码 $\phi(n)$ 对波形存储器寻址，使之输出相应的幅度码，经过数模转换器得到相对应的阶梯波，最后经低通滤波器得到连续变化的波形。

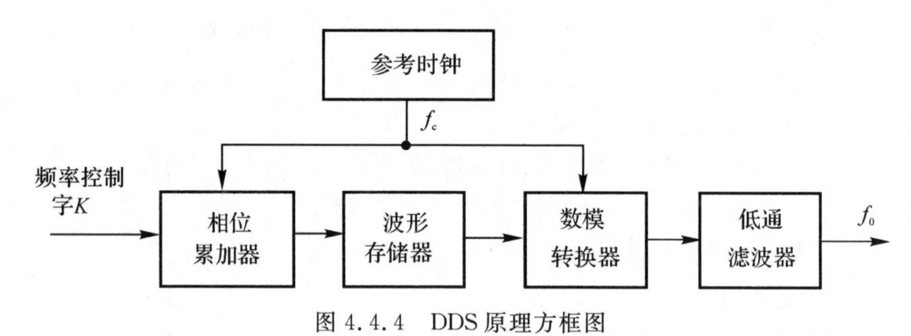

图 4.4.4　DDS 原理方框图

理想的正弦波信号 $s(t)$ 可表示为

$$s(t)=A\cos(2\pi ft+\phi_0) \tag{4.4.1}$$

式(4.4.1) 说明 $s(t)$ 在振幅 A 和初相 ϕ_0 确定后，频率由相位唯一确定。

$$\phi(t)=2\pi ft \tag{4.4.2}$$

DDS 就是利用式(4.4.2) 中 $\phi(t)$ 与时间 t 呈线性关系的原理进行频率合成的，在时间 $t=T_c$(T_c 为取样周期) 间隔内，正弦信号的相位增量 $\phi(t)$ 与正弦信号的频率 f 构成一一对应关系，如图 4.4.5 所示。

$$f=\phi(t)/(2\pi T_c) \tag{4.4.3}$$

为了说明DDS相位量化的工作原理,可将正弦波一个完整周期内相位 $0 \sim 2\pi$ 的变化用相位圆表示,其相位与幅度一一对应,即相位圆上的每一点均对应输出一个特定的幅度值,如图 4.4.6 所示。

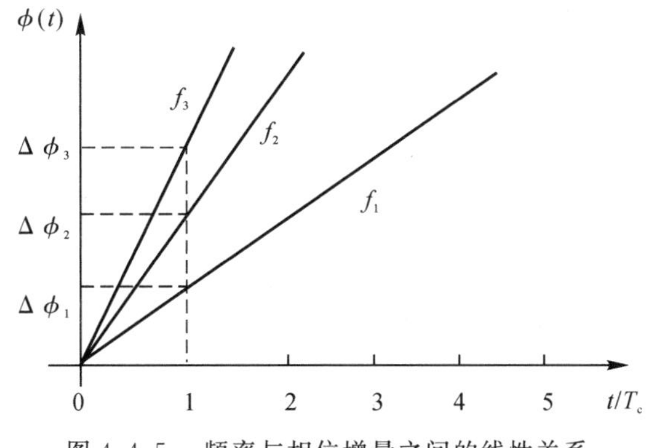

图 4.4.5　频率与相位增量之间的线性关系

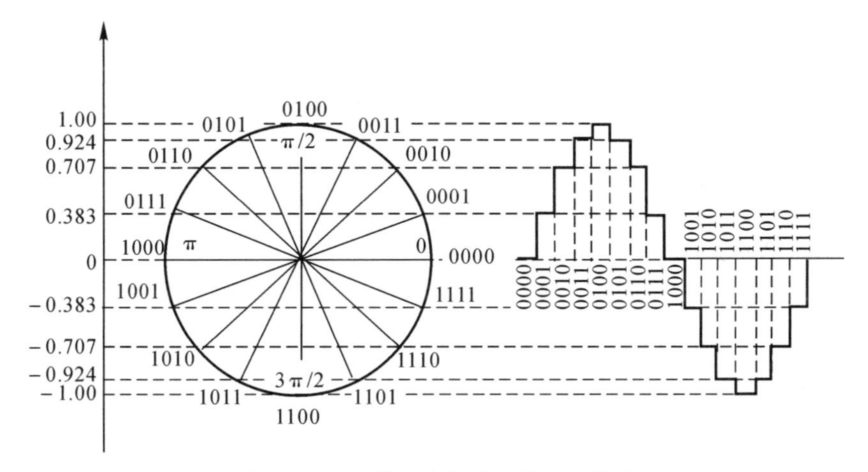

图 4.4.6　相位码与幅度码的对应关系

一个 N 位的相位累加器对应相位图上 2^N 个相位点,其最低相位分辨率为 $\phi_{\min} = \Delta\phi = 2\pi/2^N$。在图 4.4.6 中 $N=4$,则共有 $2^4 = 16$ 种相位值与 16 种幅度值相对应。该幅度值存储于波形存储器中,在频率控制字 K 的作用下,相位累加器给出不同的相位码(用其作地址码)去对波形存储器寻址,完成相位-幅度变换,经数模转换器变成阶梯正弦波信号,再通过低通滤波器平滑,便得到模拟正弦波输出。

在图 4.4.4 所示方框图中的时钟电路是由一个高稳定的晶体振荡器产生的,用于提供DDS中各部件同步时钟。频率控制字 K 送到 N 位相位累加器中的加法器数据输入端,相位累加器在时钟频率的作用下,不断对频率控制数据进行线性相位累加,当相位累加器累积满量时就会产生一次溢出,累加器的溢出频率就是 DDS 输出的信号频率。由此可看出:相位累加器实际上是一个模数 2 为基准、受频率数据控制字 K 而改变的计数器,它累积了每一个参考时钟周期 T_c 内合成信号的相位变化,这些相位值对 ROM 寻址。在 ROM 中写入了 2^N 个正弦数据,每个数据有 D 位。不同的频率控制码 K,导致相位累加器的不同相位增量,这样从 ROM

输出的正弦波形的频率不同，ROM 输出的 D 位二进制数送到 DAC 进行 D/A 变换，得到量化的阶梯形正弦波输出，最后经低通滤波器滤除高频分量，平滑后得到模拟正弦波信号。

波形存储器主要完成信号的相位序列 $\phi(n)$ 到幅度序列 $s(n)$ 之间的转化。从理论上讲，波形存储器可以存储具有周期性的任意波形，在实际应用中，以正弦波最具有代表性，也应用最广。

DDS 输出信号的频率与时钟频率以及频率控制字之间的关系为

$$f_{\text{out}} = Kf_{\text{c}}/2^N \tag{4.4.4}$$

式中，f_{out} 为 DDS输出信号的频率；K 为频率控制字；f_{c} 为时钟频率；N 为相位累加器的位数。

由于 DDS 采用了不同于传统频率合成方法的全数字结构，因而具备许多直接式频率合成技术和间接式频率合成技术所不具备的特点。DDS 频率合成技术的特点如下：

(1) 极高的频率分辨率。

这是 DDS 最主要的优点之一，由式(4.4.4) 可知，当参考时钟确定后，DDS 的频率分辨率由相位累加器的字长 N 决定。理论上讲，只要相位累加器的字长 N 足够大，就可以得到足够高的频率分辨率，可达微赫兹量级。当 $K=1$ 时，DDS 产生的最低频率，称为频率分辨率，即

$$f_{\min} = f_{\text{c}}/2^N \tag{4.4.5}$$

例如，直接数字频率合成器的时钟采用 50 MHz，相位累加器的字长为 48 位，频率分辨率可达 0.18×10^{-6} Hz，这是传统频率合成技术所难以实现的。

(2) 输出频率相对带宽很宽。

DDS 的输出频率下限对应于频率控制字 $K=0$ 时的情况，$f_{\text{out}}=0$ 即可输出直流。根据 Nyquist 定理，从理论上讲，DDS 的输出频率上限应为 $f_{\text{c}}/2$，但由于低通滤波器的非理想过渡特性及高端信号频谱恶化的限制，工程上可实现的 DDS 输出频率上限一般为

$$f_{\max} = 2f_{\text{c}}/5 \tag{4.4.6}$$

因此，可得到 DDS 的输出频率范围一般是 $0 \sim 2f_{\text{c}}/5$ 。这样的相对带宽是传统频率合成技术所无法实现的。

(3)极短的频率转换时间。

这是 DDS 的又一个主要优点，由图 4.4.4 可知，DDS 是一个开环系统，无反馈环节。这样的结构决定了 DDS 的频率转换时间是频率控制字的传输时间和以低通滤波器为主的器件频率响应时间之和。在高速 DDS 系统中，由于采用了流水线结构，其频率控制字的传输时间等于流水线级数与时钟周期的乘积，低通滤波器的频响时间随截止频率的提高而缩短，因此高速 DDS 系统的频率转换时间极短，一般可达纳秒量级。

(4)频率捷变时的相位连续性。

从 DDS 的工作原理中可以看出，当改变其输出频率时，是通过改变频率控制字 K 实现的，实际上这改变的是信号的相位增长速率，而输出信号的相位本身是连续的，这就是 DDS 频率捷变时的相位连续性，图 4.4.7 所示是 DDS 频率变换过渡过程的示意图。

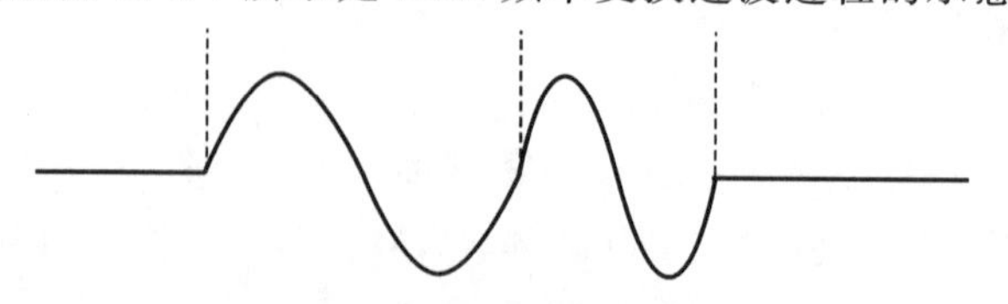

图 4.4.7　DDS 频率变换过渡过程

在许多应用系统中，如跳频通信系统，都需要在捷变频过程中保证信号相位的连续，以避免相位信息的丢失和出现离散频率分量。传统的频率合成技术做不到这一点。

(5)任意波形输出能力。

根据 Nyquist 定理，DDS 中相位累加器输出所寻址的波形数据并非一定是正弦信号，只要该波形所包含的高频分量小于取样频率的一半，那么这个波形就可以由 DDS 产生，而且由于 DDS 为模块化的结构，输出波形仅由波形存储器中的数据来决定，因此，只需要改变存储器中的数据，就可以利用 DDS 产生出正弦、方波、三角波、锯齿波等任意波形。

(6)数字调制功能。

由于 DDS 采用全数字结构，本身又是一个相位控制系统，因此可以在 DDS 设计中方便地实现线性调频、调相以及调幅的功能，可产生 ASK、FSK、PSK、MSK 等多种信号。

(7)工作频带的限制。

这是 DDS 的主要缺点之一，也是其应用受到限制的主要因素。根据 DDS 的结构和工作原理，DDS 的工作频率显然受到器件速度的限制，主要是指 ROM 和 DAC 速度的限制。采用 CMOS 工艺的逻辑电路速度可达到 60～80 MHz，采用 TTL 工艺的逻辑电路速度可达到 150 MHz，采用 ECL 工艺的电路可达到 300～400 MHz，采用 GaAs 工艺可达到 2～4 GHz。因此，目前 DDS 的最高输出频率为 1 GHz 左右。

(8)相位噪声性能。

DDS 的相位噪声主要由参考时钟信号的相噪和器件本身的噪声基底决定。从理论上讲，输出信号的相位噪声会对参考时钟信号的相位噪声有 $20\lg(f_c/f_{out})$ dB 的改善。但在实际工程中，必须要考虑包括相位累加器、ROM 和 DAC 等在内的各部件噪声性能的影响。

(9)杂散抑制差。

由于 DDS 一般采用了相位截断技术，它的直接后果是给 DDS 的输出信号引入了杂散。同时，波形存储器中的波形幅度量化所引起的有限字长效应和 DAC 的非理想特性也都将对 DDS 的杂散抑制性能产生很大的影响。杂散抑制差是 DDS 的又一缺点。

另外，集成化、体积小、价格低、便于程控也是 DDS 的特点。

3. 间接频率合成技术

间接频率合成器也称为锁相频率合成技术。它是利用一个或几个参考频率源，通过谐波发生器混频和分频等产生大量的谐波或组合频率，然后用锁相环，把压控振荡器的频率锁定在某一谐波或组合频率上。由压控振荡器间接产生所需频率输出。这种方法优点是稳频和杂散抑制好，调试简便；缺点是频率切换速度比直接合成器的慢。

以锁相环为核心的频率合成器，除了锁相环之外，还有分频器、倍频器和混频器。这些部件可置于锁相环之前，也可在反馈回路之中。图 4.4.8 所示是反馈回路中有分频器的频率合成器。在反馈回路中，总分频次数为 NM，通过锁相环的作用，使鉴相器两输入信号的频率相等，因此可得

$$f_x \frac{1}{M} \frac{1}{N} = f_s \tag{4.4.7}$$

$$f_x = f_s MN \tag{4.4.8}$$

图 4.4.9 所示是另一种频率合成器，在锁相环的反馈回路中含有混频器。信号频率 f_s 经 M 次倍频后，再与 f_x 混频得出 $f_x - Mf_s$，再经可变分频器进行 N 次分频得 $(f_x - Mf_s)/N$，送

至鉴相器。在锁相正常时，可求出输出频率 f_x。上述两种方法，当改变可变分频器的分频比 N 时，就能改变输出频率 f_x。

$$f_s=(f_x-Mf_s)/N \tag{4.4.9}$$

$$f_x=(M+N)f_s \tag{4.4.10}$$

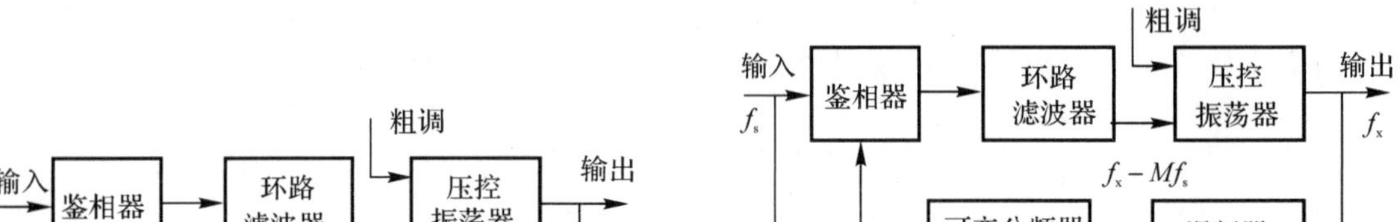

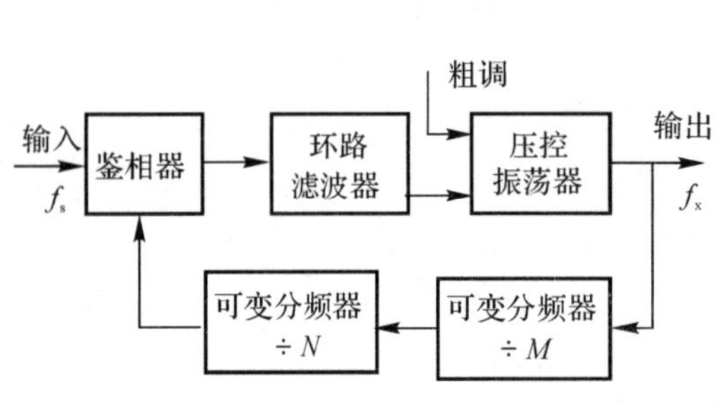

图 4.4.8　分频反馈锁相频率合成器

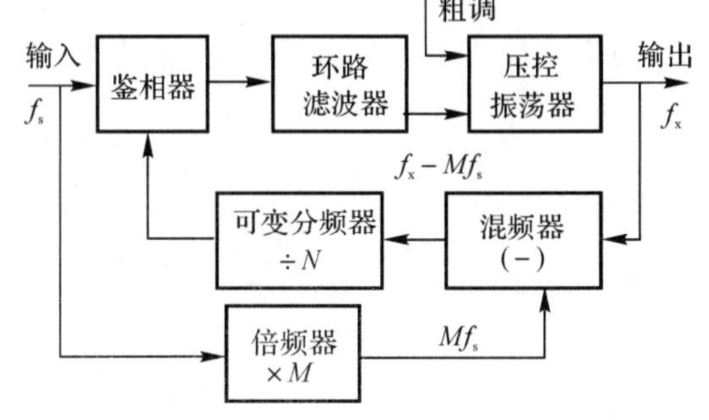

图 4.4.9　混频反馈锁相频率合成器

当需要得到可变频率的数目较多时，可用多个锁相环级联。

4.4.2.3　自适应频率捷变

前面讲的频率捷变是随机的或按某种规律来跳变的。但由于发射频率不是选在干扰弱区，故雷达仍有受干扰的可能。如果干扰带宽占捷变带宽的 1/10，当等概率捷变频时，仍有 1/10的时间受到干扰。

自适应捷变频中，雷达工作频率并不是盲目地乱变，而是根据干扰的频谱分布有目的地进行跳频。首先用侦察分析设备分析敌人干扰特性，主要是频谱，然后引导雷达工作频率跳到干扰频谱的空隙或弱区。此项任务至少要分三步来完成：首先要接收干扰并对其频谱进行分析，其次是进行门限判决找出干扰谱空隙和弱区，再次是通过逻辑控制电路控制频率合成器工作于相应的频率范围。一种自适应捷变频雷达方框图如图 4.4.10 所示。

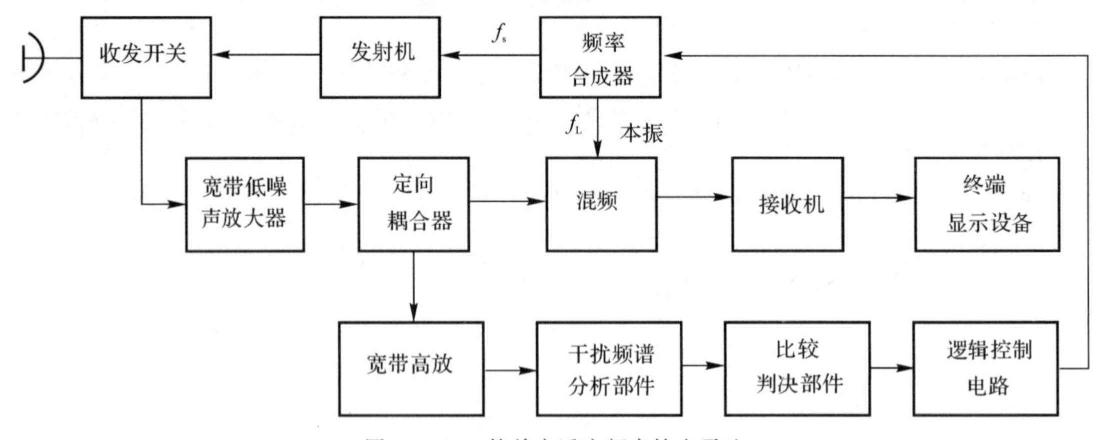

图 4.4.10　简单自适应频率捷变雷达

图中宽带放大器对干扰信号进行放大。干扰频谱分析器分为扫频式和并列通道式两种。扫频式是指用磁调滤波器(YIG)做成窄带滤波器，其中心频率可在测频范围内扫描，检波器输出的信号强弱反映了不同频率上干扰的强弱，这样就可由比较判决部件找出干扰谱的空隙和弱区。并列多通道式是采用并列滤波器组，它们的频率特性依次排列并覆盖要侦察分析的整个频段，各滤波器都接有检波器，其输出送到比较判决部件。这两种方法中，前者简单，但速度慢，后者复杂，但速度快。若采用大规模微波集成电路，用并列多通道式，将得到满意的结果。

比较判决部件，类似于门限检测装置。干扰频谱分析器输出的电压实际上是代表干扰频谱的分布。首先对此电压进行时间采样，采样后与门限电平比较，超过门限就有脉冲输出，经过一定的时间 T，判别超出门限电平的脉冲数，就可以看出各频率上干扰的强弱。

根据各频率上干扰的强度，选择一个干扰最弱区域的频率，在逻辑控制电路中产生一定的指令码，控制频率合成器产生相应的发射频率和本振频率。

自适应频率捷变体制是雷达抗干扰的发展方向之一。

4.4.3　频率分集技术

频率分集(Frequency Diversity)是为完成同一个任务采用相差较大的多个频率，同时或近似同时工作的一种技术。频率分集可以采用由若干个雷达工作在不同频率上这种形式，也可以是单个雷达系统采用多个不同频率这种形式。

对于后一种形式，在同步脉冲的作用下，几个不同频率的雷达发射机，以一定间隔(或彼此衔接)，产生等幅、等宽的高频强功率脉冲，经各自的带通滤波器进入高频功率合成器，经天线射向空间。天线形成几个不同频率的波束。这几个波束形状相近并重合在一起，也可以将几个波束自上而下地依次排列开，这样可减小盲区。接收时，天线将收到的目标回波信号送往高频滤波器，由高频滤波器按频率将信号分路并送入各自的接收通道，经高放、混频、中放、检波后将视频信号送入信号的组合逻辑电路。该电路对各路信号进行相应的时间延迟，使各路信号的到达时间相同，叠加后加到雷达终端。

与频率捷变雷达一样，频率分集雷达可以减小目标起伏的影响，从而增大雷达作用距离，提高发现概率和跟踪精度。

由于频率分集雷达能增加雷达总的发射功率，降低目标起伏对测角精度的影响，消除地面反射引起波瓣分裂的影响，从而显著地改善了雷达的工作性能，提高了雷达对目标的探测能力。同时，由于采用多部收发设备，还提高了雷达的可靠性。

在电子防护方面，由于频率分集雷达工作于多个不同的频率值，所以当敌方施放瞄准式干扰时，只能使其一路或几路通道失效，其他通道仍能正常工作。频率分集雷达还能迫使阻塞式干扰机加宽干扰频带，从而降低干扰的功率密度。然而，由于频率分集雷达是靠增加发射机和接收机的数量形成不同载频的脉冲，其载频数不可能很多，所以其抗干扰性能提高与频率捷变雷达相比是有限的。

4.5　速度域抗干扰技术

军用雷达要探测和跟踪的目标通常是运动目标，而目标周围和背景的地物、海浪、云雨或敌方施放箔条等能对雷达形成很强的杂波背景干扰，使处于强杂波背景下的运动目标难以检测。动目标信号处理技术就是利用目标与背景干扰物之间运动速度的差异，将固定(或缓慢运动)背景杂波干扰抑制掉。

动目标信号处理技术主要可以分为动目标显示技术(MTI)、动目标检测技术(MTD)和脉冲多普勒(PD)技术。脉冲多普勒雷达是应用PD技术具有抗强杂波背景干扰的新型雷达体制。这种雷达具有脉冲雷达的距离鉴别力和连续波雷达的速度鉴别力,有更强的杂波抑制能力,因而能在较强的杂波背景中分辨出动目标回波。这种雷达明显地提高了从运动杂波中检测目标的能力,不仅广泛应用在机载雷达中,也在新型地面雷达中得到应用。

4.5.1 动目标的多普勒效应

在雷达目标的检测中,除接收机噪声外,还有目标所处环境的回波(如陆地、海洋和气象等回波)。环境的回波会扰乱雷达的显示和目标的检测,因而被称为杂波。杂波强度可能比有用目标回波强度大多个数量级,有可能大于60 dB或70 dB,或更多,这要取决于雷达的类型和目标所处的环境。根据雷达用途和所在的平台,杂波分为固定杂波和运动杂波。若雷达与杂波之间没有相对径向运动,杂波则为固定杂波;若雷达与杂波之间存在相对径向运动,杂波则为运动杂波。在强杂波背景下,仅从幅度上区分运动目标与杂波已很困难。例如,当一架飞机的回波和杂波同时出现在同一个雷达分辨单元时,雷达有可能检测不出飞机。

在大多数地面、舰载和机载雷达的工作环境中,杂波回波掩盖感兴趣的有用目标回波。如果目标相对于杂波在运动,则可以利用由这种相对径向运动产生的多普勒频移来滤除不需要的杂波回波。因此,利用雷达和目标之间的相对径向运动所产生的多普勒频移也就成为在强杂波中检测运动目标的重要方法。

多普勒效应是指当发射源和接收者之间有相对径向运动时,接收到的信号频率将发生变化。这一物理现象首先在声学上由物理学家克里斯顿.多普勒于1842年发现,1930年左右开始将这一规律运用到电磁波领域。当雷达和目标之间存在相对径向运动时,雷达接收到的目标回波信号的载波频率相对于雷达发射信号的载波频率将发生变化,二者的差称为目标的多普勒频移(也称为多普勒频率)。通过测量回波的多普勒频移,可以把运动的目标与不运动的目标区分开来,可以把运动速度不同的目标区分开来。多普勒效应使雷达从强杂波背景中检测目标回波成为可能。

对于理想“点”目标,即目标尺寸远小于雷达分辨单元的情况,多普勒频率可表示为

$$f_d = \frac{2v_r}{\lambda} \tag{4.5.1}$$

式中,λ 为工作波长;v_r 为雷达和目标之间相对运动的速度(径向速度)。

多普勒频率正比于相对运动的速度 v_r 而反比于工作波长 λ。当目标飞向雷达站时,多普勒频率为正值,接收信号频率高于发射信号频率;而当目标背离雷达站飞行时,多普勒频率为负值,接收信号频率低于发对信号频率。

发射信号(窄带信号,即信号带宽远小于载频)可表达为

$$s(t) = \mathrm{Re}[u(t)\mathrm{e}^{\mathrm{j}\omega_0 t}] \tag{4.5.2}$$

式中,Re表示取实部;$u(t)$ 为调制信号的复数包络;ω_0 为发射角频率。

回波信号可表示为

$$s_r(t) = \mathrm{Re}\{ku(t-t_r)\exp[\mathrm{j}(\omega_0+\omega_d)(t-t_r)]\} \tag{4.5.3}$$

式中,ω_d 为多普勒角频率;t_r 为目标的延迟时间;k 为传播过程引起的系数。

图4.5.1给出了连续波信号发射频谱和接收频谱及经过相干检波器后的频谱。图4.5.2

给出了脉冲信号发射频谱和接收频谱及经过相干检波器后的频谱。图中 f_0 为发射载频，f_d 为多普勒频率，f_r 为脉冲重复频率，τ 为脉冲宽度。

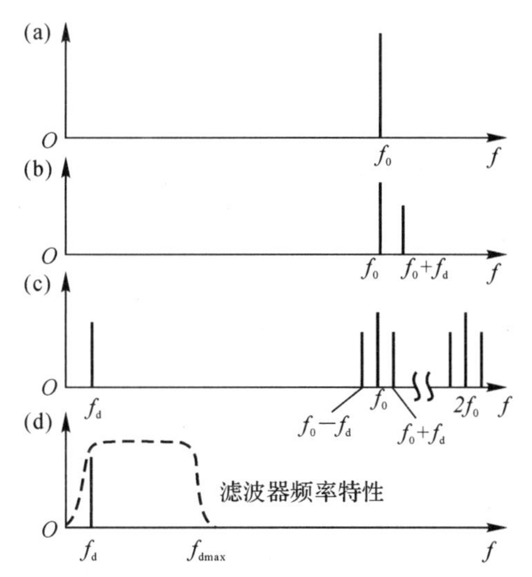

图 4.5.1　连续波工作时信号频谱(单边带频谱)

(a)发射信号频谱；(b)接收信号及基准信号频谱；(c)混频器输出频谱；(d)低通滤波器输出频谱

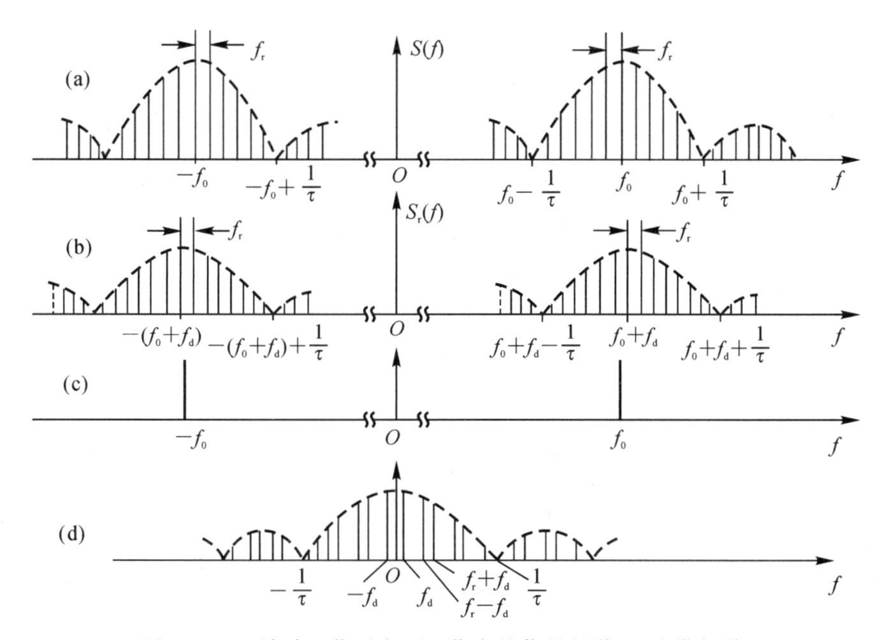

图 4.5.2　脉冲工作时主要工作点的信号频谱(双边带频谱)

(a)发射信号频谱；(b)接收信号频谱；(c)相参电压频谱；(d)相位检波器输出频谱

4.5.2　动目标显示技术

动目标显示技术(MTI)用于抑制来自地、海和雨之类固定的或慢动的无用回波信号，并且能检测或显示飞机之类运动目标的信号，广泛应用在地面雷达或舰载雷达中。

MTI处理原理较简单、运算量较低。假设一个固定雷达照射一个处于静止杂波背景中的运动目标，对于每一个脉冲，其回波信号中的杂波分量都相同，而运动目标分量的相位会随距离的变化(由于目标运动)而改变。相邻脉冲的回波进行相减，就可以对消杂波分量，而目标信号由于其相位的改变，通常对消不掉(或不能完全对消掉)。

从频域处理的角度看，MTI处理相当于一个带阻滤波器处理。回波信号经过带阻滤波器输出一个新的慢时间信号，它包含噪声以及可能存在的一个或多个运动目标信号。此慢时间信号再通过一个门限检测器。如果MTI滤波输出的信号幅度超过检测门限，就表明目标存在。

尽管MTI处理形式简单，但一个良好设计的MTI处理器能将信杂比(SCR)改善几分贝到20 dB，对于某些杂波环境，甚至改善得更多。

值得指出的是，MTI处理只能给出运动目标是否存在的判决信息，并不能给出目标多普勒频率的估计信息，也不能给出多普勒正负号的信息。也就是说，它能够判断目标的存在并能测量目标的距离和角度，但不能确定目标径向速度的大小和方向。

4.5.3 脉冲多普勒雷达

4.5.3.1 脉冲多普勒雷达的特点

脉冲多普勒雷达是以提取目标多普勒频移信息为基础的脉冲雷达。一般来说，脉冲多普勒雷达有以下三个特点。

1. 足够高的脉冲重复频率

脉冲多普勒雷达选用足够高的脉冲重复频率，保证在频域上能区分杂波和运动目标。当需要测定目标速度时，重复频率的选择应能保证测速没有模糊，但这时往往存在距离模糊。

为保证单值测速的要求，应满足

$$f_{\mathrm{dmax}} \leqslant \frac{1}{2} f_{\mathrm{r}} \tag{4.5.4}$$

式中，f_{dmax} 是目标相对于雷达的最大多普勒频移；f_{r} 是雷达的脉冲重复频率。

为保证单值测距的要求应满足

$$t_{\mathrm{dmax}} \leqslant T_{\mathrm{r}} \tag{4.5.5}$$

式中，t_{dmax} 为目标回波相对于发射脉冲的最大迟延；T_{r} 为雷达脉冲重复周期。

要同时保证单值测速和单值测距，应满足

$$f_{\mathrm{dmax}} t_{\mathrm{dmax}} \leqslant \frac{1}{2} \tag{4.5.6}$$

在绝大多数机载下视雷达中，式(4.5.6)是不能满足的，因而测速和测距总有一维是模糊的。

脉冲多普勒雷达重复频率的选择是一个重要问题。通常脉冲多普勒频率选用较高的脉冲重复频率。但根据不同的战术应用，也可选用中、低重复频率。高、中、低重复频率各有优缺点，分别适应不同的情况，一般应按照雷达探测目标的不同场合分别做出不同的选择。

2. 能实现对脉冲串频谱中单根谱线的多普勒滤波

在脉冲多普勒雷达中，运动目标回波为一相参脉冲串，其频谱为具有一定宽度的多根谱线，谱线的位置相对发射信号频谱具有相应的多普勒频移。因此与信号匹配的滤波器应是梳状滤波器，其中每一梳齿就是与信号谱线形状相匹配的窄带滤波器。由于目标速度是未知的，因此与未知速度信号匹配的滤波器应是毗邻的梳状滤波器组。在信号处理时,可以截取一频段,例如 $f_0-\frac{f_r}{2}\sim f_0+\frac{f_r}{2}$,在这一频段中,设置与信号谱线相匹配的窄带滤波器组,这时相参脉冲串的多根谱线变成了单根谱线,失掉了距离信息,故在接收机的中频单边带滤波以前要加距离选通波门(距离门)以便获得测距性能。

脉冲多普勒雷达具有对目标信号单根谱线进行滤波的能力,改善因子达 50～60 dB,还能提供精确的速度信息,而动目标显示雷达则不具有这一能力。

3. 相参处理要求高

脉冲多普勒雷达要求发射信号具有很高的稳定性,包括频率稳定和相位稳定。发射系统采用高稳定度的主振源和功率放大式发射机,保证高纯频谱的发射信号,尽可能减少由于发射信号不稳而给系统带来附加噪声。

脉冲多普勒雷达的高性能是以高的技术要求为前提的,主要包括能产生极高频谱纯度的发射信号、大线性动态范围的接收机和先进的信号处理技术等。

4.5.3.2 脉冲多普勒雷达的应用

脉冲多普勒雷达原则上可用于一切需要在地面杂波背景中检测运动目标的雷达系统中,目前典型的应用见表 4.5.1,如机载预警、机载截击、导弹寻的、地面制导和气象等。

表 4.5.1 脉冲多普勒雷达的应用和要求

雷达应用	要 求	复杂性
机载预警	探测距离远,距离数据精确	能容许有复杂的设备
机载截击	具有中等的探测距离和粗略的距离精度	允许有中等的复杂程度
导弹寻的	可以不需要真实的距离信息	对振动和复杂性有严格限制
地面制导	探测距离远,需要解距离模糊	能容许有复杂的设备
气 象	速度和距离分辨力高	中等复杂程度

4.5.3.3 机载下视雷达的杂波谱

脉冲多普勒雷达实质上就是利用运动目标回波与杂波在频谱上的差别,抑制杂波提取运动目标信息的。从原理上讲,脉冲多普勒雷达相当于一种高精度、高灵敏度和多个距离通道的频谱分析仪。因此,研究脉冲多普勒雷达首先应研究信号与杂波频谱的特性。

1. 目标的多普勒频移

设雷达站装在固定的平台上,目标相对于雷达站的径向速度为 v_{r0},雷达接收信号相对于发射信号的多普勒频移为 $f_d=2v_{r0}/\lambda$。对于机载雷达,考虑到目标与雷达的相对速度,$f_d=2(v_{r0}+v_{T0})/\lambda$,式中 v_{T0} 为载机速度在目标视线方向的投影。

2. 机载下视雷达的杂波谱

顾名思义,这里的杂波频谱是指机载雷达下视时,通过雷达天线主瓣和副瓣进入接收机的地面或海面反射回波的频谱。由于机载雷达设在运动的平台上,它与固定目标之间有相对运动。对于不同的固定反射物,因其与雷达的相对速度不同将会产生不同的多普勒频移。

(1) 天线主瓣杂波。

天线方向图采用针状波束时,主瓣照射点的位置不同,反射点有不同的相对速度。如图

4.5.3 所示，可求出杂波多普勒频移和主瓣位置的关系。

设载机等高匀速直线飞行，速度为 v，波束视线与载机速度矢量之间的方位角为 α，垂直面内的俯角为 β，则反射点 M 的相对速度为

$$v_{\mathrm{rm}} = v\cos\alpha\cos\beta \tag{4.5.7}$$

反射点的多普勒频移为

$$f_{\mathrm{dMB}} = \frac{2v_{\mathrm{rm}}}{\lambda} = \frac{2v}{\lambda}\cos\alpha\cos\beta \tag{4.5.8}$$

事实上，天线波束总有一定宽度，雷达在同一波瓣中所收到的杂波是由不同反射点反射回来的，而因它们的多普勒频偏也不同，也就是说，主瓣杂波谱具有一定的频带宽度。

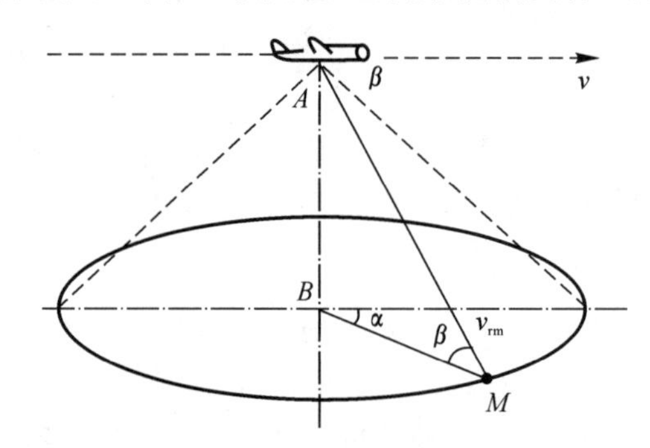

图 4.5.3　波束照射点和机载雷达的相对径向速度

考虑天线波瓣在水平面内的宽度为 θ_α，由 θ_α 引起的主瓣杂波多普勒频带宽度可近似表示为

$$\Delta f_{\mathrm{dMB}} \approx |\partial f_{\mathrm{dMB}}/\partial\alpha|\Delta\alpha = |(2v/\lambda)\cos\beta\sin\alpha|\theta_\alpha \tag{4.5.9}$$

这表明由 θ_α 引起的主瓣杂波多普勒频带随着天线扫描位置的不同而改变。当天线波束照射正前方，即 $\alpha=0$ 时，由 θ_α 引起的主杂波频谱宽度趋于零。而当 $\alpha=90°$ 时，频谱宽度最宽，可用 $|\Delta f_{\mathrm{dMB}}|_{\max}=\frac{2v}{\lambda}\cos\beta\theta_\alpha$ 来估计最宽情况下的主杂波频谱宽度。频谱的幅度取决于天线波束的形状，波束中心所对应的杂波强度最大。

天线在进行方位搜索时主瓣方位波束宽度和仰角波束宽度都会引起杂波频谱展宽。俯仰波束宽度引起的杂波谱展宽较小，方位波束宽度引起的展宽比较大，且随着天线方位扫描角增大而增大，因此，在研究波束宽度引起的谱线展宽时，往往只考虑方位波束宽度的影响。设方位和仰角波束宽度 $\theta_\alpha=\theta_\beta=4°$，波长 $\lambda=3$ cm，飞机水平飞行速度 $v=300$ m/s，天线以俯仰角 $\beta=6°$ 进行方位扫描，可得表 4.5.2 所示的杂波谱宽随方位扫描角变化的情况。

表 4.5.2　主杂波多普勒中心频移和杂波谱线的展宽

方位角 α	主杂波频率 f_{dMB}/Hz	θ_α引起的主杂波谱展宽 Δf_{dMB}/Hz
0°	19 890	0
6°	19 781	145
30°	17 226	694
60°	9 945	1 203
90°	0	1 389

(2) 副瓣杂波。

由天线副瓣所产生的地杂波与地面性质、天线副瓣的形状及位置均有关系。照射到地面的副瓣可能在任一方向，因而照射点与雷达相对径向速度的最大可能变化范围为 $-v_{\rm rcm}\sim+v_{\rm rcm}$，由此引起的杂波多普勒频偏的范围为 $-\dfrac{2v_{\rm rcm}}{\lambda}\sim+\dfrac{2v_{\rm rcm}}{\lambda}$。

(3) 高度线杂波。

副瓣垂直照射机身下地面所引起的地杂波称为“高度线杂波”。当飞机作水平飞行时，高度杂波频谱的中心频率为 f_0，即没有多普勒频移。由于副瓣有一定的宽度，故高度杂波也占有相应的频宽。因为距离近，高度杂波虽由副瓣产生，但较一般副瓣杂波的强度大。由发射机泄漏所产生的干扰和高度杂波具有相同的频谱位置。

运动目标回波的频偏随着目标与雷达间相对径向速度的不同而改变。对于迎面而来的目标，与雷达之间的相对径向速度往往大于飞机速度 v，故其回波的多普勒频移比各类杂波大，其频谱处于非杂波区。有时(例如载雷达的飞机追击目标)目标回波的多普勒频偏较小，使其回波频谱落入杂波区，这时回波就必须具有足够的能量才可能从杂波中检测出来。目标回波的频谱也具有一定宽度，因为通常目标均是复杂反射体，而且当天线扫描时，照射到目标的时间是有限的。图 4.5.4 画出了机载相参脉冲雷达地杂波和目标回波的频谱结构。在脉冲工作时，频谱结构按重复频率 f_r 周期出现，因此只画出了 f_0 附近一个重复频率范围内的情况。

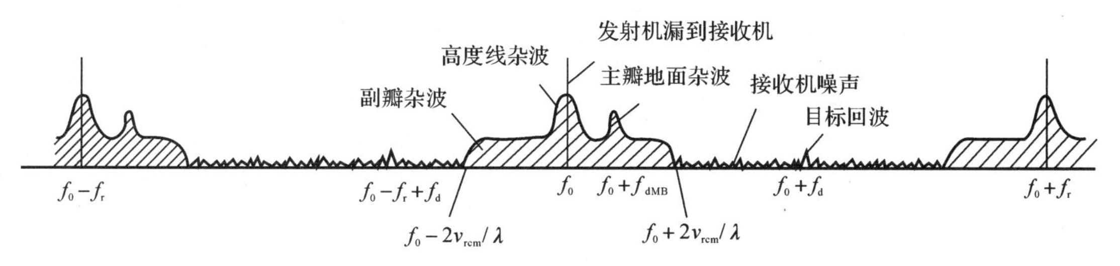

图 4.5.4　机载相参脉冲雷达和目标回波频谱结构

4.5.3.4　典型脉冲多普勒雷达的组成和原理

典型脉冲多普勒雷达的原理框图如图 4.5.5 所示。在这一框图中包括搜索和跟踪两种状态：搜索状态，用距离门放大器将接收机分成 N 个距离通道，每一距离通道分别处理来自不同距离分辨单元的目标回波信号。距离选通波门的宽度一般与脉冲宽度相等，这样距离通道的数目应为 $T_{\rm rmin}/\tau=N$。$T_{\rm rmin}$ 为最小重复周期(考虑采用多重复频率判距离模糊时重复频率的最小值)，τ 为距离分辨单元对应的时宽(通常即是发射脉冲的宽度)。每一距离门放大器依次由毗邻的距离波门分别控制。每一距离通道的信号处理包括单边带滤波器、主杂波跟踪滤波器、窄带滤波器、检波和非相参积累及门限检测装置等。搜索状态主要完成目标距离和速度搜索任务。跟踪状态主要由速度跟踪环、角跟踪环和距离跟踪环完成目标的跟踪任务。

各组成部分的工作原理简介如下。

1. 收发转换开关

收发转换开关与一般脉冲雷达的作用相同，但在脉冲多普勒雷达中，由于脉冲重复频率很高，要求转换及恢复时间很短，一般放电管已不能满足要求，通常需采用铁氧体环流器之类的快速开关。

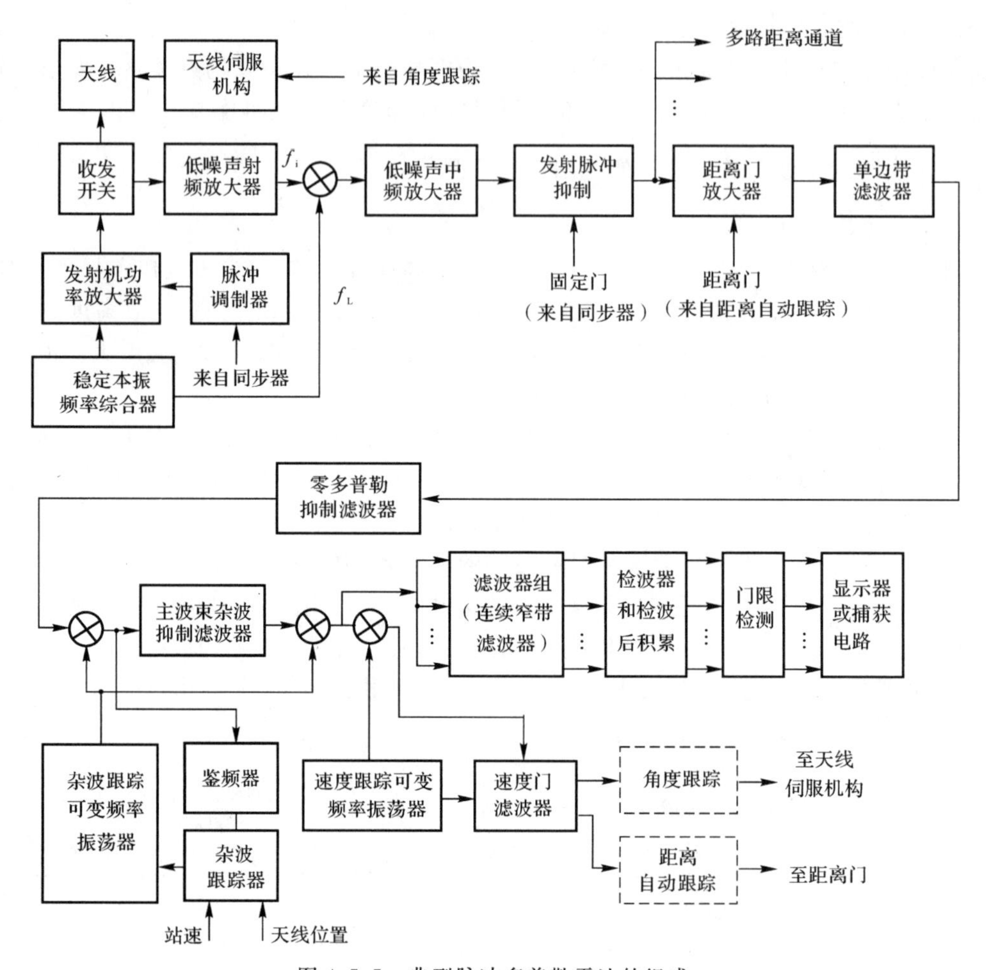

图 4.5.5　典型脉冲多普勒雷达的组成

2. 天线系统

从机载雷达的杂波频谱可以看出，由于天线副瓣产生的频谱很宽，如果目标信号处于副瓣杂波区，检测将发生困难，因此 PD 雷达要求天线应具有低副瓣性能。

3. 发射系统

为了发射相参脉冲，输出足够的峰值功率和获得低噪声性能，PD 雷达多采用行波管-速调管或行波管-正交场放大器组成的功率放大链。

4. 接收系统

脉冲多普勒雷达可用于对单目标和多目标搜索及跟踪，因此需要多路接收机，比一般脉冲雷达要复杂得多。此外接收机要采用线性放大，因为主杂波可能比热噪声高 90 dB（一般回波信号只比热噪声高 10 dB 左右）；因此要求接收机动态范围大，线性性能好，否则将会出现交叉调制，使信号频谱展宽，滤波器输出信杂比变坏。

接收机还包括许多关键电路，如发射脉冲的抑制电路、距离门放大电路、单边带滤波器、主杂波抑制电路、多普勒滤波器组、检波积累及门限电路等。

(1)距离波门。由于 PD 雷达采用了单边带滤波器，它的带宽大约等于重复频率 f_r。回波信号通过单边带滤波器以后近似为单一频率的连续波。为了测距的需要,必须在单边带滤波器以前(即中放部分)加距离选通,根据距离选通来识别目标的距离。此外距离选通还可以抑制距离门以外的接收机噪声和干扰。由于雷达重复频率很高,每一发射脉冲的杂波可在相继的几个重复周期内出现,这样就产生了杂波重叠。杂波在时间上几乎是均匀的,加有距离选择以后,可以抑制距离门以外干扰。距离门的宽度根据鉴别力和系统要求来确定,一般与发射脉冲的宽度为同一数量级。

距离门的数量根据雷达应完成的功能而定,对于搜索状态,若距离量程为20 km,每一距离门的宽度相当于400 m,则距离门数应为50,即需距离通道为50路。对于跟踪状态,为了消除距离模糊要采用多个脉冲重复频率或对多目标进行边扫描边跟踪,距离通道也需要多路,至少是所需跟踪目标的数目,但比搜索状态少许多。

(2)发射脉冲抑制。由于收发转换开关通断比有限,发射脉冲仍有泄漏。为降低发射机泄漏功率,使发射机边带噪声不致降低接收机的性能,可采用射频与中频组合消隐,即采用附加时间波门抑制的方法。

(3)单边带滤波器。单边带滤波器的带宽大致等于雷达重复频率,单边带滤波器的中心处于中频中心频率附近。单边带滤波器将信号频谱截取一段,使信号与杂波谱单值化,以便对主杂波进行单根谱线的滤波。若无单边带滤波器,则主杂波滤波器必须是频域中的梳状滤波器。

单边带滤波器用以滤除回波信号中重复频率的各次谐波,一般只保留固定目标和运动目标的中心频率的谱线,即只保留目标回波的一根谱线,而滤除其余谐波成分的所有谱线。单边带滤波器的通带范围为 $f_0 \sim f_0 + f_r$ 或根据需要加以平移。

(4)零多普勒频率滤波器。这里所说的零多普勒频率滤波器,实际上是对准中心频率的滤波器,主要是要消除高度杂波。由于高度杂波处于杂散的副瓣杂波之中,幅度可能比副瓣杂波大许多。其频带比较窄,可用单独的抑制滤波器将其消除。因为这个杂波在频率上是比较固定的,故滤波器不需对杂波跟踪。这个滤波器还可以进一步消除发射机泄漏的影响。

如果在滤波器组之前动态范围足够大,那么也可以不用专门的零频滤波器,而只需要在安排多普勒滤波器组时空开这一段范围即可。

(5)主杂波抑制滤波器。主杂波可能比热噪声强70~90 dB,必须加以抑制。主杂波抑制滤波器应是主杂波功率谱的倒置滤波器。由于主杂波谱线的位置是移动的,所以主杂波频率与雷达平台速度 v、天线扫描角位置(α,β)有关。通常采用主杂波跟踪滤波器实现主杂波抑制。

(6)多普勒滤波器组。多普勒滤波器是脉冲多普勒雷达的关键组成部分之一。它的作用不仅是为了测速,而且是为了提高杂波下可见度和噪声背景下的检测能力。它是一种白噪声下的匹配滤波器,相当于对 n 个脉冲的相参积累。

由于信号的谱线位置是未知的,为了检测任意速度的目标谱线,需要采用毗邻的窄带滤波器组,它们覆盖目标可能出现的整个频率范围。设单边滤波器的带宽为 f_r,窄带滤波器带宽取$\dfrac{f_r}{n}$,则滤波器的数目为

$$M = f_r \div \frac{f_r}{n} \approx n \tag{4.5.10}$$

即每一距离通道应用 n 个窄带滤波器的滤波器组。早期多采用晶体滤波器、陶瓷滤波器和机械带通滤波器作窄带滤波器,目前已采用光学傅里叶变换、数字滤波器或FFT变换等构成窄

带滤波器组。

若雷达重复频率为 20 kHz(中等重复频率)，窄带滤波器带宽为 300 Hz，则窄带滤波器组的数目为

$$M=\frac{20\ 000}{300}\approx 66 \tag{4.5.11}$$

考虑到窄带滤波器应有一定的重叠，这时需要的窄带滤波器的数目应加大 40%，约为 92。

(7) 检波和检波后积累。对于中等脉冲重复频率或高脉冲重复频率的脉冲多普勒雷达都存在距离模糊。为了判距离模糊，往往需要采用二种以上的脉冲重复频率，例如采用三种重复频率。这样天线波束在目标上的驻留时间内，雷达收到的脉冲数，需要分成三组，每组称为一帧，每帧采用一种重复频率，帧内的 N 个脉冲进行相参积累，帧间经检波以后采用非相参积累。这时由于信噪比较高，故非相参积累与相参积累的效果很接近。

(8) 门限检测。门限检测的作用对 n 个距离通道中每一距离通道所含的 M 个频率通道(多普勒滤波器组含 M 个窄带滤波器)的输出进行顺序检测(讯问)，并建立自动恒虚警门限。通常以被讯问通道的邻近频率通道的平均输出作为恒虚警的自动门限。

综上所述，脉冲多普勒雷达接收机系统是一复杂的信号处理系统，在这一系统中包括对发射机泄漏和高度杂波的抑制，单边带滤波和主杂波抑制，窄带滤波器组，视频积累和恒虚警检测，而且接收机是多路的，更增加了其复杂性。

单边带滤波器、零多普勒滤波器主杂波滤波器及窄带滤波器组滤波特性相对于信号与杂波谱的关系如图 4.5.6 所示。

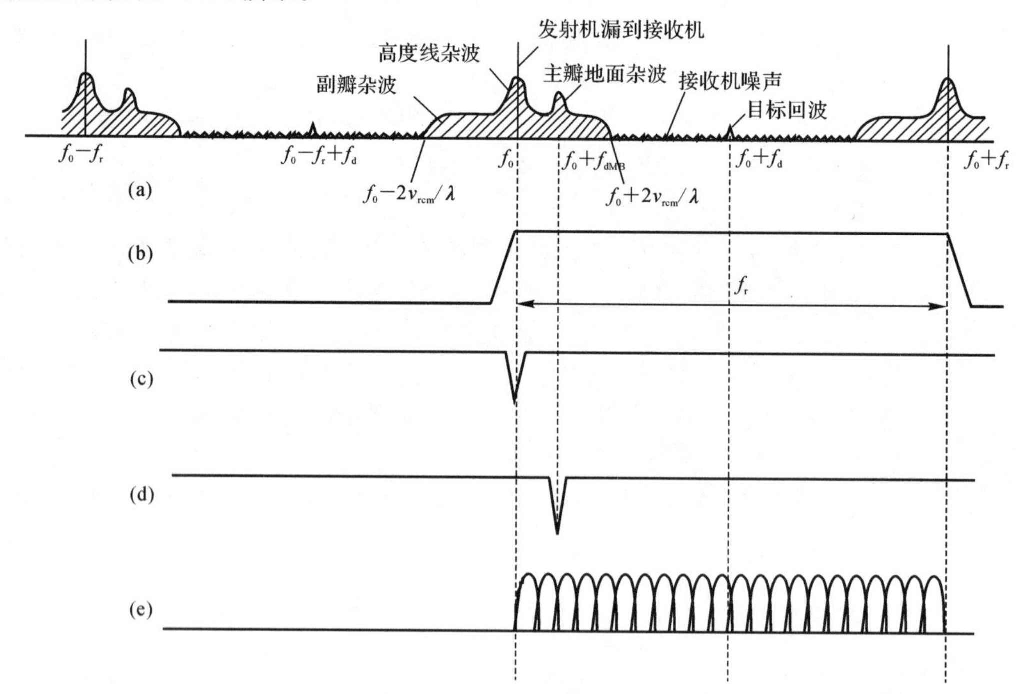

图 4.5.6 各种滤波器的相对关系

(a)回波信号与杂波的中频频谱； (b)单边带滤波器特性； (c)零多普勒滤波器特性；
(d)主杂波滤波器特性； (e)窄带滤波器组特性。

5. 速度跟踪、距离跟踪和角跟踪

目标的速度跟踪与连续波系统相似，可采用速度跟踪滤波器，而目标的角度跟踪可采用圆锥扫描或单脉冲体制。

距离跟踪类似于典型脉冲雷达的距离跟踪，不同的是在典型的脉冲雷达中波门选通是在视频部分完成的，而脉冲多普勒雷达的距离选通是在中频部分完成的，且距离自动跟踪必须在速度跟踪之后进行。由图4.5.5可知，脉冲多普勒雷达距离跟踪和角跟踪是以速度跟踪为前提的，角跟踪又是以距离跟踪为前提的，只有实现了速度跟踪和距离跟踪以后才能实现角跟踪。能同时实现速度跟踪、距离跟踪、角跟踪(方位和仰角都实现跟踪)的系统称为四维分辨系统，具有四维分辨能力的系统可以在时间、空间和速度上分辨各类目标的回波信号。

4.5.3.5　脉冲多普勒体制的抗干扰特性分析

1. 脉冲积累抗有源干扰

从时域观点出发，多普勒滤波器组可以用多个FIR横向滤波器来实现，这就相当于对回波信号进行了相参脉冲积累，积累个数为处理的脉冲个数N，因此，脉冲多普勒处理对有源干扰的信干比的改善为N倍。

2. 速度特性可以有效滤除杂波，提高对无源干扰的抗干扰能力

由于采用了多普勒滤波器组，每个信号只通过一个窄带滤波器。由于滤波器的带宽很窄，可以有效滤除地杂波和气象杂波干扰，信杂比改善可以达到70 dB以上。

3. 距离和速度矩阵可以有效识别距离或速度欺骗干扰

脉冲多普勒距离和速度处理过程如图4.5.7所示。每个重复周期可以划分为L个距离波门，将N个接收回波排列在一起，对应每一个距离波门的信号进行FFT运算，等效于多普勒滤波器组滤波，得到了对应每一个距离波门的频谱图，这样，就可构成了一个距离-速度矩阵图，如图4.5.7右图所示。

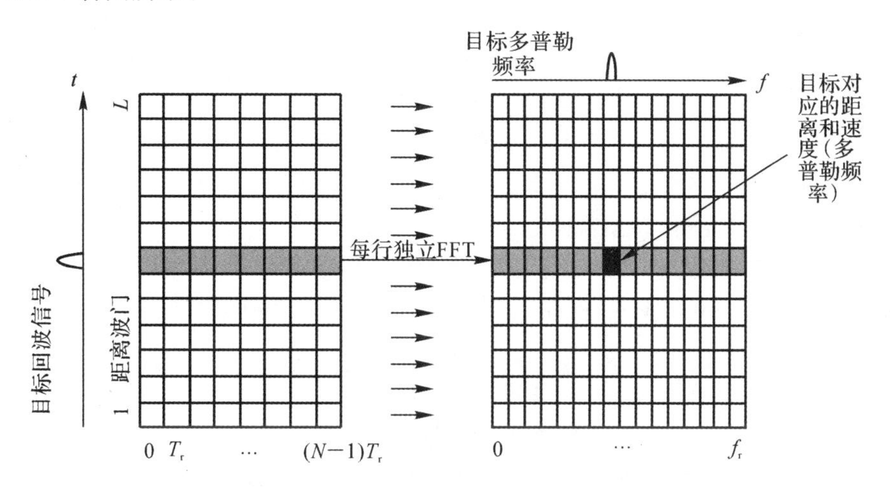

图4.5.7　脉冲多普勒距离和速度处理原理图

由此可知，脉冲多普勒处理可以得到目标的距离和速度信息，经过门限检测后，就可以确定目标的距离-速度坐标。

由于目标距离和速度是相关的，即 $v_r = \dfrac{\partial R}{\partial t} = \dfrac{\lambda f_d}{2}$，当敌方施放距离欺骗或速度欺骗干扰时，将不满足这一关系。因此，根据距离-速度矩阵中的目标速度位置变化是否满足上述关系，就可以有效识别距离或速度欺骗干扰。

【举例】 有一个目标距离在 9 km，速度为 100 m/s，该目标施放了速度欺骗干扰，假设欺骗干扰距离仍在 9 km，速度为 200 m/s，求通过脉冲多普勒处理后的结果。

【解】 雷达参数设置如下：载波 6 GHz，脉冲宽度 1μs，脉冲重复频率 10 kHz，处理脉冲个数 128 个。经过脉冲多普勒处理后的结果如图 4.5.8 所示。由此可见，两个目标距离相同，但速度不同，可以清晰分辨出来。

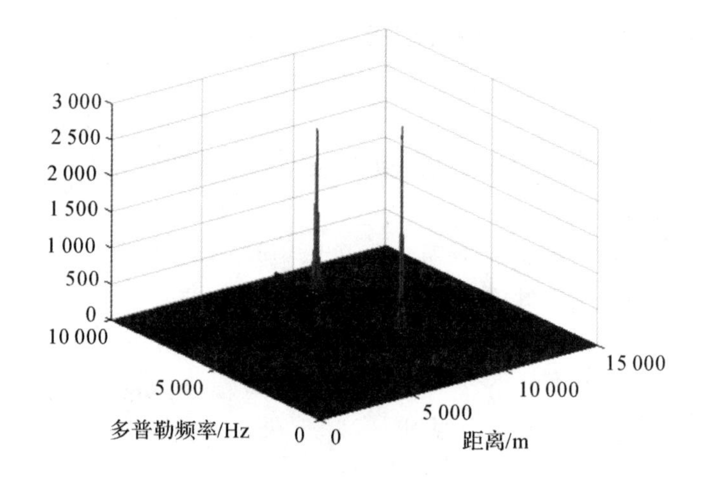

图 4.5.8 脉冲多普勒处理后的结果

4.5.4 动目标检测技术

动目标检测(MTD)系统是在动目标显示(MTI)基础上，增加了多普勒滤波和切向目标检测功能，抗无源干扰的能力和动目标检测性能得到进一步提高，通常用在地面雷达中。具体来讲，动目标检测相比动目标显示有以下改进：

(1)增大信号处理的线性动态范围；

(2)增加多普勒滤波器组，使之更接近于最佳滤波，提高改善因子；

(3)能抑制地杂波(其平均多普勒频移通常为零)且能同时抑制运动杂波(如气象、鸟群等)；

(4)增加了杂波图装置，具有检测切向飞行大目标的能力。

一种典型的动目标检测系统的原理框图如图 4.5.9 所示。

由方框图可以看出，MTD 处理器采用三脉冲对消器(二次对消)后接 8 个脉冲多普勒滤波器组，该滤波器组用频率域加权来降低滤波器的副瓣电平；用组参差的重复频率来消除盲速的影响；用自适应门限检测以及用杂波图来检测零多普勒频率的切向飞行目标。机场监视雷达的试验结果：MTD 信号处理机的改善因子大约为 45 dB，比一般监视雷达上所用的限幅中放加三脉冲对消器(二次对消)的改善因子提高约 20 dB，且 MTD 信号处理机前面要采用大动态范围的接收机，可避免由于限幅而引起改善因子的下降，接收机获得线性大动态范围的办法是由杂波图存储提供增益控制电压。

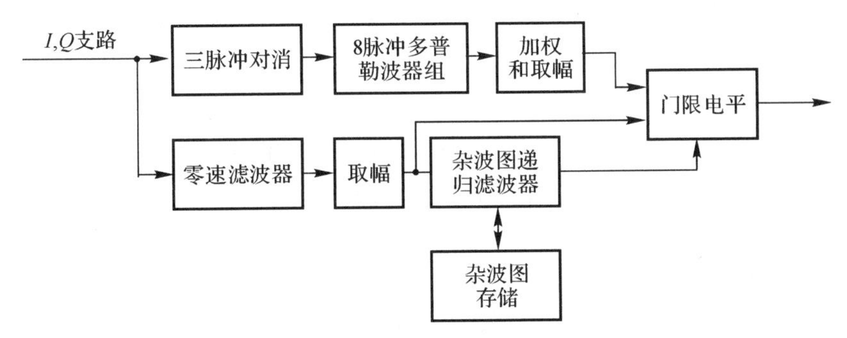

图4.5.9 一种典型的动目标检测系统的原理框图

采用雷达杂波图控制技术可以有效地检测切向运动目标或低速目标。雷达杂波图是把雷达所要监视的空域按方位和距离划分成若干单元，在每一个单元中存储地物回波幅度的平均值，这样形成以雷达站为中心的地物杂波图。平面位置显示器上能够看到的杂波图像如图4.5.10所示，为了把相应的杂波信号有序地存贮起来，需要把所需监视范围（一般为动目标显示范围）划分成若干个方位-距离单元，一般在方位上以 $\Delta\theta$ 为单位（最小为天线波束宽度）对全方位进行均匀划分，在距离上以 ΔR 为单位（最小为压缩后的一个脉冲宽度对应的距离），将所需监视的距离均匀等分，这样整个所需监视范围分成了许多扇面区，每一个扇面区就是一个方位-距离单元。对应每一个方位-距离单元设置一个存储器，将出现在该单元内的杂波幅度的平均值以数字的形式存储起来。常用的存储方法是实测法，即根据实际接收到的杂波信号自动制作杂波图。雷达杂波图分为静态杂波图和动态杂波图。静态杂波图是指杂波在一个天线旋转周期内"制成"后连续使用下去，不再更新的杂波图。显然，这种杂波图不能适应杂波环境的较快变化。动态杂波图则能在天线旋转周期内随时反映杂波环境的变化，因此，动态杂波图需要间隔一定时间后重新制作，以便实时进行更新。

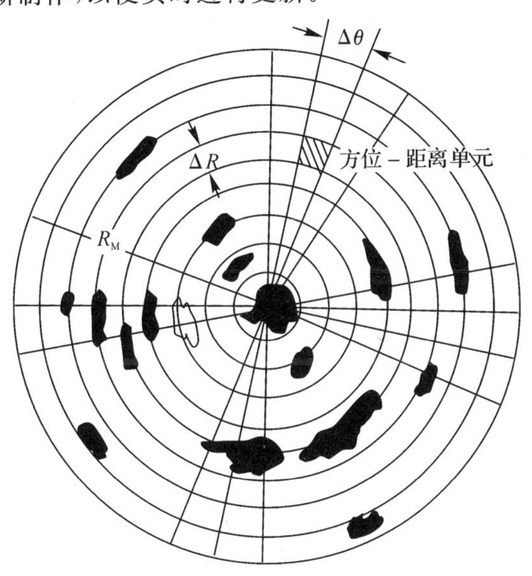

图4.5.10 杂波图的方位-距离单元划分

每一方位-距离单元杂波图存储的数据，相当于该单元杂波的平均值，可以作为该单元输出的检测门限，当输出超过门限时可认为有切向飞行目标存在。换句话说，在零多普勒滤波器中，杂波和目标同时存在，只有当混合回波幅度大于杂波平均值时，切向飞行目标才能被检测到。

利用雷达杂波图还可以实现许多功能。例如，在一个天线旋转周期内实测得到的杂波图，可以在下一周期及后续更多周期做灵敏度控制信号，因为杂波值的大小恰好与高频信号在进入高放前需要的衰减量成正比，所以存储器中的杂波值可直接用来控制某种电调衰减器，使强杂波在进入高放前就得到衰减，保证高放工作线性放大状态；利用杂波图可以产生非均匀杂波环境下的恒虚警检测门限，克服常规临近单元平均恒虚警处理的不足；还可利用杂波图实现自动增益控制(AGC)，确保中频放大器工作于线性状态。

由于雷达杂波图的杂波单元数很多，要将各个单元杂波的幅度信息进行存储，就需要大量的存储器，而且在杂波图更新的过程中运算量很大。随着超高速大规模集成电路和大容量存储器的迅速发展，雷达杂波图的实现变得相对容易了。近年来，很多新研制的对空情报雷达都采用了雷达杂波图控制技术。

4.6 时间域抗干扰技术

当干扰进入接收机内部之后，就需要根据干扰与目标信号某些特性的差异，想方设法最大限度地抑制干扰同时输出目标信号。目前，对于特定的干扰有许多种接收机内抗干扰技术，这里仅介绍几种基本的时域抗干扰技术：相关接收、脉冲积累、反距离波门拖引、恒虚警率处理等。

4.6.1 相关接收

相关接收技术是利用信号与噪声的自相关函数的明显不同，在强噪声背景中提取出微弱的目标信号。 实现相关接收需要计算相关函数，计算相关函数的设备称为相关器或相关积分器，按相关器的输入信号不同，可以分为自相关器和互相关器两种。

自相关器的原理框图如图 4.6.1 所示，输入信号为目标回波与干扰的混合信号(即 $s_i(t)+n_i(t)$)，经自相关器运算后输出为

$$R_z(\tau)=\int_{-\infty}^{\infty}[s_i(t)+n_i(t)][s_i(t-\tau)+n_i(t-\tau)]\mathrm{d}t=R_{ss}(\tau)+R_{nn}(\tau) \tag{4.6.1}$$

式中，$R_{ss}(\tau)$ 为目标信号的自相关函数；$R_{nn}(\tau)$ 为噪声的自相关函数。可以证明，当输入噪声为白噪声时，$R_{nn}(\tau)$ 为 δ 函数，而噪声为窄带高斯噪声(带宽 181 为 $\Delta\omega$) 时，其自相关函数为

$$R_{nn}(\tau)=\sigma^2\frac{\sin\left(\frac{\Delta\omega\tau}{2}\right)}{\frac{\Delta\omega\tau}{2}}\cos\omega_0\tau \tag{4.6.2}$$

显然，τ 越大，$R_{nn}(\tau)$ 就越小；当 τ 足够大时，$R_{nn}(\tau)\rightarrow 0$，$R_x(\tau)\approx R_{ss}(\tau)$。但 τ 不能过大，否则，$R_{ss}(\tau)$ 也将很小。综上所述，当 τ 选择适当时，自相关器的输出中仅有目标回波的自相关函数而消除了干扰。

互相关器的原理框图如图 4.6.2 所示，其输入有两路信号，一路为目标回波与干扰的混和

信号，另一路为发射参考信号，经互相关器运算后输出为

$$R_x(\tau)=\int_{-\infty}^{\infty} s_i(t-\tau)[s_i(t)+n_i(t)]\mathrm{d}t=R_{ss}(\tau) \tag{4.6.3}$$

不论是自相关器还是互相关器，其输出信号的信干比都有了明显的改善，尤其是当输入信干比较小时，其他抗干扰方法很难达到这样的改善效果。但是，自相关器与互相关器的抗干扰性能并不完全相同。从提高输出信噪比的角度看，互相关器比自相关器更加有效，并且输入信干比越小，互相关器的性能就越优越，如图 4.6.3 所示，这主要是因为在互相关器的输入信号中加入了没有噪声的发射参考信号。而从结构复杂性来看，自相关器则比互相关器要简单得多。

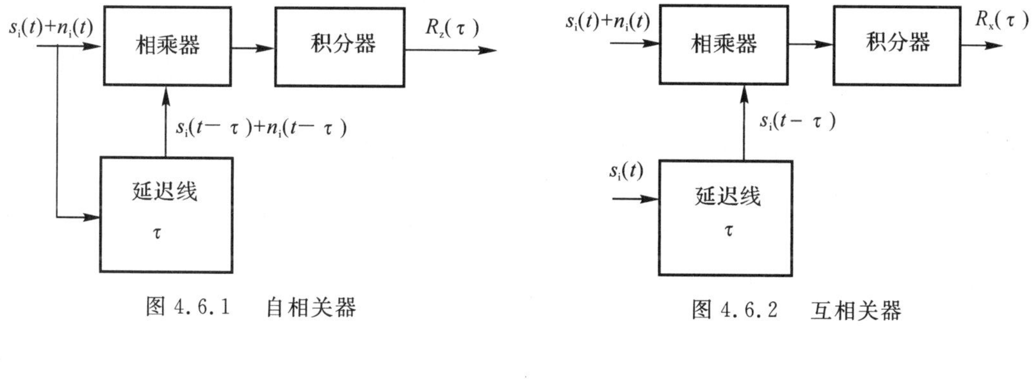

图 4.6.1　自相关器　　　　图 4.6.2　互相关器

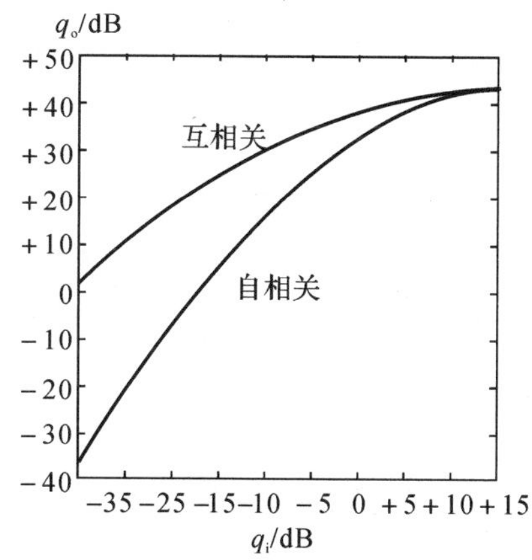

图 4.6.3　自相关器与互相关器对信干比(q_o)改善的比较

4.6.2　脉冲积累

一般雷达显示器都有脉冲积累作用。这是由于显示器有一定的余辉时间，加上人的眼睛有视觉暂留现象，同一目标的回波信号就以亮度的形式积累起来，因此，目标回波在显示器上就呈现明亮而稳定的图像，而干扰(噪声或杂波)由于是随机起伏的，不会总在同一位置出现，亮度不能积累，就显得暗淡且随机闪烁，所以雷达显示器有提高信干比的作用。但是，显示器所能积累的脉冲数是很有限的，而且它也不可能与脉冲串的调制规律相匹配，因而显示器的积累效果是较差的。

积累可以在包络检波前完成，也可以在包络检波器以后完成。在包络检波前完成的积累

称为检波前积累或中频积累，在包络检波器以后完成积累，称为检波后积累或视频积累。信号在检波前积累时要求信号间有严格的相位关系，即信号是相参的，所以又称为相参积累。由于信号在包络检波后失去了相位信息而只保留幅度信息，所以检波后积累就不需要信号间有严格的相位关系，因此又称为非相参积累。

M 个等幅相参中频脉冲信号进行相参积累时，信噪比(S/N) 可提高 M 倍(M 为积累脉冲数)。由于相邻周期的中频回波信号按严格的相位关系同相相加，积累相加的结果使信号幅度提高 M 倍，相应的功率提高 M^2 倍，而噪声是随机的，相邻周期之间的噪声不相关，积累是按平均功率相加而使总噪声功率提高 M 倍，因此相参积累的结果可以使输出信噪比(功率) 改善为 M 倍。相参积累也可以在零中频上用数字技术实现，因为零中频信号保存了中频信号的全部振幅和相位信息。脉冲多普勒雷达的信号处理是实现相参积累的一个很好实例。

M 个等幅脉冲在包络检波后进行理想积累时，信噪比的改善达不到 M 倍。由于包络检波的非线性作用，信号加噪声通过检波器会发生相互作用，产生新的干扰频率分量，从而使输出信噪比减小。特别当检波器输入端的信噪比较低时，检波器输出端的信噪比损失更大。视频积累的信噪比改善在 M 和 $\sqrt{M}$ 之间，当积累数 M 很大时，信噪比的改善趋近于 $\sqrt{M}$。

虽然视频积累的效果不如相参积累，但由于其工程实现比较简单，因此在许多场合仍然使用它。

视频脉冲积累器分为正向延迟积累器(横向滤波器) 和反馈延迟积累器两种。一种正向延迟积累器实现框图及其脉冲响应如图 4.6.4 所示。

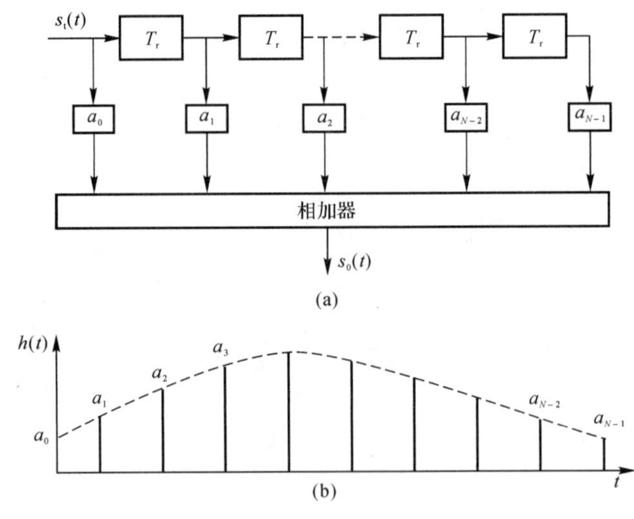

图 4.6.4　正向延迟积累器及其脉冲响应

视频脉冲积累既可用模拟电路实现，也可采用数字技术实现。二者的差别在于：采用移位寄存器(数字延迟线) 代替了模拟延迟线，用乘法器代替加权放大器；而且采用数字积累时，常常与检测器连成不可分割的整体，也称为积累检测器。

由于发射机频率和接收机本地振荡器频率的漂移，以及目标运动所产生的多普勒频移的影响，中频回波脉冲串中各个脉冲的频率和初相位都是不同的(不相干的)。如果将 M 个这样的不相干中频脉冲经延迟后加在一起，则可能互相抵消，根本积累不起来。因此，要进行中频脉冲积累，就必须保证各重复周期中频脉冲的频率和初相位保持严格一致，即要求中频脉冲是相干的，这就是进行中频脉冲积累必须满足的条件。

要满足相干的条件，首先必须使发射机频率和本地振荡器频率具有足够高的频率稳定度，或者使它们的差频保持高稳定度。同时要保证脉冲重复周期是中频振荡周期的整数倍。其次，必须对多普勒频移进行补偿，消除多普勒频移的影响。这是进行中频相干积累的一个关键技术问题，也是造成中频积累设备复杂的主要原因。

中频积累对雷达的收发系统有严格的相参性要求，因此实现技术要求较高。一种具有多普勒频率补偿的中频积累实现框图如图4.6.5所示。

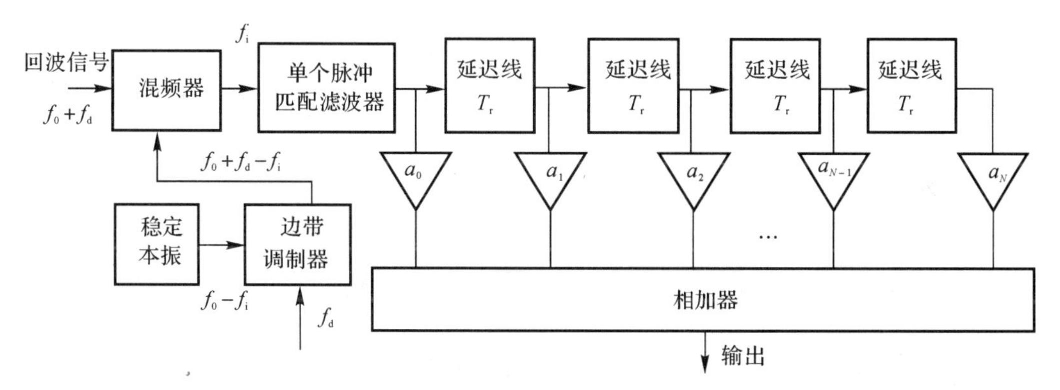

图4.6.5　有多普勒补偿的中频脉冲积累器

4.6.3　反距离波门拖引

这是一种抗距离欺骗干扰的技术。一种基本结构如图4.6.6所示，接收机采用宽-限-窄电路接收机或对数接收机。这样接收机具有较低的输出动态特性，可避免欺骗信号过大引起对真实信号的压制，或避免干扰对AGC电路的过大调整。接收机输出信号送到一个微分电路中，该电路实际上消除了超过某一预置值的所有信号后面的部分。如果雷达的脉冲重复频率是随机的或其发射频率是捷变的，可免受距离门前拖干扰的影响，因此这里只考虑距离门后拖干扰的情况。当真实回波和欺骗信号未分开，微分电路的输出为真实回波的前沿部分，而当真实回波和欺骗信号分开时，由于距离门仍然套在回波信号的前沿上，所以它不会被干扰信号拖走。

如果将频率捷变和反距离门拖引技术相结合，雷达将具有很强的抗距离欺骗干扰的能力。

值得指出的是：对于速度欺骗干扰，可以采用类似的波门保护或多波门技术进行反干扰。对于具有距离和速度跟踪支路的现代雷达，可以采用双重跟踪处理技术对付距离或速度欺骗干扰。

4.6.4　恒虚警率处理

恒虚警率(CFAR)处理是指在噪声和外界干扰强度变化时使雷达虚警概率保持恒定的一种技术措施。在自动检测系统中，采用恒虚警率处理技术可使计算机不致因干扰太强而出现饱和；在人工检测雷达中，恒虚警率处理技术能在强杂波干扰下，使显示器画面清晰、便于观测。因此，恒虚警率处理技术不仅是计算机化雷达中处理杂波干扰的一个重要途径，而且也是改进现有常规雷达使之在强杂波干扰下仍能工作的一个有效方法。

目前常用的恒虚警率处理方法可分为慢门限恒虚警率处理和快门限恒虚警率处理两大类，二者又各分为模拟式和数字式两种。模拟式 CFAR 设备量小，但性能较差，数字式 CFAR 设备量较大，但性能较好。

慢门限恒虚警率处理是一种对接收机内部噪声电平进行恒虚警率处理的电路。内部噪声随着温度、电源等因素而改变，其变化是缓慢的，调整门限的周期可以比较长(例如 0.5 s)，所以叫作慢门限恒虚警率处理。这种恒虚警率处理电路实际上是对噪声取样，产生可自动调整的门限电平，根据噪声电平的高低调整门限电平，达到恒虚警率的目的。

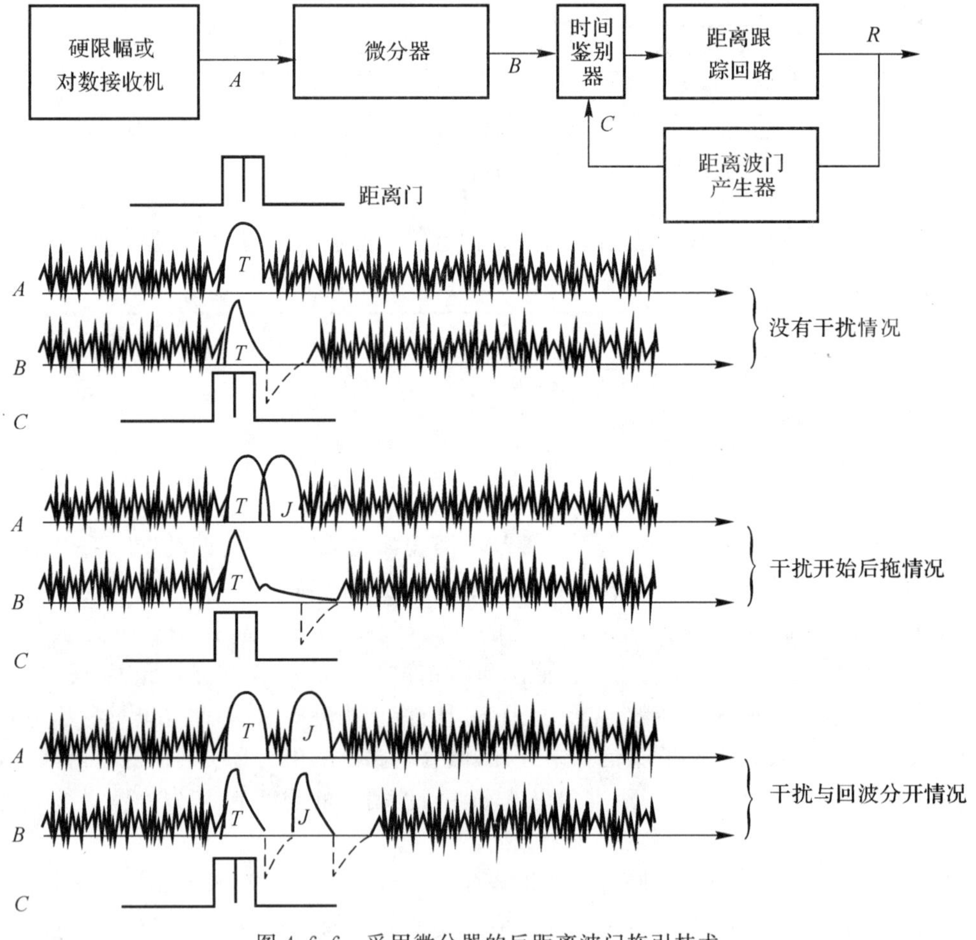

图 4.6.6 采用微分器的反距离波门拖引技术

快门限恒虚警率处理是针对杂波的工作环境而设置的。与噪声性质不同，杂波具有一定的区域性并且强度大、变化快，要达到恒虚警率必须对门限进行快速的调整，所以称为快门限恒虚警率处理。

一种典型的快门限恒虚警率处理电路是对邻近单元进行平均恒虚警率处理，其组成框图如图 4.6.7 所示。图中的延迟单元(抽头延迟线或移位寄存器) 中贮存了 $N+1$ 个距离单元(典型值 $N=16$ 或 32) 的视频信号，中心的距离单元是被检测单元，左右两边各有 $N/2$ 个距离单元为参考单元，对 N 个参考单元的输出 x_i 求和取平均，即可得到杂波平均值的估计值

$$\hat{E}(x)=\frac{1}{N}\sum_{i=1}^{N}x_i \tag{4.6.4}$$

被检测单元的输出 x_0 除以平均值的估计值，完成归一化处理 $x_0/\hat{E}(x)$。显然，经过归一化处理后的输出与杂波强度无关，达到了恒虚警率的效果。

快门限恒虚警率处理电路主要适用于处理强度不同的平稳瑞利噪声，即在已知平稳噪声的概率密度分布的条件下才具有恒虚警作用。实际上，大多数干扰杂波是非平稳的，各距离单元杂波强度不同。当检测单元位于强杂波区时，邻近单元的估计值可能偏低，使虚警概率增大；当检测单元位于弱杂波区时，邻近单元的估计值可能偏高，使发现概率降低。为此，应根据杂波的实际情况来选择参考单元的数目 N，尽量做到参考单元里的杂波相对平稳。由于气象、箔条和海浪杂波干扰是连片的，比较符合瑞利分布规律且基本平稳，因此在这些干扰背景中检测目标时，应用快门限恒虚警率处理电路能收到良好的效果，

在现代雷达中，一般同时设有慢门限 CFAR 和快门限 CFAR，根据干扰环境的变化而自动转换。

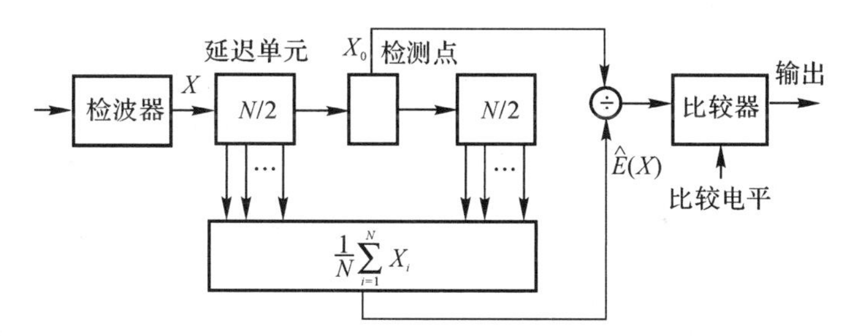

图 4.6.7　临近单元平均恒虚警率处理的组成方框图

4.7　战术抗干扰措施

雷达抗干扰除了技术措施外，还有战术抗干扰措施，主要包括以下内容。

4.7.1　消灭干扰源

这是一种最彻底的抗干扰手段，可使用火炮、飞机、导弹等一切常规火力杀伤武器摧毁干扰源，也可以用反辐射导弹攻击干扰辐射源。

4.7.2　将各种程式多种波段的雷达合理地组成雷达网

由于不同程式雷达的工作体制、频率、极化、信号参数等均不相同，并且占据了较大的空域，因而不可能同时受到敌方严重的干扰。将这些雷达合理地组成雷达网，可以利用网内不受干扰或只受到轻微干扰的雷达提供的数据来发现、跟踪目标，以此实现强干扰下对敌方目标的探测、跟踪与攻击。显然，雷达网中必须配备有可靠的通信设备、精确的坐标转换系统以及高效率的指挥控制系统。

4.7.3　与光学、红外设备和激光雷达配合使用

光学设备具有不受电磁干扰、不受消极干扰、不受地面多路径影响和测量精度高等优点。

当雷达受到严重干扰时，将这些设备与雷达配合使用，就可以利用光学设备完成目标跟踪和导弹制导任务。光电设备的缺点是作用距离较近且容易受气象条件的影响。

4.7.4 被动式雷达定位

由于被动雷达本身不辐射信号，而是利用敌方目标上的雷达、通信、导航、干扰等设备辐射的电磁波实现对目标的定位和跟踪。被动雷达常用单脉冲体制实现对目标的角度跟踪，采用多站无源时差或方位测量定位法确定目标的距离。被动雷达是一种非合作工作方式，其工作完全依赖于目标上无线电设备的电磁辐射信号。

4.7.5 抗干扰训练及操作

大多数雷达抗干扰技术和战术的发挥都与操作人员的能力和训练程度密切相关。雷达的抗干扰电路是针对某些特定干扰设计的，当干扰形式改变时，这些反干扰电路就不起作用甚至会起相反的作用，因此，适时正确使用抗干扰电路和和装置对取得抗干扰胜利是至关重要的。在复杂的干扰环境下，训练有素的操纵员能改变操作程序，充分利用人的判别力来发现和跟踪目标，使雷达在一定程度上能正常工作。因此，平时加强电子对抗理论知识的学习，严格训练操作人员的操作技能，不断研究在各种干扰环境下的操作方法是非常重要的。

第 5 章 对雷达的隐身与反隐身

对雷达的隐身技术(简称雷达隐身)是电子战中电子进攻的一种形式,可以看成是一种消极干扰,它改变了电磁波的散射和传播的方式,使雷达难以接收到目标回波信号,从而降低雷达的效能。

雷达隐身与反隐身是一对矛盾的两个方面,既相辅相成又相生相克。雷达隐身技术的发展,对现代防御体系构成了极大威胁和挑战,引起世界各国军界和科技界的高度重视,各种雷达反隐身技术的研究纷纷开展起来。许多国家已投入大量的人力、物力及财力对隐身与反隐身技术进行探索与研究。目前隐身技术已经发展到较高水平,隐身飞机已经发展到了第四代和第五代,给反隐身技术带来了相当大的难度。

本章主要介绍雷达隐身的一些基本概念、雷达隐身基本原理及雷达反隐身的基本技术途径等。

5.1 概 述

5.1.1 对雷达隐身的作用及意义

目前,用于发现及跟踪飞行目标的主要手段是雷达,而且许多地空导弹及空空导弹采用雷达制导,因此,目标的隐身首先必须对雷达隐身。用于降低飞机雷达截面积的雷达隐身技术,不仅直接提高了飞机的生存率,而且还为战术规避、电子对抗技术的应用创造了有利条件。

隐身飞机在近些年的多次局部战争中发挥了有效的突防攻击作用。例如,在 1991 年历时 42 天的海湾战争中,美国出动了 30 架由洛克希德公司制造的 F－117A 隐身侦察/攻击型战斗机。由于该机大量使用了多面体外形隐身设计和雷达吸波材料等有效隐身手段,其雷达截面比常规战斗机减小了约 23 dB,使常规雷达作用距离缩减 73%,因而极好地躲避了伊方雷达的探测和导弹的攻击。战争伊始,美军就使用 F－117A 隐身飞机投下激光制导炸弹准确地命中了伊拉克的通信中心大楼,摧毁了伊军的指挥系统。在之后的“沙漠风暴”行动中,F－117A 隐身飞机频繁出击达 1 270 多架次,且绝大多数是在无护航的情况下独立完成作战使命的,取得了十分卓越的战绩,而自身却无一受损。F－117A 执行了所有危险性最大的战略性攻击任务,是攻击巴格达市区及近郊核研究所等严密设防的 80 多个重点军事目标的唯一机种,执行了这次战争中总攻击任务的 40%,命中率高达 80%～85%,攻击精度高达 1 m 量级。显然,隐身技术在现代战争中具有非常重要的作用,是各强国争夺的高技术军事制高点之一,美国仍将该技术作为下一代武器装备发展的重点。

有效降低目标特征对未来电子战有重要影响:在常规雷达中,如果目标雷达截面积减小 1/100(20 dB),则雷达必须将发射能量增大 20 dB 以恢复其距离性能,此时对接收机灵敏度恒定的电子支援侦察(ESM)系统来说,这将使侦测雷达的距离增大 10 倍。另外,降低目标特征使得采用远距离干扰(SOJ)措施对抗单基地雷达变得更为有效:首先,对于相同电平的SOJ,干扰将使对方探测隐身目标的距离进一步缩短,且增大了对隐身目标的方位和仰角干扰覆盖范围;其次,因为探测隐身目标的固有困难可能会扰乱敌方防御或武器系统,使其将注意力集中在明显的SOJ上。有效利用隐身技术的另一个结果是将更加重视诱饵的使用。随着目标特征的下降,对有源拖曳诱饵的RF(射频)功率输出特性的要求也变低了,诱饵在导弹末端交战中作为假目标的欺骗性得到了增强。同样,隐身技术也将增强箔条遮蔽干扰物的效果。

隐身技术在整个电磁频谱内的发展对未来雷达的选择和设计以及各种形式对抗措施的战术应用都具有深远的影响。今后,在设计任何平台时,在其技术指标以及设计各阶段必须考虑隐身性能,否则在后续的作战中会产生严重的后果。

5.1.2 隐身技术发展水平

度量飞行器隐身水平的主要物理量是目标的雷达截面积及其频带宽度。目标的雷达截面积是目标对照射电磁波散射能力的量度,常用缩写符号RCS表示,单位为m^2。雷达截面积已被入射波功率密度归一化,因此与照射功率、飞行器离雷达距离远近无关,只与目标表面导电特性、结构、形体与姿态角等有关。各类目标的RCS值可用专用测试设备测得,也可用电磁计算方法进行估算。

目前,隐身飞行器的大致水平是:在鼻锥方向±45°范围内,后向雷达截面积比同类型常规飞行器小20～30 dB(即降低2～3个数量级),其隐身的频带宽度为3～4 GHz。表5.1.1列出了几种隐身飞机和隐身导弹的雷达截面积(RCS)值,还列出了同类非隐身常规飞行器的RCS作为对比。由表可见,B-2,F-117A等隐身飞机与常规飞机相比RCS缩减了20～30 dB。一架翼展52 m的B-2飞机,RCS竟与一只海鸥相当;一枚长6 m、直径0.6 m巡航导弹的RCS竟与一只蜂王相当。

表5.1.1 典型隐身飞行器的隐身水平

隐身飞行器		非隐身飞行器		隐身水平
名称	RCS/m^2	名称	RCS/m^2	dB
B-2轰炸机	0.10	B-52	10.0	20
F-117A强击机	0.02	F-4	6	25
F-22战斗机	0.065	MIG-21	4	18
AGM-129A巡航导弹	0.005	AGM-86B	1	23
AGM-136A巡航导弹	0.005	AGM-78	0.5	20
F-16战斗机	0.2～0.5	F-15	4	9～13

5.1.3 隐身目标探测空域的减缩

由于雷达作用距离与RCS四次方根成正比,显然隐身飞机RCS的缩减使得雷达作用距离将随之缩减。

【举例】 设雷达的参数为发射功率100 kW,天线增益38 dB,工作波长为0.03 m,接收机的灵敏度为−100 dBm,目标 RCS 从 10 m^2 变化到 0.001 m^2,求此时的作用距离变化曲线。

【解】 根据雷达方程

$$R_{\max}=\left[\frac{P_t G_t G_r \lambda^2 \sigma}{(4\pi)^3 P_{\text{rmin}}}\right]^{1/4}$$

通过 MATLAB 仿真可得如图 5.1.1 所示曲线。

图 5.1.2 给出了隐身效果对雷达有效探测空域缩减的两维剖面图。

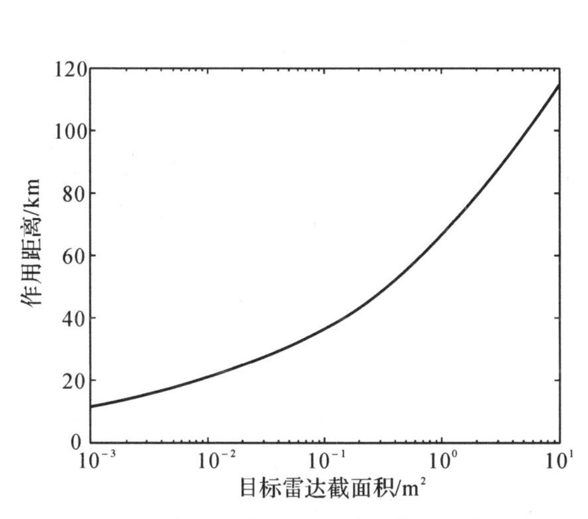

图 5.1.1　目标雷达截面积缩减与作用距离的关系

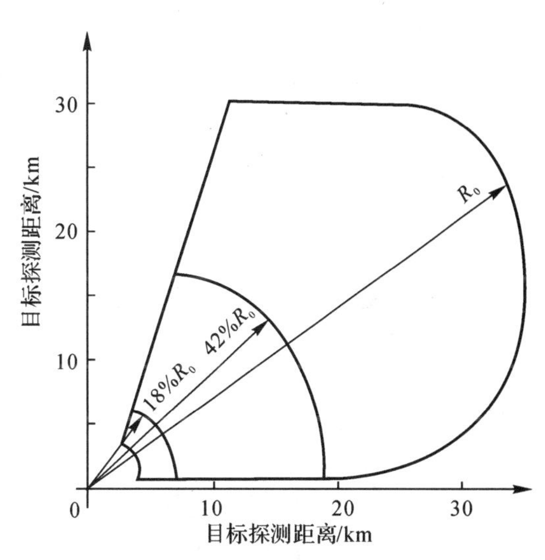

图 5.1.2　雷达有效探测空域的两维剖面图

假设雷达对普通飞机的探测距离为 R_0,当采用隐身技术,其隐身效果为−15 dB(即缩减 31.6%),探测距离减小为原距离的 42%;当隐身效果为−30 dB,探测距离缩减到了原距离的 18%。如果以立体空域来衡量,探测空域与探测距离几乎是三次方的关系,隐身效果则更加显著。综上所述,防空武器系统必须考虑来袭隐身目标的影响,否则,探测范围的缩减将会使防空体系失效。

在隐身飞机与随行干扰配合使用的情况下,雷达系统探测的空域将进一步缩减。

5.1.4　雷达反隐身的意义与技术途径

雷达的反隐身技术(简称雷达反隐身)是电子战中电子防护的重要内容之一,可以看成是一种抗消极干扰的技术。

同世界上任何事物的发展规律一样,隐身效果和反隐身效果都是相对的。隐身与反隐身将在矛盾斗争中不断发展,其攻防对抗将是未来高技术战争的一个重要的战场,反隐身技术仍将是 21 世纪国际上研究与探索的重要课题。

雷达反隐身技术是研究如何使隐身措施失效或效果降低的技术。目前,提出了多种反隐身的技术途径,有些技术已经实现,有些技术尚处于研究阶段。

雷达反隐身技术是一门多学科的综合技术,其技术实现途径主要有以下几方面:一是提出抑制隐身的新体制或新方法,在空域、频域、信号域、极化域等方面采用新体制或新技术使隐身飞行器的雷达截面积不至于显著降低;二是挖掘现有雷达的潜力以提高现有雷达的探测能力,使雷达能够在所需距离上探测到雷达截面积很小的目标;三是从体系上对抗隐身技术,利用多部雷达组成网络,提高系统探测隐身飞行器的整体能力。在实际应用中,这几方面的措施往往是综合使用的。

5.2 雷达隐身原理

目前,实现对雷达隐身主要有四个技术途径:外形隐身、材料隐身、阻抗加载及等离子体隐身。

5.2.1 外形隐身

外形隐身指的是进行外形设计,在气动力允许的条件下改变飞机的外形,通过对飞行器的形状、轮廓、边缘与表面的设计,使其在主要威胁方向(通常指后向)的照射角度范围内 RCS 显著降低。由于大多数雷达发射天线与接收天线同处一地(或靠得很近),因此缩减后向散射就是降低了雷达的探测距离。外形隐身技术通常是通过将目标形成的反射回波从一个视线角转向另一个视线角来缩减后向散射的,因而往往在一个角度范围内获得 RCS 的缩减,而在另一角度空域内的 RCS 却增大。例如,用倾斜的平板(或近似平板)组成的多面体机身代替常规的二次曲面机身,如图 5.2.1 所示,可将在一定的角度范围(图中 θ'_{cr} 范围)照射机身的雷达波能量大部分偏转到雷达接收不到的方向上(图中 r 所示方向),雷达接收到的回波很弱(如图中 e 所示),因此可显著降低机身的 RCS。然而,如果希望各个方向的 RCS 都同等地缩减,就必须将赋形技术与吸波材料两者紧密地结合起来。

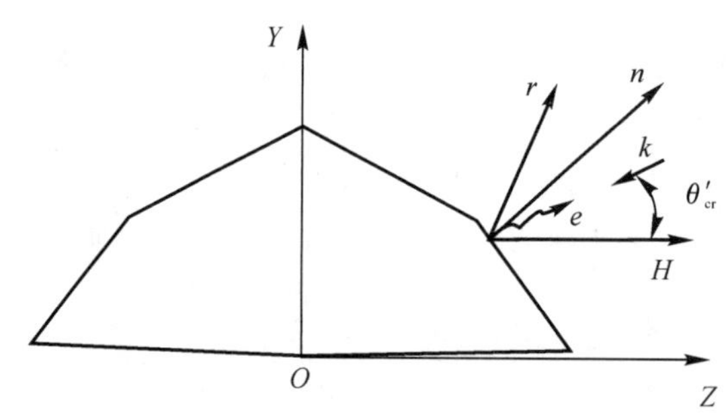

图 5.2.1 F-117A 机身剖面外形图

H—水平面; k—入射方向; e—回波; r—反射波;

θ'_{cr}—突防飞行中所能遇到的照射俯角范围

常用的外形隐身技术可以归纳为:采用斜置外形,将散射方向图主瓣及若干副瓣移出重点角度范围;用弱散射部件占位或遮挡强散射部件;消除或减弱角反射器效应,避开耦合波峰;将全方位分散的波峰统筹安排在非重点方位角范围内;尽量消除表面台阶及缝隙,将舱门、舱口对缝斜置或锯齿化。

1. 采用斜置外形,将散射方向图主瓣及若干副瓣移出重点角度范围

当电磁波沿某一表面或某一棱边的法向入射时,就会产生很强的法向镜面回波或法向边缘绕射回波。当电磁波偏离法向但偏离角度不够远时,也会产生强度可观的回波。如果将被照射的表面或棱边斜置一个足够大的角度,使得在重点方位角或重点俯仰角范围内入射的所

有电磁波均能远离该表面或该棱边的法向，那么回波强度就会显著变弱。这就是斜置外形缩减 RCS 的基本原理。

采用斜置外形是飞机通过外形隐身降低 RCS 时用得最广泛、最有成效的一种设计方法。其具体应用主要表现为：采用倾斜式双立尾（内倾式或外倾式），将立尾产生的后向散射方向图的主瓣及若干副瓣偏转到需要重点缩减 RCS 的高低角范围之外；采用平板形表面或多面体机身取代曲面机身，利用平板形表面的后向散射方向图主瓣强但副瓣衰减很快（即平板形表面的后向散射方向图在较窄的角度范围就可降到雷达难以检测的水平）的特点，给构成机身的各快平板形表面以足够大的倾斜角，使得后向散射方向图的主瓣移出重点缩减 RCS 的高低角的范围，雷达只能接收到散射方向图足够弱的副瓣；斜切进气口，将由进气口产生的一定强度的后向散射波偏转到飞机需要重点缩减的 RCS 高低角、方位角范围之外；斜切翼尖，通过选取机翼或平尾翼尖的斜切角，可让该部件产生的散射峰值出现在侧向 RCS 缩减的重点方位角范围之外等。

2. 用弱散射部件占位或遮挡强散射部件

用弱散射部件占位或遮挡强散射部件是另一项应用较广的通过外形隐身降低 RCS 的技术。这里所指的散射部件既可以是简单几何形体，也可以是飞机的一个普通部件。

图 5.2.2(a) 所示为一块极薄的导电良好的圆板，直径 $D=0.16$ m。在波长 $\lambda=3.2$ cm 沿 k 方向的入射波的照射下，可算得 RCS 值为 $\sigma=5\ \mathrm{m}^2$。若用两个导电良好的半圆球将此薄圆板夹在中间，形成图 5.2.2(b) 所示的圆球，则可算出其 RCS 值为 $\sigma=0.02\ \mathrm{m}^2$，较单独一块圆板降低了 24 dB。更进一步，若在此圆球的前部罩以顶角为 40° 的圆锥，形成图 5.2.2(c) 所示的锥球体，则在沿 k 方向的入射波的照射下，可以估算出 $\sigma=4.7\times10^{-5}\ \mathrm{m}^2$，较圆球降低了 26 dB。

产生这种现象的原因是：在圆板的基础上，前面盖以半个圆球主要是利用曲面镜面回波弱的半球占据了平面法向镜面回波强的部位，后面盖以半个圆球则是利用爬行波回波弱的半球占据了圆板后边的不连续部位，避免了这一不连续引起的较强回波。在圆球的基础上再罩以圆锥，则是利用了散射更弱的圆锥占据了圆球所产生的镜面回波的部位。因此，利用具有弱散射特性的散射体占据另一强散射体所在部位而形成组合体，能显著降低 RCS，称这种缩减 RCS 的作用为占位作用。

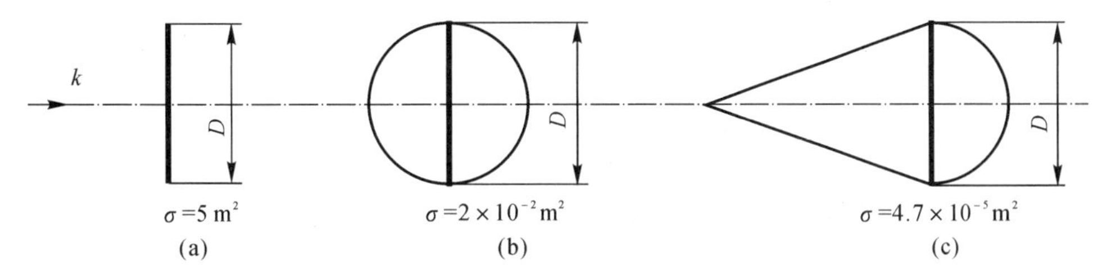

图 5.2.2　弱散射部件对强散射部件的占位作用（$D=0.16$ m，入射波长 $\lambda=3.2$ cm）

(a) 薄圆板；(b) 圆球；(c) 锥球体

利用占位作用缩减 RCS 的具体应用表现为：设计凹凸曲面机身，平板-曲面机身；采用小展弦比、大根稍比的三角翼布局；采用双三角翼布局，提高翼根和翼型的相对厚度，减少机翼翼根后缘到平尾翼根前缘之间的空隙等；采用飞翼式布局等。

飞机的布局形式不能仅仅考虑降低 RCS 的要求，而应根据作战效能的总体要求综合考虑。在这样的前提下，飞机设计者巧妙地运用占位作用，创造出了多种样式的降低 RCS 的翼身组合体或翼身融合体布局形式。

图 5.2.3 所示的 6 种隐身飞机，在充分利用机翼、平尾或 V 形尾翼对机身的占位作用方面各有特点。F－19′(喷口与 F－19 不同)利用双三角翼将后机身全部占位[见图 5.2.3 (a)]，使其侧向 RCS 较“幻影”－2000 下降 23 dB(模型实验结果)。F－117A[见图 5.2.3 (b)]将机翼前缘延伸到机身的最前端，使前机身完全被占位，同时加大翼根弦长，使后机身的占位比达到 0.54。F－22A[见图 5.2.3 (c)]增大了机翼根部弦长，并让平尾前缘延伸到机翼后缘之前，实现了后机身完全被占位。YF－23A[见图 5.2.3 (e)]让 V 形尾翼根弦与机翼根弦几乎相连，再借助准菱形翼根部弦长大的优势，使后机身占位比达到 1。B－2[见图 5.2.3 (d)]及 A－12[见图 5.2.3 (f)]都是飞翼布局，使前后机身的占位比均达到 1，所不同的是，前者尚保留已退化的并与机翼融合的机身及发动机舱，后者已找不到这两个部件的痕迹。遮挡作用与占位作用既有共同之处又有不同之处。共同之处在于两者都是用某一弱散射体掩盖某一强散射体；不同之处在于，占位作用是一种相接触的掩盖，而遮挡则是一种悬空的掩盖。遮挡作用的具体应用方式为：利用机翼、平尾及带棱边的机身对进气口及喷口进行遮挡；利用机翼对机身进行遮挡；利用相邻部件为倾斜式双立尾提供遮挡，或两只倾斜的双立尾之间相互提供遮挡等。

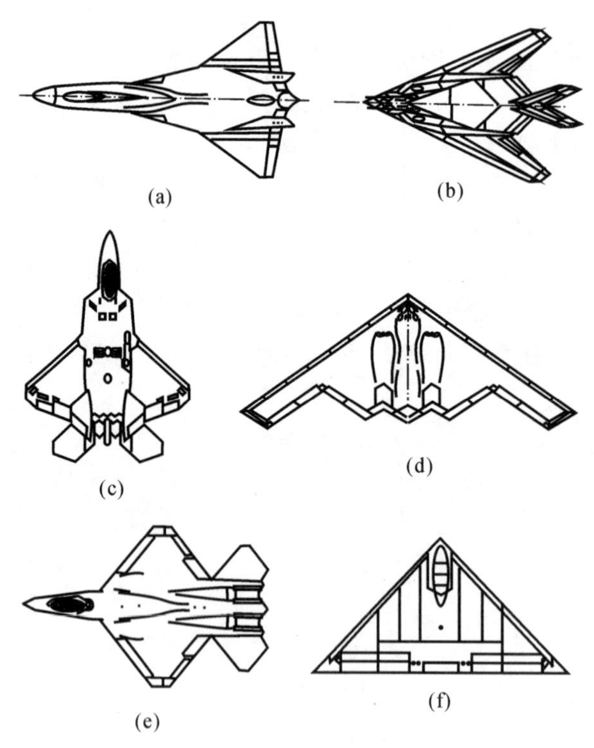

图 5.2.3　占位比的巧妙运用

(a)无(平)尾双三角翼；(b)大后掠箭形翼；(c)大根梢比机翼且平尾参与占位；(d)飞翼；(e)准菱形翼且有 V 形尾翼参与占位；(f)飞翼

3. 消除或减弱角反射器效应并避开耦合波峰

消除或减弱角反射器效应并避开耦合波峰，也是在隐身飞机中得到广泛应用且效果显著的一条设计原则。

对于隐身性能要求很高的隐身飞机，应取消外露挂架及外挂物，并将可收放的挂架及挂装物全部收藏在武器舱内；在翼刀的外侧表面及与之对应的机翼表面有关部位涂敷雷达吸波材料，是改造现有机种的一种措施，而在重新设计隐身飞机时，则应当取消翼刀；对于隐身飞机，消除立尾与其相邻部件间的角反射器效应的最好方法就是用倾斜式双立尾代替直立式单立尾，或用 V 形尾翼代替正交尾翼；通过在管壁及唇口上使用雷达吸波材料来减弱发生在进气道唇边、管壁及压气机(或风扇)之间的耦合作用；而对发生在进气口前边相邻部件表面与腔体间的耦合，可与对进气口的遮挡设计统筹考虑，使耦合作用发生在非重点对抗的照射方向；发生在倾斜式双立尾与其相邻部件间的耦合波峰，由于波峰宽度较小，所以最好的方法是合理设计立尾的倾斜角度，使耦合波峰移到飞机隐身飞行覆盖的俯仰角范围以外。

4. 将全方位分散的波峰统筹安排在非重点方位角范围内

一架飞机在 360°方位角范围内，其左右机翼、左右平尾及两只倾斜立尾的前后缘共产生强度不等的 20 多个波峰。此外，机翼及平尾的左右翼尖及进气道上下唇边也都有相应的波峰出现。对一架战斗机来说，这些波峰强度最弱者的不到 $1m^2$，最强者可达 $15m^2$ 左右。尽管这些波峰的宽度很窄，但它们任意分布在不同的方位角上，使飞机被雷达发现的概率很大。把这些波峰集中成少数几个，并尽可能地安排在缩减 RCS 的重点方位角范围之外，就可以达到隐身的目的。集中后的每一个波峰都由若干个波峰按相位相关叠加而成，由于有的波峰满足相加相位而有的波峰满足相减相位，因此集中后的波峰强度并不会过分增加，而且其波峰宽度特别窄(战斗机各翼面前后缘的波峰宽度约为 1.5°)，雷达很难将其截获。

5. 尽量消除表面台阶及缝隙，将舱门、舱口对缝斜置或锯齿化

对目标散射研究表明，飞机的镜面回波、边缘绕射回波消除或抑制以后，行波回波或爬行波就是一种不可忽视的散射源。一架常规战斗机行波回波强度可达 $1\ m^2$ 左右。有机身的飞机的行波回波强度主要来自机身，飞翼或带残留机身的飞机的行波回波强度主要来自机翼。这些行波常发生在飞机头向左右或上下约±10°及尾向左右或上下约±10°的范围内，严重影响隐身飞机 RCS 的缩减。在影响飞机行波回波强度的诸因素中，有些因素如机身长细比、机身附加部件的有无等不能因抑制行波而改变，而另一些因素如蒙皮对接处的缝隙或台阶、舱门(或舱盖)与舱口之间的缝隙或台阶则是可以改变的。具体的做法是：尽量减少与机身轴线垂直的蒙皮对缝的数目，并且蒙皮的接触面严密接触，达到导电性能良好；在设计和工艺上避免蒙皮对缝出现台阶以及其他的不连续；将舱门与舱口之间的对缝斜置或锯齿化。

图 5.2.4 所示为一架喷气隐身飞行器综合的外形隐身设计，它具有长后掠翼、尖鼻锥、翼身融合、圆角及平坦底部等特点。垂直双尾翼向内倾斜不形成直角反射器，发动机进气道采取背负式，安装在机身上面。这样，地面防空雷达就照射不到它，从而减少了进气道强散射源的散射。

5.2.2　材料隐身

材料隐身是指利用材料对电磁波的通透性能、吸收性能及反射性能达到降低目标 RCS 的目的。目前，常用于缩减 RCS 的材料主要有透波材料、吸波材料、镶入式吸波结构、屏蔽格栅和金属镀膜等。

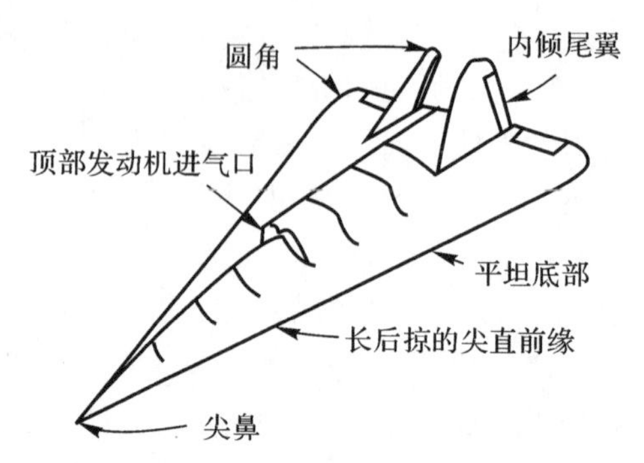

图 5.2.4 喷气隐身飞行器综合的外形隐身设计示意图

1.透波材料

利用玻璃钢、凯福勒复合材料制成的透波结构，能使入射电磁波的 80%～95%透过(单程透过率)，故剩下的后向回波很小。但是，这种透波结构部件的内部不能安装大量金属设备或金属元件。这是因为入射电磁波穿过这种透波结构材料做成的透波外壳后，照射到这些金属设备或元件上，仍会产生很强的散射回波，其强度甚至会远远超过容纳这些设备或元件的流线形金属外壳直接产生的散射回波。因此，对于透波结构材料只允许内部保留极少量的金属设备或元件(例如透波结构立尾内部的金属接头)，可在其表面涂以涂敷型吸波材料或用碳耗能泡沫吸波材料屏蔽。用这种方法设计的立尾，其 RCS 峰值可较全金属立尾降低 90%～96%。

2.吸波材料

吸波材料可分为涂敷型吸波材料及结构型吸波材料。涂敷型吸波材料不参加结构承力，是喷于或贴于金属表面或碳纤维复合材料表面的一种涂料或膜层。结构型吸波材料是参与结构承力的、有吸收能力的复合材料。目前有实用价值的涂敷型吸波材料是以铁氧体或羰基铁等磁性化合物为吸收剂、以天然橡胶或人造橡胶为基材制成的磁耗型涂料或膜层，这类材料也称磁性材料。这类材料不仅可用来抑制镜面回波，也可抑制行波、爬行波及边缘绕射回波。其吸收效果与入射波频率及涂层厚度有密切关系。以目前国内外可提供的产品为例，厚度为 1.5～2 mm 的涂层在 8～12 GHz 之间，在选定的两个频率上的峰值吸收率为 98%～99.4%。在两个峰值之外，吸收率为 90%～97%。另有一种薄型产品，是厚度为 0.5～1.5 mm 的薄膜，可在 10～12 GHz 获得 97%的吸收率，当频率降到 6 GHz 或升到 16 GHz 时，吸收率降到 75%。

涂敷型吸波材料的优点是，不需改变飞机的外形就可实现 RCS 的缩减，其主要缺点之一是使飞机的重量增加。若将其有效的入射波频率扩展到 S 波段及 L 波段(目前预警雷达用得最多的频段)，则其厚度之大及单位面积重量之大是飞机设计者无法接受的。至于对米波雷达隐身，现在的涂敷型吸波材料更是无能为力。

将吸收剂加入复合材料之中，制成既有电磁波吸收能力又有承载能力的材料，称为结构型吸波材料。与涂敷型吸波材料相比，结构型吸波材料可省去涂敷型基材的重量，并避免在已完善的气动外形之外增加一层多余的厚度。

3.镶入式吸波结构

利用透波材料制作承力结构并在结构内部镶入不参加承力的、含有碳等耗能物质的泡沫型吸波材料，可以构成一种有效吸收电磁波的特殊结构，称为镶入式吸波结构。镶入式吸波结构与结构型吸波结构的不同之处在于前者不参加承力而后者参加承力。镶入式吸波结构的优点之一是碳耗能泡沫型吸波材料的密度只有 0.06～0.08 g/m^3，而且成形方便。镶入式吸波结构的另一优点是，可明显降低因高速气流冲击引起的谐振噪声。

4. 屏蔽格栅

如果雷达波入射到进气道的唇口及管道内部，那么，唇口及管道内的压气机（或风扇）会产生很强的散射回波。将具有反射性或吸收性格栅罩装在进气口外，可以有效减弱上述散射回波。

反射性格栅是用金属材料制成的网状格栅，可将入射电磁波的绝大部分能量反射到雷达接收不到的方向上，只允许少量能量透过。根据所对抗的雷达波长，合理设计格栅网眼参数，既可获得可观的屏蔽效果，又可使进气道的进气压力损失不多。

5. 金属镀膜

常规座舱罩是透波的，可使电磁波穿过并射到座舱内的金属结构、设备、驾驶员身体等散射体上。由这些散射体产生的后向回波再次穿过座舱罩被雷达接收。若给座舱罩镀上一层金属薄膜，在透光率允许的条件下增强其反射率，同时改变座舱罩的外形，使反射波的绝大部分偏移到雷达接收不到的方向上，可使座舱（包括罩）的 RCS 显著降低。目前，F－117A，F－22A，B－2，B－1B，F－16S 等均采用了这种技术。在这些飞机的座舱罩上，有的采用铟与锡的氧化物，有的采用黄金作为镀膜材料。不论采用何种材料，均满足透光率不低于 70%、电磁反射率不低于 90%的基本要求。

5.2.3　阻抗加载

阻抗加载可以分为无源阻抗加载和有源阻抗加载。

无源阻抗加载是指采用在飞行器（飞机或导弹）的表面开槽、接谐振腔或加周期结构无源阵列等方法改变飞行器表面电流分布，从而缩减重点方向角度范围内的散射。

有源阻抗加载是指在飞行器中增添自动转发器将接收信号放大、变换后再发射回去，且发回的辐射信号与飞行器本体的反射信号大小相等相位相反，起到相互抵消的作用，如图 5.2.5 所示。一般情况下，飞行器上的敏感器要准确测定照射波的方向和自身电流分布比较困难，且这些参数随入射波频率、极化和入射角改变。

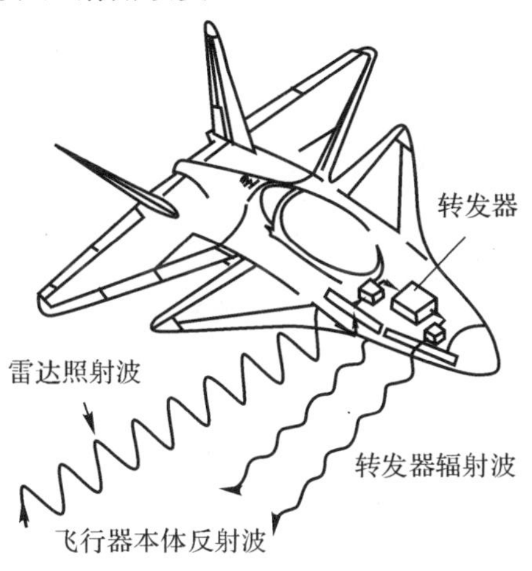

图 5.2.5　有源阻抗加载原理示意图

5.2.4 等离子体隐身

等离子体隐身的基本原理：利用等离子体发生器、发生片，或者放射性同位素在武器表面形成一层等离子云，通过设计等离子体的特征参数，使照射到等离子云上的一部分雷达波被吸收，一部分改变传播方向，从而返回到雷达接收机的能量很少，达到隐身的目的。

据报道，俄罗斯隐身战机与美军现役的F-22和B-2等战机"外形+涂料"的隐身方式完全不同，而是采用最先进的等离子体隐身技术。该技术是在不改变飞机气动外形设计的前提下，将飞机周围的空气变成等离子云，借此来达到吸收和散射雷达波的效果。20世纪80年代初，苏联就率先开始进行等离子体隐身技术的研究，最近已经取得了突破性进展，发展至第3代。

5.2.5 典型隐身飞机实例分析

作为一种空战平台，F-22的最大优势在于其具备出色隐身性能的同时，还成功融合了第二代战斗机的高速性能和第三代战斗机的亚、跨声速机动性能，并在超声速巡航和过失速机动方面取得了实战意义的突破(其外形见图5.2.6)。

隐身技术是现代军事技术发展的一次重大革命，其在战斗机上的应用彻底改变了现代空战的性质。隐身战斗机的飞行员借助于先进的航电武器，就能够在与带有雷达制导导弹的敌机对抗中占据优势，先敌发现目标、先敌开火，实施超视距攻击。根据美军的模拟分析，此时被攻击的目标的生存率只有10%左右。因此，在F-22的研制过程中，美军方特别提出了严格的隐身性能指标要求，而作为最终的研制结果，隐身性能也成为F-22最值得炫耀的亮点之一。

由于隐身技术的高机密性，国外公开的资料中对F-22研制采用的隐身技术很少介绍，人们只能根据一些零星透露的信息大致推断出其采用的技术。一般来说，飞机的隐身效果85%由其外形决定，其余大约15%的隐身需要通过雷达吸波材料(RAM)、雷达吸波结构(RAS)以及其他隐身方法实现。F-22隐身性能的实现主要通过外形设计和结构设计来实现。洛克希德·马丁公司宣称该机与早期的隐身飞机F-117A和B-2A相比，吸波材料/吸波结构的使用降低到了最低限度，从而改善了该机的后勤维护特性并减轻了重量。F-22设计时遵循的是"平衡可探测性"原则，即不仅具有突出的雷达隐身性能，同时也具有突出的红外隐身性能。

图5.2.6 F-22飞机的外形图

1. 外形隐身

(1)翼身融合。

F-22前段进气口后的机身，上表面与机翼及平尾上表面融合过渡，机身侧壁倾斜，整体外形光滑圆顺，不易反射雷达波。驾驶舱呈圆弧状，照射到这里的雷达波会绕舱体外形“爬行”，而不会被反射回去。F-22这样的外形，在雷达侧向照射下，可将入射能量的绝大部分反射到雷达接收不到的方向上。

由隐身理论可知，一般的圆锥形机头不论雷达波从什么方向照射过来，都有可能将其直接反射回发射源，所以F-22机头上下曲面接合处为不连续的弯角，而非传统飞机的圆弧。

(2)进气口斜切。

将进气口安排在带棱边的机身两侧，进气口与机身之间的空隙是分离边界层的地方，前段机身两侧附加的棱边可对进气口提供有效的遮挡。入射电磁波从一个直管道反射的回波仅经过一次或两次反射，而F-22飞机这种S形管道的回波需经过多次反射，再配合使用雷达吸波材料(RAM)，靠涂敷RAM的管壁多次反射、多次吸收衰减风扇(或压气机)的入射波及回波，使进气道的腔体散射回波得到抑制。F-22为双切进气口，其斜切的原则是，在RCS减缩的重点方位角及重点俯仰角范围内，无一唇边与射线构成垂直或与电场构成平行，进气口收集射线的有效面积减小。

(3)双垂尾外倾。

当射线沿某一表面的法向入射时，会产生很强的法向镜面回波。如果将被照射的表面斜置一个足够的角度，使出现在重点方位角范围或重点俯仰角范围内的所有射线均能远离该表面的法向，则回波的强度将显著变弱。F-22采用外倾式双垂尾，设计垂尾合理的倾斜角，将侧向入射雷达波的绝大部分反射到雷达接收不到的方向上。双垂尾外倾(与内倾相比)还可保证大迎角飞行时垂尾的气动效率。

(4)平尾。

F-22保留了常规的平尾，但平尾的前缘伸到了机翼后缘之前一段距离，与机翼后缘的缺口重合，这种设计可以使经过机翼的气流直接吹袭到后方的一对平尾上，使得机体在更大的迎角状态下仍处于可操纵状态。这样的气动布局，也有效降低了飞机侧向的RCS，因为机翼及平尾对后机身提供了最大限度的占位作用(利用具有弱散射源的散射体占据另一散射体上强散射源所在部位而形成的组合体)，能显著降低RCS。

(5)波峰合并。

进气口的上下唇边、平尾的前缘以及内侧后缘、锯齿形喷口的上下唇边和尾撑后缘，均平行于同侧或对侧机翼的前缘；平尾外侧后缘平行于机翼后缘。这样的设计，可将这些边缘在不同方位角上分散产生的众多回波波峰与机翼前后缘产生的回波波峰合并，从而降低这些波峰被雷达发现的概率。同时，如果机翼前后缘后掠角的设计有意使前后缘的内法向及外法向移出飞机前向及尾向的重要方位角范围，那么合并后的少数波峰也可避免在飞机前向及尾向重要方位角范围内被敌方雷达发现。

(6)表面台阶与缝隙斜置。

为了降低在飞机前向附近及尾向附近入射下机身表面缝隙引起的行波回波，凡是与飞机纵轴垂直的缝隙均设计成锯齿形或将缝隙斜置，而且，每一锯齿的两个边及斜置的缝隙均平行于同侧或对侧机翼的前缘。这样，可在降低机身回波的同时，将缝隙产生的主要波峰与机翼前缘波峰合并。采用这一措施的地方有雷达罩与机身蒙皮的对缝、座舱盖与舱口间的前后对缝、起落架舱门的前后对缝、武器舱门的前后对缝以及边界层控制板的前后对缝等。

(7)取消外挂。

为了达到隐身目的，取消了外挂物及外露挂架，而将全部可投放或可发射武器及其挂架均安置在专门的武器舱内。当外挂物及挂架存在时，仅由这些附加物产生的 RCS 就可达到一架常规战斗机(无外挂状态)的水平。F－22 共有 3 个武器舱，机腹 1 个，两侧进气道外侧各有 1 个。可伸缩式的武器架会在舱门开启后将导弹伸出机外以锁定目标。航炮也藏在暗舱中，只在使用时才打开。为了保证隐身性能，部分牺牲了航炮的反应能力，而且航炮发射时弹壳不会抛出，而是在机内回收，以防止抛出的弹壳损伤机体上昂贵的隐身材料。

2. 材料隐身

(1)座舱盖镀膜。

座舱盖镀有一层金属薄膜，在透光率允许的条件下增强其反射率，同时改变座舱的外形，使反射波绝大部分偏离到雷达接收不到的方向上，可使座舱的 RCS 显著降低。

(2)吸波涂料应用。

在低 RCS 外形的基础上，只在翼面前后缘及翼尖、进气道管壁及唇边、机身棱边等关键部位使用吸波材料以达到满意的综合效果，也是降低成本、改善维修性、缩短重复出击间隔时间的措施。在 S 形进气道内壁涂敷隐身涂料，使雷达波不能直接从进气口照射到发动机叶片，同时在弯曲进气道内被多次反射而衰减能量。

(3)格栅屏蔽。

飞机表面的各通气口均用钛合金经精密加工而成的格栅加以屏蔽。反射性格栅是用金属材料制成的网状格栅，它可将入射电磁波的绝大部分能量反射到雷达接收不到的方向上，只允许少量能量透过。根据所对抗的雷达波长，合理设计格栅网眼参数，既可获得可观的屏蔽效果，又可使进气口的进气压力损失不多。在金属格栅表面涂敷吸波材料，或用加入吸收剂的复合材料制造格栅，就成为吸收格栅，用吸收性格栅屏蔽进气口，也可减弱入射电磁波和进气道腔体的回波。

(4)使用复合材料。

F－22 还广泛使用石墨类复合材料制造内部结构及蒙皮。

3. 其他雷达隐身设计

(1)雷达罩设计成“频率选择表面(FSS)”，可阻挡某些频率雷达波透过雷达罩照射到天线，同时保证对本机雷达的透波性能。

(2)雷达天线采用一个向上的固定安装角，使天线回波方向偏离前向的重要锥角范围。

(3)将主要天线和传感器采用内埋或保形布置。

在 F－22 隐身设计过程中，利用了大量计算机辅助设计工具。由于计算机技术飞速发展，因此在 F－22 的 RCS 分析和计算中采用了整机计算机模拟(综合了进气道、吸波材料/吸波结构等影响)，比 F－117A 的分段模拟后合成结果更先进、全面和精确，同时可以保证机体表面采用连续曲面设计。该机的 RCS 试验结果与预测值的差异较小，其中关键频率上的 RCS 有 73％与预测值的差异在 2dB 以内，97％在 3 dB 以内。该机的前向 RCS 约为 0.065 m^2，比 F－15降低两个数量级。

5.3　雷达反隐身技术

5.3.1　频域扩展反隐身技术

从隐身技术的物理可实现性和研制成本来看，雷达隐身不可能是全频段的。目前，雷达隐身的频段主要集中在 1～20 GHz 范围内针对 S，C，X，Ku 波段的探测和跟踪雷达。在这个频段之外，雷达隐身的效果大大降低。从反隐身的角度出发，雷达工作在隐身频段之外，可使目标的雷达截面积缩减措施失效，从而具有较好的反隐身效果。

1. 米波段超分辨雷达

现行隐身飞机对于波长较长的波段(如米波)，隐身效果较差。主要原因如下：

(1)米波雷达的工作频率通常为 30～300 MHz，当米波雷达照射目标时，在镜面反射和爬行波之间会发生谐振现象，形成较强的反射回波尖峰，通常米波 RCS 要比微波 RCS 大几十倍甚至几百倍。

分析表明，对于典型目标 F－117A，其 RCS 值在厘米波段(S，C，X，Ku)为 0.03～0.05 m^2；在分米波低频段(UHF)为 0.2～0.34 m^2；在米波段(1～1.6 m)为 0.4～2.8 m^2。试验表明，处于谐振区的目标 RCS 可以比光学区提高 10～20 dB，而多数飞机的 RCS 频率特性的谐振区处在米波波段。

大多数作战飞机的特征尺寸都在几米到几十米的范围内，当雷达的工作波长与飞机的特征尺寸相当时，就会产生谐振效应，使隐身飞机回波大大增强。寻找适当的频率点，使其工作频率接近目标谐振频率，是米波雷达反隐身的关键之一。

(2)对于采用涂敷吸波材料达到隐身目的的飞机，为了有效吸收雷达入射波，涂层厚度一般大于入射波长的 1/10。对于米波频段的雷达，要有效隐身，其涂层厚度至少要达到 0.1～1 m的数量级，对于隐身飞机，要涂这样厚的涂敷吸波材料实际上是不可能的，因此涂敷吸波材料措施对米波雷达隐身是难以实现的。

米波雷达对付隐身飞机从波段上有一定优势，是一种有前途的反隐身技术。但米波雷达具有体积大、分辨率差、精度低、易受外部环境干扰等缺点。以往的米波雷达常常只用作情报雷达，承担远程警戒任务。若将米波用在制导雷达上，则必须解决分辨率差、精度低、易受外部环境干扰等问题。将现代谱估计理论引入阵列天线领域形成了空间谱估计理论，为解决分辨率低的问题提供了一种新的技术途径。应用空间谱估计的各种算法，空间分辨力能提高到波束半功率宽度的 1/10～1/20。

国外对米波反隐身技术进行了大量的研究，据报道 2004 年俄罗斯国家防空系统开始部署米波反隐身数字相控阵雷达 Nebo－U，据报道其距离分辨率为 400 m，角度分辨率为 0.4°，雷达以10 r/min或 20 r/min 的速度旋转，可提供 360°全方位覆盖。

2. 毫米波段雷达

毫米波雷达通常工作在 35～300 GHz 范围内，具有波束窄、角分辨力高、频带宽、隐蔽性好、抗干扰能力强、体积小、重量轻等特点，主要适用于防空雷达和“发射后不管”的导弹导引头，以对付隐身目标和其他目标。

隐身技术所采用的雷达波吸收材料涂层有一定频率范围，主要针对厘米波段，在 1～

20 GHz频率范围内起作用,在毫米波段,其隐身效果大大降低。根据目前的隐身水平,在毫米波段使用介质涂层等吸收材料进行隐身,由于技术难度大,工艺复杂,故难以实现。同时,隐身飞机的机体不可能做成理想光滑和连续表面,用毫米波雷达照射目标时,目标表面的不平滑部位和缝隙都会产生电磁波散射,而且目标的边缘衍射和尖端绕射效应会显著增强,导致其 RCS 增大。

目前国外大力发展毫米波段雷达和导引头。例如,美国海军研制的 W 波段反隐身雷达,是一部工作频率为 94 GHz 的试验型、高功率毫米波相参雷达,它不仅能对小目标成像,且能利用它的高分辨率识别非合作目标。据报道,美空军计划为“爱国者”防空导弹安装 35 GHz 的毫米波雷达导引头。

3. 激光雷达与红外探测

激光雷达是利用激光对隐身目标进行探测与搜寻的装置,它工作在红外和可见光波段。由于目前隐身目标主要针对雷达波采取隐身措施,它们对可见光和接近可见光的波段没有明显的隐身效果,再加上激光雷达具有波长短、光束质量高、定向性强、测量精度高、分辨率高等特点,对目标具有识别、姿态显示等功能,因此激光雷达能有效地探测隐身目标。

激光雷达可通过探测隐身飞机尾部喷出的大量的碳氢化合物尾焰气流来跟踪隐身目标。例如 F－117A 隐身战斗机和 B－2 隐身轰炸机等,在飞行时其尾部喷出的含有碳氢化合物的强尾焰气流其密度将超过背景大气密度 100 倍,这就给激光探测隐身目标提供了物理基础。

尽管隐身飞机采取了许多红外隐身技术措施,但高速目标红外散射是现实存在的,操作员无法随意控制红外的辐射及散射,因而利用高灵敏度的红外探测设备仍有可能发现隐身飞机。

5.3.2 空域扩展反隐身技术

隐身飞机的隐身重点多放在鼻锥方向$\pm 45^\circ$范围内,其次考虑侧面和尾部,对于顶部,采取的隐身措施通常较少。基于这一现实情况,可以采用空域扩展方法进行反隐身。

1. 双(多)基地雷达

双(多)基地体制主要是利用大双基地角时隐身飞行器非后向散射雷达截面增大的弱点进行反隐身的,如图 5.3.1 所示。

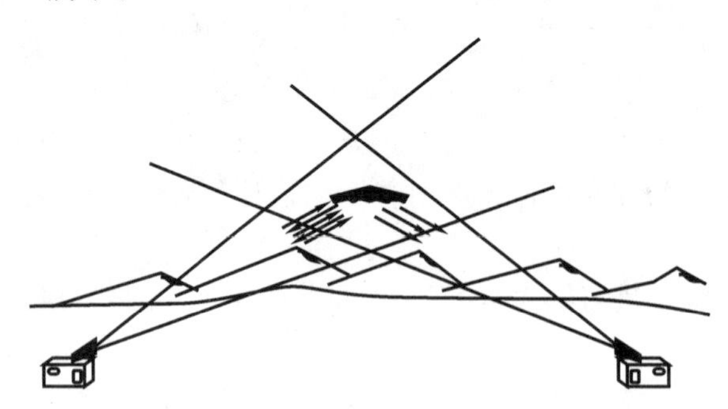

图 5.3.1 双基地雷达探测目标示意图

双(多) 基地雷达截面积存在前向散射区,这一区域主要指双基地角(β) 大于 135° 的区域。在该区域中,双基地雷达截面积比单基地雷达截面积增大很多。当 $\beta=180^\circ$ 时,双基地雷达截面积达到最大。此时目标的前向散射雷达截面积用 σ_F 表示,即

$$\sigma_F = 4\pi A^2/\lambda^2 \tag{5.3.1}$$

式中，A 为目标在入射方向上的截面积或投影面积；λ 为波长。

目标可以是光滑的简单形状，也可以是复杂形状。目标可以是反射型的，也可以是吸收型的，或者是两者的组合，只要目标的投影面积处于发射波束的截面之中。

目标产生前向散射效应的机理可用巴比涅(Babinet)原理加以说明。巴比涅原理最初是作为一个光学原理来应用的，后来被引进了电磁场理论，用于说明偶极子与缝隙天线具有相同的辐射方向图。

图 5.3.2 给出了巴比涅原理应用于前向散射的情况。不透明面积为 A 的"偶极子"目标和与其互补的透明面积为 A 的"缝隙"目标分别由互为共轭的辐射源照射，这里，"共轭源"定义为相对原来源极化方向旋转 90°的辐射源。接收机置于目标的另一边，双基地角为 $\beta=180°$。偶极子目标表示在发射—接收路径上截面积为 A 的真实目标，而缝隙目标表示该路径上的巴比涅模型，即孔径面积为 A 的真实缝隙目标。根据巴比涅原理，当受互为共轭的辐射源照射时，这两个目标的前向散射的方向图是相同的。此时，缝隙目标"接收"到的功率正比于缝隙的截面积 A，而它的"再辐射"功率则正比于缝隙天线的增益 $G(G=4\pi A/\lambda^2)$。因此，接收机处的功率正比于 $AG=4\pi A^2/\lambda^2$，这就是式(5.3.1)中的 σ_F。当 $\beta<180°$时，随着 β 的减小，目标的前向散射面积将减小。这种结果是由于缝隙天线辐射方向性引起的。由于偶极子目标代表的是真实目标的情况，巴比涅原理就直观地解释了复杂目标前向散射面积增大的机理。

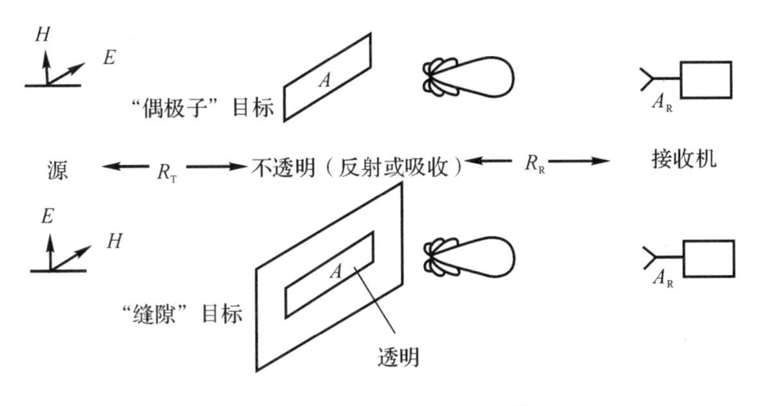

图 5.3.2　前向散射的巴比涅模型

图 5.3.3 给出了一个 8°圆锥体，底面直径 35 mm，波长 $\lambda=17.9$ mm 在双基地角分别为 180°和 70°情况下以测试转台角为函数的双基地雷达截面积的测量数据。该测量是在微波暗室用缩比目标进行的，测试模型支撑在一个聚苯乙烯塑料转台上。图 5.3.3 中雷达截面积用 λ^2 进行了归一化，横坐标为转台角，它表示双基地角平分线方向与测试转台基准方向的夹角。

由图 5.3.3 可以看出：双基地角为 180°情况下的双基地雷达截面积数值较大，且随不同转台角变化的范围较小，仅 7 dB；而双基地角为 70°情况下的双基地雷达截面积数值较小，但随不同转台角变化的范围较大，最大差值超过 30 dB。

实现双(多)基地雷达，必须解决时间同步、角度同步、相位同步等问题。例如，假设发射和接收系统均采用高增益、窄波束，为了实现有效探测，两部天线必须同时指向目标，因此，必须解决空间同步和数据率低的问题。

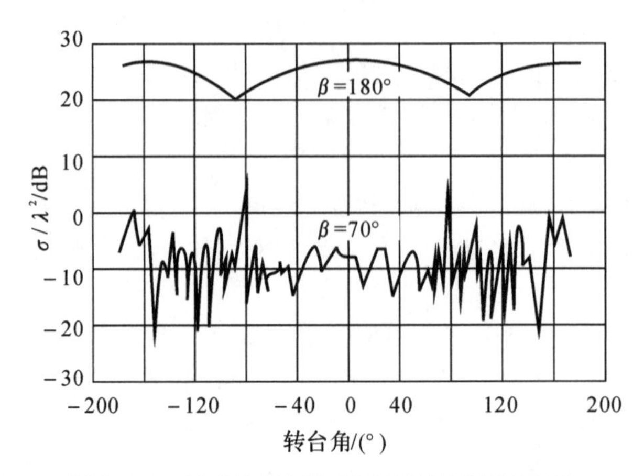

图 5.3.3 圆锥体双基地雷达截面积的测量结果

2. 天基/空基雷达探测系统

隐身飞机主要是防前下方雷达的探测，其上方的隐身能力极弱。有时在顶部甚至做出牺牲，如 B-2 发动机尾喷口经导流板向上喷出。这样就可以从其上方实施俯视探测，并且居高临下，探测面积大，从而容易发现隐身飞机。将雷达安装在卫星、飞机、飞艇、气球、无人机等空中平台上，只要高度高于隐形飞机，从上方进行探测，就可有效探测到隐形飞机，增大发现隐身目标的概率。

预警机和具有下视能力的飞行器一般都具有探测隐身目标的能力。例如，美国 E-3A 预警机装备有具备下视能力脉冲多普勒雷达，能在地面和海面的杂波环境中探测和跟踪低空、低速目标，能够对数百个目标进行处理和显示。

将各种电、光探测设备(雷达、红外探测器等)安装在诸如卫星、飞船之类的空间平台上，不仅进一步扩展了视场，而且也提高了生存能力。将合成孔径雷达安装在卫星上，能高分辨率地探测和识别伪装及隐身目标。导弹预警卫星不仅能探测到导弹的发射，而且能发现隐身飞机发动机的微弱尾焰。

3. 天波超视距雷达

这是一种空间和频域相结合的反隐身技术。天波超视距雷达工作在短波波段，频率为3～30 MHz，对 700～5 000 km 范围内的目标探测、跟踪。

工作原理如图 5.3.4 所示。该系统直接向电离层发送大功率电波，电波受电离层折射后，照射到相应的地域或海域上空，在照射区内出现的任何目标均会产生雷达回波，其中一部分能量沿原路径再次通过电离层折射回雷达接收机，从而构成一个以探测运动目标为主的雷达系统。可见，这种雷达最本质的优点是作用距离不受地球曲率限制。与普通微波雷达相比，天波超视距雷达具有以下特点：

(1)通常采用平均发射功率较大的调频连续波信号，探测距离远、覆盖面积大。作为预警情报系统，它能以经济的手段、高的费效比实现国境线外远距离目标的早期预警，把国土防空(海)预警时间从分钟级提高到小时级。

(2)雷达不受地球曲率限制，可从电离层至地(海)表面全高度探测飞机、导弹及舰船等运动目标，是唯一能对地平线以下超远程运动目标进行探测的陆基系统。

(3)雷达工作在短波波段时，雷达目标属于或接近谐振区的散射体，雷达有效截面(RCS)

比在光学区的微波雷达大得多，该雷达电波又是通过电离层从上至下辐射到目标，因而具有探测隐身飞行器的能力。

(4)雷达通常采用长时间相干积累技术，有较高的多普勒分辨能力。这不但能弥补系统在距离和方位分辨力的不足，而且能探测和识别低速的舰船目标。

(5)利用空气电离及电离层异常现象可以探测洲际弹道导弹的发射点和下落点，观察核爆炸与军用地球卫星在电离层中的运动情况。

(6)与微波雷达相比，只有采用大口径的天线阵，超视距雷达才能达到较好的方位角分辨力，超视距雷达信号带宽受电离层色散特性及外部干扰限制，距离分辨力较差。

(7)与微波雷达相比，超视距雷达传播环境复杂。电离层是时变、色散、不均匀和各向异性的传播介质，它的多层结构引起电离层的多模传播，会产生目标航迹“模式模糊”和“多径”效应，需要通过对电离层的定时探测和精确预报来判别模式。另外，需要把天波超视距雷达所测量的射线距离变换成目标离雷达站的大圆距离。这种变换算法依赖于对工作频率和电离层实时状态参数的测量和预报，也可借助于安装在若干固定位置上的相参应答机来加以校正。

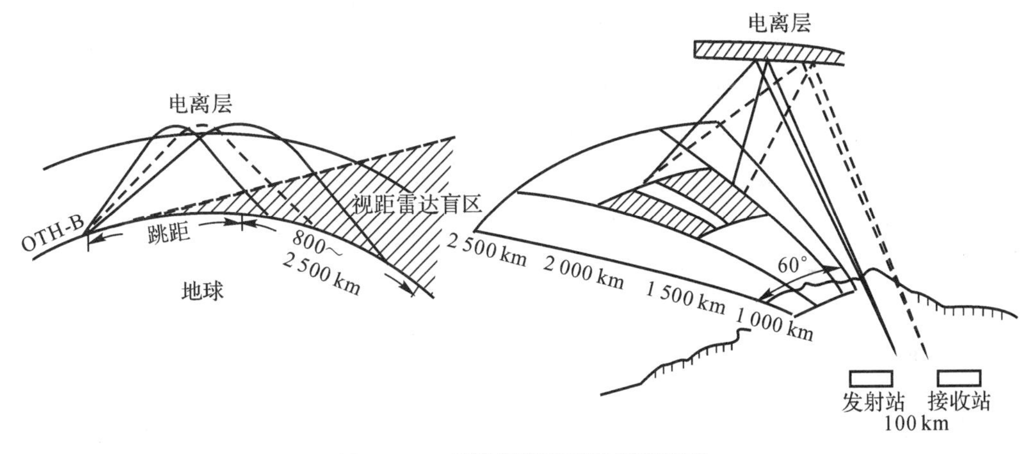

图5.3.4　天波超视距雷达探测原理

超视距雷达反隐身原理如下：

(1)在超视距雷达频率范围内，雷达工作在短波波段，其波长较长，大部分隐身飞机尺寸及其主要结构的特征均与其波长接近或小于其波长，属于或接近谐振区的散射体，其RCS大于光学区的RCS。

(2)隐身用的吸波材料对较长波长的电磁波不起作用或效果较差。

(3)超视距雷达发射的电磁波经电离层折射后，自上而下地照射目标，像机载预警雷达俯视工作方式一样，正好对准当前隐身飞行器赋形设计最薄弱的环节，这个方向上目标的隐身效果较差。

天波超视距雷达是探测隐身目标的有效手段之一，但存在天线庞大，分辨力低的缺点。美国20世纪80年代生产的NA/FPS-118雷达工作频率为5～28 MHz，作用距离为2 880 km，距离分辨力为20～30 km，角分辨力为0.2°～0.3°，天线长1 km，高40 m。

天波超视距雷达在技术实现方面，仍有一些课题需要深入研究，例如：如何有效地从地杂波、海杂波或不稳定电离层反射的杂波中识别出返回的目标信号，如何利用先进的信号处理及计算机技术来提高雷达的方位分辨率，如何提高对舰船等慢速目标的检测能力及干扰背景下的目标检测能力等。

5.3.3 提高现有雷达潜能的反隐身技术

由雷达方程可知，雷达隐身在雷达方程中直接体现的是雷达截面积的减小。为了弥补目标 RCS 的减小所造成的探测距离的损失，可以通过提高发射能量、提高天线的增益、采用功率合成技术和大压缩比脉冲压缩技术、提高接收机的灵敏度、利用目标的相位信息和极化信息、增加积累时间、采用先进的信号处理技术等措施提高传统雷达探测隐身目标的能力。

1. 提高功率孔径积

近 20 年来，雷达的功率孔径积已提高了一个数量级，随着大功率固态器件的应用，制导雷达的功率还有很大潜力。随着低副瓣天线水平的提高，天线孔径也应合理增大，因此大功率孔径积与低截获概率的功率管理能够做到相互兼容。

固态有源相控阵雷达将多个发射单元的功率在空间合成，形成高能脉冲，提高了本身的发射功率和天线增益，因而具有探测隐身目标的能力，是新一代雷达的发展方向之一。

2. 提高发射波形的时间带宽积

提高相参体制发射波形的时间带宽积对反隐身、反低空突防与抗干扰都有利。目前，雷达信号的频率带宽已经扩展到了 4 GHz，信号频率带宽增大，意味着雷达径向分辨力的提高。具有高径向分辨力是制导雷达的发展方向，它能有效地反隐身、抗低空环境杂波和提高目标识别能力。

3. 增加相参处理的脉冲数

采用相参积累方式可以显著提高雷达探测目标的能力，而且参与相参处理的积累脉冲数越多，雷达探测隐身目标的能力就越强。

4. 弱信号检测技术

提高雷达在杂波和干扰背景中对微弱目标信号的检测能力，可提高雷达的反隐身能力。这方面还有很大的发展潜力，需要采用现代信号处理技术，研究出各种弱信号检测的适用算法。

5.3.4 其他新体制反隐身技术

1. 雷达组网与数据融合技术

隐身飞机的外形隐身主要是改变了电磁波的散射方向，只能在机头前方一定角度范围内将雷达 RCS 减小几个数量级而产生“隐身”效果，在大角度范围内 RCS 的减弱有限或并无减弱，其侧向 RCS 比迎头方向大 20 dB 以上。另外，隐身目标在几个常用频段上具有较好的隐身效果，其他频段隐身效果较差。利用隐身目标这些弱点，可以综合采用多种手段达到反隐身的目的。

采用先进的雷达组网技术是探测隐身飞机的有效手段。雷达组网可以有情报雷达组网、制导雷达组网、多谱传感器组网、混合组网等方式。

将各种工作频率的情报雷达联网，网中雷达从各个不同视角观测目标，多站信息合成实现空间分集。在情报雷达组网技术中，米波雷达本身就具有良好的反隐身能力，因此要解决米波雷达分辨力低、抗干扰能力弱等缺点，发挥其反隐身的优势。

制导雷达是高分辨力、高精度的雷达设备，在这种雷达基础上构成的制导雷达联网，它所获取的目标信息将具有高的准确性、连续性和高数据率，能可靠地提供地空导弹武器系统的射击诸元和目标跟踪信息。数据融合是制导雷达组网反隐身的关键技术之一。

多谱多传感器探测系统把多种雷达侦察、通信侦察、红外和激光等电子侦察和光电侦察传感器集成在一起，构成从射频到光电的全电磁频谱综合探测系统，通过多传感器信息数据融合，把来自各传感器的信息进行综合、过滤、相关和合成，构成更完整、更全面和更有用的情报信息，从而提高对隐身目标的截获、识别和定位能力。

混合组网将空间部署(地面、飞机和卫星)的不同体制(单基地、双基地、多基地)、不同工作频率优化配置的雷达站组网，各站信息由网络传输并统一处理融合及综合利用，从不同空域、不同频域多次对目标探测，利用空间分集、频率分集、能量分集特征，发现和识别各种隐身目标，从而扩大雷达探测隐身目标区域、提高其跟踪能力。

俄罗斯“天空-M”多波段机动式反隐身雷达系统由RLM-M米波雷达、RLM-D分米波雷达、RLM-S厘米波雷达、KLRLK指控系统等4部分组成，可同时跟踪锁定包括隐身飞机、导弹、无人机等在内的200个目标，2013年2月，“天空-M”雷达正式在俄罗斯西部军区特维尔地区担负战斗值班任务。“天空-M”雷达系统融合了米波、分米波及厘米波3种波段雷达，实现了一体化组网，优势互补，相互验证。在作战过程中，RLM-M米波雷达(见图5.3.5)负责早期发现目标，探测出入侵隐身战机的正面散射信号，RLM-D分米波雷达和R LM-S厘米波雷达负责定位与制导，还能够探测到隐身效果较差的敌机侧面信号，使“天空-M”雷达系统实现了对隐身目标的发现及跟踪。“天空-M”雷达采用模块化设计和自动化指挥系统，自动化程度高，其指控系统中安装有能够将各个雷达侦获的数据进行融合的“航迹融合系统”，能够形成供各平台使用的统一图像信息。“天空-M”雷达系统的操作员主要负责监控设备的工作状态及其变化，空中目标的探测、跟踪和识别，发送和接收各种数据及指令等工作则由系统自动完成。

图5.3.5　RLM-M米波雷达外形图

2. 无源雷达

无源雷达本身不发射电磁波，而是利用空中已有的其他非合作辐射源作为目标的照射源。无源雷达通过两种工作方式探测、跟踪隐身目标：

(1)如果隐身目标上装有有源雷达或通信设备，无源雷达就可以通过跟踪这些无线电信号得到目标的位置、速度信息。

(2)如果隐身目标没有装备有源雷达，或者雷达不开机，通信设备也处于静默状态，可以利用隐身目标对其他无线电信号的反射信息进行探测和定位。利用地面广播电台、电视台、运动或固定平台上的雷达、广播、通信、GPS 卫星等作为照射源，无源雷达接收这些信号的直达波和目标反射波，利用时间差等信息，计算得到目标的位置、速度等信息。

任何一架飞机都会产生几种反射模式，无源雷达正是通过寻找这些反射，确定目标的方位，并在三维电子地图上标绘出其位置。无源雷达具有空域和频域反隐身的特征，可探测到隐身目标前向、侧向或向下的散射信号。

沉默哨兵系统是美国研制的一种基于前向散射原理、采用商业无线电广播和电视广播(50～800 MHz) 作为辐射源的被动接收无源雷达，其原理如图 5.3.6 所示。该系统能够对飞机、导弹等飞行目标进行定位跟踪，给出飞行目标的位置和速度。对 RCS 为 10 m^2 的目标探测距离可达 550 km，探测精度与普通警戒雷达相当。目前，该系统已发展到第三代 SS3 (Silent Sentry 3)，能同时跟踪 200 多个目标，从中鉴别出最小间隔 15 m 的两个目标，已完成了空间飞行器跟踪、空中监视跟踪和战术导弹探测跟踪三项测试。

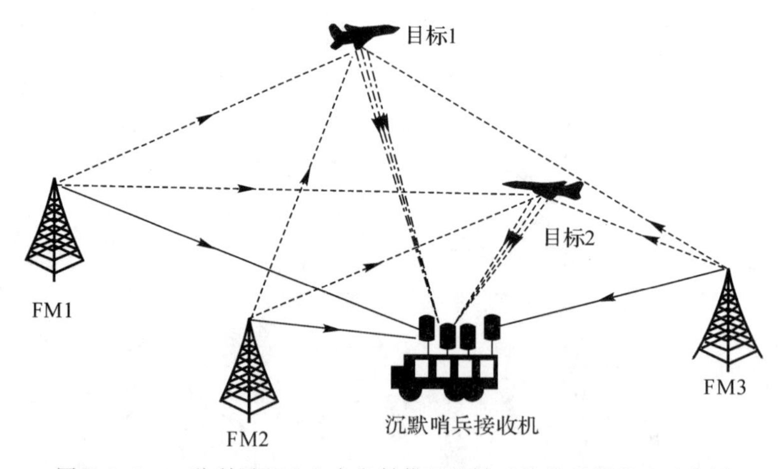

图 5.3.6　一种利用 FM 电台发射信号的被动接收无源雷达示意图

3. 超宽带雷达和冲激雷达

有载波的超宽带雷达，如大时宽带宽积的超宽带信号，目前已有很大进展，可以获得几个厘米的径向高分辨力，可用于反隐身、成像制导与目标识别诸方面。

冲激脉冲雷达(Impulse Radar，IR)是指无载频的极窄脉冲雷达，其发射脉冲为一极窄脉冲(ps 级)，瞬时带宽具有极宽的频谱(0～15GHz)，其低频部分具有米波反隐身雷达的性能，并能使雷达吸波材料的吸波性能变差。由于冲激脉冲雷达在反隐身及电子战方面的巨大应用潜力，世界军事强国不惜投入大量人力、物力、财力进行深入研究。

冲激雷达的主要问题是发射脉冲的功率有限、效率较低，因此雷达作用距离受到限制。研制大功率无载波发射机是实现冲激雷达的关键技术之一。

4. 谐波雷达

人们在研究雷达技术时发现，雷达波照射到金属目标上时，除了散射基波外，还散射谐波能量，即辐射出入射频率的信号谐波，而雷达波照射到大多数自然物体，包括植物、大地和海洋等，只产生反射回波，不产生谐波再辐射。谐波雷达就是根据这种物理现象研制的接收金属目标谐波信号作为其回波信号的雷达。隐身飞行器虽然采用了雷达吸波材料，但作为金属目标，当它受到雷达波照射时仍会产生谐波再辐射。因此，研制能接收隐身飞行器散射的谐波能量作为目标回波信号的谐波雷达，是未来探测隐身目标的一种新的技术途径。

第6章　对雷达的硬杀伤攻击与防护

反辐射导弹是直接杀伤雷达辐射源的一种武器。目前,世界先进国家均装备了大量反辐射导弹,它已经成为常规的进攻性武器。激光武器和高能微波武器能够利用高能量直接摧毁雷达的硬件,对雷达极具威胁。

对雷达硬杀伤的防护属于雷达电子防护范畴。如何对硬杀伤武器进行防护是现代雷达面临的一个重要课题,针对不同的武器,需要采用不同的方法或措施来进行对抗。

本章主要介绍雷达硬杀伤的基本概念、反辐射导弹组成及原理、定向能武器基本原理、对抗反辐射导弹的主要技术以及对定向能武器的防护技术等。

6.1　概　　述

6.1.1　硬杀伤概念

对军用监视和跟踪雷达的电子攻击行动除了电子干扰技术外,通常还包括硬杀伤行动。对雷达的硬杀伤是电子战中电子进攻的一种摧毁行动,是雷达电子战的一种新的形式,其目的是对辐射源进行实体摧毁,从硬件上损毁雷达,使其丧失工作能力。相比“软杀伤”,硬杀伤对雷达的损伤是永久性的物理损伤,它使雷达难以在短时间内恢复正常工作能力。

对雷达的硬杀伤有多种方式,包括使用反辐射导弹、激光武器和高能微波武器等,其中反辐射导弹(ARM)在对防御系统进行杀伤性压制中最常用。

6.1.2　对抗硬杀伤的策略

反辐射导弹、定向能武器是一类命中率很高的硬杀伤武器,能否有效对付此类硬杀伤威胁事关防空雷达的生死存亡,这就要求防空雷达具有十分有效的防护硬杀伤技术措施和战术措施。

目前的单项对抗硬杀伤措施都存在着一定的局限性,必须采取多种措施、多层防护。为了发挥各项措施的长处、弥补其局限性,应根据实战环境综合应用各项措施。对抗硬杀伤威胁不是一个孤立的问题,它与干扰、反干扰密切相关,与反隐身密切相关,与防空网的布局及战术使用等密切相关,与对抗威胁技术密切相关,因此必须统筹兼顾,综合实施。

6.2　反辐射导弹

反辐射导弹(Anti - Radiation Missile,ARM)又称反雷达导弹,是利用对方武器系统辐射的电磁波发现、跟踪并摧毁辐射源的导弹。反辐射导弹对雷达的生存构成极大的威胁,它不仅能从实体上摧毁雷达设施,而且能杀伤雷达操作人员,给作战人员造成心理恐惧,严重削弱其作战能力。

6.2.1　ARM 发展过程与现状

自 1961 年开始研制反辐射导弹以来，国外陆续研制出了 30 多种型号的反辐射导弹，绝大多数已装备部队并用于局部战争，目前 ARM 已发展到了第四代。第一代于 20 世纪 60 年代装备部队，代表产品包括美国的“百舌鸟”、苏联的“AS－5”及英法联合研制的“玛特尔”。由于其导引头覆盖频域比较窄、灵敏度低、测角精度低、命中率低、可靠性差且只能对付特定的目标，因此早已被淘汰。第二代产品于 70 年代装备部队，以美国的“标准”、苏联的“AS－5”(鲑鱼)为代表。虽然第二代 ARM 具有较宽覆盖频域和较高灵敏度，射程比较远而且有一定的记忆(即抗目标雷达关机)功能，可以攻击多种地(舰)防空雷达，但因其结构十分复杂、体积大、比较笨重，因此只能装备大型机种，而且飞机的装载数量也受限制，已于 70 年代末停止生产。第三代 ARM 于 80 年代装备部队，基本分为以下三大类。

第一类为中近程(指导弹射程为 30～70 km)ARM，以美国的“哈姆”(HARM)、英国的“阿拉姆”(ALARM)为代表。其主要特点是：

(1)装有新型超宽频带导引头。可攻击雷达的频率覆盖范围达 0.8～20 GHz，覆盖了绝大多数防空雷达的工作频率。

(2)导引头灵敏度高，动态范围大，跟踪速度快。导引头灵敏度比较高(－70 dBm)，而且具有大动态范围、快速自动增益控制。因此，既能截获跟踪雷达天线主瓣方向的辐射信号，也能截获跟踪雷达天线副瓣和背瓣方向的辐射信号；既能截获跟踪脉冲雷达信号，也能截获跟踪连续波雷达信号；既能截获跟踪波束相对稳定的导弹与高炮制导雷达信号，又能截获跟踪波束环扫或扇扫的警戒雷达、引导雷达、空中交通管制雷达和气象雷达信号。

(3)导引头内设置信号分选与选择装置。采用门阵列(FPGA)高速数字处理器和相应的软件，实现了在复杂电磁环境中的信号预分选与单一目标的选择。

(4)采用微处理机控制。在导弹上装有含已知雷达信号特性的预编程序数据库，具有自主截获跟踪目标的能力。一旦在战斗中发现新的雷达目标，只需修改软件就可适应。还有弹道控制软件与相应的接口控制电路，这样导弹载机不必对准目标就可发射导弹去攻击各方向的目标，即使偏差 180°也能靠导引头转动 180°而自动截获跟踪目标，从而实现自卫、随机、预编程三种工作方式和导弹“发射后不管”功能，提高了 ARM 的攻击能力和发射载机本身的生存能力。

(5)采用无烟火箭发动机。降低了导弹的红外特征，不易遭受红外制导的地空和空空导弹的拦截。

(6)高弹速。导弹速度 Ma 达到 3，增强了突防能力。

第二类为远程(指导弹作用距离在 100 km 以上)ARM，以苏联的“AS－12”为代表。其突出特点是：

(1)作用距离远且弹速高。导弹采用冲压式发动机，飞行速度 Ma 在 3 以上，而且作用距离远(150 km 以上)。

(2)导引头灵敏度高且测角精度高。导引头的灵敏度为－90～－100 dBm，测角精度均方根值在 0.5°以内。这类导弹攻击目标针对性很强，命中率高。

第三类为无人驾驶反辐射飞行器。反辐射无人机可在信息化战场用于对敌防空电子系统进行先期攻击，以压制敌防空系统，掩护己方攻击机群实施空中打击，是一种重要的电子战硬摧毁武器装备。这种无人机主要由灵敏的无源探测导引头和有效的战斗部组成，除速度低于中近程 ARM 外，其他性能与中近程 ARM 相同。它可飞临敌目标区上空巡航待命，一旦导引头截获和跟踪到敌方防空雷达辐射源，就对准辐射源直接俯冲攻击和杀伤操纵人员。目前正在研制和装备的反辐射无人机有几十种，其中典型的如美国的 AGM－136A“默虹”、以色列与美国合制的“哈比”(Harpy)。反辐射无人机由地面指挥控制车控制发射到作战区域上空，可巡航数小时，直到发现目标后实施攻击。如雷达关机，它可返回巡航处于搜索状态，等待雷达重新开机时再进行攻击。每辆地面发射车可装载多个发射箱，发射程序全部自动化，且发射后能自动搜索和自主攻击目标，无需精确的目标信息。

目前，第四代反辐射导弹以美国的“先进反辐射导弹” AGM－88E(见图 6.2.1)为典型代表。其主要特征是以 GPS/INS(惯性导航)进行中段制导，末段采用由毫米波主动雷达和宽频带被动雷达组成的双模复合式导引头，具有网络连通能力，可通过下行数据链传回命中前的雷达信息，在撞击目标之前提供近实时的武器命中评估。该弹作为现役高速反辐射导弹的后继弹，与前者具有完全相同的气动外形布局，但采用了先进的宽频带被动雷达制导、全球定位/惯性导航组合制导和主动毫米波雷达末制导组成的多模复合制导技术，搜索、识别和最终摧毁敌方防空系统的能力显著提高，攻击手段更多、智能化程度更高、打击精度更准。

AGM－88E 主要技术指标如下：

(1)弹径(Diameter)：250 mm；

(2)弹长(Length)：4.17 m；

(3)翼展(Wingspan)：1.13 m；

(4)最大距离(Max Range)：105 km；

(5)最高速度(Top Speed)：2,269 km/h；

(6)弹头重量(Warhead)：68 kg；

(7)总重量(Weight)：360 kg。

图 6.2.1　AGM－88E 反辐射导弹外形

6.2.2　ARM 在战争中的作用

ARM 在战争中的作用就是压制或摧毁敌方武器系统中的雷达，使防空武器系统失去攻击能力，取得制空权，以便充分发挥己方的空中优势。具体作用表现为：

(1)清理突防走廊。面对战时防空(地空)导弹采取多层次的纵深梯次配置,可首先用ARM摧毁敌方各层次防空体系中的雷达,为己方攻击机扫清空中通道,开辟空中走廊。

(2)防空压制。地空导弹(或高炮)对飞机威胁最大,首先用ARM攻击摧毁敌方武器系统中的雷达,使敌方失去攻击能力,从而使己方后续的空中优势得以发挥。

(3)空中自卫。作战飞机携带ARM,当受到敌方有威胁雷达等跟踪时发射,摧毁敌方威胁武器系统中的雷达。

(4)为突防飞机指示目标。攻击机装载带有烟雾战斗部的ARM,首先将这种ARM射向敌方雷达阵地,指示攻击机根据爆炸的烟雾对目标进行攻击。

(5)摧毁干扰源。利用ARM摧毁敌方干扰源,使己方电子设备免受干扰。

6.2.3　ARM的基本工作原理

ARM与其他导弹的主要区别在于其引导系统不同,其他部分基本相同。ARM的导引系统基本工作模式为被动截获、识别与跟踪,称为被动雷达导引头(Passive Radar Seeker,PRS)。目前,第四代反辐射导弹已经发展了主动雷达导引模式,现代ARM导引头将向着复合导引的模式发展。由于ARM主动雷达导引头的公开资料较少,本节以传统被动雷达导引头为例介绍ARM的工作原理。

反辐射导弹主要由导引头、控制系统、引信、战斗部、发动机和弹体组成,其结构如图6.2.2所示。

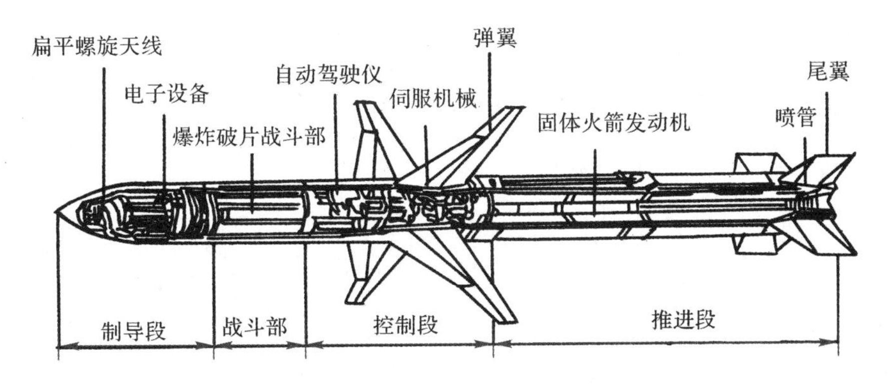

图6.2.2　ARM结构示意图

1.被动雷达导引头

被动雷达导引头是反辐射导弹最关键的部件,它用于截获敌方目标雷达信号并实时检测出导弹与目标雷达的角信息输送给控制系统,导引导弹实时跟踪直到命中目标雷达。

被动雷达导引头主要由天线、接收系统(RX)、信号处理电路、指令计算机、惯性平台、自动驾驶仪和导弹弹体组成,采用比幅测角体制或比相测角体制。图6.2.3给出了一种采用比幅测角体制的被动雷达导引头的基本组成。

图6.2.4给出了采用单脉冲测角体制时的平面螺旋天线[和模(Σ)、差模(Δ)]波束示意图。这种天线的方向图与频率无关,利用一副天线就能满足全部所需测向条件,因此最能充分利用导弹前端的有限空间。此外,接收机处理所测得的单脉冲测向信息只需要两个通道。由

微波天线和相应的波束形成器形成上、下、左、右四个波束，且与ARM的舵面配置方向成45°角。

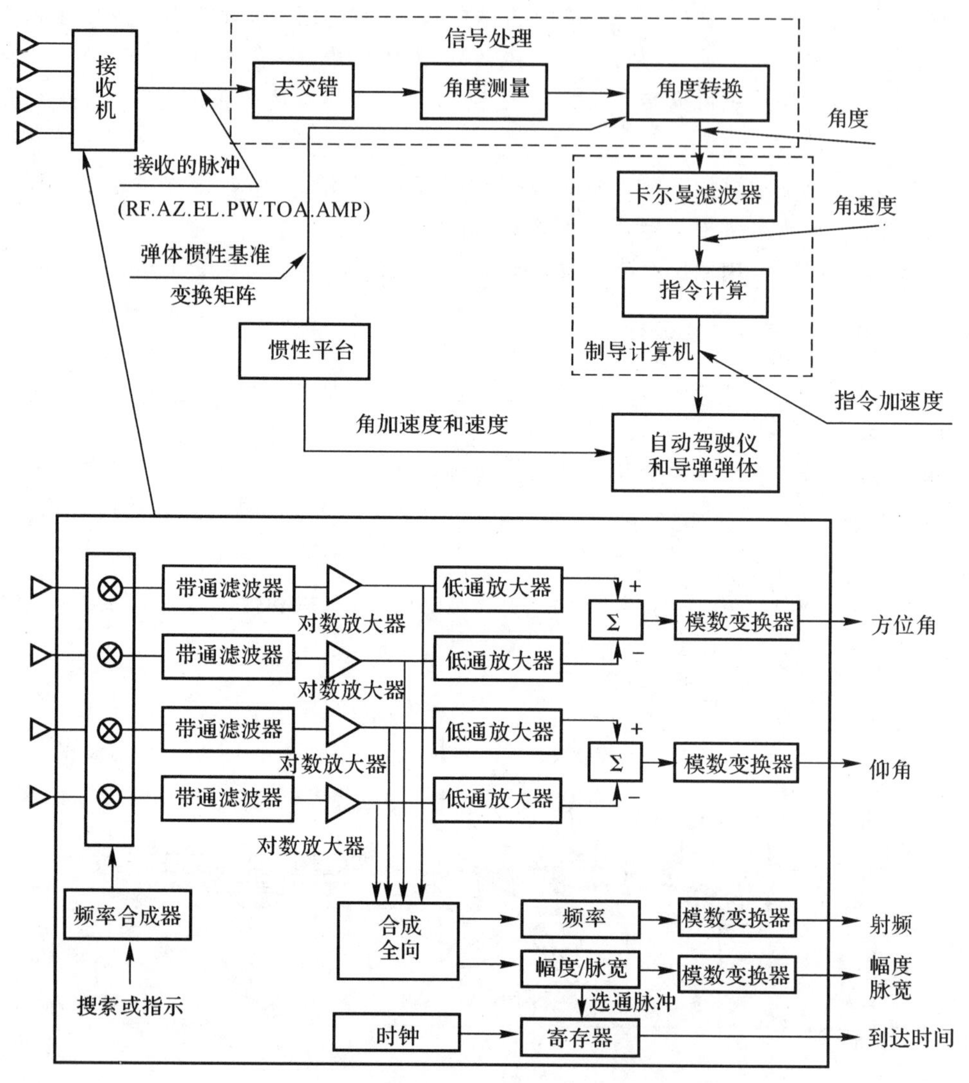

图6.2.3 被动雷达导引头的基本组成

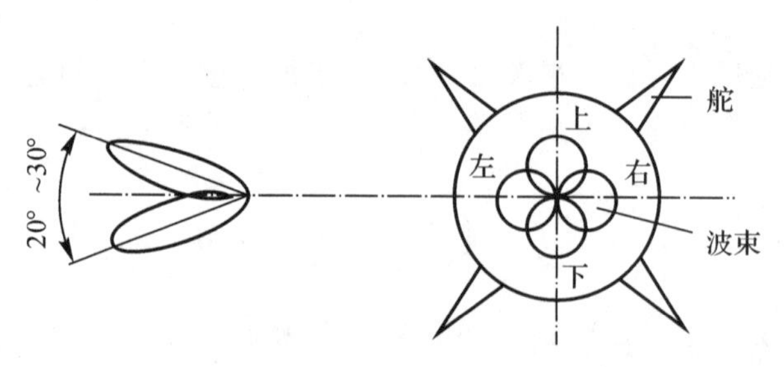

图6.2.4 交叉波束

接收系统的作用是将天线送来的上、下、左、右四路信号进行带通滤波、对数放大和低通滤波，再经过和差处理，形成高低角和方位角误差信号。同时，还将接收到目标雷达信号的射频、幅度(PW)及到达时间输出。

接收系统输出的信号送到信号处理部分进行去交错(信号分选)、角度测量和角度旋转，再经制导计算机进行卡尔曼滤波和指令计算，输出导弹控制信号送到导弹自动驾驶仪，控制 ARM 导弹跟踪目标雷达。

2. 控制系统

控制系统根据控制指令修正导弹弹道，通过气动舵机控制导弹使之对准目标雷达实施正确跟踪直至命中。控制系统包括燃气舵机、调节器和弹翼。调节器可调节控制系统得到自控段的弹道，不断测出偏差并以此修正弹道。当导引头截获跟踪目标后，所测得的方位和俯仰两个平面的角度偏差信号控制燃气舵机操纵弹翼保证导弹实时跟踪目标。在跟踪状态下，导引头两平面的角偏差信号为零。ARM 攻击目标雷达时的弹道示意图如图 6.2.5 所示。控制系统内还包括电源(电源由普通的能量转换供给，如化学电池、热电池或涡轮发电机)。导弹发射前由载机供电，发射后由导弹自身供电。

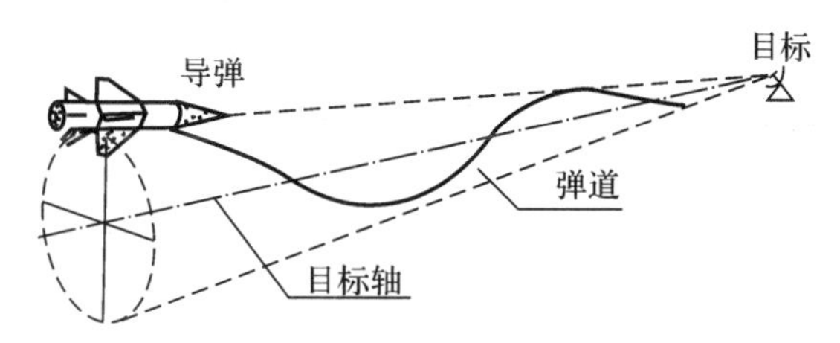

图 6.2.5　ARM 攻击目标雷达时的弹道示意图

3. 战斗部

反辐射导弹有两种战斗部，即杀伤战斗部和磷质战斗部，使用较多的是杀伤战斗部。

磷质战斗部里面装满白磷、弹片等，爆炸时白磷燃烧形成一团很大的白色烟，温度极高，但弹片数不多。这种弹头主要是为了形成烟雾，在天气条件不好时为轰炸机指示目标，同时也能利用爆炸的碎片和高温破坏一部分目标。

杀伤战斗部采用烈性炸药以及破片外壳结构，在尽可能大的空间产生气体冲击及破片杀伤作用。烈性炸药的高速爆炸能产生很强的冲击波，使足够数量的破片以很快的速度飞溅，使有穿甲能力的破片在杀伤范围内毁伤目标雷达。

4. 引信

引信用于引导战斗部爆炸，分为触发引信和非触发引信。通常采用非触发引信引爆，触发引信起辅助作用。触发式引信靠导弹与目标或地面物体直接碰撞产生的巨大冲击力引爆导弹。非触发引信亦称无线电引信，采用了无线电测距原理。当导弹与目标之间的距离处于最佳值时引爆导弹的战斗部。非触发引信包括无线电比相引信、无线电多普勒引信、激光引信和电磁引信等。被动式无线比相无线电引信的基本原理框图如图 6.2.6 所示，主要由高频、低频线路及保险执行机构组成。

天线 1 和天线 2 沿弹轴方向前、后配置，由于天线 1 和天线 2 相对于目标雷达的位置不同，因而两天线收到的目标雷达信号间存在着相位差。在导弹接近目标过程中，由于导弹的位置不断改变，因而目标视线与弹轴之间的夹角 α 不断改变，如图 6.2.7 所示，所以天线 1 和天线 2 收到的信号相位差是 α 的函数。

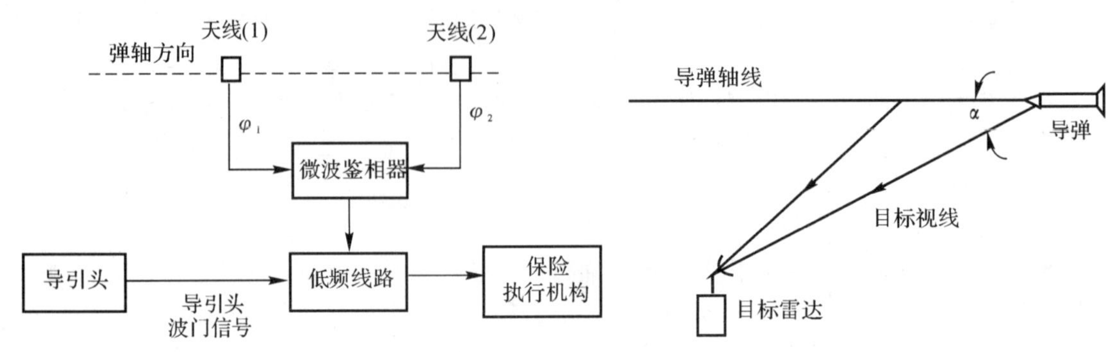

图 6.2.6　反辐射导弹无线电引信　　　　图 6.2.7　目标视线与弹轴之间夹角 α 示意图

天线 1 和天线 2 收到的信号经过微波鉴相器鉴相后输出一串脉冲作为引信的触发信号。当 $\alpha<\alpha_0$ 时(α_0 为起爆角)该脉冲串的极性为负，当 $\alpha>\alpha_0$ 时该脉冲串的极性为正，当 $\alpha=\alpha_0$ 时，脉冲串极性发生翻转产生引爆信号，启动保险执行机构使导弹战斗部爆炸。

导引头保险机构中，导引头的波门信号加到无线电引信低频线路用来限制起爆，即当导引头收到目标雷达信号时，触发产生波门信号，使引信低频线路处于闭锁状态，导弹不引爆，即用导引头波门信号作防止引信过早引爆的保险信号。随着导弹接近目标，弹轴与目标视线的夹角 α 随之加大，当 α 大于导引头天线 1/2 波束宽度($\theta_0/2$)时，导引头丢失目标，波门消失，引信的低频线路随即转入待爆状态。

导弹引信保险有三级机械保险和三级电保险，解除各级保险的时机和保险机构的方框图如图 6.2.8 所示。

三级机械保险是：按下发射按钮时，由弹上供电，弹上机械装置自动解除第一级保险；发动机点火导弹加速飞行，过载大于 $7.8g$ 时，弹上机械装置自动解除第二级保险；当发动机熄火，导弹减速飞行，过载小于 $6.4g$ 时，弹上机械装置自动解除第三级保险。

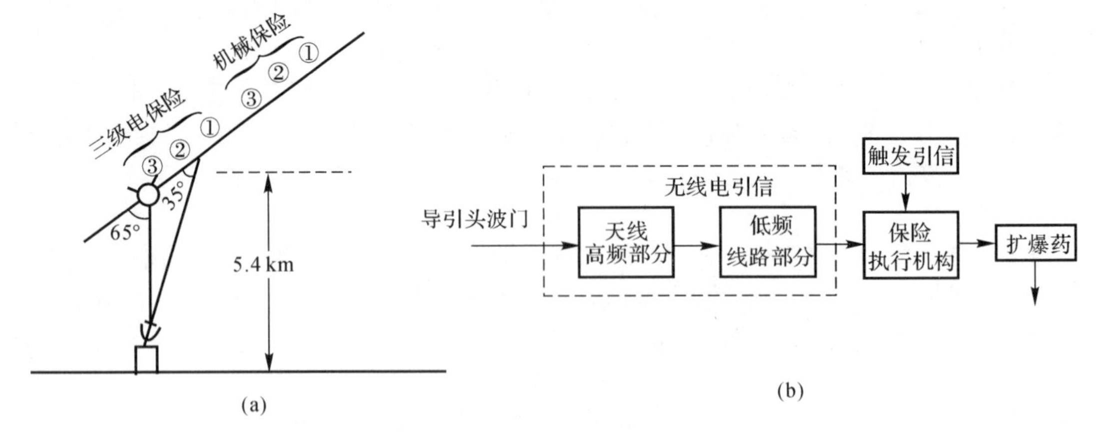

图 6.2.8　导引头保险机构方框图

(a)动作原理图；　(b)方框图

三级电保险是：导弹下降到某一高度时，绝对压力传感器输出信号，导弹由自由飞行转入控制飞行，这时无线电引信线路开始供电，解除第一级保险；导弹接近目标，波门信号消失时，解除第二保险；当 $\alpha\geqslant\alpha_0$ 时，鉴相器输出的视频信号由正变负，即引爆导弹。

5. 发动机

发动机是 ARM 的动力装置，大多数情况下由一台助推器和一台主发动机组成。助推器使导弹尽快加速到巡航速度。但助推阶段应尽可能缩短，以使敌方难以识别导弹的发射。目前，ARM 的攻击速度 Ma 可达 3。

6.2.4 ARM 的战斗使用

战略情报侦察是 ARM 战斗使用的基础，只有清楚敌方雷达及战场配置雷达的技术参数并储存在 ARM 计算机的数据库中，才能有效使用 ARM 智能化战斗使用方式。由于 ARM 大量采用了数字信号处理技术、计算机技术并设置了数据库，所以 ARM 战斗使用方式很多。

1. ARM 攻击目标的方式

测定出目标雷达位置和性能参数并储存到 ARM 计算机中后，即可引导 ARM 导弹发射。ARM 的攻击方式主要有以下两种。

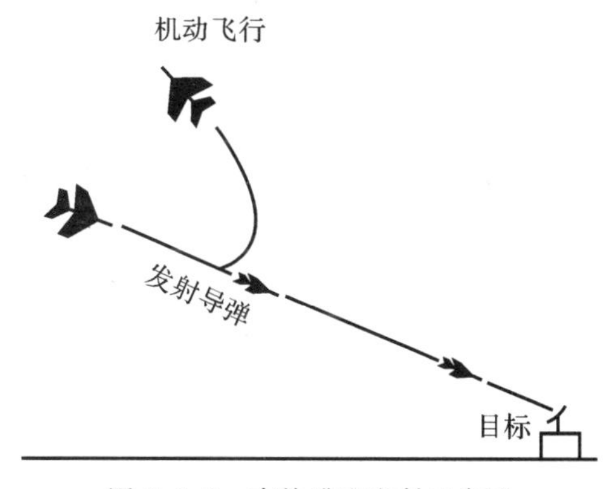

图 6.2.9 直接瞄准发射示意图

(1)中高空攻击方式。

载机在中、高空平直或小机动飞行，以自身为诱饵，诱使敌方雷达照射跟踪，满足发射 ARM 的有利条件。ARM 发射后，载机仍按原航线继续飞行一段，以便使 ARM 导引头稳定可靠地跟踪目标雷达。显然，这种攻击方式命中率很高，但同时载机被对方防空雷达击落的危险性也相当大。因此，目前大多数载机不再采用沿原航线继续飞行一段的方式，而采用计算机控制实现发射后不管。这种方式也称为直接瞄准式，如图 6.2.9 所示。

(2)低空攻击方式。

载机远在目标雷达作用距离之外，由低空发射 ARM，导弹按既定的制导程序水平低空飞行一段后爬高，进入敌方目标雷达波束即转入自动寻的，采用这种方式可以保证载机的安全。这种方式也称为间接瞄准发射攻击方式，如图 6.2.10 所示。

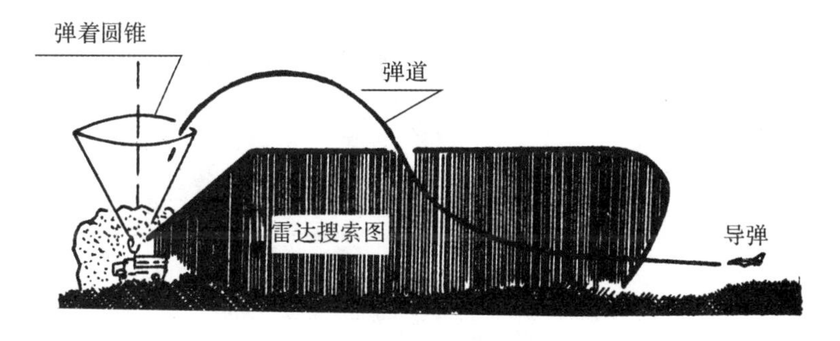

图 6.2.10 间接瞄准发射攻击方式

2. ARM 战斗工作方式

不同的 ARM 有不同的工作方式，下面主要介绍三种 ARM 的工作方式。

(1)“哈姆”ARM 有自卫、随机和预编程三种工作方式。

第一种，自卫工作方式。这是一种最基本的使用方式，它用于对付正在对载机（或载体）照射的陆基或舰载雷达。这种方式先用机载预警系统探测威胁雷达信号，再由机载火控计算机对这些威胁信号及时进行分类、识别、评定威胁程度，选出要攻击的重点威胁目标，向导弹发出数字指令。驾驶员可以随时发射导弹，即使目标雷达在 ARM 导引头天线的视角之外，也可以发射导弹，这时导弹按预定程序飞行，直至导引头截获到所要攻击的目标进入自行导引。

第二种，随机工作方式。这种方式用于对付未预料的时间或地点突然出现的目标。这种工作方式用 ARM 的被动雷达导引头作为传感器，对目标进行探测、识别、评定威胁等级，选定攻击目标。这种方式又分为两种：一是在载机飞行过程中，被动雷达导引头处于工作状态，即对目标进行探测、判别、评定和选择或者用存储于档案中的各种威胁数据对目标进行搜索，并将威胁数据显示给机组人员，使之向威胁最大的目标雷达发射导弹。二是向敌方防区概略瞄准发射攻击随机目标，导弹发射后，导引头自动探测、判别、评定、选择攻击目标，选定攻击目标后自行导引。

第三种，预编程方式。根据先验参数和预计弹道进行编程，在远距离上将 ARM 发射出去，ARM 在接近目标过程中自行转入跟踪制导状态。导弹发射后，载机不再发出指令，ARM 导引头有序地搜索和识别目标，并锁定到威胁最大的目标或预先确定的目标上。如果目标不辐射电磁波信号，导弹就自毁。

(2)“阿拉姆”ARM 的两种战斗工作方式。

第一种，直接发射方式。这种方式下被动雷达导引头一旦捕捉到目标，就立即发射导弹攻击目标。

第二种，伞投方式。这种方式是在高度比较低的情况下发射 ARM，发射后 ARM 爬升到 12 000 m高空，然后打开降落伞开始几分钟的自动搜索，探测目标并对其进行分类与识别，然后瞄准主要威胁或预定的某个目标。一旦被动雷达导引头选定了所要攻击的目标，就立即甩掉降落伞自行攻击目标，如图 6.2.11 所示。

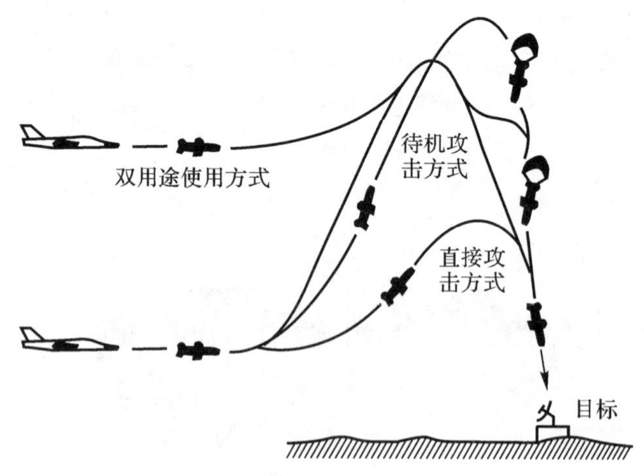

图 6.2.11 “阿拉姆”作战方式示意图

(3)“默虹”ARM 的巡航攻击方式。

美国的“默虹”ARM 采用巡航的攻击方式，也可将其称为反辐射无人驾驶飞行器。ARM 发射后，如果目标雷达关机，则 ARM 在目标雷达上空转入巡航状态，等待目标雷达再次开机，一旦雷达开机就立即转入攻击状态。或者预先将ARM发射到所要攻击目标区域的上空，以待命的方式在目标区域上空做环绕巡航飞行，自动搜索探测目标，一旦捕捉到目标便实施攻击。

上述的伞投方式和巡航方式也称为伺机攻击方式，是对抗雷达关机的有效措施。

此外，ARM在战斗使用中往往采用诱惑战术，即首先出动无人驾驶机诱惑敌方雷达开机，由侦察机探测目标雷达的信号和位置参数，再引导携带ARM的突防飞机发射ARM摧毁目标雷达。

6.3　雷达对抗反辐射导弹技术

目前，反辐射导弹(ARM)以其摧毁性的“硬”杀伤手段，对军用雷达构成了严重的威胁，造成对雷达等辐射源的永久性破坏。因此，在ARM威胁日益严重的情况下，有效地对抗反辐射导弹(AARM)，不仅关系到雷达作战效能的正常发挥，也关系到雷达的生存力。

反辐射导弹与雷达相比既有优势也有劣势，其优势在于：

(1)雷达散射面积小。第三代反辐射导弹的雷达散射截面积大都小于0.1 m^2，普通雷达难以发现。

(2)飞行速度快。反辐射导弹速度 Ma 一般为2～3，先进的反辐射导弹速度更高，Ma 达到3甚至更高。

(3)采用被动跟踪方式，灵敏度高。可以在雷达发现发辐射导弹之前实施攻击行动，还能利用雷达波束副瓣和背瓣进行攻击。

(4)工作频段宽，信号分选能力强，能够对多种类型雷达实施攻击。

(5)具有自动捕获和锁定目标能力。反辐射导弹可采用预编程序发射，然后捕获锁定目标，甚至可在目标区巡逻待机攻击，对机载设备依赖小。第四代反辐射导弹还可以根据GPS信息进行初始引导。

反辐射导弹相比雷达的劣势在于：

(1)反辐射导弹对雷达辐射信息的依赖性强。反辐射导弹主要依赖雷达辐射信号产生制导信息，一旦雷达停止辐射或辐射强度达不到反辐射导弹的要求时，反辐射导弹将无法对雷达实施有效攻击。

(2)反辐射导弹的飞行特征明显。反辐射导弹向着雷达飞来且径向速度大，因此容易被动目标检测雷达识别。

(3)反辐射导弹容易受到电子干扰。无论反辐射导弹采取被动探测还是主动探测方式，其实质是一种电子探测系统，容易受到各种干扰而使跟踪精度下降，甚至丢失目标。

(4)反辐射导弹对低频段雷达的攻击效果差。由于反辐射导弹弹径有限，能够安装的天线尺寸较小，因此对低频段雷达的测角精度差。

(5)反辐射导弹的战斗部杀伤半径有限。一旦采取对抗措施使反辐射导弹跟踪误差增大，就可以有效降低其杀伤效果。

雷达反摧毁技术主要分为三大类：第一类是使反辐射导弹的导引头难于截获和跟踪目标雷达；第二类是干扰反辐射导弹导引头的跟踪并使反辐射导弹不能命中目标雷达；第三类是及时发现并拦截摧毁反辐射导弹。

6.3.1 抗反辐射导弹的总体设计

雷达总体设计中,应把提高雷达抗反辐射导弹能力作为重要的设计内容。雷达总体抗反辐射导弹设计包括选择工作频段,采用低截获概率技术和双(多)基地雷达体制,以及提高雷达机动能力设计等。

6.3.1.1 选择雷达工作频段

1. 选用低频段提高雷达抗反辐射导弹性能

如前所述,ARM 导引头通常用 4 个宽频带接收天线单元组成单脉冲测向系统。为了有足够高的测向精度,一般要求天线孔径尺寸大于 3 个工作波长(至少要大于半个波长)。当天线孔径尺寸为半波长时,其波瓣宽度 θ 约为 80°,而测向精度为 θ 的 1/15~1/10,即 6°~8°。如果 θ 再大,ARM 的导引精度就会低到难以命中目标雷达的程度。显然,要让 ARM 工作在低频段,就必须加大天线孔径尺寸,而 ARM 的弹径限制了其天线尺寸。例如,"哈姆"导弹的弹径为 25 cm,其最低工作频率为 1.2 GHz。因此,ARM 很难准确攻击低频段(低于 1 GHz)工作的雷达。

虽然采用低频段也会使雷达天线尺寸非常庞大,例如,要求波束宽度 $\theta=30°$,如果雷达工作频率 $f=600$ MHz,那么天线孔径尺寸约为 12 m,这将使雷达机动性变差、造价提高,但随着数字波束形成技术和高分辨率空间谱估计技术的发展,在天线物理尺寸不大的情况下,使雷达具有足够高的测角精度和角分辨力的难题可逐步得到解决。

此外,即使 ARM 能在低频段工作,但由于地面镜面反射对低频辐射信号的多路径效应比较强,使得 ARM 的瞄视误差较大,ARM 的测向瞄视中心也会偏离雷达天线,导致对雷达攻击性能变差。

雷达工作于米波段或分米波段时,一方面有良好的 AARM 性能,另一方面还有较好的探测隐身目标(飞机)能力。

2. 选用毫米波段

目前大量装备的 ARM 最高工作频率一般低于 20 GHz(仅达 Ku 频段),因此工作于毫米波段雷达具有 AARM 的能力。由于毫米波具有天线孔径小、波束窄、空间选择能力强、测角精度高、提取目标速度信息能力强而且体积小、质量轻、机动性好等特点,所以它在抗反辐射导弹性能良好的同时还具有较好的抗有源干扰能力,并且有很强的探测来袭 ARM 的能力。

虽然新型 ARM 工作频率提高到了 40 GHz,但由于毫米波雷达具有窄波束、超低副瓣天线、对 ARM 自卫告警能力强以及机动性好等优点,仍为雷达 AARM 设计值得选用的工作频段。

然而毫米波辐射信号传播衰减大,所以只适用于作用距离不远的跟踪、照射雷达。

3. 选用光电设备

由于红外、紫外、光学探测系统属于被动探测设备,激光测距设备波束极窄,难以被 ARM 探测跟踪,因此在防空系统中配备电视跟踪系统、红外跟踪系统、激光测距系统等与雷达配合使用,将具有较高的抗反辐射导弹性能。

6.3.1.2 雷达反 ARM 技术措施

ARM 发射攻击雷达之前,一般要由载机的侦察系统或 ARM 接收机本身对将要攻击雷达的信号进行侦察(即搜索、截获、威胁判断、锁定跟踪),同时受攻击雷达或专用于 ARM 告警的雷达也在对 ARM 载机和 ARM 进行探测。若雷达能在 ARM 侦察到雷达信号之前或在 ARM 刚发射时探测到 ARM 载机,则能赢得较长的预警时间,从而发射防空导弹摧毁 ARM 载机或者及早采取其他有效措施对付 ARM。

针对 ARM 侦收和处理信号方面的弱点,雷达在频域、时域和空域采取有效的对抗措施,可使 ARM 难以截获和锁定跟踪雷达的辐射信号(反侦察)。雷达采用低截获概率技术,既能使雷达具有良好的主动探测 ARM 能力,又能使雷达信号隐蔽性强,具有反侦察能力。

雷达有效抗反辐射导弹的技术措施主要有以下四项。

1. 采用大时宽带宽乘积的信号

如前所述,大时宽带宽乘积信号(脉冲压缩雷达信号)能在雷达发射脉冲功率不变的条件下大大增加雷达作用距离,同时保持高距离分辨力。现代雷达压缩比(时宽带宽积)能做到大于 30 dB,如此高的压缩比是靠雷达对自身发射的信号匹配接收获得的。而 ARM 在侦察接收时无法预知雷达复杂的信号形式,只能进行非匹配接收(采用幅度检测与非相参积累方式),信号处理得益远远低于匹配接收方式,从而使得 ARM 侦收雷达信号距离较近,有可能在 ARM 侦察机截获雷达信号之前雷达就已探测到 ARM 载机。雷达为了防止 ARM 侦察机对其信号进行匹配接收,必须使信号结构不为 ARM 侦察系统预先获知,因此信号形式必须复杂多变,最好采用伪随机编码信号。

2. 在空域进行低截获概率设计

采用窄波束、超低副瓣天线,并且天线波束随机扫描,能够提高雷达 AARM 的能力。

天线波束越窄,扫描搜索时驻留 ARM 载机的时间越短,加上波束随机扫描,ARM 载机或 ARM 本身接收系统侦收和处理信号就越困难。地面制导雷达波束应避免长期驻留照射目标飞机,防止目标飞机上的 ARM 迎着主波束进行远距离攻击。

现役许多雷达副瓣电平比主瓣仅低 20～30 dB,而 ARM 接收机的灵敏度足够高,使得 ARM 能沿副瓣(包括背瓣)对雷达进行有效的攻击。将雷达相对副瓣电平降至－40～－50 dB(达到低和超低副瓣电平),可使 ARM 难以在设定的距离截获或跟踪锁定雷达副瓣辐射的信号,能够大大提高雷达抗反辐射的导弹能力。

3. 雷达诸参数捷变

ARM 侦察接收系统通常利用雷达载频、重复频率、脉冲宽度等信号参数来分选、识别、判定待攻击的雷达信号,若上述各参数随机变化,即载频捷变、重复频率随机抖动、脉宽不断变化,则 ARM 接收系统就难以找出雷达信号特征,很难在复杂、密集的信号环境中侦察并锁定跟踪这样的雷达信号。

4. 雷达发射信号时间可控制和发射功率管理

让雷达间歇发射,发射停止时间甚至大于工作时间几倍,即便 ARM 接收机从雷达副瓣侦收信号也时隐时现,使 ARM 难以截获和跟踪雷达信号。

根据需要设定雷达发射机功率,在满足探测和跟踪目标要求的条件下尽量压低发射功率,实行空间能量匹配,从而避免 ARM 侦察接收系统过早截获雷达信号。

让搜索雷达在最易受 ARM 攻击方向上不发射信号,形成几个“寂静扇区”,也是一种利用发射控制能力对付 ARM 的措施。

当发现 ARM 来袭时,立即关闭雷达发射机,改由光学设备对目标进行探测与跟踪,同时雷达利用其他雷达送来的目标信息(如友邻低频段边搜索边跟踪雷达传来目标坐标信号)对目标进行静默跟踪,一旦目标飞临该雷达最有利工作空域,突然开机捕获跟踪目标并迅速发射导弹攻击目标飞机,在目标飞机发射 ARM 之前将其击落。

6.3.1.3 提高雷达的机动能力

提高雷达的机动能力,也是一项 AARM 措施。ARM 攻击的雷达目标,常常以己方电子情报(ELINT)或电子侦察提供的雷达部署情报为依据。如果防空导弹制导站雷达设置点固定不变或长期不动,其受 ARM 攻击的危险就很大,所以雷达应能在短时间拆卸、转移和架设,具有良好的机动性。

6.3.1.4 采用双(多)基地雷达体制

把雷达发射系统与接收系统分开放置,使两者相隔一定距离协同工作就构成了双(多)基地雷达。

把发射系统放置于掩体内或放置在 ARM 最大攻击距离之外的地方,将一部或多部具有高角分辨力接收天线的接收机设置在前沿,因为接收机不辐射电磁波,对 ARM 来说工作是寂静的,因而它不受 ARM 攻击。此外,如果把发射系统置于在高空巡航的大型预警飞机或卫星上,也可免受一般 ARM 的攻击。

虽然双(多)基地雷达在收、发系统配合(如通信联络、收发天线协同扫描、高精度时间和频率同步等)方面存在着技术困难,但随着技术的发展这些困难将得到较好的解决,而且双(多)基地雷达在探测隐身飞机方面也有较强的优势。

6.3.2 对 ARM 的探测、告警

对攻击飞行中的 ARM 进行探测和告警,是采用各种技术和战术措施抗击 ARM 的前提。与常规飞机相比,ARM 具有雷达截面积小、飞向雷达的径向速度高(Ma 通常大于 2)且总在载机前方(靠近目标雷达)等特点,因此在雷达上看到的 ARM 反射回波处在载机回波之前、信号幅度较小、向雷达方向移动较快、多普勒频率较高。ARM 探测装备的设计应充分利用 ARM 回波的这些特征。ARM 探测、告警装置可分为两类,一类是在原有雷达上加装探测、告警支路,另一类则是设计专用 ARM 告警雷达。

1. 对反辐射导弹侦察告警的一般要求

(1)具有很高的截获概率,虚警率低;

(2)空域覆盖方位为 360°的半球空域;

(3)不易被敌机侦察告警发现,不能被反辐射导弹发现并成为攻击目标;

(4)具有识别飞机与反辐射导弹的能力;

(5)对反辐射导弹具有较远作用距离,以便提供足够的实施对抗的反应时间;

(6)能够提供反辐射导弹飞行航迹数据,引导硬杀伤武器进行攻击。

值得指出的是各种武器系统的作战任务和配置情况各不相同,对告警的要求也各不一样,必须针对具体的雷达选择合适的告警方式。但是,告警系统对反辐射导弹必须有足够高的截获概率。

2. 反辐射导弹的基本特征

(1)速度特征。

反辐射导弹与飞机的速度差异是区分飞机与反辐射导弹的一种重要方法。反辐射导弹一般是在载机截获目标雷达参数后，先引导反辐射导弹导引头跟踪目标，然后再发射，导弹的飞行航线直接指向雷达站，具有正多普勒频率。整个飞行过程分为两个阶段，即主动段和被动段。主动段是指导弹在发动机工作期间的飞行段，也称为动力飞行段；被动段是指导弹在发动机停止工作后的飞行段，也称为无动力飞行段。在被动段导弹可依靠惯性继续飞行，仍然可以保持导弹气动力控制。因此，导弹在主动段和被动段都具有攻击目标的能力。但由于被动段的推力为零，导弹由原来的加速运动变为减速运动，速度只会越来随慢，导致机动性降低，导引误差增大，杀伤概率将显著低于动力飞行段。

图6.3.1给出了一种采用单推力火箭发动机的反辐射导弹飞行速度示意图。图中，v_0 为发射时速度（与载机速度相同），v_k 为单推力火箭发动机工作结束时达到的速度，v_{ke} 为无动力飞行段（被动段）结束时的速度。图6.3.2给出了一种采用双推力火箭发动机的反辐射导弹飞行速度示意图。图中，v_0 为发射时速度（与载机速度相同），v_{k1} 为第一级火箭发动机工作结束时达到的速度，v_{k2} 为第二级火箭发动机工作结束时达到的速度，v_{ke} 为无动力飞行段（被动段）结束时的速度。

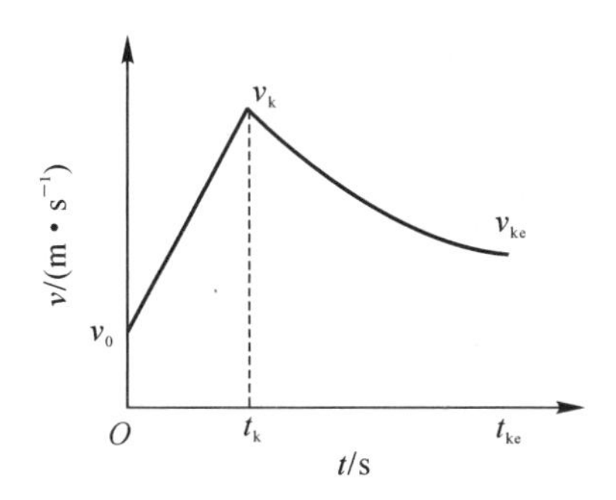

图6.3.1　单推力火箭发动机反辐射导弹飞行速度示意图

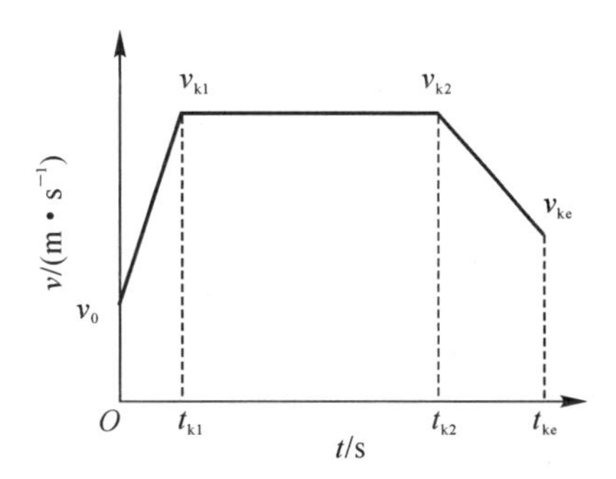

图6.3.2　双推力火箭发动机反辐射导弹飞行速度示意图

（2）回波波形特征。

反辐射导弹从飞机发射后，随着时间推移，输出的包括波形将明显由一个大的回波分离成两个回波，这种波形变化有利于检测反辐射导弹的存在，此时对两个距离门回波进行谱分析，将分别得到一大一小反映飞机与反辐射导弹特征的回波信息。

（3）距离特征。

当反辐射导弹直接向雷达飞行且距离越来越近（即 $\Delta R/\Delta t<0$）时，在反辐射导弹发射后雷达测出的两个目标回波中，反辐射导弹的回波将随着检测时间的延长跑出原来的距离门向雷达站方向的距离门靠近，因此告警雷达可根据这种特征识别反辐射导弹并告警。

（4）幅度特征。

在低分辨雷达中幅度是一个十分重要的特征量。反辐射导弹与飞机的大小、外形不一样，加上飞行特点也不一样，因此其幅度特征不一样。由于反辐射导弹弹体为圆柱形，在攻击过程中直接飞向目标，因此其回波幅度起伏较小；而飞机机动能力强且机体形状不规则，因此其回波幅度起伏相对较大。

（5）极化特征。

由于目标对不同极化信号有不同的响应，而且在同一极化下的电磁波照射不同目标时响应也不同，因此利用极化来识别目标是可行的。反辐射导弹弹体外形光滑，相对于飞机来说体形简单得多，因此表征二者目标极化信息的散射矩阵也不尽相同。极化散射矩阵的行列式经过旋转变化后，行列式的值保持不变，它可以用于判断目标尺寸的大小；目标功率散射矩阵的迹表征了目标雷达截面积的值，大致反映出目标的大小。

(6)信噪比变化特征。

由于反辐射导弹随着时间推移离雷达站越来越近，因此雷达接收的回波也越来越强，信噪比越来越大，这一特征有利于识别反辐射导弹。

3. 反辐射导弹告警设备

(1)在原有雷达上加装 ARM 来袭监视支路。

利用 ARM 回波信号多普勒频率较高、一个目标信号分离成两个且其中一个迅速接近雷达的特点，在雷达上加装 ARM 回波信号识别电路。

当雷达跟踪或边搜索边跟踪某目标飞机时，一旦发现该目标回波分离成两个信号，且其中之一具有较高的多普勒频移时，信号识别电路即发出告警信号，令发射机关高压或启动对应的“硬”杀伤手段抗击 ARM。ARM 监视、告警支路既可装在制导雷达上供自卫用，也可装在搜索雷达上，使其在搜索和跟踪过程中发现 ARM 并向友邻雷达发出 ARM 袭击的告警信号。

(2)专用的 ARM 告警雷达。

由于雷达自身的 ARM 监视支路只能监视主瓣方向来袭的 ARM，难以监视副瓣方向来袭的 ARM，且对于无多目标跟踪能力的雷达，如果监视了 ARM 就要丢掉跟踪的飞机目标，搜索雷达难于监视顶空 ARM 袭击等原因，因此对 ARM 告警的最佳方案是使用专用的 ARM 告警雷达。

ARM 专用告警雷达应采用低频段或毫米波段，采用低截获概率技术，以避免自身受到 ARM 的攻击。作为告警雷达，对其定位等精度要求不高，只要求粗略地指示 ARM 的方向和距离，但要求有全向(半球空间)指示和跟踪能力，以便指挥 ARM 诱偏系统工作或引导火力拦截系统攻击 ARM。

美国为 AN/TPS-75 雷达(TPS-43E 的改进型)专门研制了 AN/TPQ-44 超高频脉冲多普勒雷达反辐射导弹告警系统。该系统采用多普勒体制，工作在超高频波段，有 5 个天线形成上半球覆盖，有一个鉴别电路区分飞行目标类型，具有速度鉴别能力和目标识别能力，作用距离可达 46 km 以上，能对反辐射导弹的来袭提供 1 分钟的告警时间，并能自动断开 AN/TPS-75 雷达的触发器，启动诱偏系统或发射曳光弹。另外系统具有很强的抗干扰能力。

超高频脉冲多普勒雷达技术是实现反辐射导弹告警的一项有效措施，但目前尚存在一些技术问题，如测距模糊和设备复杂等。

4. 红外告警

除了雷达告警外，采用专用的光电探测设备对反辐射导弹告警也是一种行之有效的措施。反辐射导弹在飞行过程中的光电特征与普通导弹一样，因此在反辐射导弹告警中光电告警具有很重要的地位。光电告警设备角分辨率高(可达微弧量级)，抗电磁干扰能力强，体积小，重量轻，成本低，且无源工作，能辅助雷达告警设备对反辐射导弹进行告警。光电告警不足之处是不能全天候工作，易受光电干扰，观测空间有限。在反辐射导弹光电告警中，可以采用红外告警、紫外告警和激光告警技术，下面对红外告警设备做简要介绍。

反辐射导弹本身就是一个红外辐射源,红外告警是利用红外传感器探测飞机或导弹等目标本身的红外辐射,通过进行分析处理,判别目标类型,确定目标方位并及时告警的技术措施。

红外告警设备已经发展了3代。第一代红外告警系统是从20世纪50年代中期开始研制的,信号处理采用模拟信号电压的相关检测及幅度比较技术,用空间滤波来减少背景辐射,对目标的截获概率较低。60年代中期到70年代中期研制的第二代红外告警系统,采用新器件、新制冷技术和计算机处理技术,对目标的分辨力及截获概率大大提高,并具有多目标搜索、跟踪和记忆能力,可适时引导红外诱饵弹和红外干扰机使用。从70年代中后期至90年代初,红外告警设备进入了第三代。第三代红外告警设备采用了高分辨力、大规模的面阵接收元件及专用信号处理硬件,加快了信号处理速度,提高了系统的角分辨力和灵敏度以及目标的截获速度和截获概率,缩短了告警反应时间,具有全方位的告警能力,可完成对大批目标的搜索、跟踪和定位,能自动引导干扰系统工作,用先进的成像显示提供清晰的战场情况。由于采用了大面积阵列的区域凝视技术,目标的分辨率最高可达微弧量级,告警距离可达10～20 km。如美国和加拿大联合研制的AN/SAR-8红外搜索与跟踪系统,用于补偿舰载雷达警戒系统的功能,确保探测来袭导弹。其主要技术指标为:工作波段3～5 μm和8～14μm,方位360°,俯仰20°,探测距离大于10 km。

6.3.3　对被动导引ARM的诱偏

在雷达附近设置对ARM有源诱偏装置,是一项有效对抗反辐射导弹的措施。

ARM主要是依据要攻击雷达信号的特征(如载频、重复频率、脉宽等)锁定跟踪目标的,若有源诱饵辐射的信号特征与雷达信号的相同,其有效辐射功率足够大,在远区与雷达同处一个ARM天线角分辨单元之内,就有可能把ARM诱偏到两者的"质心"或者诱饵处,甚至是远离雷达和诱饵的其他地方,以保护制导站的雷达。

通常,ARM从雷达副瓣方向攻击,由于雷达副瓣比主瓣电平低20～30 dB,因而诱饵的有效辐射功率(ERP)应比雷达副瓣有效辐射功率略高一些。

ARM导引头通常设计成锁定在雷达探测脉冲前沿或后沿或中间脉冲取样上,一旦获得探测信号,ARM导引头产生制导命令引导ARM自动瞄准RF信号辐射源。因而,假如只有一个雷达以探测脉冲形式辐射RF信号,那么导引头就对探测脉冲串中各相继脉冲的前沿或后沿或中间脉冲取样起响应,最后产生制导指令使ARM瞄准雷达。

为了提高雷达受ARM攻击时的生存能力,需要将诱饵安置在所要保护的雷达附近,距离雷达数百米远,诱饵之间距离取决于战术应用,使攻击中的ARM制导系统瞄准位置与雷达分开的视在源。来自诱饵的射频信号产生合成的覆盖脉冲应遮盖住雷达天线副瓣产生的探测脉冲(在功率幅度和时间宽度上均遮盖),这样来袭ARM的制导系统就不能用探测脉冲的前、后沿或中间脉冲取样得到制导指令。同时,几个诱饵脉冲遮盖探测脉冲的位置随机"闪烁"变换,从而使ARM制导系统接收信号方向"闪烁"。这种"闪烁"引起ARM的瞄准点偏离,阻止ARM去瞄准雷达或任何一个诱饵。图6.3.3所示为有源诱饵抗反辐射导弹的部署示意图,图6.3.4所示为诱饵与雷达信号到达ARM处的时序关系。

由图6.3.3可见,三点诱饵系统(1站、2站和3站)布置在雷达附近的不同位置上,每个诱饵通过数据线(即电缆)与雷达相连。雷达是传统的脉冲雷达,它辐射具有特定频率的探测脉冲照射来袭的ARM。雷达有一个同步器控制发射机产生探测脉冲经天线辐射出去,同时还产生对各诱饵的控制信号，以便按图 6.3.4 所示时序产生诱饵脉冲(具有预定频率)。

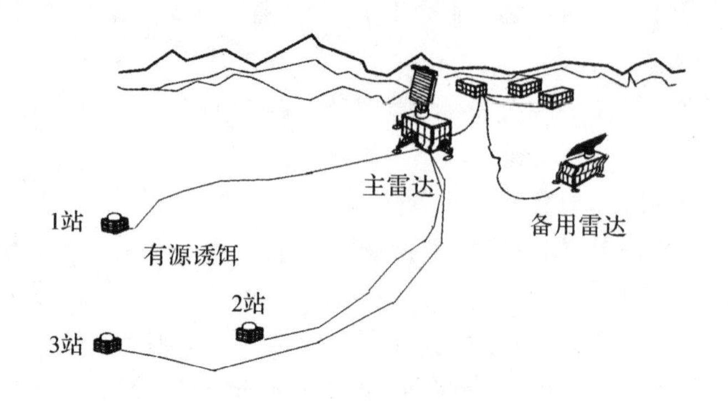

图 6.3.3　有源诱饵抗反辐射导弹的部署示意图

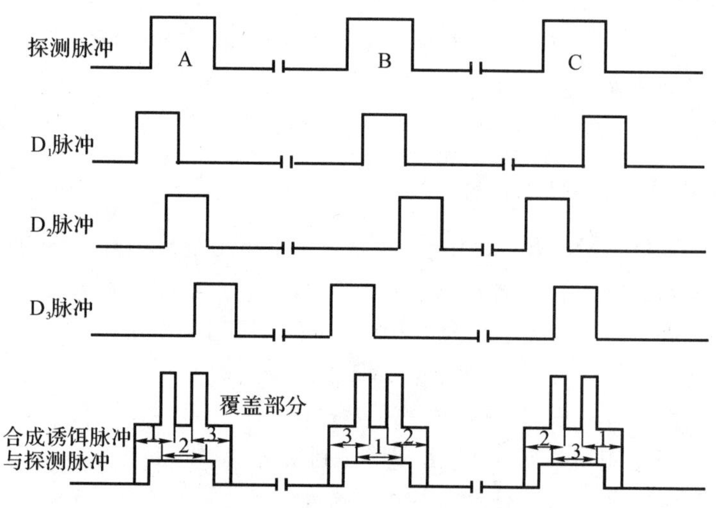

图 6.3.4　诱饵与雷达信号到达 ARM 处的时序关系

为了使 ARM 无法攻击某一个诱饵，三个诱饵的时序设计成交替变化的时序，见表 6.3.1。

表 6.3.1　诱饵交替变化的时序

探测脉冲	预触发脉冲	中间触发脉冲	后触发脉冲
A	01	02	03
B	03	01	02
C	02	03	01

“预触发脉冲”指的是在探测脉冲之前出现的触发脉冲，“中间触发脉冲”是指在探测脉冲发射期间出现的触发脉冲，而“后触发脉冲”则是指恰好在探测脉冲后沿之前出现的触发脉冲。

图 6.3.4 最下面的波形示出了到达 ARM 处三个合成覆盖脉冲和探测脉冲的关系。观察波形可得出如下结论：①每个合成覆盖脉冲均遮盖了相应的探测脉冲；②合成覆盖脉冲的幅度通常总是大于相应的探测脉冲；③每个合成覆盖脉冲均不同于另外两个合成诱饵脉冲，即具有交替性。

可以看到，到达 ARM 处的各个探测脉冲和相应的诱饵脉冲之同的传播延时之差取决于 ARM 相对于雷达和各诱饵的仰角和方位角。然而，即使不同触发脉冲的出现时间是未加调整的，只要各诱饵（1 站、2 站和 3 站）与雷达距离较近且诱饵脉宽足够，该传播时间差的任何可能的变化都将小于各个探测脉冲与任何一个诱饵脉冲之间的重叠时间。因此，不管 ARM 从什么方向飞临雷达，所有由 ARM 导引头接收的探测脉冲都会被合成脉冲所遮盖。而且，不管 ARM 制导系统是跟踪接收到的脉冲串的前沿还是后沿，ARM 制导系统处理的只是脉冲 D_1，D_2 和 D_3。换句话说，不论 ARM 导引头使用的是前沿跟踪器还是后沿跟踪或是中间脉冲取样器，所得到的制导指令都将把 ARM 引向某个与雷达相距一定距离的地方，而且弹着点也不会在诱饵站处。

诱饵系统中诱饵的数目可以根据经费适当增加，诱饵的数量越多对抗 ARM 的效果越好。

6.3.4　对 ARM 的摧毁

除了用诱偏等干扰、欺骗手段对抗反辐射导弹外，还可采用硬杀伤手段摧毁反辐射导弹。硬摧毁实现有两种途径：一是防空火力对载机进行拦截，在其未发射 ARM 之前就将其击毁；二是对来袭 ARM 进行有效的硬摧毁拦截。目前对付反辐射导弹的硬杀伤武器有定向能武器（包括激光武器、高能微波武器、粒子束武器等）、防空导弹和高炮等。

用高能激光武器摧毁 ARM，如美国 TRH 公司的氟化氛化学激光器反导系统，可严重摧毁 4 km 远导弹的雷达整流罩，严重破坏 10 km 远的光学系统。

高能微波武器的功率极高，能够烧毁或破坏导引头中的微电子设备，使其无法对辐射源进行跟踪而失效。此外，超高功率还能迅速触发反辐射导弹的引信或弹药，使其提前在目标外爆炸或直接烧毁弹体。

火炮密集阵是用于拦截导弹的一种近距离防空手段，也是一种拦截反辐射导弹的有效方法。美海军“费兰克斯”20 mm 机炮近距武器系统是一种有效的阵地防御系统，用于保护陆基雷达一类的高价值系统免遭反辐射导弹的攻击。系统改进后安装在牵引车上，由脉冲多普勒雷达、20 mm 机炮及其架座、电子辅助设备、控制台、电源等组成，可自动执行目标搜索、截获、跟踪、威胁评估和目标测距、测速、测角等功能。机炮射速为 300 发/s，可形成一个扇面的“弹雨”，摧毁反辐射导弹。除此之外，系统还能摧毁来袭的巡航导弹和低空飞机。

6.3.5　抗反辐射导弹的综合对抗措施

以上各项 AARM 措施都是针对 ARM 制导技术存在的弱点提出来的。实际上，ARM 技术在不断地发展，随着智能化技术、复合制导体制的应用，ARM 技术已进入了一个新阶段。目前，采用单一的 AARM 措施已不能可靠地保护昂贵的雷达制导站，为此应采用系统工程方法研究 ARM 攻击的全过程，针对 ARM 攻击前、后各阶段分层采用综合措施，用系统对抗的方法防护、摧毁 ARM 的攻击。

6.3.5.1　ARM 攻击的全过程

ARM 攻击辐射源（主要是雷达）的过程可以分为发射前侦察、锁定跟踪阶段，点火发射阶段，ARM 高速飞行攻击阶段和末端攻击阶段四个阶段。

第一阶段是 ARM 发射前侦察、锁定跟踪阶段。通常，ARM 载机上装有侦察、告警系统，用于在复杂的电磁信号环境中不间断地侦收所要攻击的雷达信号，将实时收到的信号与数据库贮存的威胁信号数据进行比对，判断、选定出需要攻击的对象并测定其方位，把 ARM 接收系统的跟踪环路锁定在待攻击的雷达参数上。若载机无专用雷达信号侦察设备，则由 ARM 接收机自己完成上述工作。

第二阶段是 ARM 点火阶段，即 ARM 对雷达攻击的开始阶段。其特点是 ARM 与载机分离，加速向雷达接近。

第三阶段是 ARM 高速直飞要攻击雷达的阶段。其特点是 ARM 速度很高，而且现代 ARM 还能在雷达关机时进行记忆跟踪。

第四阶段是开启 ARM 引信，对雷达发起最后攻击的阶段。

6.3.5.2 对付 ARM 的综合对抗措施

依据 ARM 各阶段的特点，分别采取相应的综合对抗措施。

1. 在 ARM 侦察阶段

导弹武器系统采取的主要措施是提高各辐射源的隐蔽性，使 ARM 无法对辐射源信号进行锁定和跟踪，具体措施包括：

(1)雷达制导站采用低截获概率技术。平时严格控制发射频率的启用，力求缩短开机时间，提高隐蔽性。战时尽可能利用其他信息来源对目标进行静默跟踪。雷达频率、波形、脉宽、脉冲重频等具有多种模式，以增加 ARM 侦察和识别判断的困难。

(2)雷达发射控制，隐蔽跟踪，随时应急开关发射机，有意断续开机等。

(3)雷达同时辐射多个假工作频率，形成使对方难以准确判断的密集信号环境。

(4)雷达组网，统一控制开启关闭时间，信息资源共享，形成密集和闪烁变化的电磁环境，对反辐射导弹起到闪烁干扰作用。

(5)应用双(多)基地雷达体制，让高性能的接收系统不受 ARM 攻击安全而有效地工作。

(6)对电站等热辐射源进行隐蔽、冷却或用其他措施防护，防止红外寻的 ARM 攻击。

(7)防止 ARM 预先侦知雷达所在地和信号形式。

(8)对带有 GPS 导航的 ARM 系统实施 GPS 干扰，破坏 GPS 导引系统的正常工作。

2. ARM 点火攻击阶段

ARM 的点火攻击阶段同时也是导弹武器系统对 ARM 进行探测、告警和采取反击措施的准备阶段。武器系统在此阶段采取的对抗措施包括：

(1)在雷达上增设对高速飞行 ARM 来袭的监视支路，获得预警时间。

(2)配置专用探测 ARM 的脉冲多普勒(PD)雷达监视和测定 ARM，发出告警，为武器系统抗击 ARM 提供预警，并能对“硬”杀伤武器进行引导。

(3)充分利用雷达网内其他雷达以及 C^3I 系统对 ARM 的告警信息。

3. 在武器系统发现 ARM 来袭后的防护阶段

武器系统发现 ARM 来袭后便进入防护 ARM 的第三阶段，其主要战术、技术措施包括：

(1)雷达紧急关机，利用其他探测和跟踪手段(例如光学系统)继续对目标进行探测或跟踪。

(2)开启 ARM 诱偏系统，把 ARM 诱偏到远离雷达的安全地方。

(3)多部雷达组网工作，它们具有精确的定时发射脉冲和相同的载频，其发射脉冲码组(脉冲内调制)具有正交性，各雷达的发射脉冲具有较大重叠，造成 ARM 选定跟踪困难，或使方位跟踪有大范围的角度起伏。

(4)减小雷达本身的热辐射、工作频带带外辐射和寄生辐射，防止 ARM 对这些辐射源实施跟踪。

(5)用防空导弹拦截 ARM。

4. 在 ARM 临近制导站雷达的最后攻击阶段

这一阶段雷达受到威胁的程度最高，所采取的措施主要是干扰 ARM 的引信和直接毁伤 ARM。具体措施包括：

(1)对主动导引头施放有源干扰，破坏主动导引头对雷达设施的探测和跟踪。

(2)施放大功率干扰，使导引头前端承受破坏性过载，造成电子元件失效，使 ARM 导引系统受到破坏。

(3)干扰 ARM 引信，使其早爆或不爆。

(4)利用激光束和高能粒子束武器摧毁 ARM。

(5)利用密集阵火炮，在 ARM 来袭方向上形成火力墙。

(6)投放箔条、烟雾等介质，破坏 ARM 的无线电引信、激光引信和复合制导方式(激光、红外和电视等)，用曳光弹作红外诱饵。

综合上面的讨论，对 ARM 的综合对抗过程和相应的措施概括于表 6.3.2 中。

表 6.3.2　综合对抗 ARM 的过程与措施表

ARM 攻击阶段	对雷达侦察、锁定跟踪	点火、加速	高速直飞	末端攻击
AARM 阶段	反侦察	探测、告警、防御准备	防御、反击	拦截杀伤
AARM 措施	1)低概率截获技术； 2)低频段(米波、分米波)和毫米波段； 3)雷达组网，隐蔽跟踪； 4)双(多)基地雷达体制； 5)光电探测与跟踪； 6)提高机动性	1)雷达附加告警支路； 2)PD 雷达(专门用于探测 ARM 的脉冲多普勒雷达)； 3)雷达组网后 ARM 信息利用，或 C^3I 系统其他信息	1)紧急关机； 2)诱偏系统开启； 3)雷达组网，同步工作； 4)防空导弹反击； 5)减小雷达站热辐射、寄生辐射和带外辐射	1)近程导弹拦截； 2)大功率干扰； 3)干扰引信； 4)密集火炮阵； 5)激光与高能粒子束武器； 6)烟雾、箔条和曳光弹

6.4　定向能武器

定向能武器是利用沿一定方向发射与传播的高能射束攻击目标的一种新型武器，主要有激光武器、高功率微波武器与粒子束武器。由于定向能武器具有以近光速传输、反应灵活、能量高度集中等现有其他武器系统无法比拟的优点，因而受到世界各国的高度重视。以美国为代表的西方军事强国，在经费投入、发展规划和技术能力方面均处于领先地位。目前，研制技术比较成熟并且发展较快的是激光武器与高功率微波武器。

定向能武器攻击既可以直接通过天线进入目标接收设备(这种方式叫作“前门”攻击),也可以通过电力线、设备外壳、连接电缆或其他泄漏通道进入设备(这种方式叫作“后门”攻击)。目前在战术使用上,这些武器所产生的威力仅限于对电子设备的损坏或烧毁。对激光和粒子束定向能武器来说,它们在大气中的传播损耗是很大的。对于微波定向能武器来说,需要考虑如何在目标区聚集到充足的能量。

6.4.1 高能激光武器

高能激光武器(又称激光武器或激光炮)是利用高能激光束摧毁飞机、导弹、卫星等目标或使之失效的定向能武器。目前,高能激光武器仍处于研制发展之中,还有许多技术和工程问题需要解决,离实战应用还有一段距离。尽管如此,从长远来看,高能激光武器仍是一种很有发展前途的定向能武器。

6.4.1.1 高能激光武器的组成

高能激光武器主要由高能激光器、光束控制与发射系统、精密瞄准跟踪系统、搜索捕获跟踪系统、指挥控制系统等组成,如图 6.4.1 所示。高能激光器是高能激光武器的核心,用于产生高能激光束。作战要求高能激光器的平均功率至少为 20 kW 或脉冲能量达 30 kJ 以上。各国研究的高能激光器主要有二氧化碳、化学、准分子、自由电子、核激励、X 射线和 γ 射线激光器等。光束控制与发射系统的作用是将激光器产生的激光束定向发射出去,并通过自适应补偿矫正或消除大气效应对激光束的影响,保证高质量的激光束聚焦到目标上,达到最佳的破坏效果,其主要部件是反射率很高并能耐受高能激光辐射的大型反射镜。搜索捕获跟踪系统用于对目标进行捕获和粗跟踪并受指挥控制系统的控制。精密瞄准跟踪系统用来精确跟踪目标,引导光束瞄准射击,并判定毁伤效果。高能激光武器是靠激光束直接击中目标并停留一定时间而造成破坏的,所以对瞄准跟踪的速度和精度要求很高。为此,国内外已在研制红外、电视和激光雷达等高精度的光学瞄准跟踪设备。

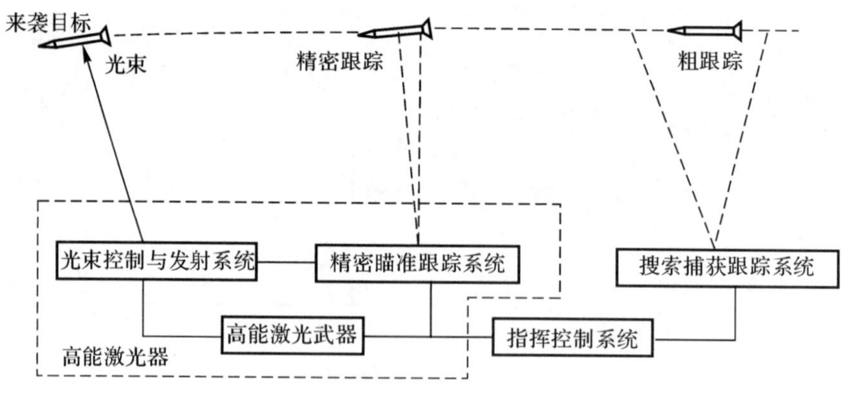

图 6.4.1 高能激光武器系统示意图

6.4.1.2 高能激光武器的杀伤破坏效应

不同功率密度、不同输出波形、不同波长的激光作用于不同的目标材料(简称靶材)时,会产生不同的杀伤破坏效应。激光武器的杀伤破坏效应主要分为三种,即烧蚀效应、激波效应和辐射效应。

1. 烧蚀效应

当激光照射靶材时，部分能量被靶材吸收转化为热能，使靶材表面汽化，蒸汽高速向外膨胀的同时将一部分液滴甚至固态颗粒带出，从而在靶材表面形成凹坑或穿孔，这是激光对目标的基本破坏形式。如果激光参数选择得合适，还能使靶材深部的温度高于表面温度，靶材内部过热的温度将产生高压引发热爆炸，从而使穿孔的效果更好。

2. 激波效应

当靶材蒸汽在极短时间内向外喷射时给靶材以反冲作用，相当于一个冲激载荷作用到靶材表面，于是在固态材料中形成激波。激波传播到靶材表面产生反射，可能将靶材拉断而发生层裂破坏，而裂片飞出时具有一定的动能，也有一定的杀伤破坏能力。

3. 辐射效应

靶材表面因汽化而形成等离子体云，等离子体一方面对激光起屏蔽作用，另一方面又能够辐射紫外线甚至 X 射线损伤内部的电子元器件。实验发现，这种紫外线或 X 射线的破坏作用有时比激光直接照射更为有效。

6.4.1.3　高能激光武器的特点

与常规武器相比，高能激光武器具有以下特点。

1. 速度快

激光束以光速(3×10^8 m/s)射向目标，所以一般不需要考虑激光束的提前量。

2. 机动灵活

发射激光束时几乎没有后坐力，因而易于迅速变换射击方向并且进行高频度射击，可在短时间内拦击多个不同方向的来袭目标。

3. 精度高

可以将聚焦的狭窄激光束精确地瞄准某一方向，选择出攻击目标群中的某一个目标甚至击中目标的某一脆弱部位。

4. 无污染

激光武器属于非核杀伤武器，不像核武器，除了有冲击波、热辐射等严重的破坏效果外还存在大规模、长期放射性污染。激光武器无论对地面还是空间都无放射性污染。

5. 效费比高

百万瓦级氟化氘激光武器每发射一次费用为 1～2 000 美元，而“爱国者”防空导弹每枚费用为(30～50)万美元，“毒刺”短程防空导弹每枚费用为 2 万美元。因此，从作战使用角度来看，激光武器具有较高的效费比。

6. 不受电磁干扰

激光传输不受外界电磁干扰，因而目标难以利用电磁干扰手段躲避激光武器的攻击。

但是，高能激光武器也有其局限性。照射目标的激光束功率密度随着射程的增大而降低，毁伤力减弱，使有效作用距离受到限制。此外，高能激光武器在使用时受环境影响较大，例如在稠密大气层中使用时，大气会耗散激光束能量并使其发生抖动、扩展和偏移，恶劣天气(雨、雪、雾等)、战场烟尘、人造烟幕对其影响更大。

鉴于上述特点，高能激光武器在拦截低空快速飞机和战术导弹、反战略导弹、反卫星及光电对抗等方面均能发挥独特的作用，但高能激光武器不能完全取代现有武器，应与它们配合使用。

6.4.1.4 高能激光武器的类型及应用范围

高能激光武器的分类方法主要有以下两种：

1. 按用途分类

高能激光武器按用途可分为战术激光武器与战略激光武器。

(1)战术激光武器。战术激光武器一般部署在地面上(地基、车载、舰载)或飞机上，主要用于近程战斗，如对付战术导弹、低空飞机、坦克等战术目标，其打击距离在几千米至 20 km 之间，在地面防空、舰载防空、反导弹系统和大型轰炸机自卫等方面均能发挥作用。

(2)战略激光武器。战略激光武器一般具有天基部件(部署在距地面 1 000 km 以上的太空)，主要用于远程战斗，其打击距离近则数百千米，远达数千千米。其主要任务是破坏在空间轨道上运行的卫星，反洲际弹道导弹，引发中子弹或导弹。

2. 按部署方式分类

高能激光武器系统按所在位置和作战使用方式可分为五类：天基激光武器、地基激光武器、机载激光武器、舰载激光武器和车载激光武器。

(1)天基激光武器。天基激光武器用于空间防御和攻击，即把激光武器装在卫星、宇宙飞船、空间站等飞行器上，用来击毁敌方各种军用卫星、导弹以及其他武器。这种激光武器，可以迎面截击，也可以从侧面或尾部追击。

(2)地基激光武器。地基激光武器用于地面防御和攻击，即把激光武器布置在地面上，截击敌方来袭的弹头、航天武器或者入侵飞机，也可以用来攻击敌方一些重要的地面目标。

(3)机载激光武器。机载激光武器用于空中防御和攻击，即把激光武器装在飞机上，用来击毁敌机或者从敌机上发射的导弹，也可攻击地面或海上的目标。

(4)舰载激光武器。舰载激光武器用于海上防御和攻击，就是把激光武器装在各种军用舰船上，用来摧毁来袭的飞机和接近海面的巡航导弹、反舰导弹，也可以攻击敌人的舰只。

(5)车载激光武器。车载激光武器就是把激光武器装在坦克和各种特种车辆上，用来攻击敌方坦克群或者火炮阵地。

当前研制的激光武器系统主要是化学激光器，用于导弹防御、地基反卫星、飞机与舰船自卫和战术防空。今后用途将进一步扩大到空间控制、全球精确打击等方面，并发展二极管泵浦固体激光器、相干二极管激光器阵列和自由电子激光器技术。

6.4.2 高功率微波武器

高功率微波武器又称射频武器，是利用定向发射的高功率微波束毁坏敌方电子设备和杀伤敌方人员的一种定向能武器。这种武器的辐射频率一般在 1～30 GHz，功率在 1 000MW 以上。其特征是将高功率微波源产生的微波经高增益定向天线发射出去，形成高功率、能量集中且具有方向性的微波射束，使之成为一种杀伤破坏性武器。它通过毁坏敌方的电子元器件、干扰敌方的电子设备来瓦解敌方武器系统的作战能力，破坏敌方的通信、指挥与控制系统，并能造成人员的伤亡。其主要作战对象为雷达、预警飞机、通信电子设备、军用计算机、战术导弹和隐形飞机等。

高功率微波武器与激光等定向能武器一样，都是以光速或接近光速传输的，但它与激光武器又有着明显的差异。激光武器对目标的杀伤破坏，一般具有硬破坏性质，它是靠将激光束聚焦得很窄并精确瞄准直接打在目标上破坏摧毁目标的。高功率微波武器则不同，它以干扰或烧毁敌方武器系统的电子元器件、电子控制及计算机系统等方式破坏其正常工作。造成这种破坏效应所需能量比激光武器要小好几个数量级。另外，由于微波射束的波斑远比激光射束的光斑大，因而打击的范围大，从而对跟踪、瞄准的精度要求比较低，既有利于对近距离快速目标实施攻击，也有助于降低费用、便于实现。

1. 高能微波武器类型

高能微波武器主要分为单脉冲式微波弹和多脉冲重复发射装置两种类型。

(1)单脉冲式微波弹又可分为常规炸药激励和核爆激励两种，目前主要研究的是前一种，它通过在炸弹或导弹战斗部上加装电磁脉冲发生器和辐射天线构成高功率微波弹。单脉冲式微波弹利用炸药爆炸压缩磁通量的方法把炸药能量转换成电磁能，再由微波器件把电子束能量转换为高能微波脉冲能量由天线发射出去。

(2)多脉冲重复发射装置由能源系统、重复频率加速器、高效微波器件和定向能发射系统构成。多脉冲重复发射装置使用普通电源，可以进行再瞄准，甚至可以多次打击同一目标。

2. 高功率微波武器的杀伤机理

高功率微波武器是利用高功率微波在与物体或系统相互作用的过程中产生的电、热和生物效应对目标造成杀伤破坏的。

高功率微波的电效应是指高功率微波在射向目标时会在目标金属表面或金属导线上感应出电流或电压，这种感应电压或电流会对目标的电子元器件产生多种效应，如造成电路器件状态反转、性能下降、半导体结击穿等。

高功率微波的热效应是指高功率微波对目标加热导致温度升高而引起的效应，如烧毁电路器件和半导体结以及使半导体结出现热二次击穿等。

高功率微波武器通过高功率微波的电效应和热效应可以干扰和破坏武器装备或军事设施中的电子装置和电子系统，如干扰和破坏雷达、战术导弹(包括反辐射导弹)、预警飞机、C^3I 系统、通信台站中的电子系统，特别是对计算机系统造成严重的干扰或破坏，此外还可以引爆地雷等。

高功率微波的生物效应是指高功率微波照射人体和其他动物后产生的效应，可以分为非热效应和热效应两类。非热效应是指较弱能量的微波照射人体和其他动物所引起的一系列反常症状，如使人出现神经紊乱、行为失控、烦躁不安、心肺功能衰竭甚至双目失明。试验证明，当受到功率密度为 $10 \sim 50\ mW/cm^2$ 的微波照射时，人将发生痉挛或失去知觉；当照射功率密度为 $100\ mW/cm^2$ 时，人的心肺功能会衰竭等。热效应是指由较高的微波能量照射所引起的人和动物被烧伤甚至被烧死的现象。当微波照射功率密度为 $500\ mW/cm^2$ 时，会对人体产生明显的感应加热而烧伤皮肤；当微波照射功率密度为 $20\ W/cm^2$ 时，2 s 即可造成人体的三度烧伤；当微波功率密度达到 $80\ W/cm^2$ 时，1 s 即可将人烧死。

3. 高功率微波武器工作原理

高功率微波武器一般由能源、高功率微波发生器、大型天线和其他配套设备组成。其工作原理可用图 6.4.2 表示：初级能源(电能或化学能)经过能量转换装置(强流加速器或爆炸磁压缩换能器等)转变为高功率强流电子束。在特殊设计的高功率微波器件内，与电磁场相互作用，将能量交给场，产生高功率的电磁波。这种电磁波经低衰减定向发射装置变成高功率微波束发射，到达目标表面经过“前门”(如天线、传感器等)或“后门”(如小孔、缝隙等)耦合到目标的内部，干扰或烧坏电子传感器，或使其控制线路失效（如烧坏保险丝），或毁坏其结构（如使目标物内弹药过早爆炸）。

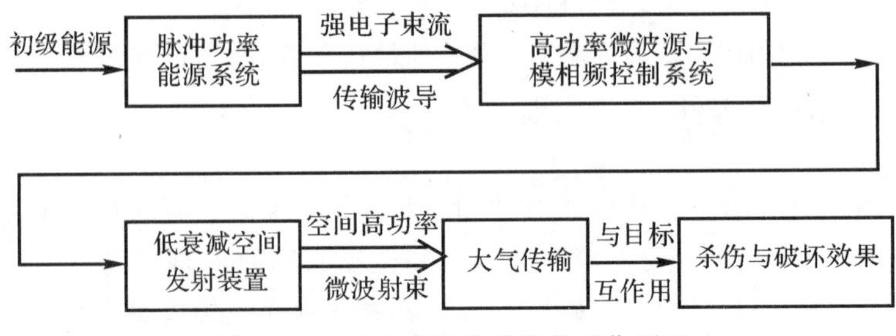

图 6.4.2　高功率微波武器的工作原理

(1)脉冲功率源。脉冲功率源是一种将电能或化学能转换成高功率电能脉冲，并再转换为强流电子束流的能量转换装置。主要由高脉冲重复频率储能系统和脉冲形成网络（如电感储能系统和电容储能系统）及强流加速器或爆炸磁压缩换能器等组成。通过能量储存设备向脉冲形成网络放电，将能量压缩成功率很高的窄脉冲，然后将高功率脉冲输送到强流脉冲型加速器加速转换成强流电子束流。除了采用强流脉冲加速器之外，也可使用射频加速器或感应加速器。

(2)高功率微波源。高功率微波源是高功率微波武器的关键组件，其作用是通过电磁波和电子束流特殊的相互作用（波-粒相互作用）将强流电子束流的能量转换成高功率微波辐射能量。目前正在研制的高功率微波源主要有相对论磁控管、相对论返波管、相对论调速管、虚阴极微波振荡器、自由电子激光器等装置。

(3)定向辐射天线。定向辐射天线是将高功率微波源产生的高功率微波定向发射出去的装置。作为高功率微波源和自由空间的界面，定向辐射天线与常规天线不同，具有两个基本特征：一是高功率，二是窄脉冲。这种天线应符合下列要求：很强的方向性，很大的功率容量，带宽较宽，适当的旁瓣电平和波束快速扫描能力，同时重量、尺寸能满足机动性要求。

高能微波武器系统涉及的关键技术主要有脉冲功率源技术、高功率脉冲开关技术、高功率微波技术、天线技术、超宽带和超短脉冲技术等。

6.5　雷达对定向能武器的防护技术

随着雷达技术的发展，大量电子装置和光电传感器在雷达中得到广泛的应用，并成为现代武器装备的重要组成部分，而定向能武器能够对电子装置和光电传感器产生极为有效的杀伤破坏，对雷达的威胁越来越大。因此，能否有效地防护定向能武器系统的杀伤，不仅关系到电子装置和光电传感器等设备的正常工作，而且关系到雷达系统作战效能的发挥。下面分别介绍雷达对高能激光武器和高功率微波武器的防护技术。

6.5.1　对高能激光武器的防护技术

目前，高能激光武器防护技术主要有以下几种，即基于线性光学原理的防护技术、基于非线性光学原理的防护技术和基于相变原理的防护技术等。

1. 基于线性光学原理的防护技术

基于线性光学效应的高能激光武器防护技术，主要包括：

(1)吸收型防护。

该防护技术是通过吸收介质吸收入射激光使激光能量减弱达到防护激光的目的。该技术使用的防护材料有塑料和玻璃两种。这种防护方法的缺点：一是由于吸收激光能量导致防护材料的破坏而失去防护功能；二是光的锐截止性能不好，导致可见光的透过率不高，影响观察。

(2)反射型防护。

该防护技术是通过薄膜设计和镀膜工艺，在光学镜片表面镀制特定材料、特定厚度的多层介质的光学薄膜，通过镜面产生的干涉反射特定波长的激光，使其不能通过镜片，实现对激光的防护。这种防护方法的缺点：一是只能防护特定的波长；二是存在防护角度的限制。

(3)复合型防护。

在吸收型防护材料的表面镀上反射膜，兼有吸收型和反射型两种防护材料的优点，但该技术的成本高，可见光透过率相对于反射型材料有很大程度的下降。

另外，常见的激光防护还有相干型防护、全息型防护、微爆炸型防护、光化学反应型防护、光电型防护和微晶玻璃型防护等。由于传统的激光防护方法具有防护波长单一、透过率低、有防护角度限制、反应时间长以及输入-输出特性曲线为线性等缺点，影响了在激光防护技术中的深入应用。

2. 基于非线性光学原理的防护技术——激光限幅器

激光限幅器是一种被动式激光防护装置。它在输入光强或能流密度低于某一值(称为限幅阈值)时，系统具有高的透过率，输出光强或能流密度随着入射光强或能流密度的增加而近似线性增加；当输入光强或能流密度超过限幅阈值时，具有低的透过率，从而把输出的光限制在一定的功率或能量下。

理想的被动式激光限幅器输入-输出特性曲线如图 6.5.1 所示。开始时，透过率随着激光入射能量的增加而线性增加；当入射能量增加至某一阈值时，透过的能量不再随着入射能量的增加而增加，而是维持在一个固定的输出值上，此时的入射能量定义为限幅阈值 E_L，对应的透过能量定义为输出幅值 E_{max}。根据工作机理，激光限幅器可分为反饱和吸收型、双光子吸收型、非线性折射型、光致散射型和非线性散射型等。

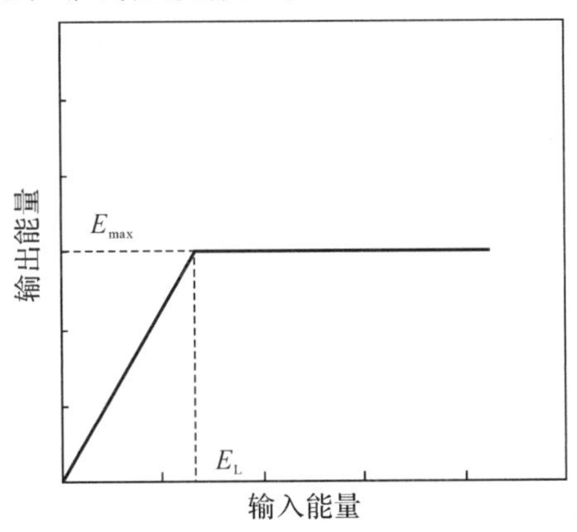

图 6.5.1　理想的被动式光限幅器输入-输出特性

3. 基于相变原理的防护技术

基于相变原理的激光防护技术是20世纪80年代后发展起来的一种新型的高能激光防护技术。目前研究最多的相变材料是二氧化钒(VO_2)薄膜。因为VO_2相变温度接近于室温，使VO_2薄膜发生相变需要的激光能量小，输出阈值低。

VO_2是一种热致相变材料，在室温附近为单斜结构，呈半导体态，当温度上升到68°时，转变为正交结构，呈金属态，如图6.5.2所示。随着相变的发生，特别是红外波段的光学常数发生变化，利用这种突变实现对高能激光武器的防护。

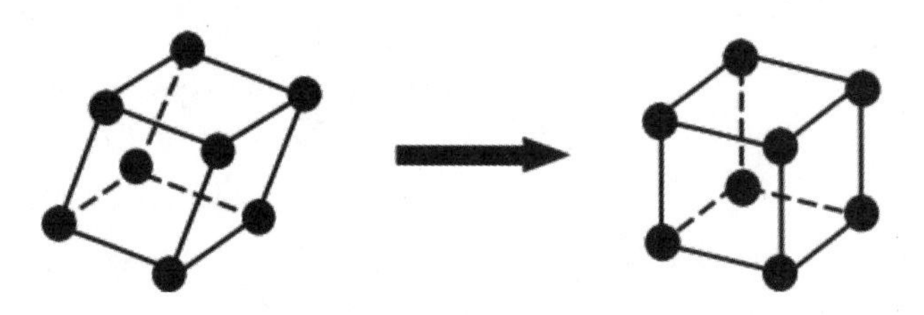

图6.5.2　VO_2的相变

6.5.2　高功率微波武器的防护技术

高功率微波武器能通过多种途径对几乎所有电子元器件进行毁伤，任何部件的毁伤都会影响整个雷达系统的正常工作。对已有的电子系统进行防护往往收效不明显且不经济，因此，在雷达系统设计中将整个系统的电磁防护考虑在内可实现最佳的防护效果。高功率微波武器防护技术是由电磁兼容手段发展而来，主要有微波固态加固、电磁自适应防护及演化硬件等三种技术。

1. 微波固态加固

微波固态加固主要指的是研制具有更强抗烧毁能力的接收放大器件，尤其是增强天线的抗烧毁能力。微波固态加固包括选择低损耗及耐高温材料、增加天线罩到天线的距离以及降低罩内能流密度等方法，以使电子系统的薄弱环节免受高功率微波武器损伤。根据高功率微波武器对电子系统的作用途径，可将雷达系统的防护措施分为“前门加固”和“后门加固”。

(1)“前门”加固。

“前门”加固指的是对由天线至接收机前端的通路进行加固，包括：天线加固，即通过介质损耗、极化损耗等措施阻止或大幅度降低高功率微波进入天线；接收机保护电路加固，即采用大功率接收机保护电路；接收机前端加固，即增大放电管、环行器、限幅器等高功率抑制器件功率容量和响应速度。

(2)“后门”加固。

“后门”加固指的是：采取屏蔽，即将整个电子系统放入电磁屏蔽房或者对可能出现耦合的电缆、缝、门窗、孔等部位采取适当的防护措施；滤波，即采用滤波器阻止有用频带之外的电磁波进入系统；接地，即将电源的工作地、信号地、设备的金属外壳等都接到相同的接地装置上，形成与地的通路，及时释放电子设备内部产生或感应出的电荷；尽量使用光纤；综合采用多种方法阻止或降低通过后门耦合进入电子系统的高功率微波。

2. 电磁自适应防护技术

在电磁故障诊断的基础上进行武器装备电磁自适应防护是增强电磁防护的重要发展方

向。除采用新材料、新结构对系统的复杂电磁环境进行调节和控制外，利用冗余、容错、标志和数字滤波等软件设计技术以及拦截、屏蔽、均压、分流、接地与滤波等硬件防护措施，在武器装备系统中预置电磁兼容与强电磁防护的软、硬件自适应手段，也能降低系统间的电磁干扰，增强抵抗高功率微波武器攻击的能力。

3. 演化硬件技术

演化硬件是指在硬件电路设计中引入演化计算，在可编程逻辑器件上通过对基本电路元器件进行演化而自动生成新功能的电路结构。演化硬件还可以保持现有功能，获得容错功能，从而减少故障的发生。该概念自从 1992 年提出以来，便在国际上掀起了研究热潮，受到各国政府和众多学科科学家们的重视。演化硬件技术将成为 2020 年后硬件设计的基本技术之一。演化硬件具有自修复、自我重配置和可进化功能，能恢复由于部分硬件损坏而丧失的功能，为高功率微波武器防护开辟了新领域。

第7章　对雷达的低空突防与反突防

低空突防是一种利用地形地物对飞行器电磁散射造成遮挡或扰乱，从而影响雷达对目标检测的进攻性突袭方法。从电子战观点出发，低空突防可以认为是一种消极干扰背景下的进攻性军事行动。

低空/超低空突防在实施对敌打击时的优势及其在近几十年多次战争中的广泛应用，极大地促进了一大批高性能低空/超低空航空兵器的发展和应用，这些超低空突防的航空兵器对防空系统提出了新的挑战。近年来的一些战例表明，作战飞机可进行闪电式低空、超低空突防，对防御方造成惨重的损失。

在现代战争中，低空、超低空突防的主要特点如下：

(1)采用隐身技术，增强低空突防能力。

(2)采用低空起飞、低空出航、低空接近目标的“三低”突防技术。

(3)配有先进的空地、空空导弹和电子制导设备，能极其迅速、准确和有效地攻击地面或海上目标，并实现全高度、多批次、全方位攻击。

(4)采用电子干扰掩护。

(5)装载无源夜间探测系统的飞机具有全天候低空、超低空突防能力。

由此可知，伴随隐身、电子干扰并携带精确制导武器的低空、超低空突防无疑对现代雷达构成了严重的威胁。另外，雷达反低空突防对于防御方具有重要的意义。

本章主要讨论低空/超低空突防的基本概念、技术原理和对付超低空突防的技术和战术。

7.1　概　　述

7.1.1　基本概念

所谓低空突防就是航空兵器飞行在低空或超低空空域进行突防的战斗行动。地面防空武器按高度划定的空间区域可分为超低空空域(真实高度<0.1 km)、低空空域(0.1 km<真实高度<3 km)、中空空域(3 km<真实高度<15 km)、高空空域(真实高度>15 km)。

超低空突防的亚声速巡航导弹典型特征：飞行速度 Ma 小于1(如战斧约为215 m/s)；飞行高度在海面上通常为5 m，平原上为7～15 m，丘陵上为50 m，山区上为100～150 m；体积较小(如战斧弹长只有5.56 m，翼展2.65 m)；采用隐形技术，迎面雷达探测截面积(RCS)通常为0.01～0.1 m^2，是一般战斗机RCS的1/30～1/50。

当飞经海面上空时，飞行器往往贴近海面飞行，称为掠海飞行，相对于水面的飞行高度一般为5～20 m，在接近目标时，可能还要进一步降低飞行高度(2～3 m)。

7.1.2　主要武器装备

目前,高性能低空/超低空航空兵器以战斗/轰炸机、巡航导弹和直升机为主要代表。

1. 战斗/轰炸机

在各国低空/超低空突防性能出色的战斗/轰炸机中,以欧洲的“狂风”,美国的 A－10、FB－111、B1－B 和俄罗斯的 Tu－160 为主要代表。其中,“狂风”、A－10 在执行低空近距打击和对地支援方面具有优异的性能,在海湾战争等多次战争中均有出色的表现。FB－111 在 1986 年美军对利比亚的“黄金峡谷”行动中已经显示了其优异的中远程低空/超低空突防性能。B1－B 和 Tu－160 是具有出色的低空/超低空突防性能的战略轰炸机的杰出代表,二者均可以亚声速进行远程低空/超低空突防,虽然二者都是冷战时期的产物,且数量有限,但其在美国、俄罗斯军事力量中的地位毋庸置疑,且随着各种高科技装备的改装,在未来的多种战斗任务中仍将扮演重要的角色。

除上述这些外,还有许多飞机也适于低空/超低空突防:美国 F－16 战斗机可保持 60 m 或更低的高度飞行,F/A－18D 能以低达 30 m 的高度突袭小目标,另外美国的“鹰”,俄罗斯的“鞭挞者”米格－23、米格－27、苏－27 和米格－29,日本三菱的 F－1 以及瑞典的萨伯－37“雷”战斗机等,都有出色的低空/超低空突防性能。此外,随着高科技战争形态和战争理念的发展和变化,多用途战机已经成为军用飞机发展的一个主要方向,这些战机将不再以执行单一任务为主要目标,可以适应多种作战条件,在适合高空、高速巡航的同时也适合低空/超低空突防,美国的 F－35 隐身多用途战斗机就是其杰出代表。

2. 巡航导弹

巡航导弹由于具有突防能力强、命中精度高、技术上易于实现和造价低等优点而备受各国重视,已经发展成为现代战争中实现低空/超低空突防的重要武器。巡航导弹射程远,最大射程可达 200 km,若利用战略轰炸机发射,可达成洲际导弹的效果;飞行高度低,利用地形跟踪技术进行低空或超低空突防;发动机火焰温度低,红外特征不明显,雷达反射面仅为 0.05～0.1 m^2,不易被雷达发现,即使被发现,留给防空系统的反应时间也很短,不易被拦截;可按预定程序绕过固定的防空阵地,从侧面或背面打击目标;打击精度高,战略巡航导弹的圆概率误差(Circular Error Probability, CEP)约为 30 m,常规对地攻击巡航导弹的 CEP 可达到 1～10 m,可攻击多种高价值重要目标,是实施“点穴式”打击的重要兵器。

巡航导弹能够从陆地、船舰、空中与水下发射,攻击舰艇或陆上目标(见图 7.1.1),主要用于对严密设防区域的目标实施精确攻击。

巡航导弹打击过程:

(1)司令官下达任务和使用命令。

(2)打击计划者选择、指派、协调对目标实施攻击的导弹。

(3)发射平台火力控制系统准备并执行攻击程序。

(4)发射平台发射导弹。

(5)导弹初始段结束后转变成为巡航飞行状态,然后在预定的路线上飞行。

(6)在飞行中,导弹利用地形匹配、数字场景匹配区域关联和全球定位系统对导弹进行导航,有些执行精确打击的战斧导弹也可能通过与卫星通信相联的地面站转换其态势。

(7)末制导多采用数字场景匹配区域关联、雷达/红外制导等方式。对于巡航导弹,末制导是影响其精度的主要因素。

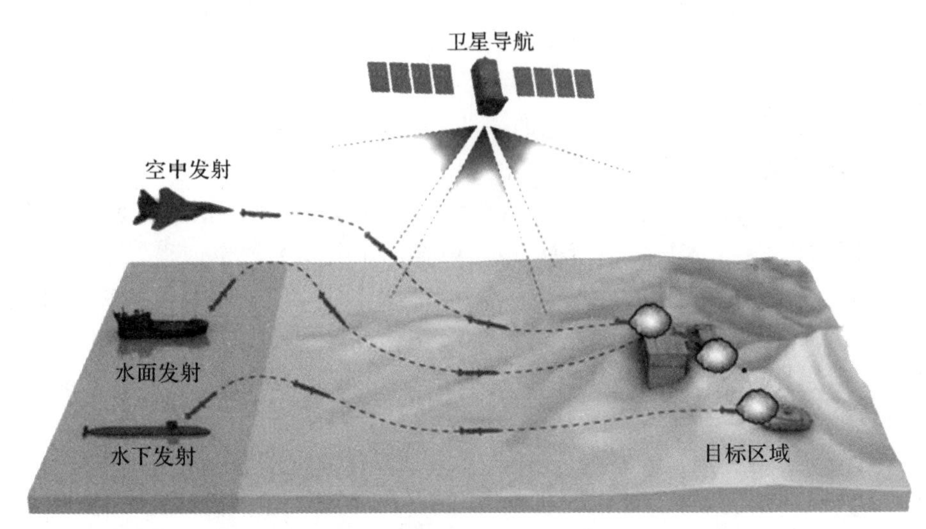

图 7.1.1　巡航导弹从不同位置攻击目标示意图

目前,各种巡航导弹中,以美国的巡航导弹最为典型。美国的巡航导弹主要有两类:BGM－109“战斧”式舰射巡航导弹和 AGM－86B/C/D 空射巡航导弹。其中,BGM－109 舰射型是美海军最先进的全天候亚声速多用途巡航导弹,兼有战略和战术双重作战能力,主要用于打击海上和陆上重要目标,共有 18 种型号;AGM－86B/C/D 空射型是美空军战略空射巡航导弹,可从对方防空火力圈外发射,攻击纵深目标,进行纵深摧毁性打击。

3. 直升机

直升机是一种能够实现低空/超低空突防的航空兵器,虽然其既没有战斗/轰炸机远距、高速、大载弹量和大规模打击的优势,也没有巡航导弹低空/超低空直接突防并精确打击的作战效果,但凭借其低空、低速和目标小不易探测的优势,实施低空/超低空突防时灵活性更强,在近距对地支援作战中发挥着重要作用。目前,以美国的 AH－64“阿帕奇”、RAH－66“科曼奇”和俄罗斯的卡－50 为杰出代表,突防高度均可在 100 m 以下。例如:在海湾战争中,“沙漠风暴”空袭行动开始之前,多国部队为减少损失并为非隐形飞机的突防开辟突防通道,派出 AH－64“阿帕奇”直升机特遣队。为避开伊拉克雷达搜索,特遣队经过数小时的超低空隐蔽飞行,抵达目标上空,迅即发射“狱火”式导弹,摧毁了伊拉克南部的两个预警雷达站,打响了海湾战争的第一枪。

7.1.3　低空突防兵器的特点

7.1.3.1　技术特点

为增加各种航空兵器的低空/超低空突防性能,各军事强国广泛采用适于低空/超低空飞行的气动布局、导航/制导和隐身等先进技术。

1. 低空/超低空飞行的气动布局

适于低空/超低空飞行的气动布局是保证航空兵器低空/超低空性能的基础。实施低空/超低空战术一般要求航空兵器具有速度范围大、机动性好等特点,既要满足在中、高空巡航的高速要求,也要满足在低空/超低空突防时的低速要求,同时还必须具备在低空/超低空突防区域的复杂地形环境中高机动性飞行的性能。因此,高性能的低空/超低空突防航空兵器一般都采用适于低空/超低空飞行的气动布局,尤其是战斗/轰炸机对这方面的要求更高。例如,欧洲的“狂风”、美国的 FB-111、B1-B 和俄罗斯的 Tu-160 均采用变后掠翼来满足其低空/超低空突防性能和中、高空高速巡航性能的要求。

2. 先进的导航/制导技术

先进的导航/制导技术是保证航空兵器低空/超低空性能的关键。没有先进的导航/制导技术和设备作保障,就无法保证航空兵器在低空/超低空突防时按照预定的规划航线进行飞行,也无法保证其在低空复杂地形环境条件下安全航行而不发生碰撞事故,同时也无法保证最终打击的精确性和作战任务完成的效果。因此,为了有效实现低空/超低空突防,各军事强国广泛把高精度导航定位设备,自动、实时、逼真的地图显示设备,地形跟随/地形回避/威胁回避,机动飞行控制技术和威胁空间的生成技术等先进技术和设备应用于低空/超低空突防航空兵器。例如,执行低空/超低空突防作战任务的战斗/轰炸机大都装备有先进的地形跟踪雷达;巡航导弹大都采用惯性导航+地形匹配/景象匹配的导航/制导方式。

任务规划需要大量的信息保障工作,以获取海量的数据,其中主要是规划区的地理信息和有关目标的信息。信息获取往往需要利用国家的观测手段,如航天和航空技术,因而在某种意义上是一个国家综合实力的体现。信息的获取、数据库的建立、数据的处理和管理,特别是地理信息系统的建立,是任务规划的关键技术之一。所谓地理信息系统(Geographical Information System, GIS)是一种特定而又十分重要的空间信息系统,它是以采集、贮存、管理、分析和描述整个或部分地球表面(包括大气层在内)与空间和地理分布有关的数据的空间信息系统。该系统按其范围大小可以分为全球的、区域的和局部的三种。目前,国内外已经开发出一些比较通用的地理信息系统。

飞行器飞行时需要实时测量或提前测量飞行器正下方的真实飞行高度,因此,必须安装高精度的高度传感器(如无线电高度表),有时还需要安装气压高度表、前视雷达等。

3. 隐身技术

隐身技术是增强航空兵器低空/超低空突防效能的重要技术。早期的低空/超低空突防航空兵器大都没有采用这一技术,这既与当时的隐身技术不够先进有关,也与当时雷达探测系统的低空探测能力较弱有关,突防时只需要利用安全的航线规划、地形掩护和雷达盲区就可以完成突防任务。但是,随着雷达探测技术的不断发展,各种先进的雷达系统的低空探测能力得到提高,探测盲区也更小,这种情况下单纯依靠战术就很难完成突防任务,且危险系数较高。因此,各军事强国进一步把隐身技术应用到了低空/超低空突防航空兵器上,减小了其雷达散射面积,从而进一步降低突防时的被探测概率。例如,美国的 B1-B 和俄罗斯的 Tu-160 战略轰炸机、“战斧”式巡航导弹、RAH-66“科曼奇”直升机等在一定程度上都采用了隐身技术,虽然没有 B-2 和 F-22 等高空航空兵器的隐身技术那么先进,但在地面杂波背景的掩护下,对于降低被探测概率、增强突防能力起到了较大作用。

7.1.3.2　战术特点

为提高低空/超低空突防的执行效果,各军事强国在突防战术训练、突防航线规划和其他作战手段配合支援上都进行了大量演练,并在实战中得到了体现和检验。

1.突防战术训练

从军事理论和战争实践的发展变化来看,任何一种战术都必须经过严格的训练才能在实战中体现出良好的作战效果。低空/超低空突防则更是如此,由于该战术执行时的危险系数大,需要各飞行编队之间的默契精准配合,对飞行员的驾驶技巧和战术素养要求极高,因此,如果没有平时的严格训练,在实际作战中不但难以发挥良好的作战效果,反而会出现未达目的地就机毁人亡或遇到敌方对抗时难以对付而无功而返。

一些主要空军强国已把低空/超低空突防列为主要训练科目,美、英、法等国空军即使在装备具有良好低空飞行性能的情况下,飞行员也需进行严格的低空/超低空突防和攻击训练,并且明确规定了每年需要达到的低空飞行时数。例如,美国的F-16或FB-111飞行员每年要低空飞行95 h,A-10飞行员每年要低空飞行125 h;德国空军"狂风"飞机的飞行员,每年有50%的训练时间用于低空/超低空突防训练;英国空军规定攻击机飞行员,低空训练飞行时间每年不少于90 h;法国战术空军飞行员,每月保持低空超低空训练的时间不少于总飞行训练时间30% ,75%的飞行任务需要在低空或超低空完成,并规定攻击机飞行员每年低空训练时间为76 h。训练内容有:沿沟谷、贴海岸线起伏机动飞行,多机种协同飞行,海外机动作战以及带各种战术背景的训练。北约空军司令部认为,低空训练时间是保持飞行员良好专业技术水平和战备水平的最低限度,今后仍需要寻找新的训练方法,增加低空飞行训练时间。

值得注意的是,美军在1986年执行"黄金峡谷"空袭作战任务前夕,完成了FB-111战斗轰炸机约20架次从基地到亚速尔群岛的飞行演练任务。可见,突防战术训练对完成低空/超低空突防任务是十分重要的。

2.突防航路规划

良好的航路规划是实现低空/超低空突防的关键因素之一。航路规划的目的就是要充分利用地形和敌情等信息,规划出兼顾生存概率和突防概率的飞行器突防航路。由于航空兵器在进行低空/超低空突防时,既要躲避对方的雷达探测系统和地面防空火力,又要面对复杂的地形环境条件,因此,如何进行航路规划对突防任务的完成起着关键作用。例如,1986年美国在对利比亚实施"黄金峡谷"行动时,由于法国和西班牙政府拒绝开放空中走廊,美英战机无法直接通过,只好从英国的空军基地出发,经比斯开湾,沿葡萄牙沿岸、直布罗陀海峡、地中海中部飞抵的黎波里地区,行动后原路返回。另外,在行动准备阶段,美国海军航空兵还研究并明确了利比亚防空兵器的战术技术性能、利比亚防空部队雷达侦察系统的构成和特点、防区内防空导弹火力和指挥系统构成和特点,充分考虑了敌方的强项和软肋,为航路规划提供了条件。同样,在1991年的海湾战争中,经过航路规划的"战斧"式巡航导弹绕过伊拉克的防空火力,实现了对目标的精确打击。

3.其他作战手段配合支援

与其他作战手段的配合支援是完成低空/超低空突防的重要保障。1986年美军对利比亚实施"黄金峡谷"行动中,突防前期就利用多种侦察手段掌握了利比亚的雷达防空设施的部署情况,并利用反辐射导弹等武器摧毁了重要区域的防空雷达设施,造成预警防御系统的漏洞,从而保证突防行动的顺利实施;在突防行动的具体实施过程中,又动用了电子干扰机、预警机和其他作战飞机进行配合支援,强烈压制对方的防空雷达系统,使其无法发挥作用。另外,随着科技的发展和作战需要,现代新型高性能低空/超低空突防武器大多采用隐身技术,进一步降低了防空雷达系统的探测性能。可见,在现代高科技作战的背景下,由于其他作战手段的配合支援，低空/超低空突防对防空雷达系统的影响和威胁更加严重。

7.2 低空/超低空突防技术原理

低空/超低空突防主要是利用地球曲率和地形起伏造成的遮挡、雷达探测系统的盲区、地(海)杂波对雷达探测的影响以及对方防空武器的弱点等有利条件，来躲避对方雷达的探测和防空火力的打击。

7.2.1 地球曲率和地形起伏影响

为了较为准确地对目标定位，雷达一般采用的频率较高，波束传播方向近似于直线。而地球是一个球体，受地球曲率影响，普通雷达则难以对远距、低高度的目标进行探测，会产生遮挡效应(见图7.2.1)。

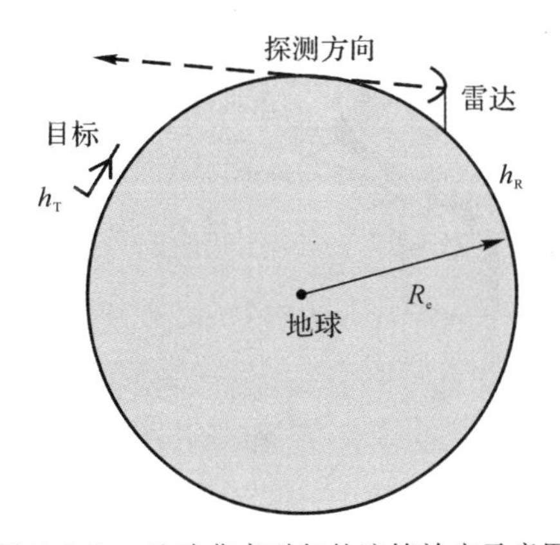

图7.2.1 地球曲率引起的遮挡效应示意图

考虑地球是等效半径为 R_e 的球体，目标在距地球表面高度为 h_T 的空中飞行，雷达天线距地球表面高度为 h_R，那么雷达直视距离 D_{max} 可由下式计算：

$$D_{max} \approx 4.1(\sqrt{h_R} + \sqrt{h_T}) \tag{7.2.1}$$

式中，D_{max} 的单位为km，h_T 和 h_R 的单位为m。从该式可以看出，雷达发现目标的直视距离与目标飞行高度和雷达天线高度的二次方根成正比。

图7.2.2给出了雷达高度、目标高度与直视距离的关系曲线。可以看出：当目标高度为100 m，雷达天线架设在200 m高度时，直视距离为 $D_{max}=99$ km；若雷达天线架设到1 000 m的高度上，直视距离为 $D_{max}=171$ km。当目标高度为10 m，雷达天线架设在200 m高度时，直视距离为 $D_{max}=71$ km；若雷达天线架设到1 000 m的高度上，直视距离为 $D_{max}=143$ km。

在实际中由于其他因素的影响，D_{max} 还将缩短，雷达探测距离的减小也将直接缩短对低空/超低空突防目标的预警时间。

另外，一般在进行低空/超低空突防的航路规划时，会选择地形较为复杂的地区，如山谷、河谷等地形起伏较大的区域，利用地形条件增加突防的隐蔽性，如图7.2.3所示。由于微波雷达无法穿过物理遮挡对目标进行探测，这样雷达就难以对地形条件复杂地区的低空/超低空突防目标实施有效探测。

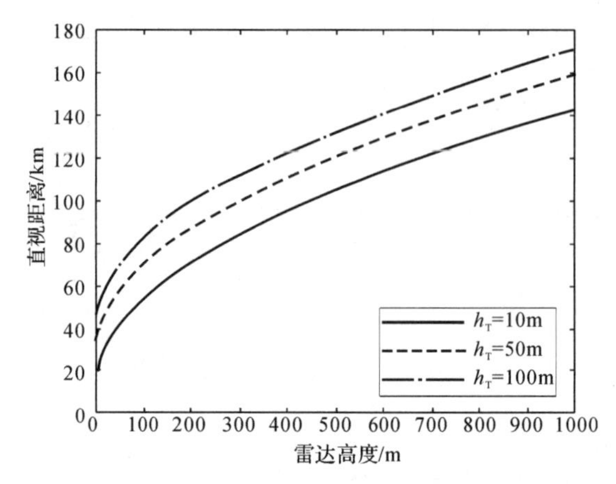

图 7.2.2　雷达高度、目标高度与直视距离的关系曲线

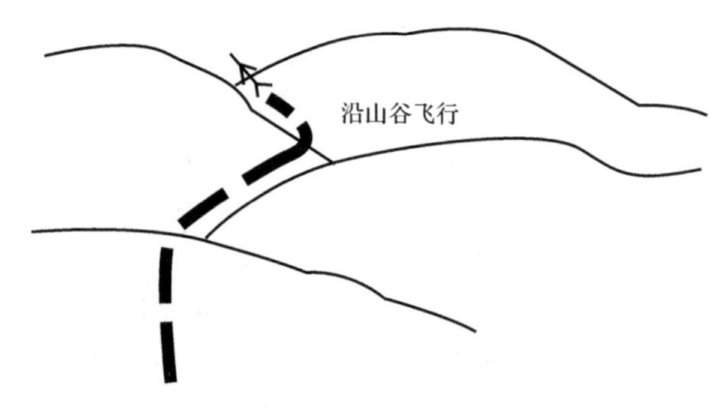

图 7.2.3　低空/超低空突防路线示意图

7.2.2　低空盲区

雷达在近距低高度探测目标时，雷达发射信号的能量到达目标有两条路径：一是直接路径，二是经地面(或海面)反射的间接路径。同样，目标反射的电波能量，返回雷达接收天线时也有上述两条路径。因此，经地面(或海面)反射波和目标直接反射波的组合会产生多径干涉效应，导致仰角上波束分裂；另外，粗糙的地面和起伏的海浪也可能产生干扰。这就形成了雷达近距低高度探测目标时的多径传播环境，结果使多路信号在雷达接收天线处产生矢量叠加，从而造成雷达探测的低空盲区。而且，在低高度上这种效应会导致目标回波按 R^{-8}(而不是自由空间中通常的 R^{-4}，R 为探测距离)规律衰减，造成雷达探测能力降低。

7.2.3　地面(或海面)强杂波影响

雷达在探测低空目标时会受到杂波干扰的影响。自然界的许多物体，如地物(山、树林、植被、高楼和铁塔等各种建筑物)、海面，能对电磁波产生后向散射。这样一些物体反射回来的电磁波所引起的干扰，统称为无源杂波干扰。

地杂波是一种面杂波，它的强度与雷达天线波束照射的杂波区面积以及杂波的后向散射系数有关。天线波束照射的杂波区面积越大和后向散射系数越大，则地杂波越强。根据实际测量，地杂波的强度最大可比接收机噪声大 70 dB 以上。地物表面生长的草、木、庄稼等会随风摆动，造成地杂波大小的起伏变化，这种随机起伏特性可用概率密度分布函数和功率谱来表示。因为地杂波是由天线波束照射区内大量散射单元回波合成的结果，所以地杂波的起伏特性一般符合高斯分布。

海杂波是指从海面散射的回波，由于海洋表面状态不但与海面的风速风向有关.还受到洋流、涌波和海表面温度等各种因素的影响，所以海杂波不但与雷达的工作波长、极化方式和电波入射角有关，还与海面状态有关。海杂波的动态范围可达 40dB 以上。海杂波概率分布也可以用高斯分布来表示.其幅度概率密度分布符合瑞利分布。

无源杂波干扰会对雷达观察目标产生以下四方面的影响：

(1)无源杂波的信号强度，可比雷达接收机噪声电平高 $10^4 \sim 10^6$ 倍(80～120 dB)，使接收机饱和，无法发现叠加在杂波干扰上的目标。

(2)在杂波背景中，弱目标信号将被无源杂波干扰所掩没。

(3)当目标在杂波背景外时，虽然从显示器上能区分出目标和杂波干扰，但是杂波干扰往往是成片出现的，从而降低雷达操作人员迅速识别动目标的能力。

(4)现代雷达一般均有自动化终端设备，若未经信号处理的成片无源杂波干扰进入自动化终端设备，将会因设备过载而失去自动化处理能力。

7.3　雷达反低空突防探测技术

低空/超低空突防利用其独特优势对防空雷达系统造成了严重影响和威胁，反低空突防已经成为亟待解决的难点问题。目前反低空突防目标探测技术主要有升空探测预警手段、低空补盲探测技术、超视距雷达等。

7.3.1　多种升空探测预警手段

从式(7.2.1)中可以看出，增加雷达探测距离和预警时间的一个有效手段就是提高雷达监视平台的高度，发展空中平台监视系统。目前国内外正在大力发展的空中平台监视系统主要包括星载雷达监视系统、空中预警机系统、系留气球载雷达系统、飞艇载雷达监视系统等。表 7.3.1 给出了 3 种升空探测系统的特点对比。

表 7.3.1　3 种升空探测系统的特点对比

特　点	预警机	20 km 高度级浮空探测平台	5 km 高度级系留气球雷达
布防方便性	极佳	佳	佳
生存能力	强，需飞机保护	强，不易摧毁，需防空系统保护	略差于 20 km 高度平台
气象适应性	好	好	比 20 km 高度平台差
探测 500 km 以外发射巡航导弹的军舰	有难度，需前出	能	不能
全年昼夜不间断执勤	不能	能	能
全寿命成本	高	中	低
能否引导飞机作战	最好	能	能
系统运行	较难	中	较易

1. 预警机雷达

预警机装有远距离搜索警戒雷达、敌我识别/二次需达、电子对抗、通信和导航、综合显控及指挥控制等电子设备，用于搜索、监视、跟踪和识别空中和海上目标。现代顶警机不仅能及早地发现和监视从 300～600 km 以外各个空域入侵的空中目标，而且还能引导和指挥己方战斗机进行拦截，所以又称预警指挥机，它是空中的指挥所，是现代高技术局部战争中争夺制空权的重要手段之一。预警机系统的核心是机载预警(AEW)雷达。这种雷达以高空飞行的飞机为平台，克服了地球曲率的影响，具有可视距离远、可检测远程低空飞行目标的优点，同时还具有很强的机动灵活性。正是由于预警机的强大功能，也使得它成为现代高技术局部战争中的重点进攻目标之一。目前，它面临许多急需解决的特殊问题：比如对抗反辐射导弹(ARM)，提高生存能力的问题；增强下视探测能力，提高先敌发现能力的问题；对特殊目标(隐身飞机、隐身巡航导弹、武装直升机)的有效检测问题；抗干扰问题等。

表 7.3.2 给出了几种常规机载预警雷达的性能参数，它们的共同点是：

(1)采用 S 频段监视雷达，这主要是从测量精度和系统分辨能力考虑的。

(2)采用机械扫描平板裂缝天线，这主要是为了满足天线低副瓣和低成本要求。

(3)采用脉冲多普勒体制，这是迄今为止所有反杂波体制中的最佳体制。

(4)采用电真空器件的集中发射机，这是由于当时技术水平限制和成本较低的原因。

表 7.3.2　几种预警机雷达的主要性能

预警机系统	E-3A	A-50	猎　迷
国别	美国	苏联	英国
雷达型号	APY-1	不详	ARGUS-2000
载机	B-707 改	IL-76 改	彗星-4C 改
体制	HPRF-脉冲多普勒	MPRF-脉冲多普勒	MPRF-脉冲多普勒
频段	S	S	S
天线	平板裂缝阵	平板裂缝阵	偏馈抛物面
发射	高功率宽带速调管	多注速调管	并行栅控行波管
接收	脉冲多普勒接收机＋高纯频谱频率源	脉冲多普勒接收机	脉冲多普勒接收机、PC 接收机
波束扫描	机扫-相扫	机扫-频率分集	机扫
信号处理	A/D-MTI-FFT-CFAR	同左	同左

机载合成孔径成像(SAR)和地面慢速运动目标检测(GMTI)技术是提高机载雷达空地性能的两个主要方面，是新一代预警机雷达发展的关键技术之一。落入主杂波区的慢速运动目标的有效检测是机载雷达面临的难题。采用干涉动目标检测技术和先进的空时自适应处理(STAP)技术，是实现机载预警雷达检测地面慢速目标的有效技术途径。

新一代预警飞机采用先进的相控阵雷达，与现役预警飞机(采用旋罩天线雷达)相比，具有可靠性高，自适应能力强，抗干扰能力强以及具有增程探测能力和可同时执行多种任务的特点。这些新型的相控阵雷达预警机将在未来的战场上发挥重要作用。同时，世界各国也在积极对现役预警机进行改进，以适应未来战争的要求。

由于机载预警雷达下视工作及雷达平台的运动效应，杂波强度大大增大，在丘陵和山区地带，杂波强度可达60～90 dB，杂波谱大大扩展，而且杂波环境是非均匀、非平稳的，因此，有效地抑制地(海)面杂波是机载预警雷达下视工作必须解决的技术难题。

2. 气球载雷达

气球载雷达系统的研制和应用是近年来才开始的，这主要是气球发展受到两大技术难题的约束：一是氢气易燃；二是球体和缆索材料易损。随着技术的进步，人们已能生产出适用于高空性能要求的高级气球材料，掌握了提炼氦气的方法，使系留气球的研究和应用得以顺利开展。目前系留气球的尺寸已做到长20～70 m，直径为8～12 m，工作高度为700～4 500 m，覆盖范围为38 000～230 000 km^2。例如，美国TCOM公司研制的典型气球有STARS系统和MARK7-S系统。STARS系统的气球体积为700 m^3，长25 m，最大直径为8 m，装有法国的拉西特战场侦察雷达或美国的AN/APG-66雷达、AN/APG-504雷达。这种系统主要用于排水量小的舰船上或地面机动站，升空高度为750 m。MARK7-S系统的体积为11 500 m^3，长67 m，球体最大直径为18 m，装有AN/TPS-63雷达和数据传输等电子设备，升空高度约为3 000 m。以上两种系统都是由地面设备通过系留缆索中的供电电缆向球上电子设备供电的。目前，美国另一家LORAL(洛拉尔)公司生产的420K(容积为11 340 m^3)球，采用了先进的气动外形设计，具有空中稳定性好、氦气泄漏最少、球上动力供电和能避免雷击等一系列优点，已成为美国空军首选的新型气球系统。最新研制的气球能够自动监测、控制系留气球各部分的工作过程，随时向操作人员提供气球浮空性能参数和设备工作状态信息，并对各种数据进行自动处理、储存或转发，将控制指令传到系统的各部分，遇到故障能自动转换备用系统并发出报警信息，使系留气球系统的工作可靠性大大提高。

与地面雷达和其他空中平台相比，系留气球载雷达系统具有以下特点：

(1)覆盖面积大。一个悬浮在3 000 m高空的大型系留气球监视系统对飞行高度为340 m的目标，雷达发现距离约为300 km，整个雷达的覆盖区域为28 250 km^2(这相当于13部同类地面雷达的覆盖面积)，即使是悬浮在700 m高空的小型系留气球载雷达系统也具有4部同类地面雷达的覆盖面积。

(2)低空探侧性能好。目前，正在运转的气球载雷达系统具有抗严重地杂波和气象杂波的能力，能有效地检测超低空飞行的小型毒品走私飞机和海面的小舰只，并具有探测隐身目标的潜力。

(3)连续工作时间长。大型系留气球停空时间一般可达30天，然后补气；小型系留气球在空中滞留时间约两个星期。

(4)寿命长。系留气球的工作寿命一般可达7～10年。

(5)可用性好。系留气球有良好的稳定控制设备和高强度的系留缆索，能经受12级大风，有完善的避雷措施和快速回收装置。

(6)保密性好。信息传递可利用系留缆索中的电缆线，因此，空地通信保密性好，不易受干扰，易于空地雷达组网。

(7)费用少。不管是研制费、采购费还是维修费，与其他空中平台系统相比要低得多，一般仅为预警机的1/10。

(8)载荷能力强。由于舱体体积大、起吊能力强，气球上可装载大口径天线，雷达系统可以提供较大的探测距离。

7.3.2 低空目标探测技术

1. 动目标探测技术

雷达要反低空/超低空突防目标，需要克服地面（或海面）的强杂波影响，把被地物杂波（或海浪杂波）所淹没的目标回波从杂波中提取出来。对于地面雷达来说，地物与雷达之间没有相对运动，而目标与雷达之间有相对运动，目标回波的相位与杂波回波的相位不同，利用这个差异，可用动目标显示或动目标检测技术，消除杂波，把目标提取出来；对于机载雷达，情况就要复杂一些，因为雷达处于运动状态，与地物之间有相对运动，也会引起地物回波相位变化，产生多普勒频率，但可利用目标回波产生的多普勒频率与地物回波产生的多普勒频率的不同，采用多普勒滤波技术（脉冲多普勒技术）滤除杂波，把目标提取出来，详见 4.5 节。

2. 低空补盲探测技术

发展低空补盲雷达是克服低空/超低空突防的多路径效应和强杂波影响的一个有效途径。低空补盲雷达的主要问题是建立合理的探测覆盖区域：一般二维探测在方位上为窄波束，仰角上为余割平方波束；一些新研制的低空补盲雷达，如 Pluto 和 Tiger 雷达则采用超余割平方波束，能进一步减少地物和海杂波的影响，提高低空探测性能。新型天线采用理想的图钉型方向性天线，通过能量管理后能在仰角上形成电扫描超余割平方覆盖区域。这样，不仅可以提高测角性能和抗干扰性能，同时使天线具有较低的旁瓣，这对于从强杂波背景中提取低空/超低空突防目标的信息是非常有利的。

为了有效地对付低空/超低空突防武器的突然入侵，各国投入大量人力和物力研制成功了各种先进的地面低空监视雷达，即低空补盲雷达系统。

低空补盲雷达的主要特点如下：

(1)反地杂波性能强。一般都采用先进的动目标检测技术。

(2)机动能力强。可以用多种方式快速机动部署。

(3)抗干扰性能强。采用包括宽带、捷变频、低副瓣等多种技术来提高抗干扰能力。

(4)高可靠性、可维护性。保证雷达能在各种环境下可靠地工作。

(5)具有组网能力。低空补盲雷达有较强的通信传输能力，可将获取的目标数据及时传输给友邻雷达及指挥控制系统。

在设计低空补盲雷达时，应考虑以下内容：

(1)威力设计。对于单一用途的低空补盲雷达，一般在垂直方向上设计成余割平方形的威力覆盖，高度在3 000～7 000 m。对于高低空兼顾的低空雷达，高度覆盖可设计在10 000 m 以上。设计低空补盲雷达的难度在于降低打地的能量，这可用架高天线、加大天线垂直面的尺寸来提高波束下边沿的斜率，但又与空域和机动性矛盾，因此要折中选取。

(2)反杂波性能。低空探测的主要问题是地（海）杂波干扰，要去掉这种干扰，除提高垂直波束下边沿的斜率来减小打地能量外，需要采用动目标显示（AMTI）和动目标检测（MTD）技术来提高反地杂波性能。为减少杂波的进入，采用宽带脉冲压缩信号将回波脉冲压成窄脉冲，也是很好的技术途径。

(3)阵地选择。雷达波束打地会使垂直波瓣分裂，影响观测目标的连续性。为了克服这个缺点，无论是哪种低空雷达，都要精心选择阵地，获得最好的低空性能。

低空补盲雷达正在朝着以下方向发展：

(1)雷达架设的时间越来越短,即由原来的半小时左右缩短到几分钟或边行进边工作;采用各种架高天线技术以使雷达可在公路上、树林中或建筑物群内工作。

(2)随着作战环境的日益恶化,低空补盲雷达已由原来主要采用两坐标体制朝三坐标体制发展,并将平面阵列天线、相控阵等先进技术用于低空补盲雷达。

7.3.3　超视距雷达技术

超视距雷达主要有天波超视距雷达、地波超视距雷达和微波超视距雷达,其工作原理和特点有所不同,下面分别简要介绍。

1. 天波超视距雷达

天波超视距雷达利用电离层折射特性来提高探测距离(可比普通微波雷达的探测距离大 5～10 倍,可达 3 000～4 000 km),且采用俯视探测方式,使低空/超低空飞行目标难以利用地形遮挡逃脱雷达的视线,其基本原理见 5.3.2 中的第 3 小节。

为适应电离层传播特性,超视距雷达是通过改变工作频率实现距离步进完成整个距离覆盖;在方位上采用相控阵技术实现波束扫描。为了达到 2 000～3 000 km 的作用距离,雷达必须具有 200～300 kW 的平均发射功率,为了获得这么大的平均发射功率,通常采用调频连续波信号,这样对其他高频用户的干扰会比相同平均功率的脉冲雷达小得多,因此它的兼容性好,环境污染小。

采用连续波信号后,为了使发射和接收天线相隔离,必须将雷达的收发系统分置两地,即采用双基地体制,发、收双站一般相距 50～100 km,这就要求发、收之间实现精确定时和相位同步。双站的定时和时间同步采用长波授时台或全球定位系统授时信号;双站的相位同步分别选用铷原子频标,铷钟具有长稳和短稳同时兼优的特点,两原子钟的高频率稳定性提供了两站信号相位的相干性,并使这种相干性长期保持。双站的铷钟又分别用来同步或锁定各自的本地振荡源,实现全系统频率源的准相干。条件许可时,也可采用有线光缆设备实现两站间的全相干处理与数据通信。

2. 地波超视距雷达

地波超视距雷达发射的电磁波以绕射方式沿地面(或海面)传播,其探测距离一般为200～400 km,它不但能探测地面或海面目标,还能监视低空和掠海飞行的目标。

由于地波雷达工作严重地受传播信道限制,陆地和淡水的电导率太低,传播能量衰减较大,以致得不到实用的雷达信息,只能在海面用 HF 低频段、垂直极化波工作,因而又称为对海 HF 地波超视距雷达。

地波雷达根据所处的平台位置可分为岸基地波雷达与舰载地波雷达。它可对指定海区实施全天候连续监视,及时发现作用范围内的海面舰船和空中运动目标,测定距离、方位和径向速度,并进行目标的航迹处理,大致给出目标的属性特征。除了军事应用外,它还是进行海上交通管理和保护领海资源的一种经济有效的海域监控设备。

用地波超视距雷达方程在一定检测门限下推算雷达的作用距离时,首先要知道垂直极化的短波在海面传播路径中的衰减情况。这主要包含两个方面:电波沿海面绕射时的能量衰落及海上风浪引起的附加损耗。

(1)电波绕射的能量衰落。电波在海表面传播时的绕射能量损耗,与海面的电导率和介电常数有关。就极化方式而言,水平极化的单程衰减量要比垂直极化高几十分贝,因此地波超视距雷达均采用垂直极化方式工作。

另外，传播能量的衰落随着频率的升高而加大，随着距离的变远而增加。在2～10 MHz内，当距离小于临界距离(100～172 km)时，衰落比较平缓；当距离达到临界距离时，衰落比较急剧。在标准海面条件下，若固定传播距离为300 km，则双程能量衰落在2～4 MHz范围内为－10 dB/1.5倍频程；在5～10 MHz内为－40 dB/1.5倍频程。从能量衰落的角度来考虑，短波超视距雷达的工作频率宜选择短波波段的低端。

(2)风浪附加损耗。风浪附加损耗比较复杂，它与工作频率、海态和传播距离等因素有关。它会随着频率的升高、海风的加大和传播距离的增长而急剧增加。根据实验测试结果，在6级海情(风速为30 kn)海面，300 km传播距离上的双向风浪附加损耗在3 MHz时小于0.5 dB，5 MHz时小于6 dB，20 MHz时小于28 dB。从这方面考虑，短波超视距雷达的工作频率也宜选在低端。

地波超视距雷达主要应用如下：

(1)海面及海上低空警戒。岸基或舰载地波雷达克服了地球曲率所造成的低空及海面监视限制，为探测海面舰船及海上低空飞机、掠海导弹及隐身目标提供了良好的手段。目前，担负岸对海及重要海区警戒任务的骨干雷达，将逐步取代一批作用距离受视距限制的岸对海常规微波雷达，扩大海上作战半径，满足现代战争对海上情报保障的需求。

(2)发挥舰载导弹威力。舰载地波超视距雷达除具有岸基地波雷达优点外，更突出的优势在于灵活机动。随着现代远程反舰导弹武器的发展，敌我双方交战的空间大大增加。目前，远程反舰导弹的射程已达数百公里，中程反舰导弹的射程也达到200 km以上，但是常规舰载微波雷达的直视距离受到地球曲率的限制，只能达到40～50 km。水面舰艇仅在视距范围内实施导弹攻击，不仅难以发挥导弹射程远的特长，而且可能遭到敌方导弹的先行攻击。装备舰载地波超视距雷达可使舰舰导弹威力得到充分发挥。

另外，随着反舰导弹武器的发展，海上作战半径越来越大，舰载地波雷达作为舰载武器的预警与目标指示任务，为舰载武器提供更多的预警时间，充分发挥现有舰载武器的超视距作战能力。因此，军事上舰载地波雷达既有海上特定武器系统的超视距预警与目标指示功能，也可作为通用意义上的海上移动预警平台，为执行任务的舰队提供警戒与超视距目标指示，提高舰队的海上自卫与生存能力同时，它也可被派往任何需要的海域去执行巡逻、监视和警戒任务，为现有舰载导弹超视距作战能力的充分发挥提供重要支撑与保证。

3.微波超视距雷达

由于微波频段的电磁波波长较短，沿着地球表面绕射传播时损耗极大，因此一般情况下，工作于几百兆赫兹至几十吉赫兹频段上的微波雷达在探测低空和海上目标时，受到地球曲率的限制，只能探测到电磁波直线传播(也称为视距传播)范围内的目标。但在实际使用微波雷达进行目标探测的过程中，人们经常会观测到电磁波出现“超视距”(非直线)传播的“异常”现象。借助于这种异常传播途径，微波雷达在许多情况下可以探测到地平线以下的、远超出电波直线传播范围的海上目标。例如，在印度洋的某些海域，工作在较高频段的微波雷达经常可以探测到远远超出视距范围的海上和超低空飞行目标。这种情况通常被认为是出现了“大气波导”现象。在某个区域产生大气波导时，该区域上空的大气折射率随高度的变化正好满足了一些特定的条件，使雷达辐射出的电磁波陷落到某一层大气中，并在该层大气的上下两个层面之间向远处传播。这种情况，有些类似于电磁波在金属波导中的传播，因此被称之为大气波导传播。由于大气波导是环绕地球表面的大气对流层的一部分，因此电磁波在大气波导中传播时，可以克服地球曲率的影响，以较小的损耗传播到很远的距离。大气波导现象可以出现在陆地上，但更常见于海上。出现在陆地上的大气波导大多属于“悬浮波导”，一般距离地面较高，波导层较厚。海上较为常见且持续时间较长的大气波导现象，则属于海洋表面的“蒸发波导”，这类大气波导通常紧贴海洋表面，比较容易利用。

另一种实现微波超视距传播的途径是利用大气对流层中的非均匀结构对电磁波的前向散射效应。在入射角比较小的情况下，通过大气对流层散射的传播路径，陆上和海上的微波信号可以到达几百千米以外的地方。

微波雷达利用上述大气波导传播条件和大气对流层散射传播路径，可以有效地探测到远距离的超低空飞行和海上目标，实现超视距探测。

形成超视距探测的原因是大气对流层的电波折射效应。对流层的底层大气，尤其是海面上低空大气的温度、湿度的急剧变化，经常会使某一高度范围内大气折射率随高度的变化梯度显著超过正常值，导致在其间传播的雷达电磁波信号脱离正常的视线传播轨道，在垂直方向上沿着某条向地面弯曲的路径传播。这种情况被称为“超折射”。当传播路径弯向地面的曲率超过地球表面曲率时，“超折射”效应就会导致电磁波的“陷落”，形成环绕地球表面的大气波导传播现象，使在海面上工作的微波雷达可以探测到视距以外的海上目标。电磁波在大气对流层中不同的传播路径如图 7.3.1 所示。

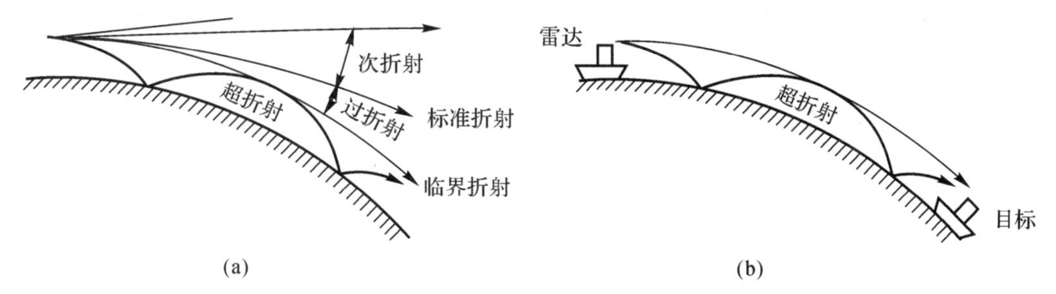

图 7.3.1　海上大气中电波的不同传输路径

(a)电磁波在大气对流层中的不同传播路径；　(b)利用大气波导传播探测目标

实际的海上探测试验结果表明，通过对贴近海面的大气波导层的有效利用，工作在较高频段的微波雷达可以在 100～300 km 的距离上探测到各种类型的舰船目标。

7.4　雷达反低空突防战术

7.4.1　合理战略战术部署

现代高科技战争背景下的低空/超低空突防已经不再是单一的突袭轰炸，而是多种作战手段配合支援以低空/超低空突防为主要打击手段的联合作战。因此，要对这种攻击形式进行对抗，就必须做到总体部署、预先谋划，采取合理的战略战术，而不再是单纯的对低空超低空突防目标进行对抗。

(1)对雷达防空系统进行周密部署，不给敌方空隙可钻。由于敌方在实施低空/超低空突防前一般会对整个雷达防空系统进行侦察并对重要区域的设施进行摧毁，这就需要我们做到“以真示假、以假示真”，使敌方无法准确掌握防空雷达系统的真实部署情况，并且要对重要区域的设施进行有效防护，防止敌人利用反辐射导弹等武器进行摧毁。

(2)要做好情报侦察工作，及时准确的了解掌握敌人的作战意图和攻击方式。一般在实施低空/超低空突防时会伴随有其他的干扰和佯攻方式，使对方无法掌握自己的真实作战意图和攻击方向。针对这个特点，要根据实际的战场态势和敌我双方的作战手段，及时准确的掌握情报，明确敌人的真实作战意图，合理正确的部署作战力量。

(3)对敌方的主要突防力量进行直接的打击。低空/超低空突防一般需要周密部署，预先进行航路规划，实际作战过程中灵活性较差，且其所用航空兵器主要执行的任务是对地重要地区的集中性打击，其自身的防护能力有限。抓住敌方的这个弱点，在准确掌握敌方作战意图和攻击方式的基础上，对其主要突防力量进行有效的打击，使其无法完成作战任务。

7.4.2 采用雷达组网技术缩短预警时间

采用雷达组网技术是解决探测距离和预警时间问题的一个有效方法。由于空中目标的机动范围很大而单部雷达探测范围有限，目标作低空/超低空飞行时，雷达探测获得的航迹是断续的，这时雷达将无法跟踪目标。

采用雷达组网的方式可以有效解决这个问题：

(1)通过相邻的雷达间信息的传递，应用接力跟踪的方式就可得到低空/超低空突防目标的连续航迹。

(2)对长波雷达和一般的警戒雷达的探测数据进行融合处理，获取低空/超低空突防目标的连续航迹。

7.4.3 弹炮结合系统

雷达防空系统的目的不仅仅是探测到敌方目标，更重要的是对其进行火力打击，否则，仅仅探测到敌方目标而没有强大的地面防空火力进行打击，那么只能是“望空兴叹”。因此，针对现代防空火力中地空导弹存在的弱点，必须积极完善现代防空系统的火力配置，发展弹炮结合系统，增强对低空/超低空突防目标的打击能力。

弹炮结合防空武器系统综合了高炮快速机动、持续射击和防空导弹精确打击、射程较远的优势，是对付低空/超低空突防目标的有效武器。弹炮结合武器系统具有控制范围大、速度反应快、火力猛、抗干扰能力强、短时间内可实施多次拦截及空域盲区小等特点，是目前地面防空武器发展的主要方向之一。目前世界上正在研究与装备使用的弹炮结合防空武器系统已有20多种，其中美国的“格玛哥-25”、俄罗斯的“铠甲-S1”(见图7.4.1)、埃及的“西奈-23”等多种弹炮结合防空武器系统是这类武器装备的典型代表。

弹炮结合防空武器系统的基本作战过程是：防空雷达不断对空搜索、扫描、对捕获的来袭目标实施跟踪，当目标运动至防空导弹射程之内时，雷达系统根据目标的坐标、航向、速度等运动参数，解算出相应的导弹发射参数，将数据传输给防空导弹系统，并注入导弹；导弹在发射后的初始阶段以惯性制导飞行，当到达设定位置后，其红外导引头(或其他制导方式)开始工作，搜索目标；一旦锁定目标，导弹即自主发起攻击。如果导弹没有命中，而来袭目标已经进人火炮射程，高炮随即在雷达的指挥下对目标实施“迎头-过顶一尾追”的全方位“火网拦截”。如果目标侥幸逃脱，再次远离火炮射击范围，防空导弹系统可再度出击，实施尾追攻击。

图 7.4.1 “铠甲-S1”弹炮合一防空装备外形图

参考文献

[1] 张永顺,童宁宁,赵国庆.雷达电子战原理[M].北京:国防工业出版社,2010.

[2] 赵国庆.雷达对抗原理[M].2版.西安:西安电子科技大学出版社,2012.

[3] 杨振起,张永顺,骆永军.双(多)基地雷达系统[M].北京:国防工业出版社,1998.

[4] 彭望泽.防空导弹武器系统电子对抗技术[M].北京:宇航出版社,1995.

[5] SCHLEHER D C. Electronic warfare in the information age[M]. Boston: Artech House,Inc., 1999.

[6] NERI F. Introduction to electronic defence system[M]. 2nd ed. Boston: Artech House,Inc.,2001.

[7] BROWNE I P R. Electronic warfare[M]. London:Brassey's UK Ltd., 1998.

[8] LOTHES R N. Radar vulnerability to jamming[M]. Boston: Artech House, Inc.,1990.

[9] JR A G. Radar electronic warfare[M]. Washington, D. C.: American Institute of Aeronautics and Astronautics Inc.,1987.

[10] 司锡才,赵建民.宽频带反辐射导弹导引头技术基础[M].哈尔滨:哈尔滨工程大学出版社,1996.

[11] 费元春,苏广川,米红,等.宽带雷达信号产生技术[M].北京:国防工业出版社,2002.

[12] 张考,马立东.军用飞机生存力与隐身设计[M].北京:国防工业出版社,2002.

[13] 孙国至.电子战[M].北京:军事科学出版社,2009.

[14] VAKIN S A,SHUSTOV L N,DUNWELL R H.电子战基本原理[M].吴汉平,等译.北京:电子工业出版社,2005.

[15] 魏钢.F-22"猛禽"战斗机[M].北京:航空工业出版社,2008.

[16] 杨伟.美国第四代战斗机:F-22"猛禽"[M].北京:航空工业出版社,2009.

[17] 朱和平.21世纪综合电子战系统[M].北京:军事科学出版社,2004.

[18] 中国人民解放军军事科学院.中国人民解放军军语[M].北京:军事科学出版社,2011.

[19] 闻军会,赵国庆.数字测频算法研究[J].雷达与对抗,2002(4):24-29.

[20] 杨曼,沈阳.美军空中电子攻击体系研究[J].电子信息对抗技术,2010(4):12-16.

[21] 夏辉.美军舰载电子战飞机综述[J].电子信息对抗技术,2014(6):19-22.

[22] 马井军.低空/超低空突防及其雷达对抗措施[J].国防科技,2011(3):26-35.

[23] 周豪,胡国平,师俊朋.低空目标探测技术分析与展望[J].火力与指挥控制,2015(11):5-9.

[24] 普赖斯.美国电子战史:第三卷[M].总参四部,译.北京:解放军出版社,2002.

[25] 沈华,王鑫,戎建刚.基于DRFM的灵巧噪声干扰波形研究[J],航天电子对抗,2007(23):62-64.

[26] 张国权.制导雷达低频反隐身采用超分辨技术探讨[J].航天电子对抗,2006,22(4):8-10.

[27] 曲长文,苏峰,李炳荣,等.反辐射导弹对抗技术[M].北京:国防工业出版社,2012.
[28] 王腾朝,杨靖雯,赵杭生,等."沉默哨兵"系统及其核心技术[J].军事通信技术,2009,30(4):89-93.
[29] 丁鹭飞,耿富录,陈建春.雷达原理[M].北京:电子工业出版社,2009.
[30] 朱和平,沈齐.现代预警探测与监视系统[M].北京:电子工业出版社,2008.
[31] RICHARDS M A. Fundamentals of radar signal processing[M]. 2nd ed. New York: McGraw-Hill Education,2014.